W0260950

ISBN 978-3-662-28264-9   ISBN 978-3-662-29782-7 (eBook)
DOI 10.1007/978-3-662-29782-7

Titel der holländischen Ausgabe:
Röntgen-Analyse van Kristallen.

Geleitwort.

Das Buch von BIJVOET, KOLKMEIJER und MACGILLAVRY unterscheidet sich
von den meisten Lehrbüchern und Monographien, die die rasche Entwicklung der
Röntgenanalyse von Krystallen seit dem klassischen Versuch von MAX V. LAUE
hervorgebracht hat, in einem Punkt: Es beschränkt sich nicht darauf, die
physikalischen und krystallographischen Grundlagen der Beugung von Röntgenstrahlen, die Aufnahmeverfahren und Ergebnisse der Röntgenanalyse zu beschreiben, es sagt vielmehr, *wie* es gemacht wird, und das in einer solchen Form,
daß der Leser plötzlich erstaunt feststellt, wieviel er gelernt hat, ohne es gemerkt
zu haben. An gut ausgewählten Beispielen wird an Hand der reproduzierten
Röntgenaufnahmen die Vermessung und Indizierung der Interferenzen durchgeführt, werden die Konstanten der Elementarzelle ermittelt, die Raumgruppe
ausgewählt und schließlich durch eine Intensitätsberechnung die Struktur vollständig mit ihren Parametern bestimmt.

Wenn der Leser nun gelernt hat, wie die Analyse durchzuführen ist, dann
wird ihm im zweiten Teil auf ebenso frische und anregende Art auseinander-
gesetzt, welche allgemeine Bedeutung den gefundenen Resultaten zukommt
und welche Zusammenhänge durch die Röntgenanalyse überhaupt erst auf-
gedeckt werden.

Um die Darstellung der Grundlagen nicht unübersichtlich zu machen, wurden
nach dem berühmten Beispiel von H. A. LORENTZ zahlreiche Ableitungen und
Berechnungen, wie z. B. vollständige Strukturbestimmungen nach den verschiedenen Verfahren in detaillierter Form in einem Anhang aufgenommen.

Ich selbst habe das Buch mit großem Vergnügen gelesen und bin überzeugt,
daß die deutsche Übersetzung sicher denselben Erfolg bei Lehrenden und
Lernenden haben wird wie die holländische Ausgabe.

Berlin-Dahlem, den 29. Dezember 1939.

P. DEBYE.

Vorwort.

Die Röntgenanalyse von Krystallen bildet heutzutage durch ihre wichtigen Ergebnisse zur Kenntnis der Atompackungen und infolge ihrer praktischen Anwendungen einen wesentlichen Teil des Lehrstoffs für Chemiestudenten. Nach unserer Erfahrung macht man sich mit den Methoden dieser Analyse am bequemsten, und für die meisten Fragen genügend, vertraut, indem man einigen praktischen Übungen das Studium einer kurzen theoretischen Einleitung vorangehen läßt. Wir haben uns bemüht, in dieser kurzen Einführung diesen Weg zu verfolgen. Wer sich weiter über diese Gebiete unterrichten will, hat beim Studium dieses Buches wohl eine genügende Übersicht über den Stoff bekommen, um seinen Weg in ausführlicheren Lehrbüchern, von denen einige hinter diesem Vorwort verzeichnet sind, finden zu können.

Wir setzen eine gewisse Kenntnis der krystallographischen Formenlehre voraus; wenigstens haben wir einige diesbezügliche Punkte nur kurz beleuchtet. Die Kap. I bis III bilden den Kern des Buches (dazu die Anhänge I bis IV). Diese behandeln die Technik der Anfertigung und Deutung der Röntgenogramme. Nach einigen Kapiteln speziellerer Art, Kap. V und VI, erwähnen wir in der zweiten Abteilung des Buches einige Ergebnisse. Die Bestimmung der Ionengröße und die Kenntnis ihres Einflusses auf die Atomanordnung, die Einsicht in die verwickelte chemische Zusammensetzung eines Glimmers, die genaue Ausmessung der Atomanordnung eines so komplizierten Moleküls wie das des Phthalocyanins, bilden gewiß treffende Beispiele für die Leistungsfähigkeit der Röntgenforschung. Nachdem man den Maßstab — die Wellenlänge der Röntgenwellen, von der Größenordnung eines hundertmillionstel Zentimeters — gemessen hat, legt man diesen Maßstab den kommensurablen Atomabständen an, ohne sich dabei durch die Kleinheit von Objekt und Maß behindert zu fühlen.

Die Freundlichkeit von Herrn Prof. Dr. P. DEBYE, das Buch mit einem Geleitwort zu versehen, ist für die Verfasser eine reiche Belohnung ihrer Arbeit, für die sie ihm bestens danken.

Utrecht-Amsterdam, April 1940.

J. M. BIJVOET.   N. H. KOLKMEIJER.

C. H. MacGILLAVRY.

Einige empfehlenswerte Bücher
über Röntgenanalyse von Krystallen.

Leicht lesbar:

BRAGG, W. L.: The Crystalline State, I. General Theory. London: G. Bell 1935.

Zum weiteren Studium:

EWALD, P. P.: Die Erforschung des Aufbaues der Materie mit Röntgenstrahlen. Handbuch der Physik Bd. XXIII/2, 2. Aufl. Berlin: Julius Springer 1933.

OTT, H.: Strukturbestimmung mit Röntgeninterferenzen. Handbuch der Experimentalphysik Bd. VII/2. Leipzig. Akademische Verlagsgesellschaft 1926.

COMPTON, A. H. u. S. K. ALLISON: X-Rays in Theory and Experiment. New York: D. van Nostrand 1934.

Zur Benutzung im Laboratorium u.a.:

HALLA, F. u. H. MARK: Röntgenographische Untersuchung von Krystallen. Leipzig: Johann Ambrosius Barth 1937.

MARK, H.: Die Verwendung der Röntgenstrahlen in Chemie und Technik. Leipzig: Johann Ambrosius Barth 1926.

SCHLEEDE, A. u. E. SCHNEIDER: Röntgenspektroskopie und Kristallstrukturanalyse. Berlin u. Leipzig: W. de Gruyter 1929.

GLOCKER, R.: Materialprüfung mit Röntgenstrahlen. Berlin: Julius Springer 1936.

TRILLAT, J. J.: Les Applications des Rayons X. Paris: Les Presses Universitaires 1930.

Internationale Tabellen zur Bestimmung von Kristallstrukturen. Berlin: Gebrüder Bornträger 1935.

Nur für Raumgruppen:

WYCKOFF, R. W. G.: The Analytical Expression of the Results of the Theory of Spacegroups. Washington: Carnegie Institution 1930.

Für eine Übersicht über die Strukturen s. Fußnote 1, S. 106.

Die vorliegende deutsche Ausgabe ist gegenüber der holländischen in manchen Punkten umgearbeitet. Neu hinzugekommen sind unter anderem die am Ende jedes Kapitels befindlichen Literaturzusammenstellungen, bei denen in erster Linie diejenigen Arbeiten ausgewählt wurden, die zusammenfassenden Charakter haben und gleichzeitig Angaben über die wichtigste Originalliteratur besitzen.

Inhaltsverzeichnis.

Einleitung.

1. Röntgenwellen als Maßstab bei der Ausmessung von Atomabständen. Die Atome in einem Molekül oder in einem Krystall haben Abstände von der Größenordnung 10^{-8} cm. Zu dieser Abschätzung der Atomabstände im Krystall gelangt man ohne weiteres, wenn man, mit dem Bild des Krystalls als Atompackung vor Augen, bedenkt, daß sich im Volumen eines Grammatoms (einige cm^3) $0{,}6 \cdot 10^{24}$ Atome (AVOGADROsche Zahl) befinden. Daraus ergibt sich das Atomvolumen größenordnungsmäßig zu $(10^{-8}$ cm$)^3$. Es scheint zunächst nicht möglich, so kleine Abstände mit einem Maßstabe auszumessen[1]. Und doch gelingt es — in der Besprechung der betreffenden Methoden und ihrer Ergebnisse liegt das Ziel dieses Buches — und zwar durch den glücklichen Umstand, daß man in der Wellenlänge der Röntgenstrahlen ein kommensurables Maß entdeckte und als solches zu benutzen lernte.

2. Das Prinzip der Messungen. Streuung an einem einzigen gerichteten Molekül. Das Prinzip dieser Messungen erkennt man aus der Abb. 1, einer Darstellung des Experiments mit einem zweiatomigen Molekül, das wir uns in der festen Lage A—B in ein Röntgenstrahlbündel gestellt denken. Jedes der beiden Atome streut, indem seine Elektronen in Mitschwingung geraten, Strahlung nach allen Richtungen. Trotzdem wird rings um AB — man denke sich dort z. B. einen zylindrischen Film angebracht wie in Abb. 1a — die abgebeugte Strahlung nicht überall gleich stark sein. Die von A bzw. B gestreuten Wellen interferieren nämlich: sie verstärken sich vollkommen (Addition der Amplituden) an den Stellen, wo ihr Gangunterschied $PAS-PBS$ eine ganze Anzahl Wellenlängen beträgt; sie schwächen sich vollkommen (Subtraktion der Amplituden) an den Stellen, an denen der Gangunterschied eine ganze plus eine halbe Anzahl Wellenlängen ist.

Man sieht sofort ein, daß der betreffende Gangunterschied $PAQ-PBQ$ für die unabgelenkte Richtung immer Null beträgt, mit wachsendem Ablenkungswinkel aber wächst, und zwar um so langsamer, je kleiner der Abstand zwischen A und B ist: je näher aneinander die streuenden Teilchen liegen, um so weiter liegen die Beugungsmaxima auseinander. Diese Regel macht es uns umgekehrt möglich, aus dem beobachteten Beugungsbild Rückschlüsse auf den streuenden Gegenstand zu ziehen.

Wir wollen nun diesem Zusammenhang zwischen dem Abstand $AB = d$ der streuenden Atome, der Wellenlänge λ der benutzten Röntgenstrahlen und den Beugungswinkeln θ (QBS), bei denen man die Maxima der gestreuten Strahlung vorfindet, quantitativ nachgehen. Dabei bedenken wir, daß die Entfernung von Strahlungsquelle und Beobachtungsort von AB millionenmal größer ist als der

---

[1] Man bekommt auf folgende Weise einen Eindruck von diesen Abständen: Man denke sich zwischen Berlin und Paris (Abstand etwa 1000 km) Murmeln im Abstande von 1 cm hingelegt und die Reihe sodann auf 1 cm zusammengedrückt: die Kügelchen liegen dann 10^{-8} cm ($= 1$ Å $=$ ÅNGSTRÖM-Einheit) voneinander entfernt.

Abstand zwischen A und B, so daß wir also, wie in Abb. 1b, Parallelität der Strahlen in den Bündeln P, R, S usw. voraussetzen dürfen. (In dieser Hinsicht wird also Abb. 1a nicht den Tatsachen gerecht.) Im Falle der Abb. 1 — AB senkrecht zu der einfallenden Strahlenrichtung aus P — finden wir für die Richtung des ersten Maximums die Bedingung: Gangunterschied zwischen AS und BS ist gleich λ; dieser Gangunterschied AS' ($BS' \perp AS$) ergibt sich im rechtwinkligen Dreieck ABS' zu $d \sin \theta$. Der gesuchte Zusammenhang ist also

$$d \sin \theta_1 = \lambda.$$

Ebenso findet man für die Abbeugungsrichtung des zweiten Maximums:

$$d \sin \theta_2 = 2\lambda$$

und analoge Beziehungen für die höheren Maxima. Aus diesen Beziehungen zeigt sich, ebenso wie aus Abb. 1, daß für das Zustandekommen einer Anzahl Maxima λ von ungefähr gleicher Größenordnung aber etwas kleiner als d sein soll.

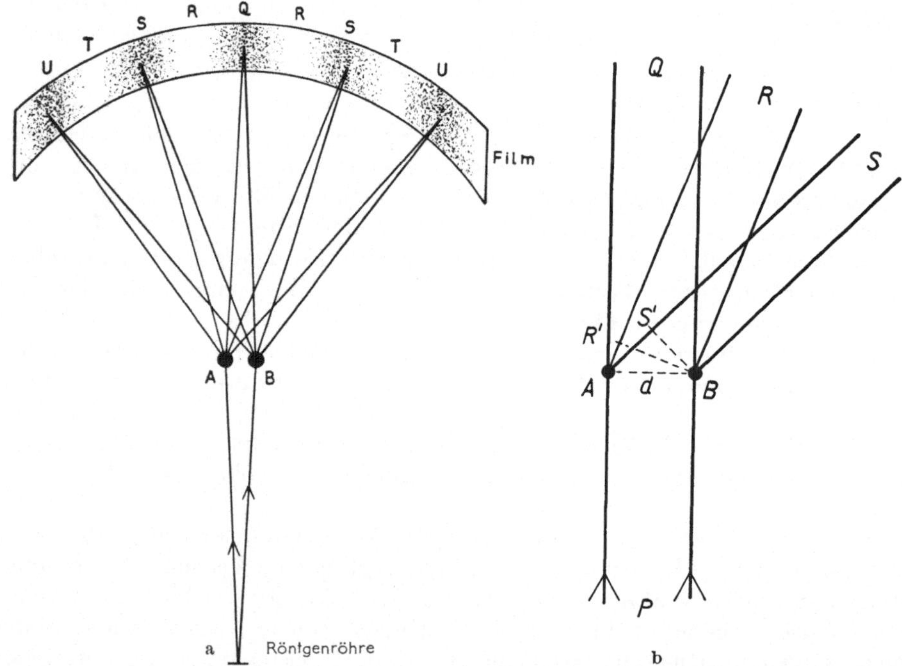

Abb. 1a u. b.   Zweiatomiges Molekül AB im Röntgenstrahlbündel. Interferenz der gestreuten Strahlung.

Mißt man nach dieser Methode d durch die Bestimmung von $\theta_{max.}$ aus, so macht man nichts anderes als Nachsehen, unter welchem Winkel man das Molekül anvisieren muß, damit seine Projektion auf die Sichtlinie eine ganze Zahl Wellenlängen beträgt. Daraus erhellt, wie man die Wellenlänge als Maß bei der Messung des Moleküls benutzt. Beim Operieren mit diesem Maß, d. h. bei der Messung der Ablenkungswinkel, empfindet man keinen Augenblick dessen äußerst geringe Größe.

Bei komplizierteren Molekülen tritt auf gleiche Weise ein für das Molekül charakteristisches Beugungsbild auf, das allerdings im Intensitätsverlauf weniger einfach ist als das in Abb. 1 dargestellte. Man leitet es ab, indem man für jede

Richtung die Wellen zusammensetzt, die von den verschiedenen Atomen stammen. Umgekehrt kann wiederum die Analyse dieses Bildes zum Bau des streuenden Moleküls führen.

3. Streuung an einem Gas. Man kann die beschriebenen Streuungsexperimente mit einem einzelnen gerichteten Molekül wohl schwerlich durchführen. Im Falle eines Gases — Versuche von DEBYE, die *nach* der Entwicklung der Krystallanalyse gemacht wurden — beteiligen sich Moleküle aller möglichen Orientierungen an der Streuung. Das bringt eine gewisse Verschmierung des Beugungsbildes mit sich. Abb. 2 stellt schematisch einen derartigen Beugungsversuch dar. Die erwähnte Verschmierung beschränkt hier praktisch die Möglichkeit der Analyse auf einfache Moleküle[1].

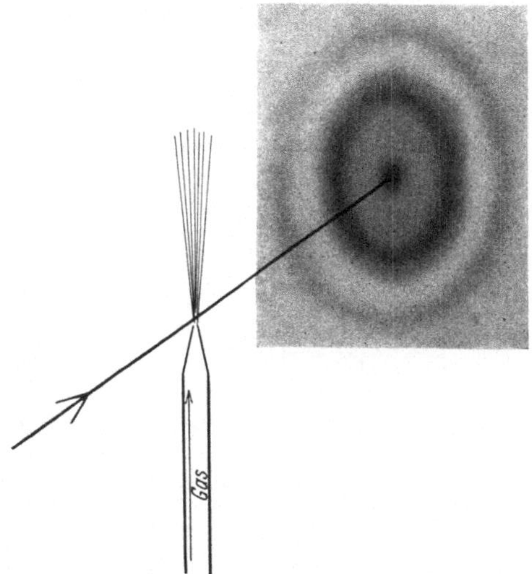

Abb. 2. Abbeugung an einem Gas. Das Diagramm zeigt verschwommene Ringe.

4. Streuung an einem Krystall. In einem Krystall findet man eine äquidistante parallele Wiederholung ein und desselben Musters (Aufbau aus „Zellen"). Weil die Zellen sich in paralleler Stellung im einfallenden Bündel befinden, gibt jede derselben den gleichen Beugungseffekt. Trotzdem zeigt der Krystall nicht in jeder Richtung das verstärkte Beugungsbild einer Zelle; die äquidistante Anordnung der Zellen verursacht eine gegenseitige Verstärkung der Beiträge jeder Zelle in *speziellen Richtungen* der einfallenden und abgebeugten Bündel, dagegen eine gegenseitige Vernichtung in jeder anderen Richtung. Dieser Umstand — analog der bekannten Abbeugung vom sichtbaren Licht durch ein ROWLANDsches Gitter — ist in der Krystalldiffraktion so wesentlich, daß wir ihn schon hier etwas näher erörtern. Für eine beliebige Abbeugungsrichtung haben die Wellen aus zwei nebeneinander liegenden Zellen eine gewisse Phasendifferenz φ. Auch wenn dieser Unterschied nur gering ist, werden die aus verschiedenen Zellen des bestrahlten Krystalls stammenden Wellen alle möglichen Phasendifferenzen aufweisen: ein nur kleiner Phasendefekt zwischen benachbarten Atomgruppen wächst für entferntere bis zu vollkommener Umkehrung der Phase an. Die abgebeugte Wellenfront kommt also nicht zustande, es sei denn, daß benachbarte Zellen ihre gegenseitige Wirkung *vollkommen genau* verstärken. Nur in den Richtungen, wo dies der Fall ist, entsteht ein abgebeugtes Bündel. Die durch das Muster verursachte Beugung ist hier also nicht, wie beim Gas, verschmiert, sondern unterbrochen.

5. Abbeugungsrichtungen und Abbeugungsintensitäten. Die Abbeugungs*richtungen*, bei denen der Lichtweg von Zelle zu Zelle mit einer ganzen Anzahl

---

[1] Bei Flüssigkeiten ist der Abstand zwischen benachbarten Molekeln hinlänglich konstant, um auch einen *intermolekularen* Faktor im Interferenzeffekt zu verursachen. Intra- und intermolekularer Effekt sind im Beugungsbild nicht ohne weiteres zu unterscheiden; daher liegen hier die Verhältnisse für eine Röntgenanalyse am ungünstigsten.

Wellenlängen zunimmt, stehen also im Zusammenhang mit den *Abmessungen* der Zelle. Dagegen sind, wie oben erwähnt, die *Intensitäten* der abgebeugten Bündel, die das Diffraktionsvermögen des Motivs in den betreffenden Richtungen angeben, durch den *Bau* der Zelle bestimmt. Diese Unterscheidung ist in der Röntgenanalyse grundsätzlich (Kap. 1 bzw. 2).

6. Der Lauesche Versuch. Die Beugung von Röntgenstrahlen durch einen Krystall nach diskreten Richtungen zeigt schematisch Abb. 3, die das berühmte Experiment von v. Laue wiedergibt, durch das er 1912 das Gebiet der Röntgeninterferenzen erschloß.

Zu jener Zeit kannte v. Laue einerseits die allgemeine Annahme eines regelmäßigen Gitterbaues im Krystall, andererseits die bekannten Beugungserscheinungen des Lichtes an einem Gitter mit äquidistanten Spalten (Rowlandsches

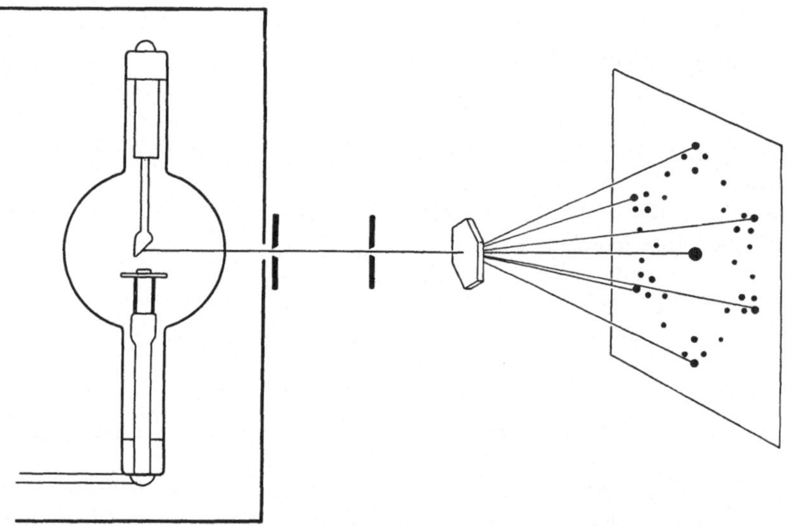

Abb. 3. Ein Bündel Röntgenstrahlen durchdringt einen Krystall und wird photographisch registriert. Man sieht, daß die Strahlung in diskreten Richtungen abgebeugt wird.

Gitter). Über die Natur der Röntgenstrahlung war man sich nicht einig; man vermutete — unter anderem auf Grund der Beugungsversuche an einem feinen keilförmigen Spalt —, daß diese Strahlung Wellennatur besitze, wie das Licht, nur mit einer viel kleineren Wellenlänge, von der Größenordnung 10^{-8} cm. v. Laue sah nun voraus, daß der Gitterbau als ein natürliches *drei*dimensionales Beugungsgitter für Strahlung auftreten könnte, wenn Wellenlänge und Zellkante kommensurabel wären und daß weiter diese Bedingung für Röntgenstrahlung und Krystallgitter bei der oben genannten Abschätzung der Wellenlänge erfüllt sei, falls die Gitterpunkte im Krystall von Atomen oder Molekülen belegt wären.

Bereits der erste Versuch bewies den strengen Gitterbau des Krystalls, die Kommensurabilität von Wellenlänge und Gitterabstand und zeigte den Weg zur Ausmessung der Atompackung.

Wir wiesen bereits darauf hin, daß man eine regelmäßige Anordnung von Teilchen im Krystall schon früher angenommen hatte, und zwar hatten die

Krystallographen diese Annahme seit langem zur Erklärung der Grundgesetze der krystallographischen Formenlehre, wie des Gesetzes der Konstanz der Krystallwinkel, herangezogen. Eine Kenntnis von den sich wiederholenden Motiven („molécules intégrantes" bei HAUY) haben wir durch die Röntgenanalyse erhalten, die in den vergangenen 25 Jahren für immer verwickelter gebaute Krystalle die genaue gegenseitige Lage der Atome anzugeben wußte. Dabei sind vor allem die Namen von W. H. und W. L. BRAGG (Vater und Sohn) hervorzuheben.

7. Aus den Atomanordnungen kann man viele Eigenschaften ablesen. Diese Kenntnis eröffnet uns die Möglichkeit, weiter erklärend zu den physikalischen Eigenschaften dieser gitterartigen Anordnungen vorzudringen. Obwohl nur die ersten Schritte auf diesem weiteren Wege gemacht wurden, sind doch schon fruchtbare Ergebnisse dabei erzielt worden; dies zeigt besonders das Studium der Silicate, bei denen die berüchtigte Diskrepanz zwischen Klassifizierung nach Krystalleigenschaften — Silicate mit Blattspaltung (Glimmer), Faserspaltung (Asbest) usw. — und nach chemischer Zusammensetzung (Ortho-, Meta-Silicate usw.) vollkommen verschwunden ist, seitdem die Atomanordnung bekannt ist. Wenn man wie hier nicht nur aus der Krystallstruktur Eigenschaften abliest,

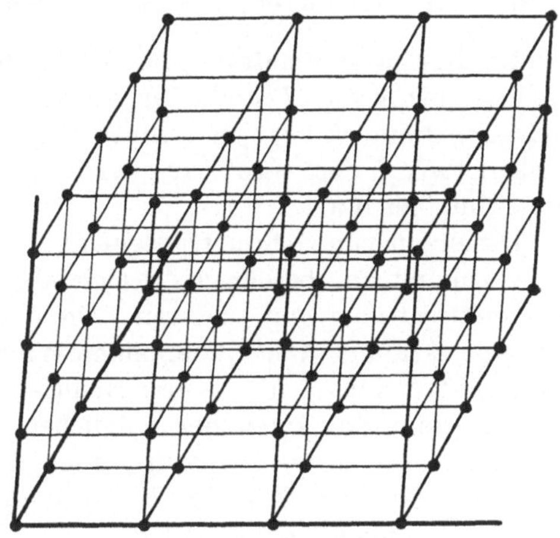

Abb. 4. Krystallgitter.

sondern zugleich aus der chemischen Zusammensetzung die Krystallstruktur voraussagen kann, also aus der chemischen Zusammensetzung mit Hilfe der Krystallstruktur die Eigenschaften des Stoffes ableitet, so ist dadurch die Lösung der Aufgabe, die sich die heutige Krystallographie stellt, erreicht.

8. Einteilung. Nach dieser Einleitung wollen wir einige krystallographische Begriffe in Erinnerung bringen. Sodann folgt in Abteilung 1 die Behandlung der *Methoden* der Röntgenanalyse: Bestimmung der Zellengröße (mit direkten Anwendungen) und der Struktur der Zelle; wir werden sodann den vollständigen Gang einer Strukturbestimmung beschreiben und ihn durch Beispiele erläutern. In Abteilung 2 wird dann eine Auswahl aus den wichtigsten Ergebnissen der Strukturbestimmungen gegeben, d. h. für eine Anzahl anorganischer und organischer Krystalle der Bau ihrer Atomanordnung mitgeteilt. Dabei werden wir bei einigen derselben näher auf den Zusammenhang zwischen chemischer Zusammensetzung, Krystallstruktur und Eigenschaften eingehen.

9. Gitterbau und krystallographische Grundgesetze. Nimmt man als Grundlage für den Aufbau eines Krystalls eine gitterförmige Anordnung an (Abb. 4), so sind dadurch ohne weiteres erklärlich:

1. Die für den Krystall charakteristischen Eigenschaften der Homogenität und der Anisotropie.

2. Die Begrenzung durch Ebenen und die Konstanz der Krystallwinkel (Gesetz von STENO). Die Begrenzungsebenen werden mit Gitterebenen zusammenfallen. Die unveränderliche Stellung der letzteren im Gitter gilt also auch für die ersteren.

3. **Gesetz von** HAUY. Dieses fordert ein rationelles Verhältnis zwischen den Achsenschnitten einer Krystallebene, bezogen auf diejenigen einer ausgewählten Krystallebene: in einem Gitter, wie es Abb. 4 angibt, schneiden die Gitterebenen von den 3 Achsen Strecken ab, die sich wie ganze Zahlen verhalten, vorausgesetzt, daß man die Abschnitte für jede Achse mit der Elementarperiode dieser Achse mißt. Man bedenke, daß man für die Elementarperioden, auf die man sich bezieht, auch die Abschnitte einer willkürlichen Gitterebene wählen kann, weil dieselben zu jenen im ganzzahligen Verhältnis stehen. Geht man sodann vom Krystallinnern (Gitterebene) auf das Äußere (Begrenzungsfläche) über, so hat man das Gesetz von HAUY abgeleitet[1].

10. Krystallsymmetrie. Man findet Krystalle mit 2-, 3-, 4- und 6-zähligen Achsen; nie mit 5-, 7- und höherzähligen. Ein prismatisches Blöckchen mit regelmäßigem Fünfeck als Querschnitt könnte man zwar anfertigen; dagegen ist ein Zellengitter, in dem Fünfecke aneinander stoßen, also ein pentagonaler Krystall, eine Unmöglichkeit.

Die Arten von Symmetrieelementen, die einem Krystall infolge seines Gitterbaus zukommen, beschränken sich auf die genannten Symmetrieachsen, auf Symmetrieebenen und -zentren. Die entsprechenden Operationen — Drehung um eine n-zählige Achse über einen Winkel von $360°/n$, bzw. Spiegelung in der Ebene, Inversion — führen eine Richtung im Krystall in eine gleichwertige[2] über.

Nicht nur die Arten der möglichen Symmetrieelemente in einem Krystall unterliegen einer Beschränkung, auch die *Anzahl* ihrer Kombinationen ist beschränkt. Sollen z. B. einem Krystall zugleich eine dreizählige und zweizählige Achse zukommen, so können diese — wie man sofort einsieht — nicht einen beliebigen Winkel einschließen. In diesem Fall würde nämlich die dreizählige Achse die zweizählige verdreifachen; d. h. man würde um die dreizählige Richtung 3 gleichwertige zweizählige finden. Jede dieser zweizähligen Achsen würde aber wiederum alle Achsen verdoppeln, jede der so neu gebildeten Achsen aufs neue usw. Jede Richtung würde so zur Achse. Das verstößt aber gegen die Anisotropie des Krystalls (gegen die Gitterstruktur). Dieser Konflikt tritt nur dann nicht auf, wenn sich aus der gegenseitigen Vervielfältigung der Symmetrieelemente ein abgeschlossenes System ergibt, im betrachteten Falle also, wenn die zweizählige Achse entweder der dreizähligen parallel ist oder sie senkrecht oder unter genau bestimmtem Winkel schneidet[3].

---

[1] Man könnte eine Parallelität ersehen zwischen dem Gesetz von STENO (Gesetz der konstanten Krystallwinkel) und demjenigen von PROUST in der Chemie (Gesetz der konstanten chemischen Zusammensetzung); weiter zwischen demjenigen von HAUY und dem DALTONschen (Gesetz der multiplen Proportionen). Die Voraussetzung einer für jedes Element charakteristischen Verbindungseinheit in der Erklärung der chemischen Gesetze steht dabei in Analogie zur Annahme einer für jede Krystallachse charakteristischen Elementarperiode in der Erklärung der krystallographischen Gesetze. In beiden Fällen braucht man keine nähere Kenntnis der Einheiten (Atom bzw. Krystallzelle).

[2] Auch eine Krystallebene in eine gleichwertige: Man bedenke dabei, daß die Entwicklung einer Krystallebene im Gegensatz zu Glanz, Härte, Ätzfiguren usw. von trivialen Ursachen (Stoffzufuhr) mit beeinflußt wird. Ein kubischer Krystall krystallisiert z. B. statt in Würfeln in rechteckigen Parallelepipeden. Die Gleichwertigkeit der „Würfel"-Ebenen ergibt sich aus der Identität ihrer Eigenschaften (sog. krystallographische Gleichwertigkeit).

[3] Im ersten Fall ergibt sich eine sechszählige Achse; der im letzten Fall erwähnte Winkel ist derjenige, den eine Würfelkante oder eine Würfelflächendiagonale mit der Raumdiagonale einschließt.

32 Krystallklassen. Im Anhang 1 werden auf diese Weise systematisch die möglichen Kombinationen von Symmetrieelementen in einem Krystall untersucht. Es stellt sich dabei heraus, daß es deren 32 gibt, die sog. Krystallklassen. Sie sind in Abb. 175 in stereographischer Projektion dargestellt, und zwar in einer Anordnung, die ihre Ableitung überblicken läßt.

7 Krystallsysteme. Unter diesen 32 Krystallklassen kann man diejenigen zusammenfassen, die sich auf ein gleiches Bezugsystem beziehen. Dies führt zu den bekannten 7 Krystallsystemen.

11. Raumgruppen. Weitere Differenzierung in der Symmetrie infolge des Unterschieds zwischen Dreh- und Schraubenachsen, Spiegel- und Gleitspiegelebenen. Wir gründeten oben die makroskopische Krystall-symmetrie auf Erwägungen, die auf die Vorstellung eines räumlichen Gitters zurückgehen. Fragen wir aber nach den Symmetriemöglichkeiten eines solchen Gitters — und diese Frage ist bei der Röntgenanalyse von überragender Bedeutung, weil ihre Beantwortung eine Musterkarte liefert, aus der die Röntgenanalyse ihre Wahl trifft — so können wir deren mehrere ersehen. Zeigt z. B. der Krystall makroskopisch eine vierzählige Achse, so enthält das Gitter in seiner Atomanordnung eine vierzählige Symmetrie. Es ist möglich, daß sich dann eine gewöhnliche vierzählige Drehachse in der Atomkonfiguration vorfindet (die sich im Gitter an strukturell gleichwertigen Stellen als *Schar* wieder-

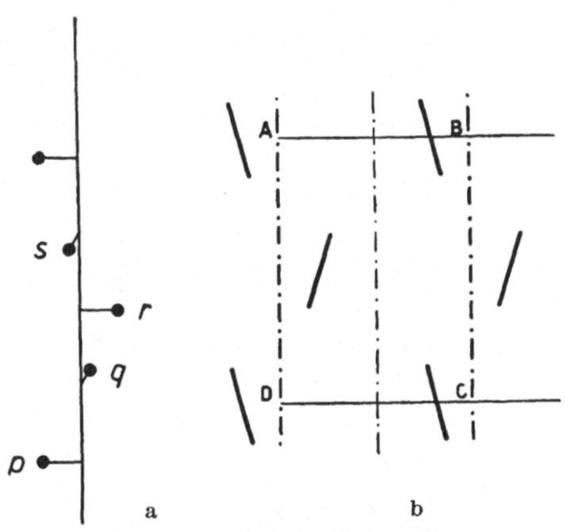

Abb. 5a u. b. a Wiederholung der Punkte nach der Symmetrie einer vierzähligen Schraubenachse. b Wiederholung eines Musters nach der Symmetrie einer Schar von Gleitspiegelebenen *AD, BC . . . .*

holt). Daneben gibt es aber Gitter, in denen vierzählige *Schraubenachsen* auftreten, die ein Atom (und somit die ganze Umgebung) in eine gleichwertige Lage bringen nach einer Drehung um 90°, nun aber verbunden mit einer gleichzeitigen Translation in Richtung der Achse (Abb. 5a). — Diese Translation soll so groß sein, daß nach Drehung um 360° die Schraubung sich mit einer Zellentranslation deckt: die Ganghöhe einer n-zähligen Schraubung ist hierdurch beschränkt auf den n-ten Teil (oder ein Vielfaches davon) einer Elementarperiode in der Achsenrichtung. — Bei makroskopischer Beobachtung kann man zwischen beiden Fällen — Achse und Schraubenachse — nicht unterscheiden: gleichwertige Richtungen findet man ja im Krystall um die betreffende Achsenrichtung; eine eventuell damit verbundene Translation von der Größenordnung 10^{-8} cm entgeht der makroskopischen Beobachtung. Ganz analog kann eine makroskopische Symmetrieebene einer Schar gewöhnlicher Spiegelebenen in der Atomkonfiguration entsprechen oder aber einer Schar von sog. *Gleitspiegelebenen.* Bei ihnen ist die Spiegelung in der Ebene begleitet von einer ihr parallelen Translation (Abb. 5b). Wie oben unterliegt diese Translation wieder der Bedingung, daß die wiederholte Operation eine Zellentranslation ergibt (s. Fußnoten, S. 54).

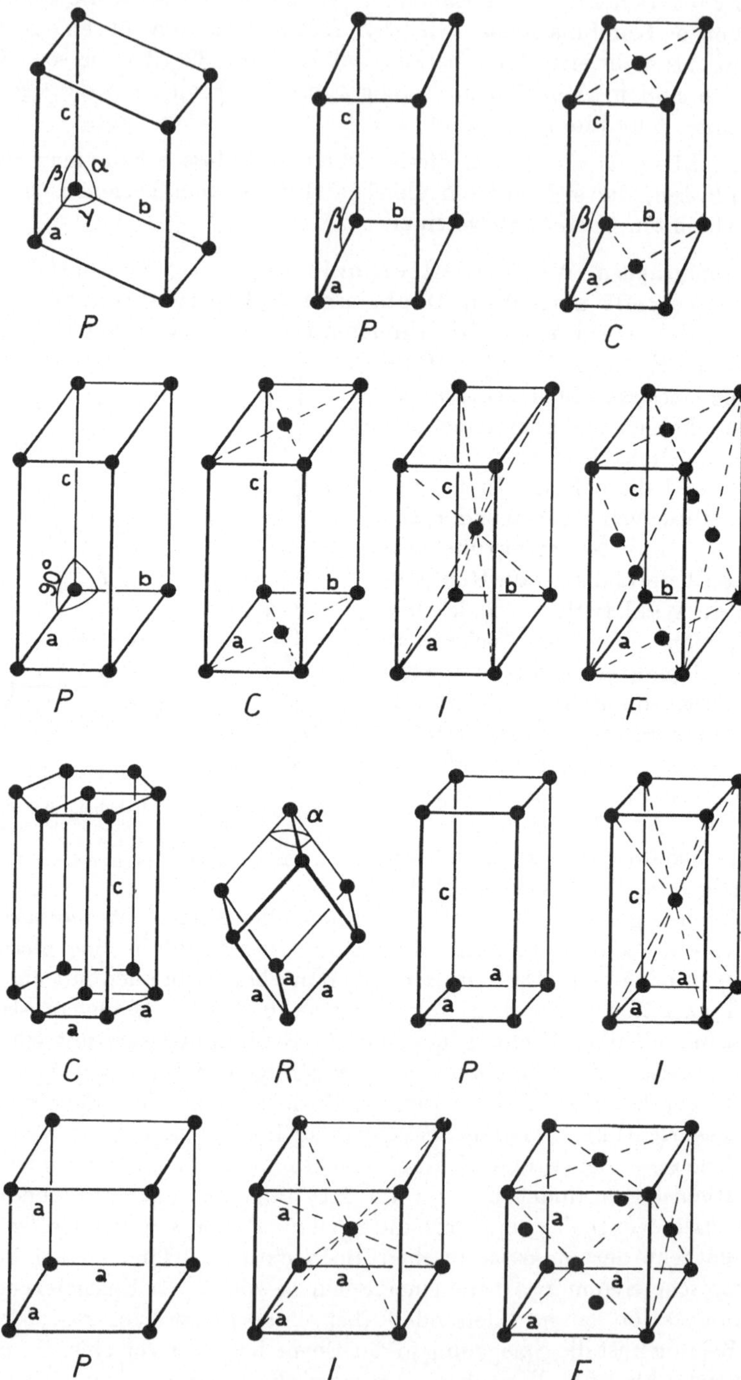

Abb. 6. Die 14 BRAVAISschen Gitter. (Für die Bedeutung der Symbole siehe die Tabellen im Anhang 2.)

230 verschiedene Gittersymmetrien (Raumgruppen). Wir wollen jetzt die Frage nach allen möglichen Gruppierungsarten, die für die Atome im Krystall in Betracht kommen, beantworten.

Eine Raumgruppe definieren wir durch die Bedingung, daß sämtliche Punkte gleichwertig sind, d. h., daß die Umgebung eines jeden Punktes derjenigen jedes anderen gleich oder spiegelbildlich gleich sei. Eine Abzählung der Möglichkeiten lehrt, daß es 230 solcher Raumgruppen gibt, die sich in Art und Anzahl der Symmetrieelemente unterscheiden (SCHOENFLIES 1891, FEDOROW 1892). Sie sind im Anhang 2 tabelliert. Man setzte nun voraus — und die Röntgenanalyse hat durch ihre Ergebnisse diese Voraussetzung bestätigt —, daß in einem Krystall die Atome solche Punktgitter bilden; bei gleichartigen Atomen sind im allereinfachsten Falle alle Punkte gleichwertig, bei Verbindungen sind mehrere solcher Punktgitter, alle von gleicher Symmetrie und jede von einer Atomgattung besetzt, ineinander geschaltet.

Unter den 230 Raumgruppen kann man diejenigen zusammenfassen, die nach der makroskopischen Symmetrie gleichwertig sind; dies führt wieder zu den 32 Krystallklassen zurück.

14 Translationsgruppen (BRAVAISsche Gitter). So wie man die 32 Krystallklassen auf 7 Achsensysteme beziehen kann, so basieren die 230 Raumgruppen auf 14 verschiedenen Translationssystemen: Außer den 7 sog. primitiven Trans-

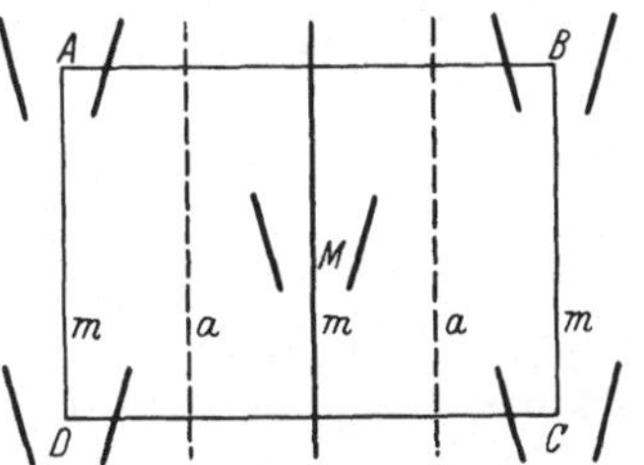

Abb. 7. Zentrierung von *ABCD* durch Wiederholung eines Musters nach der Symmetrie von Spiegelebenen *m* und Gleitspiegelebenen *a*.

lationsgruppen, bei denen man auf parallel gestellte Motive lediglich entlang den Achsen der Krystallsysteme gelangt, gibt es noch einige andere, die zu jenen in sehr einfachem Zusammenhang stehen. Man findet z. B. in Abb. 147 eine kubische Struktur abgebildet, bei der sich das Motiv in paralleler Lage in der Zellenmitte wiederholt; das *innenzentrierte* kubische Translationsgitter, das dieser Struktur zugrunde liegt, findet man in Abb. 6 in der untersten Reihe mit *I* bezeichnet. Die Gitter der Abb. 6 ergeben die 14 Translationsgruppen. Diese wurden von BRAVAIS schon lange vor der Ableitung der Raumgruppen angegeben (1848).

Abb. 7 veranschaulicht, wie bestimmte Symmetriekombinationen derartige Deckoperationen *innerhalb* der Zelle veranlassen: Man sieht, wie durch eine Folge von abwechselnd Spiegel- (*m*) und Gleitspiegelebenen (*a*) eine zentrierte rechteckige Zelle hervorgebracht wird.

In der Krystallanalyse mit Röntgenstrahlen, die schließlich zu den genauen Lagen aller Atome im Krystall führt, ist, wie wir sehen werden, die Feststellung der Raumgruppe eine wichtige Etappe.

Literatur.

Geometrische Krystallographie.

EWALD, P. P.: Krystalle und Röntgenstrahlen. Berlin 1923.

EWALD, P. P.: Die Erforschung des Aufbaues der Materie mit Röntgenstrahlen. Handbuch der Physik, Bd. 23, S. 2, Ziffer 1—9.

NIGGLI, P.: Geometrische Krystallographie des Diskontinuums. Leipzig 1919.

Methoden der Röntgenanalyse.

Erstes Kapitel.

Die Größe der Krystallzelle.
Richtungen der abgebeugten Röntgenstrahlen.

A. Grundlagen.

12. In einer Beugungsrichtung verstärken sich alle Krystallzellen in ihrer Wirkung. Wir denken uns ein einfachstes Krystallgitter (Abb. 4), das aus einer Atomart besteht, wobei sich die Atome in den Ecken von Parallelepipeden befinden, die von drei sich schneidenden Scharen äquidistanter Ebenen gebildet werden.

Die Beugungsgesetze, die die Beugungsrichtungen zu den Dimensionen der Zelle in Beziehung bringen, sind in der schon in 4 erörterten Beugungsbedingung enthalten, nämlich in der Forderung, daß die Beugungseffekte *aller* Atome sich gegenseitig *vollkommen* verstärken.

Dies kann nach zwei Methoden formuliert werden:

Betrachtungsweise von v. LAUE. Die erste, von v. LAUE 1912 angegebene, löst diese Forderung auf in drei andere, nach denen eine Zusammenwirkung zwischen aufeinanderfolgenden Atomen in jeder der drei unabhängigen Translations- (Achsen-) Richtungen des Raumgitters besteht.

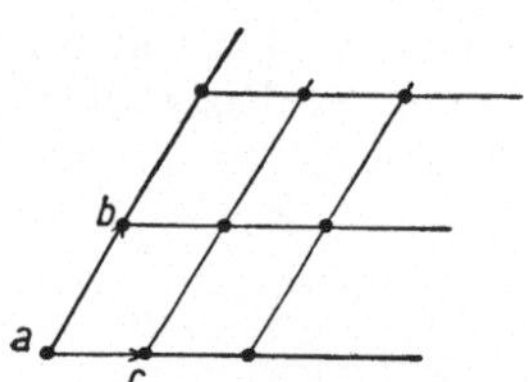

Abb. 8. Änderung des Lichtweges beim Übergang vom Koordinatenanfang auf P längs den Elementarabständen.

Man sieht leicht ein, daß dies für die Zusammenwirkung aller Gitterpunkte genügt. Wenn nämlich die Summe der Längen von einfallendem und abgebeugtem Strahl bei einer Verschiebung von der Größe eines Parameters in der Richtung einer jeden der drei Zellkanten mit einer ganzen Zahl Wellenlängen zunimmt, so gilt dies auch für jede Translation, die sich aus einigen dieser Elementartranslationen zusammensetzt (Abb. 8), d. h. für den Übergang von einem Gitterpunkt auf einen willkürlichen anderen.

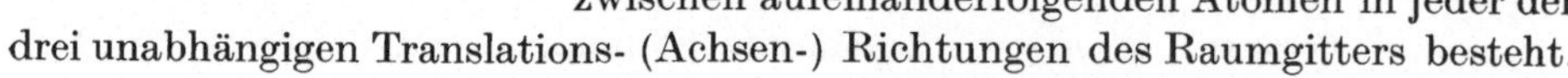

Abb. 9. Aufbau einer Gitterebene durch die Translationen $a \rightarrow b$ und $a \rightarrow c$.

Betrachtungsweise von W. L. BRAGG. Die zweite, von W. L. BRAGG kurz nach der v. LAUEschen angegebene Methode betrachtet zuerst alle die Gitterpunkte zusammen, deren Lichtwege die gleichen sind. Es seien a, b und c (Abb. 9) drei solcher Punkte. Eine Wiederholung der Verschiebungen $a \rightarrow b$

und $a \to c$ ergibt neue gleichwertige Punkte; sie bilden zusammen eine Gitterebene. Die Beugungsbedingungen fordern dann, daß

1. gleichwertige Gitterebenen existieren, deren Punkten ein gleicher Lichtweg zukommt und

2. daß der Gangunterschied zwischen Punkten in diesen aufeinanderfolgenden Ebenen gleich einer ganzen Anzahl Wellenlängen sein soll.

Die erste Betrachtungsweise, in der drei Achsenrichtungen gleichwertiger Behandlung unterliegen, ist u. a. dann vorteilhaft, wenn man beim Übergang vom primitiven Gitter der Abb. 4 auf ein verwickelteres den Bau der Zelle zur Berechnung der *Intensitäten* in Rechnung zu ziehen hat. Dagegen erlaubt die Braggsche Methode in den meisten Fällen eine leichtere Übersicht über die *Abbeugungsrichtungen*.

Wir wollen im folgenden die beiden Formulierungen näher behandeln.

13. Beugungsbedingungen nach v. Laue.

Wir erörtern nacheinander, wie ein paralleles Röntgenbündel bestimmter Wellenlänge an einer *Atomreihe*, einer von Atomen besetzten *Netzebene* und schließlich an einem *Krystallgitter* zerstreut wird.

Beugung an einer Atomreihe. Es falle ein paralleles Bündel auf die Atomreihe $P_1 P_2$ ein, wobei wir eine willkürliche Abbeugungsrichtung be-

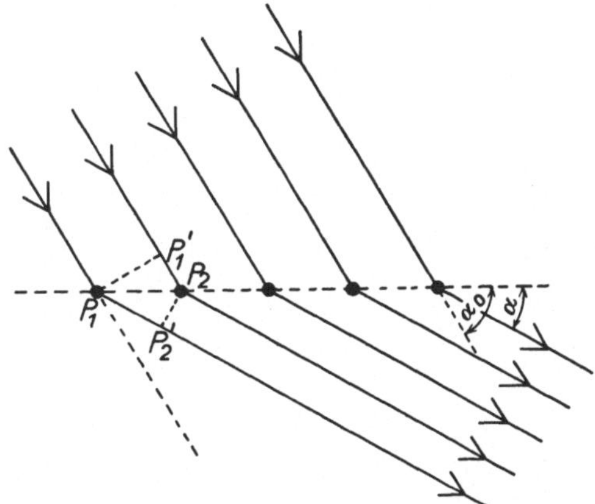

Abb. 10. Gangunterschied $P_1 P_2' - P_1' P_2 = n\lambda$.

trachten. In Abb. 10 ist der Lichtweg für die Strahlung, die in den Punkten P_1, P_2 usw. abgebeugt wird, angegeben und der Gangunterschied für zwei aufeinanderfolgende Punkte (P_1 und P_2) eingezeichnet. Ein abgebeugtes Bündel tritt dann auf, wenn dieser Gangunterschied $P_1 P_2' - P_1' P_2$ eine ganze Anzahl Wellenlängen beträgt. Bei einem Unterschied von einer Wellenlänge spricht man von einer Abbeugung „erster Ordnung", von zwei Wellenlängen von „zweiter Ordnung" usw. (vgl. z. B. Abb. 1). Man könnte so den gerade durchgehenden Strahl als Abbeugung nullter Ordnung ansehen. Bei wachsender Ordnungszahl nimmt der Ablenkungswinkel zu.

Genügt die abgebeugte Richtung in Abb. 10 der Bedingung für eine günstige Reflexion — diese Richtung wurde so gewählt, daß sie in der Ebene von Strahlenrichtung und Atomreihe liegt —, so gilt das gleiche für einen ganzen Kegel von Strahlenrichtungen, welchen man durch Drehung dieser Richtung um die Atomreihe erhält. Man findet so für jede Ordnung einen abgebeugten Kegel um die Atomreihe, wie es Abb. 11a veranschaulicht; hier sind die einfallenden Strahlen senkrecht zu der Atomreihe gewählt. Der Kegel nullter Ordnung ist hier eine auf der Atomreihe senkrecht stehende Ebene. Die Spuren der Kegel zeichnen sich auf einer Einheitskugel als Kreise, auf einer Ebene senkrecht zu dem Primärbündel als Hyperbeln ab (Abb. 11b). — Wird die Wellenlänge oder die Richtung des einfallenden Bündels verändert, so ändern sich auch die Öffnungswinkel der Kegel.

In gewissen Faserstrukturen (Asbest, mercerisierte Cellulose) findet man eine strenge Regelmäßigkeit der Atomlagen nur in *einer* Richtung, derjenigen der Faserachse. Man findet eine Aufnahme eines solchen Faserbaus mit monochromatischer Röntgenstrahlung in Abb. 12 abgebildet. Man bemerkt die Verwandtschaft dieses Diagramms mit dem in Abb. 11b abgeleiteten Beugungseffekt.

Beugung an einem zweidimensionalen Netz. Wir betrachten nunmehr ein zweidimensionales Netz, wobei die Atome in den Ecken von Parallelogrammen liegen, die von zwei sich schneidenden Scharen

Abb. 11a bis i. a Beugung an einer Atomreihe; senkrecht einfallendes Bündel; Kegel nullter, erster usw. Ordnung b Abbildung der Kegel von a auf Einheitskugel. c Wie a. d Abbildung der Kegel von c. e Kegel von b und d. f Wie a, Atomreihe in der Richtung des einfallenden Bündels. g Abbildung der beiden ersten Kegel von f. h Die drei Sätze von Kegeln. i Die drei Kegelsätze mit gemeinschaftlicher Schnittlinie.

paralleler Geraden gebildet werden. Es soll nun ein Zusammenwirken der Atome auf jeder der beiden Atomreihen gefordert werden. Die zweite in Abb. 11c in der Bildebene senkrecht zur ersten stehende Atomreihe bringt wieder mit sich, daß die Richtung eines abgebeugten Bündels auf Kegelmänteln um diese Atomreihe liegen soll; sie sind in Abb. 11d angegeben. Ein an dem zweidimensionalen Netz abgebeugtes Bündel soll nun sowohl auf einem der Kegelmäntel um die erste, als auch um die zweite Atomreihe liegen. Die Schnittpunkte der beiden Hyperbelsysteme der Abb. 11e geben also die Abbeugungsrichtungen für das zweidimensionale Netz an. Auch diese Schnittpunkte verschieben sich, wenn man entweder die Wellenlänge oder die Richtung des einfallenden Bündels ändert.

Ein solches Beugungsbild einer einzelnen Netzebene[1] stellt die Abb. 13 dar; hier war die regelmäßige Aufeinanderfolge der (Oktaeder-) Ebenen gestört.

Beugungsbilder wie diejenigen der Abb. 13 sind wohl bekannt — mit zehntausendfach vergrößertem abbeugendem Körper und Wellenlänge — nämlich aus den Interferenzbildern von sichtbarem Lichte an Kreuzgittern (mechanisch angefertigte zweidimensionale ROWLANDsche Gitter[2]). Die ein- und zweidimensionalen Periodizitäten, welche man aus den Beugungsbildern der Abb. 12 und 13 abliest, sind unter den Krystallen seltene Ausnahmefälle; ein normaler Krystall ist in *drei* Richtungen periodisch.

Dreidimensionales Gitter. Hier findet man als dritte Bedingung, daß die abgebeugte Richtung auch auf bestimmten Kegelmänteln um die dritte Achsenrichtung liegen soll, die in Abb. 11f senkrecht zu der Zeichnungsebene

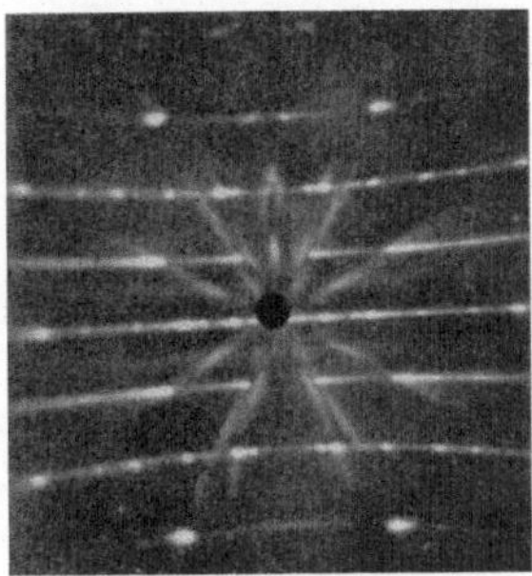

Abb. 12. Faserdiagramm. (Fast) ununterbrochene Schichtlinien, wie in Abb. 11b. [B. E. WARREN: Z. Kristallogr., **76**, 209 (1930).]

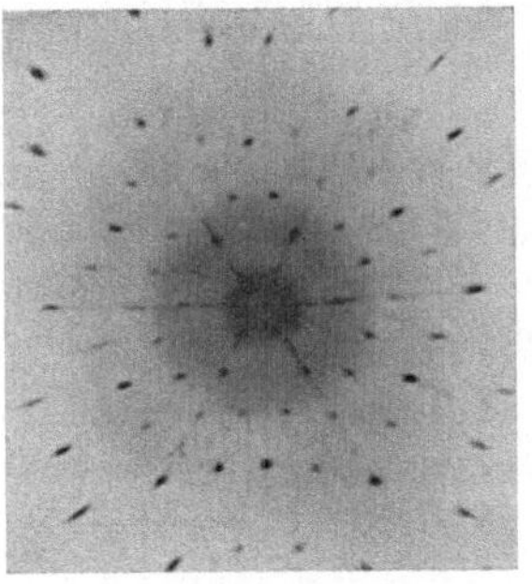

Abb. 13. Kreuzgitterspektrum von Cristobalit. Strahlung fällt senkrecht zu (111) ein. [W. NIEUWENKAMP: Z. Kristallogr. **90**, 377 (1935).]

gewählt wurde. Die Schnittlinien der zu dieser Richtung gehörenden Kegel mit der photographischen Platte sind Kreise (Abb. 11g). Es ist nun ein Zufall, wenn die durch das zweidimensionale Gitter bestimmten Abbeugungsrichtungen auf diesen neuen Kegelmänteln liegen (Abb. 11h). *Im allgemeinen beugt also ein dreidimensionales Gitter ein Bündel monochromatischer Strahlung nicht ab. Gibt man jedoch bei gegebener Wellenlänge dem einfallenden Bündel spezielle Richtungen in bezug auf das Gitter, oder aber, wählt man die Wellenlänge bei gegebener Einfallsrichtung geschickt, so tritt Abbeugung auf (Abb. 11i).*

Die geschickte Wahl der Einfallsrichtung bildet die Grundlage der BRAGGschen *Methode*, bei der man einen Krystall in einem monochromatischen Röntgenbündel dreht und so absucht, wann Reflexion stattfindet; sie ist gleichfalls die Grundlage des *Pulververfahrens*, in dem alle für die Abbeugung günstigen Orientierungen zu gleicher Zeit im Krystallpulver vorliegen.

Dagegen ist die Veränderung der Wellenlänge die Grundlage des LAUE-*Verfahrens*, bei dem man ein Röntgenbündel, das ein ganzes Gebiet von Wellenlängen umfaßt, auf einen festen Krystall fallen läßt; jede Netzebene sucht sich

---

[1] Bei der Beugung von Elektronenstrahlen an Krystallen kommen öfter solche Diagramme vor (Kapitel 5, Abb. 89).

[2] Wenn man des Abends senkrecht durch das feine Gewebe einer Tüllgardine oder eines Regenschirmes nach einem entfernten Lichtpunkt blickt, so sieht man, wie bekannt, das Beugungsbild der Abb. 13 mit sehr kleinen Beugungswinkeln.

die geeignete Wellenlänge aus, man erhält so zu gleicher Zeit eine große Anzahl abgebeugter Bündel, von denen jedes von einer anderen Wellenlänge stammt.

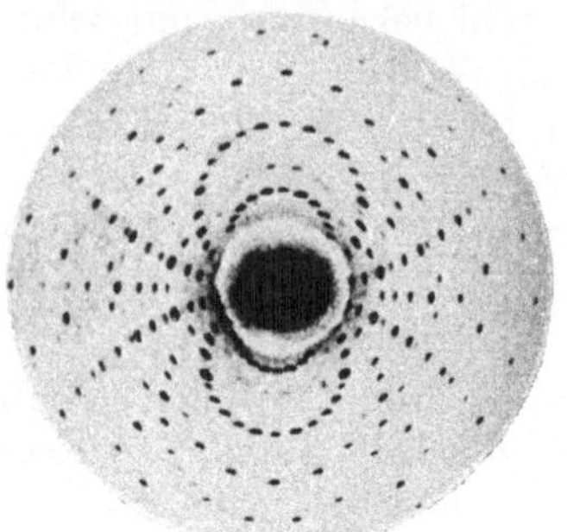

Abb. 14. LAUE-Aufnahme von Cerussit.
[F. M. JAEGER u. H. HAGA: Proc.Acad. Sci., Amst. **24**, 1403 (1915).]

Abb. 14 zeigt ein nach der LAUE-Methode erhaltenes Krystalldiagramm; eine größere Zahl von Diagrammen nach den genannten Verfahren — u. a. Pulverdiagramm Abb. 22, Drehdiagramm Abb. 24 — werden in später folgenden Abbildungen dargestellt und besprochen.

14. Mathematische Formulierung. Die algebraische Formulierung des Satzes: Gangunterschied $P_1 P_2' - P_1' P_2$ (Abb. 10) beträgt eine ganze Anzahl Wellenlängen, lautet

$$a (\cos \alpha - \cos \alpha_0) = h \lambda,$$

wo a den Abstand $P_1 P_2$ zwischen zwei aufeinanderfolgenden Punkten,

α_0 den Winkel zwischen einfallender Strahlrichtung und Atomreihe,
α den Winkel zwischen abgebeugter Strahlrichtung und Atomreihe,
λ die Wellenlänge der Röntgenstrahlung,
h eine ganze Zahl (Ordnung des Abbeugungskegels) bedeuten.

Um zu den Interferenzbedingungen des Raumgitters zu gelangen, brauchen wir diese Formulierung für eine günstige Interferenz an einer Atomreihe nur noch für zwei andere zu wiederholen:

$$(1) \quad \begin{cases} a (\cos \alpha - \cos \alpha_0) = h_1 \lambda, \\ b (\cos \beta - \cos \beta_0) = h_2 \lambda, \\ c (\cos \gamma - \cos \gamma_0) = h_3 \lambda, \end{cases}$$

worin b, β_0, β, h_2 bzw. c, γ_0, γ, h_3 die entsprechenden Größen für die zweite bzw. dritte Achsenrichtung sind.

Bei diesen Gleichungen ist zu beachten, daß nur zwei von den drei Winkeln, die eine Richtung mit den drei Achsen einschließen, unabhängig sind, so daß zwischen den drei Richtungscosinus eine Beziehung besteht[1].

Aus den Gl. (1) können wir dann ablesen, daß bei willkürlicher Einfallsrichtung α_0, β_0, γ_0 und monochromatischer Strahlung kein abgebeugtes Bündel auftritt. Denn wenn α_0, β_0, γ_0 und λ gegeben sind, so wird es im allgemeinen bei bestimmter Wahl von h_1, h_2, h_3 kein Wertetripel α, β, γ geben, das außer den Gl. (1) auch dieser vierten Beziehung genügt.

15. Reflexionsbedingungen nach BRAGG. In 12 fanden wir:

1. Der Strahlungsweg soll für die Atome in einer bestimmten Gitterebene die gleiche Länge haben. Wir können dieser Bedingung, ohne ihre Bedeutung zu ändern, die für die räumliche Vorstellung anschauliche Fassung geben: Das Röntgenbündel wird an einer Gitterebene „reflektiert".

2. Die Wege der an aufeinanderfolgenden Gitterebenen reflektierten Strahlen sollen um eine ganze Anzahl Wellenlängen voneinander verschieden sein.

Wir berechnen in Abb. 15 den Gangunterschied aufeinander folgender Netzebenen am einfachsten, wenn wir die Punkte P und Q', für welche wir den Gangunterschied suchen, in einem Lot auf der reflektierenden Ebene wählen;

---

[1] Im rechtwinkeligen Achsensystem: $\cos^2 \alpha + \cos^2 \beta + \cos^2 \gamma = 1$.

läßt doch die Verschiebung des abbeugenden Atoms *in* der Ebene nach Q' den Lichtweg unverändert. Nun ist, wie sich aus den rechteckigen Dreiecken PEQ' und PFQ' ergibt

$$BQ'D - APC = EQ' + Q'F = 2\,d\sin\theta.$$

Hier gibt d den Abstand der aufeinanderfolgenden Netzebenen an und θ den Winkel zwischen Bündelrichtung und reflektierender Ebene, den sog. Glanz-winkel[1]. Die zweite Refle-xionsbedingung, die die Zu-sammenwirkung zwischen den an aufeinanderfolgen-den Netzebenen reflektierten Strahlen bestimmt, lautet demnach:

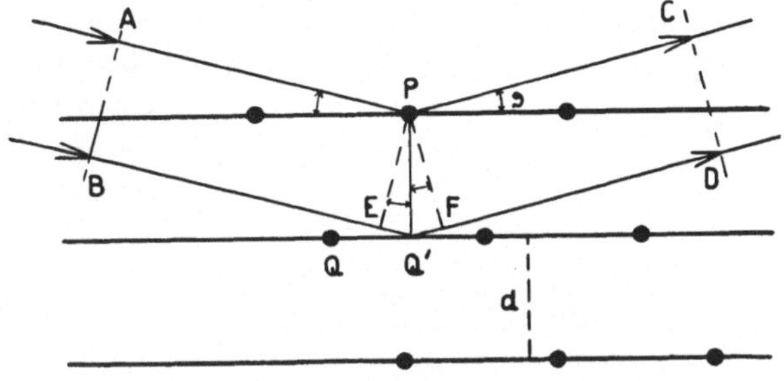

(2) $\qquad 2\,d\sin\theta = n\,\lambda.$

Hier gibt n wiederum die „Ordnung" der Reflexion an (Abb. 16).

Abb. 15. Berechnung des Gangunterschiedes für an aufeinander-folgenden Netzebenen reflektierte Strahlen.

Aus dieser Reflexions-gleichung kann man sogleich ablesen, daß ein einfallendes monochromatisches Bündel im allgemeinen von keiner Netzebene reflektiert wird, weil die erforderliche Winkelbedingung nicht

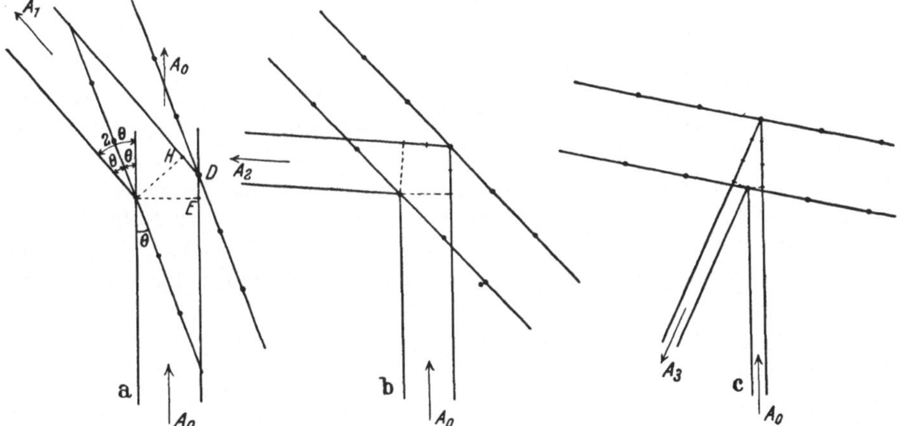

Abb. 16 a bis c. Gangunterschied bei einer Reflexion a erster Ordnung, b zweiter Ordnung, c dritter Ordnung.

gerade erfüllt ist. Eine Änderung der Wellenlänge oder der Einfallsrichtung des Bündels kann jedoch eine Reflexion herbeiführen.

Einfacher als (1) läßt uns (2) übersehen, unter welchen Winkeln ein Gitter monochromatische Strahlung abbeugen kann. Man findet die halben Ab-beugungswinkel, indem man in (2) nacheinander die d-Werte der verschiedenen Netzebenen einsetzt; umgekehrt kann man aus den beobachteten Abbeugungs-winkeln und der bekannten Wellenlänge den Identitätsabstand der reflektieren-den Netzebenen leicht ermitteln. Auch an einer LAUE-Aufnahme (weißes

---

[1] Den Abbeugungswinkel, gleich dem doppelten Glanzwinkel (Abb. 16a), wollen wir — in Abweichung von **2** — weiter mit $2\,\theta$ angeben.

Röntgenlicht) kann man mit Hilfe der BRAGGschen Vorstellung gleich die Richtungen der verschiedenen Abbeugungen übersehen. Das einfallende Bündel wird an den Gitterebenen unter Auswahl der passenden Wellenlängen reflektiert. Man gelangt zur Lage der Beugungspunkte also auch, wenn man das einfallende Bündel als gewöhnliches Licht und die Gitterebenen im Krystall als spiegelnd betrachtet.

16. Indizierung einer Abbeugung. Nach v. LAUE ist eine bestimmte Röntgeninterferenz durch die drei Parameter h_1, h_2, h_3 der Gl. (1), die sog. LAUE-Indices, gekennzeichnet. Diese Indices geben an, um wie viele Wellenlängen der Lichtweg zunimmt, wenn man den abbeugenden Punkt über eine Zellkante verschiebt.

Nach BRAGG geschieht die Kennzeichnung der Reflexion durch Andeuten der Reflexionsebene und der Ordnung n der Abbeugung. Dabei gibt man die Lage der Reflexionsebene — wie in der Krystallographie üblich — durch ihre MILLERschen Indices hkl[1] an.

Zusammenhang beider Indizierungen. Zwischen den Parametern nach v. LAUE bzw. BRAGG besteht folgende Beziehung:

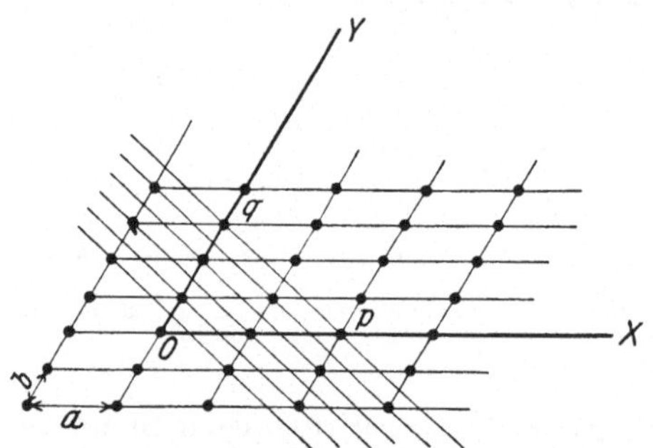

Abb. 17. Gitterebene pq mit Achsenschnitten $Op = 2\,a$, $Oq = 3\,b$. Die MILLERschen Indices sind somit $^1/_2 : ^1/_3 = 3 : 2$. Man sieht, daß die Strecken auf den Achsen zwischen aufeinanderfolgenden Gitterebenen $a/3$ bzw. $b/2$ betragen.

$$(3) \quad h_1 = nh, \qquad h_2 = nk, \qquad h_3 = nl.$$

Beweis. Während in der makroskopischen Krystallographie nur dem Verhältnis der MILLERschen Indices Bedeutung zukommt, findet man im Gitter, daß a/h, b/k, c/l die Strecken angeben, die aufeinanderfolgende Netzebenen der Schar hkl von den Achsen abschneiden. — Für den Beweis dieses Satzes wollen wir uns mit dem Hinweis auf Abb. 17 begnügen. — Bei einer Reflexion n-ter Ordnung an der Ebene (hkl) nimmt der Lichtweg beim Übergang auf die nächstfolgende Netzebene um $n\lambda$ zu: Eine Verschiebung a/h längs der X-Achse vergrößert also die Strahlenlänge um $n\lambda$;

b/k längs der Y-Achse um $n\lambda$;

c/l längs der Z-Achse um $n\lambda$.

Oder aber: Indem wir nun die Verschiebungen auf eine ganze Elementarperiode beziehen, können wir sagen:

Eine Verschiebung um

a längs der X-Achse vergrößert die Strahlenlänge um $nh\lambda$;

b längs der Y-Achse vergrößert die Strahlenlänge um $nk\lambda$;

c längs der Z-Achse vergrößert die Strahlenlänge um $nl\lambda$.

Hiermit sind wir von der BRAGGschen auf die v. LAUEsche Betrachtungsweise gekommen: man sieht, daß nh, nk, nl die LAUEschen Indices vorstellen.

Diese Übereinstimmung beider Triplette (h_1, h_2, h_3; nh, nk, nl) benutzen wir häufig bei den Rechnungen: Man berechnet die Abbeugungswinkel am

---

[1] Diese Indices hkl geben, wie bekannt, an, daß die Ebene von den drei Achsen Strecken abschneidet, die sich wie $a/h : b/k : c/l$ verhalten, wobei $a : b : c$ das krystallographische Achsenverhältnis (Verhältnis der Zellenkanten) ist. Man wählt die MILLERschen Indices so, daß sie keinen gemeinsamen Faktor haben (Reduktion auf kleinste Zahlen).

leichtesten mit Hilfe der Reflexionsvorstellung; dagegen die Intensitäten mit Hilfe der v. LAUEschen Anschauungsweise. Beim Übergang von der einen auf die andere Betrachtungsweise kann man das Indices-Triplett für die Reflexion unverändert beibehalten.

17. Bestimmung der Elementarzelle aus den Abbeugungsrichtungen. Bei der Krystallanalyse werden diejenigen Winkel gemessen, um die ein Krystall ein Röntgenbündel gegebener Wellenlänge abbeugt. Die BRAGGsche Reflexionsbedingung

$$2\,d\sin\theta = n\,\lambda$$

enthält den Glanzwinkel θ, der (Abb. 16) gleich dem halben Abbeugungswinkel ist. Aus jeder Abbeugung kann man also auf einen Netzebenenabstand im Gitter schließen. Es erhebt sich dann die Frage, wie man aus solchen, in verschiedenen Richtungen gepeilten Netzebenenabständen das Gitter, d. h. die Zellenkonstanten: Kanten und Winkel, ableiten kann.

Die verschiedenen Aufnahmemethoden unterscheiden sich durch das Ausmaß der Aussage, die man bei der Messung eines Abbeugungswinkels über die Lage der Reflexionsebene erhalten kann; wir erwähnten schon die Extremfälle: einerseits die BRAGGsche Methode, bei der man die reflektierende Ebene direkt beobachtet, andererseits das Pulververfahren, bei dem die Abbeugungsrichtungen eines Pulvers registriert werden, ohne daß etwas über die zugehörigen Reflexionsebenen bekannt ist. Weiß man z. B. bei drei an einem rhombischen Krystall gemessenen Abbeugungen, daß die drei aufeinander senkrechten Achsenebenen dabei reflektierten, so geben die berechneten Netzebenenabstände uns gleich die Zelle. Weiß man dagegen nichts über die gegenseitige Richtung der Netzebenennormalen, so muß man das rhombische Gitter, in das die gemessenen Netzebenenabstände hineinpassen, noch ausfindig machen.

Es ist zweckmäßig, in einer Gleichung eine direkte Verbindung zwischen den Abbeugungswinkeln und den Zellenkonstanten herzustellen. Mit anderen Worten, wir wollen Gl. (2) unter Eliminierung von d und Einführung der Zellenkonstanten umformen.

Beziehung zwischen Abbeugungswinkeln und Zellenkonstanten. Wir wollen diese Beziehung für den Fall von aufeinander senkrechten Achsen ableiten (kubisches, tetragonales und rhombisches System). Eine einfache Rechnung (Anhang 3, **116**) lehrt, daß in der Schar der Netzebenen (hkl) der Netzebenenabstand

$$d_{hkl} = \frac{1}{\sqrt{(h/a)^2 + (k/b)^2 + (l/c)^2}}$$

ist. Ersetzt man d in der Reflexionsgleichung (2) durch diesen Ausdruck, so erhält man nach Quadrieren und Einsetzen von (3):

$$(4) \qquad \sin^2\theta = \frac{\lambda^2}{4}\left\{\frac{h_1^2}{a^2} + \frac{h_2^2}{b^2} + \frac{h_3^2}{c^2}\right\}.$$

Die besondere Form für das kubische System ($a = b = c$) lautet:

$$(4a) \qquad \sin^2\theta = \frac{\lambda^2}{4\,a^2}\{h_1^2 + h_2^2 + h_3^2\}$$

Gl. (4) in der Form:

$$(4) \qquad \sin^2\theta = \frac{\lambda^2}{4\,a^2}\,h_1^2 + \frac{\lambda^2}{4\,b^2}\,h_2^2 + \frac{\lambda^2}{4\,c^2}\,h_3^2 = A\,h_1^2 + B\,h_2^2 + C\,h_3^2$$

zeigt, daß der experimentell bestimmte $\sin^2\theta$-Wert eine quadratische Funktion der Reflexionsindices $h_1 h_2 h_3$ ist, in deren Koeffizienten die gesuchten Zellendimensionen auftreten[1]. Im Anhang 3, 117 ist noch angegeben, wie man die Gl. (4), die die Beziehung zwischen den Ablenkungswinkeln und den Zellenkonstanten angeben, auch leicht ableiten kann, wenn man von den v. LAUEschen Ablenkungsbedingungen ausgeht.

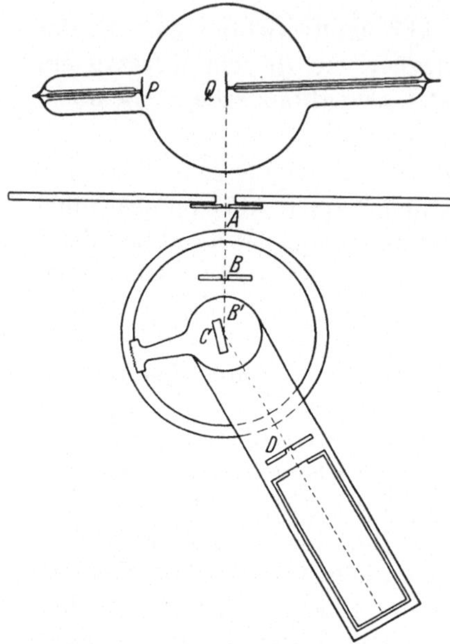

Abb. 18. Schematische Darstellung einer BRAGGschen Apparatur.

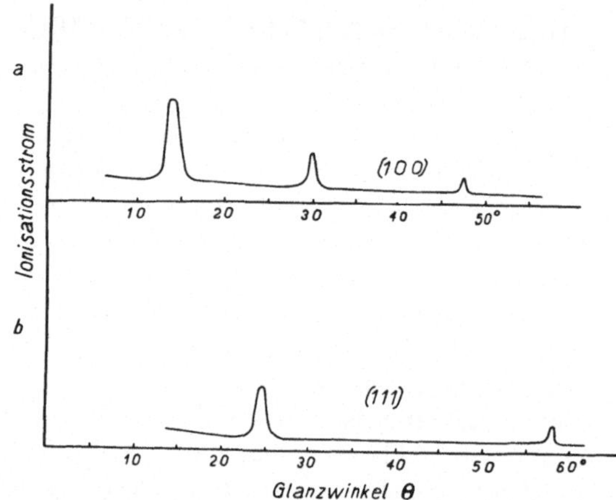

Abb. 19. Schematischer Verlauf des Ionisationsstroms als Funktion des Glanzwinkels[2]. *a* Bei der Reflexion an einer Würfelfläche des KCl; *b* an einer Oktaederfläche des KCl.

---

[1] Ist das Achsensystem nicht rechtwinkelig, so enthält das rechte Glied von (4) auch noch *gemischte* quadratische Glieder und demgemäß im allgemeinen (triklinen) Falle 6 statt 3 Koeffizienten, die in Beziehung stehen zu den 6 die Elementarzelle bestimmenden Größen, Zellenkanten und Achsenwinkeln. Diese allgemeine Form für einen triklinen Krystall (Achsen a, b, c, Achsenwinkel α, β, γ) lautet:

$$\sin^2\theta = \frac{\lambda^2}{4\,D^2}\,[\,b^2 c^2 \sin^2\alpha \cdot h_1^2 + c^2 a^2 \sin^2\beta \cdot h_2^2 + a^2 b^2 \sin^2\gamma \cdot h_3^2 + 2\,a^2 b\,c\,(\cos\beta\cos\gamma - \cos\alpha)\,h_2 h_3 +$$

$$+ 2\,b^2 c\,a\,(\cos\gamma\cos\alpha - \cos\beta)\,h_3 h_1 + 2\,c^2 a\,b\,(\cos\alpha\cos\beta - \cos\gamma)\,h_1 h_2\,]\,,$$

wobei

$$D = a\,b\,c\sqrt{1 + 2\cos\alpha\cos\beta\cos\gamma - \cos^2\alpha - \cos^2\beta - \cos^2\gamma}$$

ist; für das hexagonale System ($a = b$, $\alpha = \beta = 90°$, $\gamma = 120°$):

$$\sin^2\theta = \frac{\lambda^2}{3\,a^2}\,(h_1^2 + h_2^2 + h_1 h_2) + \frac{\lambda^2}{4\,c^2}\,h_3^2\;;$$

für das monokline ($\alpha = \gamma = 90°$):

$$\sin^2\theta = \frac{\lambda^2}{4\,a^2 \sin^2\beta}\,h_1^2 + \frac{\lambda^2}{4\,b^2}\,h_2^2 + \frac{\lambda^2}{4\,c^2 \sin^2\beta}\,h_3^2 - \frac{\lambda^2 \cos\beta}{2\,a\,c \sin^2\beta}\,h_1 h_3\;;$$

für das rhomboedrische ($a = b = c$, $\alpha = \beta = \gamma$):

$$\sin^2\theta = \frac{\lambda^2}{4\,a^2}\,\frac{\sin^2\alpha\,(h_1^2 + h_2^2 + h_3^2) + 2\,(\cos^2\alpha - \cos\alpha)\,(h_2 h_3 + h_3 h_1 + h_1 h_2)}{1 - 3\cos^2\alpha + 2\cos^3\alpha}\,.$$

[2] Diese Kurve entspricht Messungen mit charakteristischer Cu-Strahlung, um unmittelbaren Vergleich mit den Aufnahmen der Abb. 22 zu ermöglichen. Man benutzt aber bei dem BRAGGschen Verfahren meist kleinere Wellenlängen (Mo oder Pt als Antikathode), mit denen man höhere Ordnungen beobachtet.

B. Aufnahmemethoden.

18. Braggsche Methode. Abb. 18 zeigt eine schematische Darstellung und Abb. 20 eine photographische Aufnahme der Braggschen Anordnung. Man

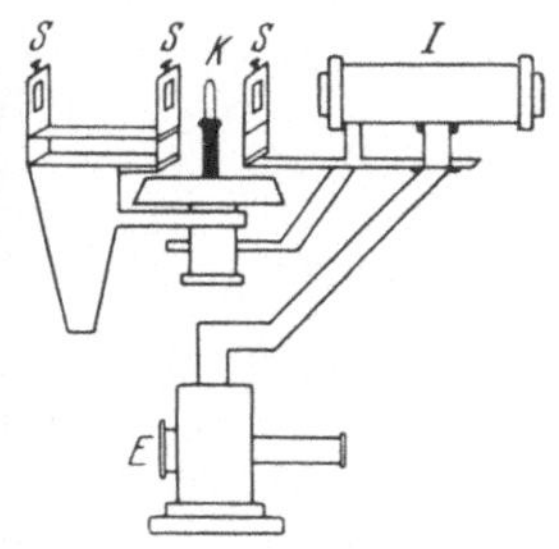

Abb. 20. Braggsches Spektrometer. S Blendensystem; K reflektierender Krystall auf Goniometerkopf; J Ionisationskammer, um die Goniometerachse drehbar und mit E Elektrometer verbunden. Die metallene Ionisationskammer, mit einem schweren Gas wie CH_3Br oder Ar gefüllt, ist auf ein Potential von 300 bis 400 V aufgeladen. Innerhalb derselben ist ein isolierter Draht angebracht, der mit dem empfindlichen Elektrometer verbunden ist. Eine Öffnung in der Vorderwand ist durch 0,01 mm dicke Aluminiumfolie, die die Strahlung leicht durchläßt, verschlossen. Fällt Röntgenstrahlung durch dieses Fenster, so wird das Gas ionisiert, die Ladung kann von der Wand auf den Draht und das Elektrometer übergehen.

blendet aus der monochromatischen[1] Röntgenstrahlung, die von der Antikathode Q der Röntgenröhre ausgeht, ein schmales Bündel auf den Krystall

---

[1] Wie man die monochromatische bzw. bei der Laue-Methode die weiße Strahlung erhält, besprechen wir in **22**.

aus. Zur Ermittlung der reflektierenden Strahlen dreht man den Krystall langsam um die Goniometerachse und beobachtet fortwährend in der Reflexionsrichtung einer bestimmten Netzebene, ob ein abgebeugtes Strahlenbündel auftritt. Dabei soll sich die Ionisationskammer doppelt so schnell wie der Krystall drehen. Den Abbeugungswinkel liest man auf dem Goniometer aus der Reflexionsstellung der Ionisationskammer ab. Der Ionisationsstrom ist proportional der Intensität der Reflexion. Trägt man den gemessenen Ionisationsstrom graphisch gegen den Glanzwinkel auf, so erhält man eine Kurve ähnlich derjenigen der Abb. 19, in der die Reflexionsintensitäten an einer Würfelebene

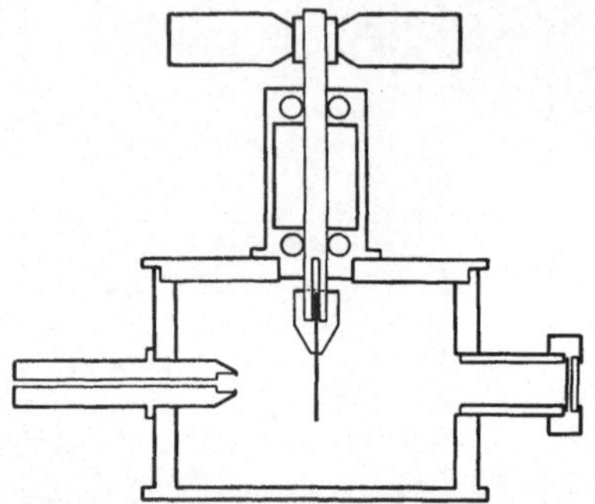

Abb. 21b. Kammer für Pulveraufnahmen. Die vom Brennfleck der Antikathode stammenden monochromatischen Strahlen passieren eine Bleilochblende von etwa 1 mm Lochdurchmesser oder zwei Spalten und treten in die Kammer, in deren Achse sich das dünne Pulverstäbchen befindet. Der Film wird an die Innenwand der Kammer gelegt. Die Strahlen verlassen die Kammer durch Öffnungen in der Kammerwand und dem Film, um der Entstehung sekundärer Strahlung von der Rückwand vorzubeugen; ein fluorescierender Schirm in der Austrittsöffnung ermöglicht eine Kontrolle über die richtige Einstellung des Präparates im Röntgenbündel. Als Behälter des Krystallpulvers benutzt man meist Glasröhrchen mit einer Wanddicke von 0,01 mm; zwecks weiterer Verringerung der Absorption in der Glaswand benutzt man ein besonders leichtes Glas, das sog. LINDEMANN - Glas (Lithiumberylliumborat).

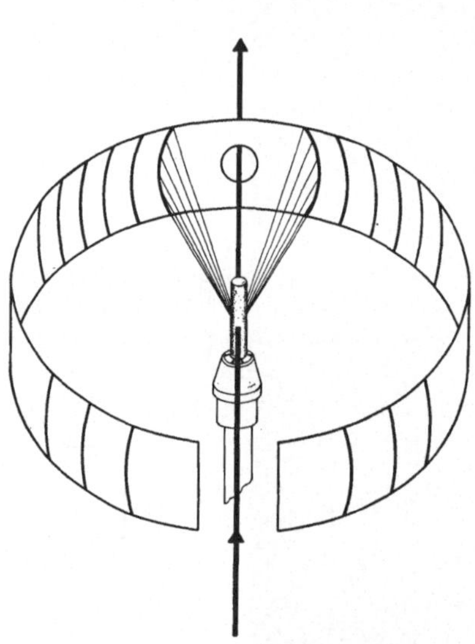

Abb. 21a. Schematische Anordnung bei der Pulvermethode.

(100) des KCl aufgetragen sind (Abb. 19a). Bei 14,2°, 29,3°, 47,3° treten abgebeugte Bündel auf, zwischen deren Glanzwinkeln die Beziehung:

$$\sin 14,2 : \sin 29,3 : \sin 47,3 = 1 : 2 : 3$$

besteht. Dieser ganzzahlige Zusammenhang ist durch Gl. (2) für die Reflexionen verschiedener Ordnungen an derselben Netzebene vorgeschrieben.

Bei der Reflexion an einer Oktaederebene desselben Krystalls findet man (Abb. 19b) Glanzwinkel von 25,1° und 58,0°. Für diese gilt

1. wieder der Zusammenhang $\sin 25,1 : \sin 58,0 = 1 : 2$, der angibt, daß die zweite Reflexion die doppelte Ordnung der ersten hat;

2. $\sin 14,2 : \sin 25,1 = 1 : \sqrt{3}$, übereinstimmend mit der Forderung der Gl. (4a) für Reflexionen gleicher Ordnung an (100) bzw. (111) bei einem kubischen Krystallgitter. Die aufgefundenen Verhältnisse beweisen mithin den kubischen Krystallcharakter.

Aus den Kurven der Abb. 19 kann man also an Hand der Gl. (2) feststellen, daß bei der Struktur des KCl die Würfelebenen im Abstande $\dfrac{\lambda}{2 \sin 14,2} = 2,04\ \lambda$ aufeinander folgen.

19. Pulvermethode nach Debye-Scherrer und Hull. Benutzt man bei der Braggschen Methode monochromatische Strahlung und gibt man dem Glanzwinkel *nacheinander* alle Werte, so stellt man bei der ebenfalls monochromatischen Methode von Debye-Scherrer-Hull alle Orientierungen des Krystalls *zu gleicher Zeit* zur Verfügung, indem man das Bündel auf ein Krystallpulver einfallen läßt.

Schematisch sieht man Präparat, Film und Strahlenbündel in Abb. 21a dargestellt. Abb. 21b zeigt den Längsschnitt durch eine Aufnahmekammer, wie sie in der Praxis verwendet wird.

Liegt ein bestimmtes Kryställchen unter dem richtigen Glanzwinkel, so werden auch alle die Orientierungen genügen, die aus der betreffenden durch eine Rotation um die Richtung des einfallenden Strahls hervorgehen. Dabei beschreibt der

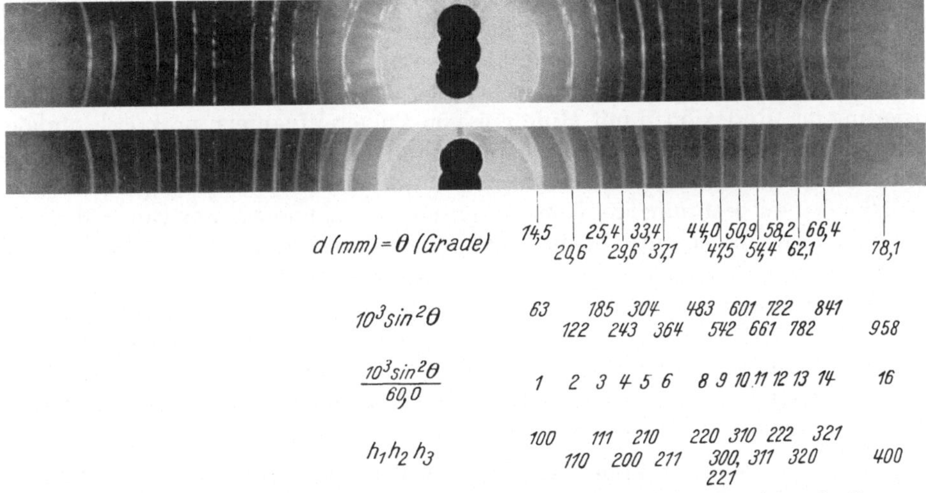

Abb. 22. Pulverdiagramm von KCl. Oben grob, unten fein gepulvert; die Punkte weisen auf größere Kryställchen hin. Ableitung der Indizierung.

reflektierte Strahl einen Kegel um das einfallende Bündel; auf dem zylindrischen Film zeichnen sich die Spuren solcher Kegel ab. Die Diagramme der Abb. 22 zeigen Aufnahmen von gepulvertem KCl, und zwar oben von einem grob gepulverten Präparat; bei dieser Aufnahme beobachtet man auf den Linien Punkte, deren jeder von etwas größeren Krystallkörnern im Präparat stammt. Dies verdeutlicht das Entstehen des Pulverdiagramms; jedes richtig orientierte Kryställchen beugt das Bündel in einer bestimmten Richtung ab. Abb. 22 unten gibt ein Diagramm, in dem die Linien gleichmäßig geschwärzt sind; hier war die Substanz fein gepulvert, überdies wurde das Präparat während der Exposition um die Kameraachse gedreht. Selbstverständlich gibt man solchen Aufnahmen denjenigen mit gröberen Punkten den Vorzug.

Beispiel der Indizierung eines kubischen Pulverdiagramms[1]. An Hand der in Abb. 22 tabellierten Zahlen kann man verfolgen, wie man in diesem einfachsten Falle einer kubischen Zelle die Zellenabmessungen findet. Man mißt den halben Abstand d zusammengehöriger Linien links und rechts. Dividiert man

---

[1] Siehe auch Anhang 4 B.

durch den Kameraradius, so bekommt man den Abbeugungswinkel $2\,\theta$ im Bogenmaß[1]. Sodann berechnet man die Werte von $\sin\theta$. Nach Gl.(4a) soll in diesen Werten ein gemeinschaftlicher Faktor stecken, der sich, wie man sieht, zu $A = 60{,}0 \cdot 10^{-3}$ ergibt. Jetzt kann jede Interferenz indiziert werden, weil ja $\dfrac{\sin^2\theta}{A}$ gleich $\varSigma h^2$ ist; die zugehörigen Indicestripletts $h_1 h_2 h_3$ findet man sodann leicht. Die so gefundene Indizierung ist in der Abb. 22 angegeben.

Aus $A = 60{,}0 \cdot 10^{-3}$ und der Beziehung $A = \dfrac{\lambda^2}{4a^2}$ folgt, mit $\lambda = $ Wellenlänge der benutzten Cu-Strahlung $= 1{,}54$ Å, für die Zellkante $a = 3{,}14$ Å.

Vor- und Nachteile des Pulververfahrens. Man kann aus dem Pulverdiagramm also sehr leicht die Abbeugungswinkel für eine große Zahl von Reflexionen entnehmen. In den Fällen tetragonaler oder hexagonaler Symmetrie, wo Gl. (4) zwei Konstanten enthält, ist es noch möglich — obwohl in nicht so einfacher Weise als im vorangehenden Beispiel — bei den beobachteten $\sin^2\theta$-Werten den betreffenden quadratischen Ausdruck zu finden (**122 b**). Bei drei oder mehreren Konstanten (rhombischer oder niedriger Symmetrie) ist die Identifizierung der Reflexionen mit Hilfe nur von Pulveraufnahmen praktisch unmöglich. Schon bei einem rhombischen Krystall muß man doch versuchen, alle gemessenen $\sin^2\theta$-Werte in die Form $A h_1^2 + B h_2^2 + C h_3^2$ zu gießen, in welcher A, B und C zu bestimmende Konstanten und h_1, h_2 und h_3 zwar ganze, doch im übrigen noch unbekannte Zahlen sind. Das Pulververfahren *an sich* ist hier unbrauchbar für die Ableitung der Zellenabmessungen.

Bei den hochsymmetrischen Krystallsystemen hat das Pulververfahren vor den anderen Methoden den Vorteil, daß keine großen Krystalle benötigt werden, welche von vielen Stoffen nicht zu erhalten sind, daß vielmehr nur einige Milligramm Krystallpulver genügen. Ein weiterer Vorteil liegt darin, daß die benötigte Apparatur und ihre Anwendung sehr einfach sind.

20. Drehkrystallverfahren. Bei dem Drehkrystallverfahren — von POLANYI zum ersten Male angewendet — benutzt man eine Kammer nach DEBYE-SCHERRER, ersetzt aber das Pulverpräparat durch einen kleinen Krystall, den man um eine Zonenachse dreht (Abb. 23 a). Man kennt hier also etwas von der Stellung des Krystalls während der Reflexion, nämlich die Richtung der Zonenachse, um die gedreht wird. In dieser Hinsicht steht das Drehkrystallverfahren zwischen dem BRAGGschen und dem Pulververfahren. Bei jedem Beugungspunkt ist im Diagramm *eine* Beziehung zwischen den betreffenden Indices bekannt.

Schichtlinienbeziehung im Drehkrystalldiagramm. Wir drehen den Krystall z. B. um die krystallographische c-Achse, die wir uns vertikal denken (Abb. 23 b). Die Elementarperiode in dieser Richtung sei c. Man sieht ohne weiteres ein, daß alle Ebenen, die zur Zone der c-Achse gehören — also vertikal stehen — in der horizontalen Ebene reflektieren. Diese Ebenen geben also Abbeugungspunkte auf der horizontalen Mittellinie, dem sog. Äquator. Für alle Reflexionen auf dem Äquator gilt demnach, daß der letzte MILLERsche Index 0 ist.

---

[1] Man wählt öfters den Radius R derart, daß d in mm $= \theta$ in Graden:
$$\frac{d}{R} \cdot \frac{360}{2\pi} = 2\,\theta; \quad d = \theta, \text{ also } R = \frac{180}{2\pi} = 28{,}7 \text{ mm.}$$

Krystallflächen, die einen kleinen Winkel mit der c-Achse einschließen (krystallographisch: mit kleinem dritten MILLERschen Index) geben Reflexionen, die um einen kleinen Winkel gegen den Äquator versetzt sind. Wir wollen im folgenden zeigen, daß die Abbeugungspunkte der Ebenen $hk1$ auf einer zum Äquator parallelen Geraden liegen, die der Ebenen $hk2$ auf einer ebensolchen höhergelegenen „Schichtlinie" usw.

Hierzu fassen wir die Gitterpunkte nicht zu Gitterebenen zusammen, sondern zu Atomreihen, die zur Drehachse (d. h. der c-Achse) parallel sind. Für die Reflexionen gelten dann die Bedingungen: 1. die Punkte einer solchen Atomreihe und auch 2. die Atomreihen untereinander sollen zusammenwirken.

In **13** wurde die erste Forderung erörtert; die abgebeugten Strahlen liegen auf bestimmten Kegeln der nullten, ersten usw. Ordnung um die betrachtete

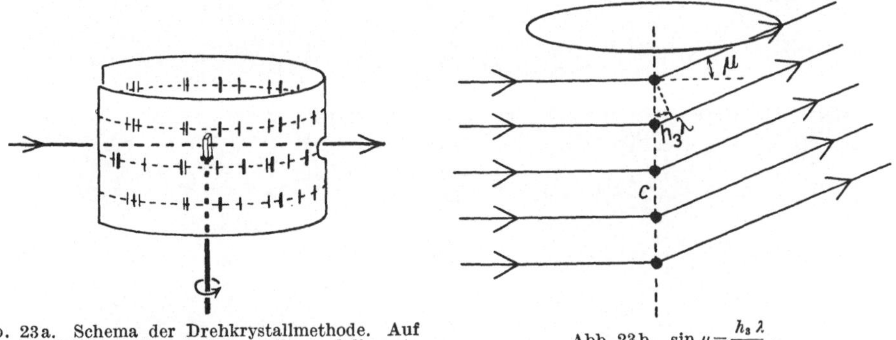

Abb. 23 a. Schema der Drehkrystallmethode. Auf dem zylindrischen Film sind die nullte und die erste Schichtlinie abgebildet.

Abb. 23 b. $\sin \mu = \dfrac{h_3 \lambda}{c}$.

Atomreihe. Der Kegel nullter Ordnung schneidet den Film im Äquator, die Kegel höherer Ordnungen in zum Äquator parallelen Linien. Wir haben dadurch bereits die Lage der Diagrammpunkte auf Schichtlinien erklärt.

Für die abgebeugten Bündel auf der Kegelfläche der n-ten Ordnung beträgt der Gangunterschied zwischen den an aufeinanderfolgenden Atomen abgebeugten Strahlen n Wellenlängen. Nach der Definition der LAUEschen Indices ist demnach n der dritte Index dieser Abbeugungen.

Ist — im allgemeinen Fall — die Drehachse parallel zu der Zonenrichtung $[uvw]$, so ist die Beziehung zwischen der Ordnungszahl n der Schichtlinie und den Indices der auf ihr vorkommenden Reflexionen: $h_1 u + h_2 v + h_3 w = n$. Dies kann leicht überprüft werden: Aufeinanderfolgende Punkte der Drehachse liegen u, v bzw. w Elementarperioden in den drei Achsenrichtungen auseinander; bei der Reflexion $h_1 h_2 h_3$ findet man nach Abb. 8 die betreffende Phasendifferenz durch Addition der Gangunterschiede $h_1 u$, $h_2 v$ und $h_3 w$.

Die horizontalen Schichtlinien sind nach der oben erwähnten zweiten Forderung unterbrochen: nur für spezielle Abbeugungsrichtungen wird auch der Forderung der Zusammenwirkung der verschiedenen Atomreihen Genüge geleistet. Betrachtet man die Anordnung als eine Modifizierung des Pulververfahrens, so sind nicht mehr alle Orientierungen vertreten, was eine Unterbrechung und Auflösung der DEBYE-SCHERRER-Linien in einzelne Punkte mit sich bringt. Die resultierenden Punkte entsprechen Schnittpunkten der erwähnten parallelen Schichtlinien mit den Linien des Pulverdiagramms.

Berechnung der Elementarperiode in der Richtung der Drehachse. Die Abstände der Schichtlinien stehen zur Identitätsperiode in der Drehachse in einfacher Beziehung. Um dies zu erklären, wenden wir uns wiederum den Interferenzkegeln um die Zonenachse zu.

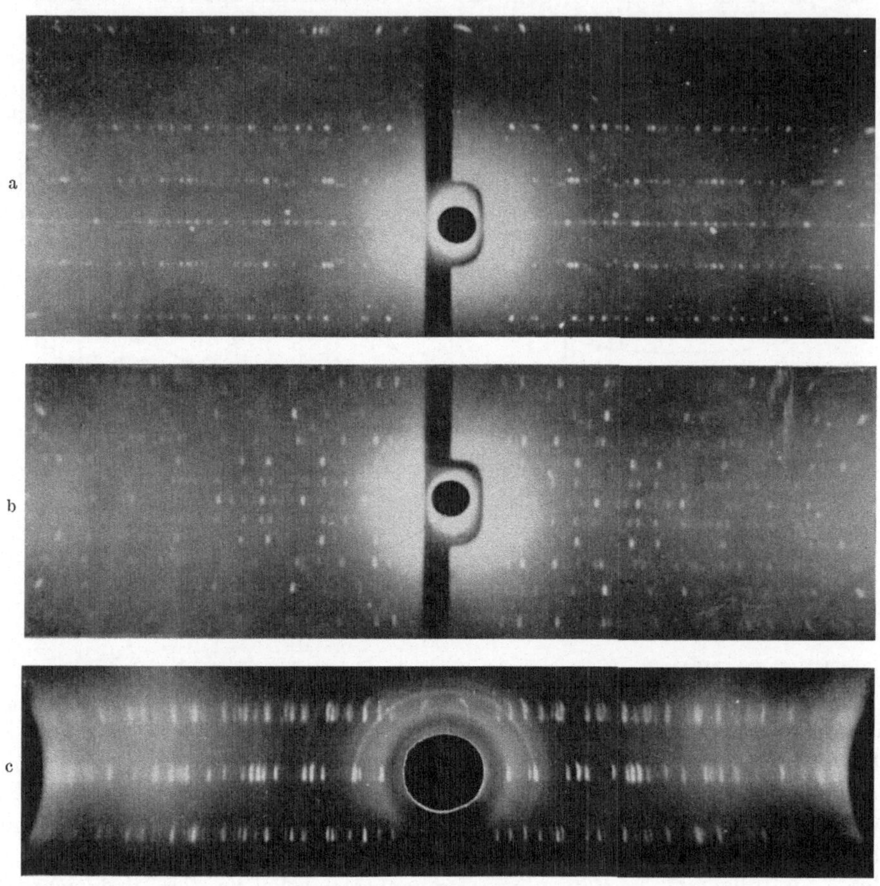

Abb. 24 a bis c. Drehdiagramm um die drei Achsen des rhombischen HgCl$_2$:
a um [100]; b um [010]; c um [001].

Es seien c die Elementarperiode in der Richtung der Drehachse, h_3 die Ordnungszahl der Schichtlinie und μ der Schichtlinienwinkel, so gilt, wie in 2:

(5)[1]
$$c \sin \mu = h_3 \lambda.$$

Man findet μ gemäß Abb. 23 b aus

(6)
$$\operatorname{tg} \mu = \frac{p}{R},$$

wo p die Entfernung der Schichtlinie vom Äquator und R den Radius der Kammer vorstellen. Mit (5) und (6) finden wir also aus den Höhen der Schichtlinien die Identitätsperiode in der Richtung der Drehachse.

---

[1] Das ist Gl. (1) mit $\gamma_0 = 90°$ und $\gamma = 90° - \mu$.

Abb. 24 zeigt Drehkrystallaufnahmen um die drei Achsen eines rhombischen Sublimatkrystalls. Die untenstehende Tabelle gibt dazu die Umrechnung auf Achsenlängen.

	Ordnungszahl der Schichtlinie	Höhe der Schichtlinie über dem Äquator in cm	$\operatorname{tg} \mu = \dfrac{p}{R}$ ($R = 2{,}47$ cm)	Identitätsperiode in Richtung der Drehachse: $\dfrac{h\,\lambda}{\sin \mu}$
24a Drehachse [100]	1	0,66	$0{,}26_5$	6,0
	2	1,50	$0{,}60_5$	$5{,}9_5$
	3	3,04	1,23	$5{,}9_5$
				Mittelwert $a = 5{,}96$ Å
24b Drehachse [010]	1	0,30	0,12	13
	2	0,62	$0{,}25_0$	$12{,}5$
	3	0,96	$0{,}39_0$	12,8
	4	1,36	$0{,}55_0$	12,8
	5	1,88	$0{,}76_0$	12,7
				Mittelwert $b = 12{,}7$ Å
24c Drehachse [001]	1	0,94	$0{,}38_0$	$4{,}3_3$ $c = 4{,}3_3$ Å

Vorteile der Drehkrystallmethode. Die Drehkrystallmethode besitzt vor der Pulvermethode bei der Interpretation[1] zwei Vorteile:

1. Von jedem Abbeugungspunkt ist von vornherein ein Index oder aber bei allgemeinerer Wahl der Zonenachse eine Beziehung zwischen den Indices bekannt.

2. Die Identitätsperiode in der Drehachse ist sofort zu ermitteln.

Führt man die letzte Bestimmung wie in unserem Beispiele des $HgCl_2$ nacheinander an Aufnahmen aus, die man bei der Drehung des Krystalls um drei verschiedene Zonenachsen erhält, so kennt man dadurch die Identitätsperioden auf drei Atomreihen und hat somit schon die Elementarzelle bestimmt.

Die Methode erfordert nur kleine Kryställchen, die aber dennoch genügende Größe haben sollen, damit man die geforderte Orientierung — Zonenachse in der Drehachse — einstellen kann (eine Abmessung wenigstens von der Größenordnung 0,1 mm).

Schwenkaufnahmen. Wenn man bei einer Aufnahme den Krystall nicht eine ganze Umdrehung durchlaufen läßt, sondern ihn über einen kleinen Winkelbereich schwenkt, so kann man bei den auf einer Aufnahme vorkommenden Reflexionen gleich angeben, welche Winkel ihre Netzebenen ungefähr einschließen. Weiß man z. B. von zwei Äquatorreflexionen mit Abbeugungswinkeln $2\,\theta_1$ bzw. $2\,\theta_2$, daß sie zu gleicher Zeit entstanden sind, so schließen ihre Netzebenen in diesem Augenblick einen Winkel θ_1 bzw. θ_2 mit dem einfallenden Bündel ein, somit miteinander den Winkel $\theta_2 - \theta_1$. Dadurch erhält man eine Kontrolle über die Indizierung und kann Reflexionen trennen, die bei einer vollständigen

---

[1] Für die Umrechnung der gemessenen Abstände auf Werte von $\sin^2\theta$ bei den Reflexionen außerhalb des Äquators, siehe **123**.

Drehaufnahme einander überdecken. Das gleiche Ziel erreicht man, wenn man dem Film während der Aufnahme eine mit der Drehung des Präparates gekoppelte Bewegung gibt[1].

Abb. 25. SAUTERsche Apparatur (Mitteilung 35, Seemann-laboratorium).

SAUTER - Diagramm. In Abb. 25 ist eine für die Herstellung von SAUTER - Aufnahmen bestimmte Apparatur abgebildet. Der Krystall wird, wie bei dem Drehkrystallverfahren, um eine vertikale (Zonen-) Achse gedreht. Das Strahlenbündel fällt senkrecht zu dieser Achse ein. Der Film befindet sich auf einer kreisrunden Platte, die sich synchron mit dem Krystall um die Richtung des einfallenden Bündels dreht. Alle Reflexionen außer denen des Äquators werden ausgeblendet.

Die Azimutdifferenz $\Delta\varphi_S$, mit der die Reflexionen im SAUTER - Diagramm (Abb. 26) abgebildet werden, ist gleich dem Winkel, um den sich der Krystall und damit die mit ihm gekoppelte Platte beim Übergang von der einen bis zur anderen Reflexionslage dreht. Sind die Glanzwinkel klein, so sind bei der Reflexion die beiden Gitterebenen in erster Näherung in gleicher Lage; mithin ist der erwähnte Winkel $\Delta\varphi_S$ dem Winkel $\Delta\varphi_R$ zwischen den reflektierenden Netzebenen ungefähr gleich.

Wir müssen aber bedenken, daß die Glanzwinkel für beide Reflexionen etwas verschieden sind:

Reflexionslage I: Netzebene I schließt den Winkel θ_1 mit dem einfallenden Bündel ein.

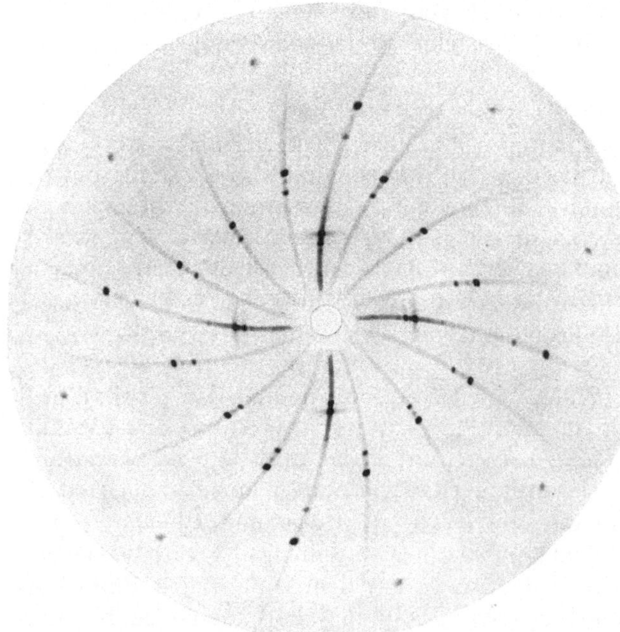

Abb. 26. SAUTER-Diagramm.

<hr>

[1] WEISSENBERG: Verschiebung des cylindrischen Films parallel zu der Drehachse. — SAUTER: Drehung des ebenen Films um seine Normale.

Reflexionslage II: Netzebene II schließt den Winkel θ_2 mit dem einfallenden Bündel ein.

Lageunterschied des Krystalls $\Delta\varphi_S = \Delta\varphi_R + \theta_2 - \theta_1$. Die Reflexionen höherer Ordnungen an *einer* Ebene ($\Delta\varphi_R = 0$) werden mithin im Sauter-Diagramm mit einem Unterschied im Azimut abgebildet, der mit dem Abbeugungswinkel, also mit dem Abstande des Reflexionspunktes von der Diagrammitte, zunimmt. Die Reflexionen höherer Ordnungen einer Netzebene liegen daher nicht auf einer Geraden durch die Diagrammitte, sondern auf einer S-förmig gebogenen Linie. Bringt man jeden Diagrammpunkt im Azimut auf die Tangente an seiner S-Kurve im Mittelpunkt zurück — Korrektion für θ —, so wird für jeden Reflexionspunkt des Sauterschen Diagramms der Azimut gleich demselben der reflektierenden Netzebene (s. weiter Anhang 5).

21. Das Laue-Verfahren.

Die apparative Anordnung ist schematisch in Abb. 3 dargestellt. Aus dem Laue-Diagramm entnimmt man den Richtungen der reflektierten Bündel unmittelbar die Lage der Netzebenen; so betrachtet, liefert es also dasselbe, was auch die goniometrische Messung ergibt: die *Form* der Elementarzelle. Man beobachte die Anordnung der Laue-Punkte auf Ellipsen, die durch den Mittelpunkt der Abbildung gehen. Man sieht leicht ein, daß alle auf einer solchen Ellipse liegenden Reflexionen von Netzebenen stammen, die zur gleichen Zone gehören. Bei der Reflexion an einer Ebene schließen nämlich einfallender und reflektierter Strahl mit jeder Geraden in der Reflexionsebene gleiche Winkel ein. Überlegt man sich also, wie sich die reflektierten Richtungen verhalten, die zu einer bestimmten Einfallsrichtung und einer Schar von tautozonalen Ebenen gehören, so sieht man, daß alle Reflexionsrichtungen denselben Winkel mit der Zonenachse einschließen, nämlich den Winkel zwischen dieser Zonenachse und dem einfallenden Bündel. Die reflektierten Strahlen liegen somit auf einer Kegelfläche um die Zonenachse[1]. Diese Kegelfläche schneidet den Film (senkrecht zum einfallenden Bündel) in einer Ellipse, in der der Durchstoßpunkt des Primärbündels liegt.

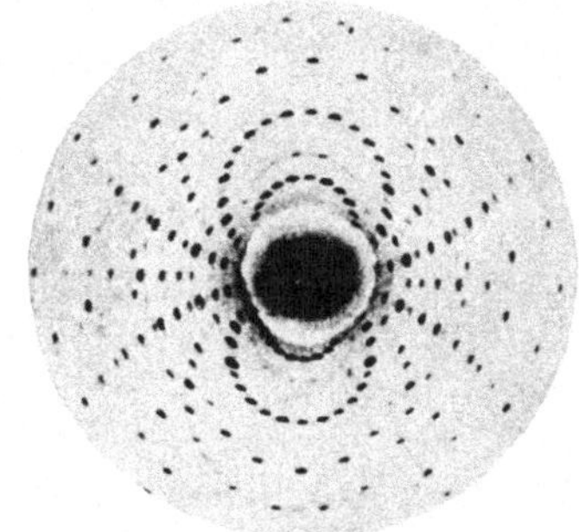

Abb. 27. Laue-Aufnahme von Cerussit. (F. M. Jaeger u. H. Haga: zit. S. 14.)

Laue-Symmetrie. Schon die Symmetrie dieser Diagramme gibt wertvolle Auskünfte. Ist die Durchstrahlungsrichtung eine n-zählige Achse des Krystalls (in Abb. 3 z. B. eine sechszählige), so hat notwendigerweise das Laue-Diagramm dieselbe Symmetrie. Das Diagramm des Cerussits[2] (Abb. 27) zeigt eine zweizählige Achse. Auch die zur Durchstrahlungsrichtung parallelen Symmetrieebenen sind aus dem Diagramm ersichtlich: Im Diagramm des Cerussits erkennt man die beiden zueinander senkrechten Symmetrieebenen.

Es tritt jedoch bei der Symmetrie des Laue-Diagramms eine Komplikation auf: Die Symmetrie, die man aus dem Diagramm abliest, ist zuweilen höher als

---

[1] Auswertung eines Laue-Diagramms im Anhang 4 A

[2] Krystallklasse $2/m$, $2/m$, $2/m$; bezüglich der Nomenklatur siehe **113**.

die wirkliche Krystallsymmetrie; dies rührt daher, daß Ebene und Gegenebene eines Krystalls die Röntgenstrahlen im allgemeinen praktisch im gleichen Maß reflektieren, sogar wenn die Netzebenenfolge, wie bei der (111)-Folge der Zinkblende[1] (Abb. 28a), „polar" ist. Durchstrahlt man z. B. einen ZnS-Krystall in der Richtung der Würfelkante, so tritt in jedem Quadranten des LAUE-Diagramms eine 111-Reflexion auf. Die Reflexionen der anliegenden Quadranten sind zwar an der Tetraeder- bzw. Gegentetraederfläche entstanden, weil aber beide Gruppen gleich stark reflektieren, zeigt der *tetraedrische* Krystall eine *vierzählige* Symmetrie um die Würfelkante (Abb. 28b).

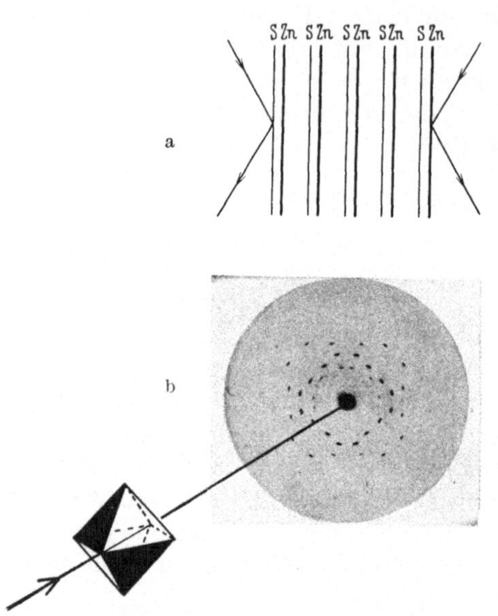

Abb. 28 a u. b. Zinkblende. a Aufeinanderfolge der (111)-Ebenen. Die trigonale Achse ist polar. b Diagramm bei Durchstrahlung in der [100]-Richtung. Diese Richtung ist krystallographisch zweizählig, im LAUE-Diagramm dagegen vierzählig.

Während man das Fehlen eines Symmetriezentrums an einem Krystall sehr wohl aus der ungleichen Entwicklung von Fläche und Gegenfläche, Auftreten des piezoelektrischen Effekts u. ä. feststellen kann, ist es nicht möglich, durch Röntgeninterferenzen zu entscheiden, ob eine Krystallrichtung polar ist oder nicht. Die LAUE-*Symmetrie* (d. h. das aus LAUE-Diagrammen verschiedener Durchstrahlungsrichtungen entnommene System der Symmetrieelemente) *umfaßt immer ein Symmetriezentrum*[2]. Man kann mithin mittels LAUE-Diagrammen nicht alle 32 Klassen der Abb. 175 Anhang 1 unterscheiden, man kann vielmehr nur die 11 Klassen erkennen, die ein Symmetriezentrum besitzen und in der Abbildung mit einem *L* gekennzeichnet sind. Das Symmetriezentrum kann dann der Krystallklasse tatsächlich zukommen oder nicht: im ersten Fall sind LAUE-Klasse und Krystallklasse identisch, im letzten gehört der Krystall einer der Klassen an, die in Abb. 175 der betreffenden LAUE-Klasse in der gleichen Reihe vorangehen. Wie man sich leicht überlegt, sind die Klassen hier nämlich so angeordnet, daß die Hinzufügung eines Zentrums an eine Klasse, die nicht LAUE-Symmetrie besitzt, die Symmetrie auf diejenige der rechts von ihr stehenden *L*-Klasse erhöht.

Vor- und Nachteile des LAUE-Verfahrens. Wir bemerkten schon, daß das LAUE-Diagramm, außer Auskünften über die Krystallsymmetrie, auch gleich die *Form* der Elementarzelle angibt. Weil man aber ohne weiteres nicht weiß,

---

[1] Krystallklasse $\overline{4}\,3\,m$.

[2] Man schließe daraus nicht, daß die Röntgenanalyse prinzipiell nicht imstande sei, in ihren Strukturbestimmungen zu einem eindeutigen Resultat zu gelangen. Dies gilt für die Krystallsymmetrie, solange man nur die Symmetrie der Interferenzen erwägt. Die weitere Analyse, wobei man auch die Anzahl der Teilchen in der Zelle und die Intensitäten benutzt (wie in Kap. 3 beschrieben) unterscheidet alle Möglichkeiten.

welche Wellenlänge aus dem einfallenden heterogenen Bündel in einer bestimmten Reflexion wirksam war, bleibt bei dem LAUE-Verfahren einstweilen die *Skala* der Zelle unbekannt, trotz der „inneren" Entstehung der Röntgenreflexionen.

Die LAUE-Diagramme geben nach der Indizierung eine Statistik über das Vorkommen oder Fehlen vieler Reflexionen, eine wichtige Angabe bei der

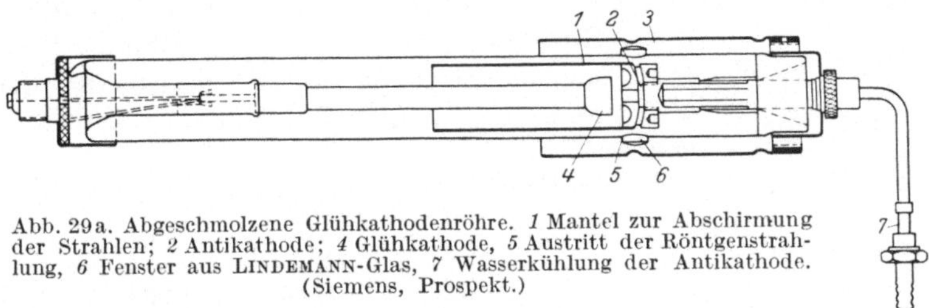

Abb. 29a. Abgeschmolzene Glühkathodenröhre. *1* Mantel zur Abschirmung der Strahlen; *2* Antikathode; *4* Glühkathode, *5* Austritt der Röntgenstrahlung, *6* Fenster aus LINDEMANN-Glas, *7* Wasserkühlung der Antikathode. (Siemens, Prospekt.)

Strukturbestimmung. — Die quantitative Bearbeitung der Intensitätsdaten ist aber verwickelt, unter anderem, weil auch die spektrale Intensitätsverteilung der einfallenden Strahlung eine Rolle dabei spielt. — Nachdem auch das Drehkrystallverfahren gestattet, eine große Anzahl von Reflexionen zu übersehen, ist die Anwendung des LAUE-Verfahrens in den Hintergrund gedrängt. Es bleibt dagegen wichtig bei der Bestimmung der Symmetrie in jenen Fällen, wo deren makroskopische Bestimmung nicht zuverlässig ist.

22. Entstehung der Röntgenstrahlung. Nach dieser Beschreibung der verschiedenen Aufnahmeverfahren wollen wir kurz besprechen, in welcher Weise man Röntgenstrahlung erzeugt. Für die Krystallanalyse braucht man Röntgenröhren, die stundenlang intensive Strahlung liefern können und viel geringere Härte (größere Wellenlänge) haben, als in der medizinischen Praxis üblich ist.

Eine nahezu monochromatische Strahlung der erwünschten Wellenlänge kann bei geeigneter Wahl des Antikathodenmaterials erzeugt werden. Kupfer ist das gebräuchlichste Material, weiter auch Chrom, Eisen, Molybdän u. ä. Es werden sowohl Glühkathodenröhren (Abb. 29a), die das höchst erreichbare Vakuum fordern (etwa 10^{-6} mm) wie auch noch mitunter Ionenröhren (Abb. 29b), die eine Gasfüllung von konstantem niedrigen Druck (etwa 10^{-3} mm) enthalten sollen, benutzt.

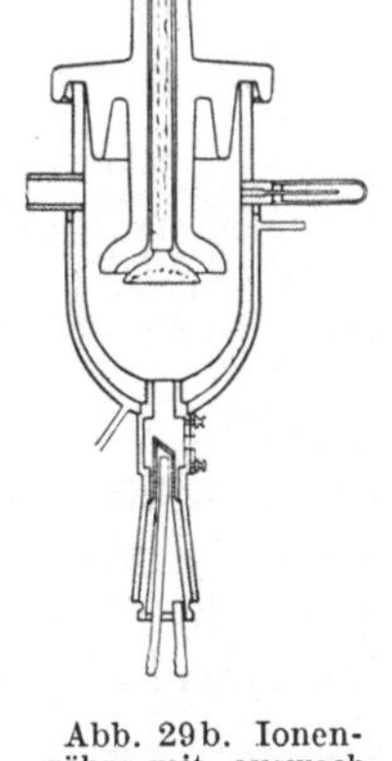

Abb. 29b. Ionenröhre mit auswechselbarer Antikathode (HADDING-Typus), zur Benutzung mit Pumpenaggregat. Al-Fenster. Al-Kathode. Antikathode und Kathode sind wassergekühlt.

In einer Glühkathodenröhre beschießt man die Antikathode mit Elektronen, die, von dem Glühdraht ausgesandt und von der angelegten Hochspannung beschleunigt, dieselbe mit großer Wucht treffen. In einer Ionenröhre wirkt zunächst die angelegte Spannung auf zufälligerweise im Gasrest anwesende Ionen. Diese prallen mit großer Wucht auf die Kathode, wobei hier die zur Entstehung der Röntgenstrahlen notwendigen Elektronen losgelöst werden.

Beim Abbremsen der auf die Antikathode aufprallenden Elektronen senden diese ein Kontinuum von Wellenlängen, die sog. „weiße" Strahlung, aus. Die

bombardierenden Elektronen können auch bei genügender Energie ein Elektron
etwa aus der K-Schale der Atome der Antikathode entfernen. Diese angeregten
Atome haben kurze Lebensdauer; das fehlende Elektron wird sofort aus anderen
Niveaus ersetzt, wobei sich der Energieunterschied der Niveaus $E_X - E_K$ aus-
gleicht durch die Ausstrahlung eines Licht- (Röntgen-) Quants $h\nu = E_X - E_K$
(Abb. 30)[1]. Dies ist die charakteristische Strahlung des Elementes, aus dem die
Antikathode besteht. Je schwerer das Atom, um so härter die charakteristische
Strahlung (MOSELEYsche Beziehung: Wellenlänge
umgekehrt proportional dem Quadrat der Atom-
nummer; s. folgende Tabelle).

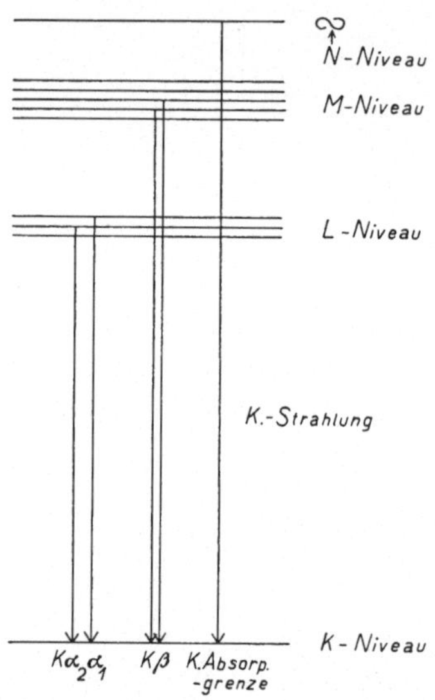

Wellenlänge der K-Serie einiger Elemente.

	α_2	α_1	β
Cr (24) . .	2,289	2,285	2,080
Fe (26) . .	1,936	1,932	1,753
Co (27) . .	1,789	1,785	1,617
Ni (28) . .	1,658	1,654	1,497
Cu (29) . .	1,541	1,537	1,389
Mo (42) . .	0,714	0,708	0,631
Rh (45) . .	0,616	0,612	0,544

Der Übergang vom L- auf das K-Niveau ergibt
die $K\alpha$-Strahlung, derjenige vom etwas energie-
reicheren M- auf das K-Niveau ergibt die etwas
härtere $K\beta$-Strahlung. Die $K\alpha$-Linie ist ein Du-
blett, $K\alpha_1$ und $K\alpha_2$, weil der Ersatz des fehlenden Elektrons in der K-Schale aus zwei benachbarten L-Niveaus stattfinden kann. Die Differenz
der Wellenlängen ist gering (s. die Tabelle); bei
der Beugung an einem Krystallgitter kann man
die Bündel der reflektierenden α_1 und α_2-Strah-
lungen erst bei $\theta = 80°$ bis $90°$ getrennt beobachten (s. **28** letzter Absatz).
Die $K\beta$-Strahlung stört mitunter bei der Strukturanalyse, wiewohl sie etwa
5 mal schwächer ist als die α-Strahlung. Man kann sie aber durch die
geeignete Wahl eines absorbierenden Filters praktisch gänzlich unterdrücken.
Dazu dient z. B. für Kupferstrahlen ein 0,02 mm dickes Ni-Filter. Die β-Strahlung
($\lambda = 1,39$ Å) wird in diesem Filter 6mal stärker absorbiert als die α-Strahlung
($\lambda = 1,54$ Å), weil nur die erste Wellenlänge unter der Absorptionsgrenze des
Ni (1,49 Å) liegt und also nur sie das K-Niveau der Nickelatome anregen kann[2].

Abb. 30. Energieniveaus in einem
Atom. Die Pfeile geben mögliche Elek-
tronensprünge an, und zwar diejenigen,
die vom L- oder M-Niveau ausgehen
und auf dem K-Niveau auftreffen, sie
sind durch $K\alpha_1$, $K\alpha_2$, $K\beta$ angedeutet.

---

[1] Der Minimal-Spannungsabfall V, den ein Elektron (Ladung e) zu durchlaufen hat,
damit es die Aussendung eines Quants $h\nu$ anregen kann, genügt der Beziehung $eV = h\nu$.
Mit $\nu = c/\lambda$:

$$V = \frac{12,34}{\lambda},$$

wobei V in Kilovolt und λ in ÅNGSTRÖM-Einheiten ausgedrückt werden.

[2] Bei sehr genauen Intensitätsmessungen — die weiße Strahlung stört, weil auch sie
reflektiert wird und also Grundschwärzung verursacht — monochromatisiert man die
Strahlung am besten, indem man das Bündel zuerst an einem gut reflektierenden Krystall
(Steinsalz, Kalkspat oder Pentaerythrit) unter dem genauen Glanzwinkel der $K\alpha$-Strahlung
reflektieren läßt. Schleift man die Vorderseite des Monochromators derart ab, daß die
reflektierenden Strahlen die Oberfläche streifen, so erhält man ein schmales reflektiertes
Bündel genügender Intensität.

Die Gas- oder Ionenröhren sind offen und liegen an einer Pumpe, wobei ein Ventil für die Regulierung des Gasdrucks unentbehrlich ist. Die Elektronenröhren sind abgeschmolzen; ist die Antikathode auswechselbar, so sind sie ebenfalls offen, das Vakuum wird durch fortwährendes Pumpen aufrecht erhalten (Quecksilberdiffusionspumpe). Die normale Belastung einer abgeschmolzenen Röhre beträgt etwa 1 kW (z. B. 20 mA bei 50 kV). Eine höhere Belastung wird wegen der erforderlichen Kühlung der Antikathode schwer durchgehalten.

Um intensive Strahlenbündel zu erhalten, baut man die Röhren derart, daß die Antikathode möglichst nahe an die Aufnahmeapparatur gebracht werden kann. Die Strahlung tritt durch Fenster aus wenig absorbierendem Material (LINDEMANN-Glas, Aluminiumfolie) aus.

Der Fokus (die Stelle, an der die Elektronen auf die Antikathode auftreffen) erhält vorzugsweise die Form eines Rechtecks (6:1). Die Strahlung dieses sog. Strichfokus wird dann unter einem Winkel von 10° aufgefangen, wodurch man ihn als Quadrat sieht und die Strahlung am intensivsten wird[1].

Der Nutzeffekt bei der Erzeugung von Röntgenstrahlung ist gering. Nur etwa ein Promille der angewandten Energie setzt sich in Strahlung um. Nur ein kleiner Teil derselben passiert die Blenden der Aufnahmekammer und erreicht das zu beleuchtende Präparat;

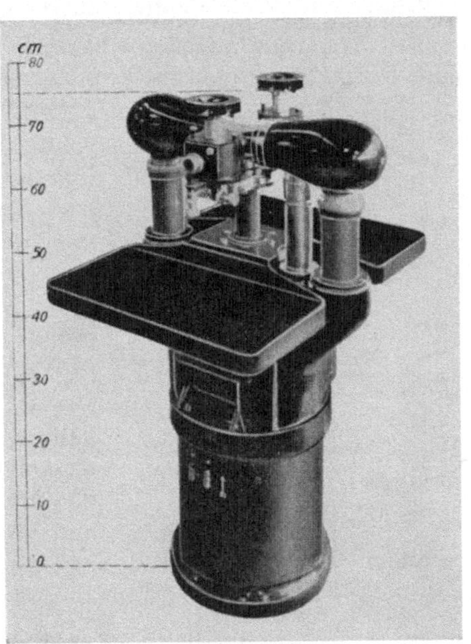

Abb. 31. PHILIPS-Apparat, Röntgenröhre, Kamera und eingebauter Transformator. (Philips techn. Rdsch. 1936.)

ein Krystall in der Reflexionslage lenkt von diesem Teil wieder nur einen kleinen Teil ab.

Die apparative Ausrüstung für die Krystalluntersuchung ist in den letzten 10 Jahren stark verbessert und vereinfacht worden. Abb. 31 zeigt ein gedrängt gebautes Aggregat, das aus einem Hochspannungstransformator, einer Röntgenröhre und Aufnahmekammern besteht. Alle Gefahren des Arbeitens mit einer intensiven Röntgenstrahlung sind hier vollkommen eliminiert. Für die Erzeugung der Strahlen braucht man den Apparat nur an das Lichtnetz anzuschließen. Man erhält eine Pulveraufnahme in etwa 10 Minuten. Der Gegensatz zu der Apparatur, die man früher für die Röntgenuntersuchung aufbauen mußte, ist schlagend. Letzte bestand z. B. aus einer Röntgenröhre, die an einer GAEDE-Pumpe lag, einem umfangreichen Öltransformator und Gleichrichtersystem. Zum Schutz vor der Röntgenstrahlung war die Röhre in einen Bleikasten eingebaut. Die Bedienung war umständlich; die Apparatur erforderte 100 mal mehr Raum als die abgebildete, während die Belichtungszeiten viele Male größer waren.

---

[1] Man reguliert den Abstand Kammer — Antikathode derart, daß der innere Berührungskegel der beiden Blendenöffnungen der Kammer dieses Quadrat gerade umfaßt.

C. Die absolute Skala der Krystallzelle.

Im vorangehenden wurde dargelegt, wie man die Abmessungen der Elementarzelle eines Krystalls ausmessen kann in bezug auf die Wellenlänge der bei der Röntgenabbeugung benutzten Strahlung. Es muß noch hinzugefügt werden, wie man zu dem Absolutwert der Zellenkante gelangt. Selbstverständlich braucht man dazu die Absolutmessung nur *eines* Atomabstandes d oder *einer* Wellenlänge λ; relative Messungen können dann den absoluten Maßstab auf andere Krystalle und Wellenlängen übertragen.

23. Primärbestimmung eines Atomabstandes. Ursprünglich war der Ausgangspunkt die Primärbestimmung eines Atomabstandes. Die Röntgenanalyse von NaCl führt, ohne Mitverwendung der Absolutgröße der Wellenlänge, wie aus einer Diskussion der Beugungsintensitäten hervorgeht (**32**), zum Strukturmodell der Abb. 32. Diese Intensitäten zeigen, daß den Gitterstellen A und B eine *verschiedene* Belegung zukommen muß: Einzelne Na^+- bzw. Cl^--Ionen besetzen die Gitterpunkte.

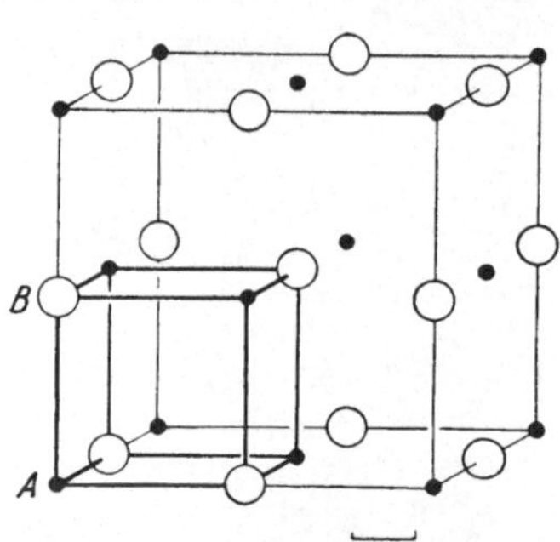

Abb. 32. Elementarzelle von NaCl. Der durch starke Linien hervorgehobene Oktant enthält *ein* Ion (nämlich $^1/_2$ Na und $^1/_2$ Cl).

Der wahre Maßstab dieses Modells ergibt sich aus der Überlegung, daß man mit diesem Aufbau, in dem die Ionen sich im Abstand d aneinander reihen, zu der richtigen Dichte des Krystalls gelangen muß. Aus der Dichte 2,16 und dem Molekulargewicht 58,5 ergibt sich das Volumen eines Mols NaCl, d. h. von $2\,N$ Ionen, zu 27,1 cm³ ($N =$ AVOGADROsche Zahl). Das Volumen pro Ion beträgt demnach

$$\frac{27{,}1}{2 \cdot 0{,}603 \cdot 10^{24}} = 22{,}5 \cdot 10^{-24}\ \text{cm}^3.$$

Dies entspricht einem Würfel mit einer Kante $\sqrt[3]{22{,}5 \cdot 10^{-24}} = 2{,}82 \cdot 10^{-8}$ cm. Andererseits ergibt sich aus der Abb. 32, daß der Würfel mit der Kante $AB = d$ gerade ein Ion enthält. Also

$$d_{\text{Würfelebene im NaCl}} = 2{,}82 \cdot 10^{-8}\ \text{cm}.$$

24. Primärbestimmung der Wellenlänge. Seit etwa zehn Jahren werden genaue Primärbestimmungen der Wellenlänge λ weicher Röntgenstrahlung ausgeführt. Die Wellenlänge wird dabei unter Anwendung eines Kunstgriffs mit einem ROWLAND-Gitter gemessen.

Abb. 33a erläutert das Verfahren: neben dem reflektierten Strahlenbündel (nullte Ordnung) ist das Bündel des ersten Beugungsmaximums eingezeichnet. Die Beugungsbedingung lautet ($KL = d$):

$$\text{Gangunterschied } (KL' - K'L) = d\,(\cos\theta_1 - \cos\theta_0) = \lambda.$$

Bei Verwendung eines Gitters mit d von der Größenordnung 10^{-3} cm und einfallender weicher Röntgenstrahlung mit λ von der Größenordnung 10^{-7} cm muß $\cos\theta_1 - \cos\theta_0$ von der Ordnung 10^{-4} sein; wie aus einer Cosinustabelle ersichtlich, findet man bei einem Einfallswinkel von einigen Zehner Graden $\Delta\theta$ von der Größenordnung 0,01°. Unter diesen Umständen ist eine Trennung der beiden Bündel vollkommen unmöglich.

Wählt man dagegen — und darin besteht der Kunstgriff — θ sehr klein, läßt also die Strahlen streifend einfallen, so hat θ die Größenordnung eines Grads und der Wert von $\Delta\theta$ beträgt dann einige Minuten: Bei streifendem Einfall ändert sich ja die Länge des abgebeugten Strahls nur sehr wenig mit dem Abbeugungswinkel — $\cos\theta$ hat seinen Maximalwert —, so daß sehr kleine Gang-

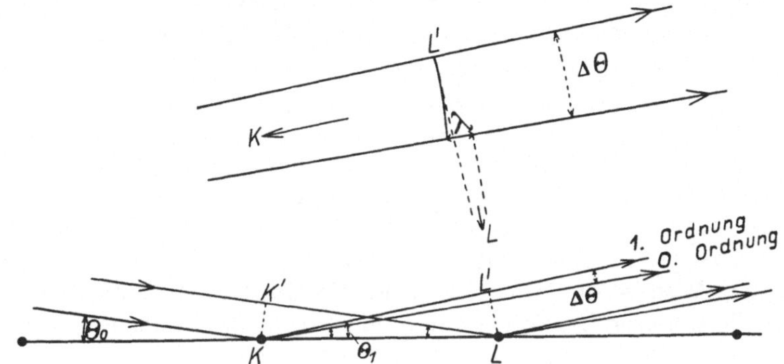

Abb. 33a. Gangunterschiede am ROWLANDschen Gitter bei streifend einfallendem Bündel.

unterschiede noch mit meßbaren Winkeldifferenzen verknüpft sind. Algebraisch: $\cos\theta_1 - \cos\theta_0$ ist annäherungsweise $-\sin\theta\cdot\Delta\theta$. Die Bedingung $\sin\theta\cdot\Delta\theta$ sehr klein verteilt sich bei streifendem Einfall über *beide* Faktoren[1].

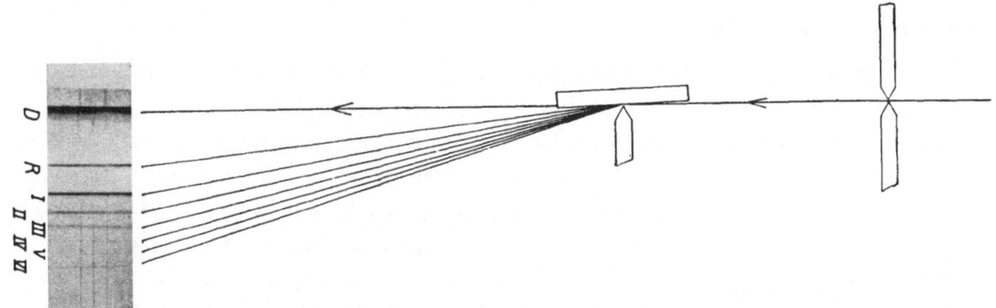

Abb. 33b. Beugung am künstlichen Gitter. D unabgelenktes, R reflektiertes Bündel (0. Ordnung). *I—VI* Bündel höherer Ordnung.

Ordnung	λ-Wert in Å	Ordnung	λ-Wert in Å	Ordnung	λ-Wert in Å
I.	. . . 8,333	III.	. . . 8,331	V.	. . . 8,333
II.	. . . 8,335	IV.	. . . 8,334	VI.	. . . 8,331

Abb. 33b zeigt die Ausführung der Messung und die Ergebnisse.

Nach dieser Absolutmessung einer Wellenlänge erhält man durch die Beugung am Kristall die Absolutwerte der Netzebenenabstände. Dabei dringt man also,

---

[1] Bei Anwendung streifenden Einfalls kann man mit gewöhnlichem Licht Beugungsbilder an einem „Gitter" erhalten, in dem die einzelnen Striche eine Distanz von 1 mm haben. (Ein solches Gitter kann man leicht anfertigen, z. B. durch Einritzen von „Gitterlinien" in eine mattlackierte Spiegelglasplatte.) Blickt man streifend entlang einer solchen Platte nach einer Lichtquelle, deren Spiegelbild also im Auge aufgefangen wird, so beobachtet man beiderseits des gespiegelten Bildes die Beugungsbilder erster, zweiter, dritter usw. Ordnung.

Dreht man das Gewebe, von dem in Fußnote 2, S. 13, die Rede war, um die Richtung der senkrechten Drähte, bis der Blick die horizontalen Drähte streift, so hat wiederum die starke Verkürzung des effektiven beugenden Abstandes zur Folge, daß die Beugungsbilder stark auseinandergehen, und zwar in horizontaler Richtung. Es sei jedem empfohlen, diesen einfachen Versuch zu machen.

von dem mechanisch hergestellten Maßstab des ROWLAND-Gitters ausgehend, ausschließlich mit Hilfe von Beugungserscheinungen bis zu den Atomabständen vor.

Ausgehend von der Primärmessung von λ kann man nun den soeben beim NaCl eingeschlagenen Weg in entgegengesetzter Richtung zurücklegen: Nach der Messung von d_{NaCl} das Volumen eines Ions (d^3) berechnen und mit Hilfe des Molekularvolumens jetzt auf die AVOGADROsche Zahl *schließen*[1]. Dieses Verfahren bildet eine der direktesten und genauesten Bestimmungen dieser Zahl.

Es mag verwunderlich erscheinen, daß man die Wellenlängen und die Zellendimensionen mit einer viel größeren Genauigkeit angegeben findet als die AVOGADROsche Zahl: Die Relativmessungen von d und λ können mit sehr großer Präzision ausgeführt werden[2]. Die *Primär*bestimmung von d oder λ, zu der die Messung einer Dichte und die Kenntnis der AVOGADROschen Zahl (23) bzw. Ausführung eines Beugungsversuches an einem Gitter (24) erforderlich ist, ist viel weniger genau. Man hat nun einen festen Normalwert angenommen, und zwar den Abstand der Spaltebenen im Kalkspat $d = 3,02904$ Å und bezieht auf diesen alle weiteren Zelldimensionen und Wellenlängen der Röntgenstrahlen.

D. Anwendungen.

Wir wollen die Besprechung einer Anzahl von Anwendungen, die lediglich auf den Abbeugungsrichtungen beruhen, hier anschließen. Einige von diesen, die mit Erfolg an Stelle einer chemischen Untersuchung im Laboratorium treten können, können auch von solchen angewendet werden, die in der Krystallberechnung ungeübt sind.

25. Bestimmung der Teilchengröße. Bei verschiedenen Kolloiden wurde die mikrokrystalline Struktur durch die Übereinstimmung ihres DEBYE-SCHERRER-Diagramms mit dem der krystallisierten Substanz nachgewiesen. Die Linien sind dabei breiter, und zwar um so stärker verbreitert, je kleiner die Teilchen sind.

Diese Tatsache kann wie folgt gedeutet werden: In einer Richtung, die nur wenig von der exakten Reflexionsrichtung abweicht, besteht zwischen den von benachbarten Zellen gestreuten Wellen eine kleine Phasendifferenz. Addieren sich die Beiträge *vieler* Zellen, so wird dieser Effekt für weiter entfernte derart ansteigen, daß sie sich vollkommen schwächen: der totale Interferenzeffekt fällt also schnell ab, wenn man von der genauen Reflexionsrichtung abweicht (scharfe Interferenzlinien). Ist dagegen die Zahl der Atome im streuenden Kryställchen klein, so wird bei derselben Phasendifferenz zwischen benachbarten Zellen — d. h. bei gleichem Winkelfehler — die gegenseitige Schwächung über den ganzen Krystall viel geringer sein: die Beugungslinien sind verbreitert.

Die Abb. 34 zeigt deutlich diese Verbreiterung der DEBYE-SCHERRER-Linien, die mit abnehmender Teilchengröße zunimmt. Diese Abbildung gibt die Röntgenogramme von drei verschiedenen MgO-Präparaten. Das zweite Präparat hat eine Korngröße, die ein wenig unter der Grenze (etwa 100 Zellenkanten) liegt, bei welcher die Schärfe der Linien anfängt abzunehmen. Das dritte Diagramm entspricht kolloidaler Dispersion.

---

[1] Also auch über die bekannte Ladung des Grammions auf die Ladung eines Elektrons.

[2] Bei Messungen, die genauer sind als für gewöhnliche Strukturbestimmungen erforderlich, muß noch eine Korrektur für die Brechung der Röntgenwellen bei dem Übergang in den Krystall angebracht werden.

Das Gebiet, in dem die röntgenanalytische Teilchengrößenbestimmung angewendet werden kann — Krystallite mit Kantenlängen von 10^{-5} cm bis zu der Abmessung von einigen Zellen — liegt unter der Grenze der mikroskopischen Beobachtbarkeit; die Methode bildet also eine willkommene Erweiterung im submikroskopischen Gebiet. Sie kommt besonders in Betracht für die Erforschung kolloidchemischer und katalytischer Fragen.

Stark *anisotrope* Gestalt findet man z. B. bei äußerst dünnen Graphitblättchen. Bei einem solchen Krystallpulver sind die Basisreflexionen — wenige reflektierende Netzebenen — stark verbreitert im Gegensatz zu den Prismenreflexionen[1].

Abb. 34. Pulveraufnahmen von MgO. Die Teilchengröße der Präparate nimmt in der Folge *A, B, C* ab. Man erkennt die damit verbundene Linienverbreiterung. [J. T. RANDALL: The Diffraction of X-rays and Electrons by amorphous Solids, Liquids and Gases. (CHAPMAN, 1934).]

SCHERRER, der die erste quantitative Formel für den Zusammenhang zwischen Linienverbreiterung und Teilchengröße angab, leitete für ein Goldsol eine Krystallitgröße von nur 4 oder 5 Zellenkanten ab; das Ergebnis der Teilchengrößenbestimmung aus dem osmotischen Druck stimmt in diesem Fall völlig mit dem röntgenographischen überein[2].

Neben der Teilchengröße hat auch eine eventuelle Gitterdeformation Einfluß auf die Linienschärfe (s. Abb. 37); da sich die beiden Einflüsse nicht voneinander trennen lassen, kann in die Teilchengrößenbestimmung dadurch eine Unsicherheit kommen. Die röntgenographische Bestimmung ist nicht sehr genau. Bei Relativmessungen an Teilchen derselben Form, aber verschiedener Größe, liefert das Verfahren jedoch eine richtige Klassifizierung der Größen.

26. Unterscheidung zwischen amorphem und krystallinem Zustand. Einerseits hat also die Röntgenanalyse gezeigt, daß viele Substanzen krystalline Eigenschaften besitzen, obwohl man ihnen diese früher abgesprochen hatte (eben weil der krystalline Charakter damals nicht nachweisbar war): Nicht nur Kolloide, sondern auch einige feinverteilte Kohlesorten und eine Reihe früher als „amorph" gekennzeichneter Oxyde erwiesen sich als kryptokrystallin. Andererseits zeigten die Röntgenogramme von wirklich amorphen Substanzen, z. B. von Körpern im Glaszustand, daß die Lage der stärksten unter den diffusen Bändern übereinstimmt mit den intensivsten Linien in der Pulveraufnahme der

---

[1] S. Anhang 5, 127.

[2] Falls die Breite einer Interferenzlinie ausschließlich durch die Teilchengröße bedingt ist, d. h. bei unendlich dünnem Präparat und parallelem einfallenden Strahlenbündel, beträgt

$$\beta = \frac{k\,\lambda}{\Lambda\,\cos\theta},$$ wobei β die Halbwertsbreite ist (die Breite der Linie gemessen zwischen den Stellen, wo die Intensität auf die Hälfte des Maximalwerts abgefallen ist), Λ die Kante des würfelförmig gedachten Krystallblöckchens, k eine Konstante, deren Wert mit den bei der Ableitung gemachten Annäherungen wechselt, aber meistens ungefähr 1 beträgt. Bei endlicher Präparatdicke muß man dieser sowie der Absorption Rechnung tragen. Nur in einigen Fällen sind Linienbreite bei grobkrystallinem Präparat und β additiv; in diesen Fällen kann β also einfach gefunden werden als Differenz der Linienbreite bei grob- bzw. feinkrystallinem Präparat.

krystallisierten Substanz: die mittlere Distanz der benachbarten Atome in der unterkühlten Flüssigkeit ist dem Abstand im Krystall angenähert gleich. Abb. 35 zeigt diesen Zusammenhang zwischen den Diagrammen von SiO_2-Glas und von gepulvertem Cristobalit.

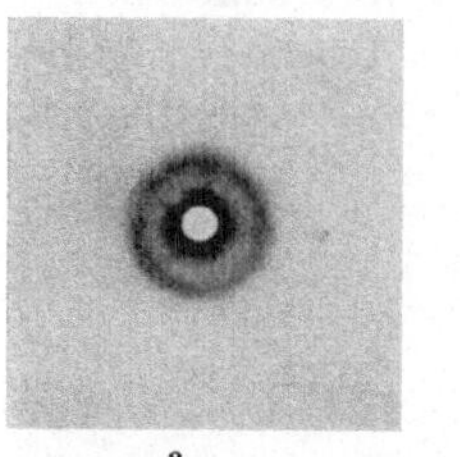
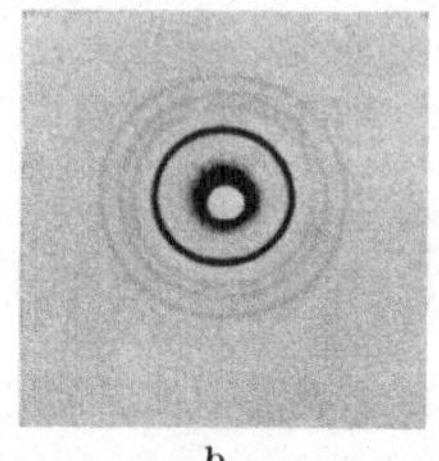

a   b

Abb. 35 a u. b. DEBYE-SCHERRER-Aufnahmen von a Glas, b Cristobalit. (J. T. RANDALL: Diffraction of X-rays.)

Beim Entwässern von kalt gefällten Hydroxyden entstehen mitunter wirklich amorphe Oxyde (u. a. von Cr und Fe), die bei weiterem Erhitzen unter starker Wärmeentwicklung (Aufglühen) in den krystallinen Zustand übergehen. Dasselbe Verhalten zeigt explosives Antimon: röntgenographisch ergibt sich, daß hier nichts anderes als ein amorpher Zustand vorliegt.

27. Metallographische Prüfung. Textur fester Stoffe.

Eine auffallende Eigenschaft des krystallinen Zustandes der Metalle ist ihre große Plastizität, die es ermöglicht, die Metalle zu schmieden, walzen, ziehen, stauchen usw., während andere Körper bei diesen Beanspruchungen zersplittern oder Bruch erleiden.

Die Diagramme der Abb. 36 stellen DEBYE - SCHERRER - Aufnahmen eines gezogenen Kupferdrahtes dar. Obwohl das Präparat aus kleinen Kryställchen besteht, weicht das Bild von einem normalen Pulverdiagramm insofern ab, als die Linien an bestimmten Stellen verstärkt, an anderen abgeschwächt sind; und zwar so, daß sich das Diagramm einer Drehkrystallaufnahme nähert. Aus den Aufnahmen ist abzulesen, daß bei dem Ziehen eine Orientierung der Krystallite stattgefunden hat, wobei sich eine bestimmte Krystallachse mit größerer oder geringerer Streuung parallel zur Drahtrichtung eingestellt hat. Aus der in e angegebenen Indizierung ist zu entnehmen, daß diese Achse im Falle des

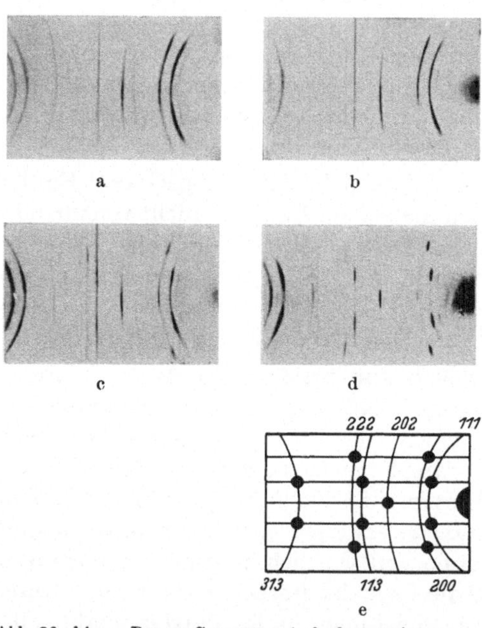

Abb. 36 a bis e. DEBYE-SCHERRER-Aufnahmen eines gezogenen Kupferdrahtes: a nicht abgeätzt (Durchmesser 1,75 mm); b abgeätzt bis auf 1,3 mm; c 1,0 mm; d 0,4 mm Durchmesser; e Indizierung des „Drehdiagramms" um [111]. (Außer den indizierten Reflexionen sind in den Diagrammen noch $K\beta$-Reflexionen wahrnehmbar.)

Kupfers die [111]-Achse ist. Die Aufnahmen a bis d stammen von einem gezogenen, nicht weiter behandelten Draht (1,75 mm Dmr.), bzw. von demselben Draht nach Abätzen bis auf 1,3, 1,0 und 0,4 mm Dmr. Der zunehmende Drehkrystallcharakter der Aufnahme zeigt, daß die Orientierung am stärksten im Innern des Drahtes auftritt.

Beim Kaltbearbeiten der Metalle (stauchen, walzen, ziehen) werden die Gitter orientiert und außerdem auch gestört. Diese Störungen ergeben im

Röntgenogramm eine Verbreiterung der Linien, wie aus Abb. 37, einem sog. Rückstrahldiagramm einer gewalzten Platte aus Elektrolyteisen, zu ersehen ist. Abb. 38 zeigt, wie man solche Diagramme erhält: nur die Linien mit großem Ablenkungswinkel werden aufgefangen. Wir sehen nun, daß die α_1- und α_2-

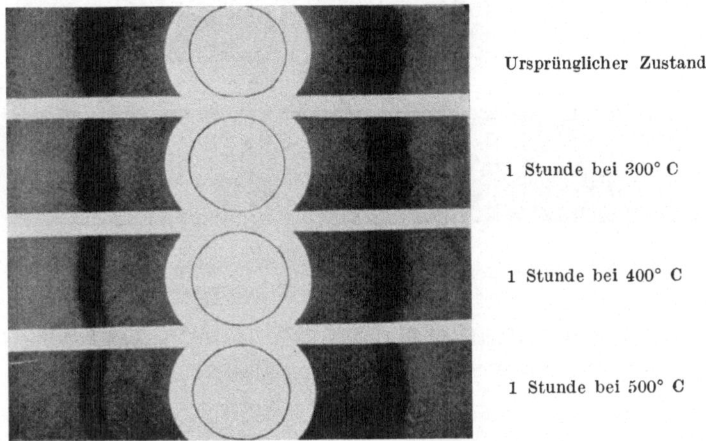

Abb. 37. Rückstrahlaufnahmen von kaltgewalztem Elektrolyteisen nach verschiedenen Wärmebehandlungen.

Linien (s. 22) bei dem gewalzten Eisenblech zu einer breiten, diffusen Linie zusammengeschmolzen sind. Nach Erhitzen ist diese Verbreiterung und also auch die Gitterstörung verschwunden; das Metall ist rekrystallisiert.

Abb. 39 b gibt das Diagramm eines Wolframdrahtes aus einer Glühlampe wieder. Die Aufnahme zeigt, daß es sich um einen Einkrystall handelt. Es tritt also dasselbe Bild auf, wie wenn aus einem Einkrystall eine Spirale geschnitten worden wäre; in Wirklichkeit ist der Einkrystall natürlich durch Rekrystallisation *nach* der Formgebung zu einer Spirale entstanden.

Läßt man senkrecht zu einem gewalzten Silberblech ein monochromatisches Röntgenbündel einfallen, so entsteht das Diagramm der Abb. 40a. Man kann dieses Diagramm beschreiben als Schwenkdiagramm um [112], geschwenkt um etwa

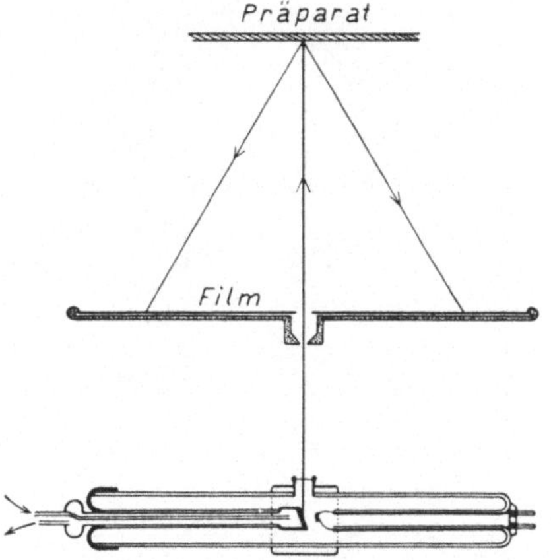

Abb. 38. Schema der Anordnung einer Rückstrahlaufnahme. Die einfallende Strahlung passiert den durchbohrten ebenen Film, bevor sie auf das Präparat trifft[1].

15° nach beiden Seiten der Stelle, in der das Strahlenbündel senkrecht zu (110) einfällt. Die Krystallite haben sich offenbar beim Walzen orientiert, und zwar in der Weise, daß [112] in der Walzrichtung und (110) mit einer

---

[1] Zur Vermeidung des Auftretens von gröberen Punkten wie in Abb. 22 oben muß wiederum das Präparat gedreht werden. Hier wird dieselbe Wirkung durch Drehung des *Films* bei feststehendem Präparat erreicht; metallische Werkstücke können hier also als „Präparat" dienen.

Streuung von etwa 15° parallel zur Walzebene liegt (Abb. 40b). Bringt man ein so bearbeitetes Blech längere Zeit (z. B. 1 Tag) auf höhere Temperatur (anlassen),

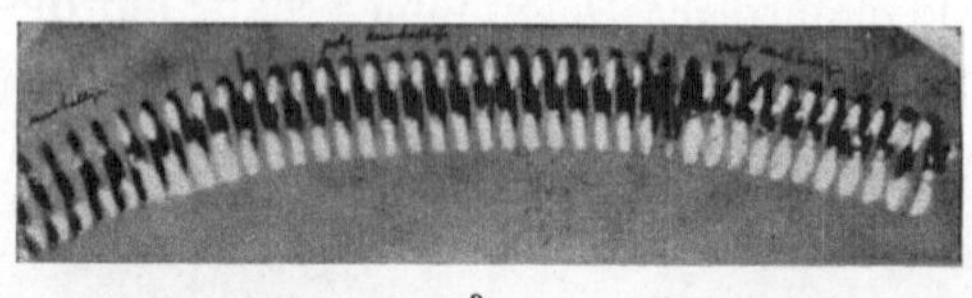

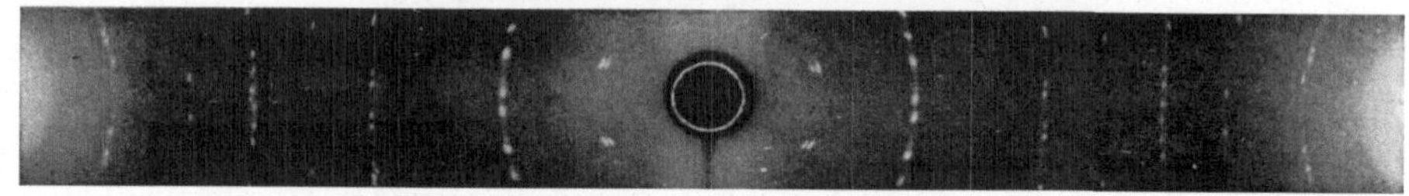

Abb. 39a u. b. a Wolframspirale aus einer Glühlampe, rund 30mal vergrößert; b Drehkrystallaufnahme von 21 Windungen, die den Einkrystallcharakter zeigt.

so tritt Rekrystallisation ein, wie beim Vergleich der Abb. 40a und c aus der Änderung der Lage und Schärfe der Reflexionen ersichtlich ist.

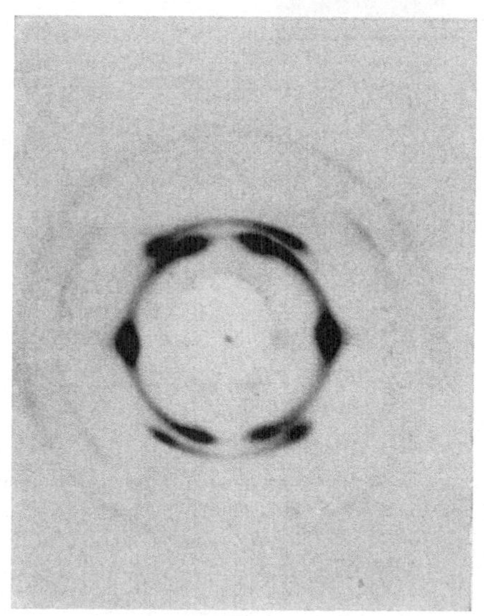

a

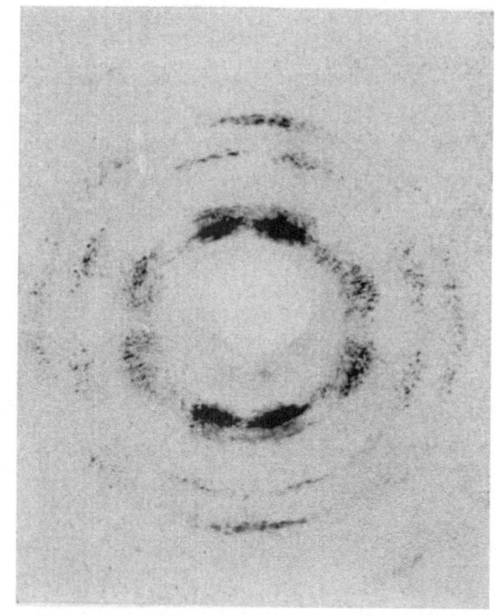

c

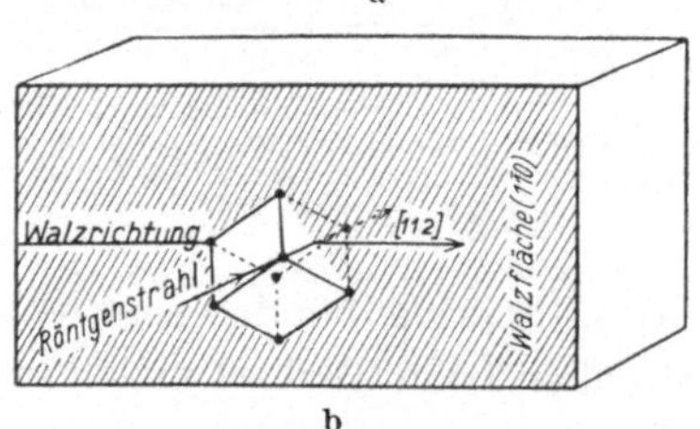

b

Abb. 40a bis c. a Röntgenogramm eines gewalzten Ag-Blättchens; das monochromatische Bündel fällt senkrecht ein. b Orientierung der Krystallite in gewalztem Ag. c Röntgenogramm des Ag-Blättchens nach Anlassen auf 225°. (R. GLOCKER: Materialprüfung mit Röntgenstrahlen. Berlin: Julius Springer 1936.)

Nicht nur bei Metallen ist das Auffinden der Lage der Krystallite, der sog. „Textur", von Interesse. Man hat Röntgenaufnahmen einer polykrystallinen Quarzmasse aus einem deformierten, in einer bekannten Richtung abgeschobenen Gestein gemacht. Aus diesen Diagrammen konnte man ableiten, daß die

Hauptachse der Krystallite sich ungefähr parallel zu der Gleitrichtung des Gesteins orientiert, während eine der Prismenebenen parallel zu der Gleitfläche liegt. Nach dieser Feststellung können Röntgenaufnahmen also auch Auskunft geben über die Gleitrichtung in tektonischen Quarzgesteinen.

Die Entscheidung zwischen echten und gezüchteten Perlen beruht ebenfalls auf einer solchen Texturprüfung. Echte Perlen sind aufgebaut aus konzentrischen Schichten von Calciumcarbonatkrystallen, deren trigonale Achsen radial angeordnet sind (Abb. 41a). Fällt ein sehr schmales Bündel zentriert auf eine solche Perle, so werden alle Krystallite parallel zur trigonalen Achse durchstrahlt: es entsteht ein LAUE-Diagramm mit sechszähliger Symmetrie (Abb. 42a). Gezüchtete Perlen zeigen ein ganz anderes Durchstrahlungsdiagramm (Abb. 42b).

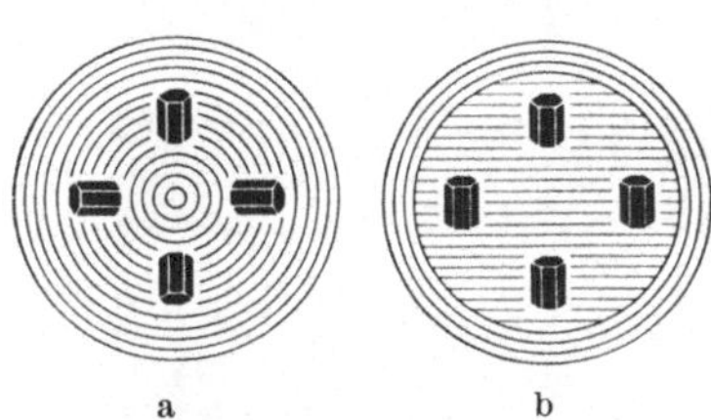

a   b

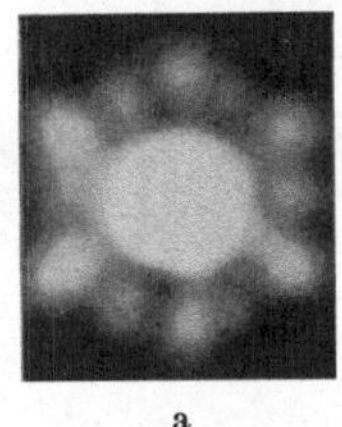

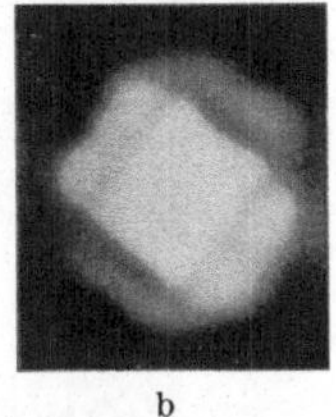

a   b

Abb. 41a u. b. Schematische Darstellung der Struktur einer echten und einer gezüchteten Perle. a Die echte Perle ist aus konzentrischen Perlmutterschichten (CaCO₃-Krystallen) aufgebaut. b Der Kern der gezüchteten Perle besteht aus ebenen Perlmutterschichten, auf welchen sich einige wenige konzentrische Schichten abgesetzt haben.

Abb. 42a u. b. LAUE-Diagramme einer echten und einer gezüchteten Perle. a Das Diagramm einer echten Perle zeigt immer ein Muster mit sechszähliger Symmetrie. b Eine gezüchtete Perle gibt ein schiefes Diagramm. [W. G. BURGERS: Philips techn. Rdsch. 1, 60 (1936).]

Nur die äußeren Schichten besitzen hier radiale Anordnung (Abb. 41b), der größte Teil der Masse besteht jedoch aus parallel gerichteten Krystalliten; das zentrisch einfallende Röntgenbündel ist jetzt willkürlich zur Krystallage orientiert.

28. Die Unterscheidung zwischen Gemenge, Verbindung und Mischkrystall. Oft erhebt sich die Frage, ob ein Konglomerat, eine Verbindung oder ein Mischkrystall vorliegt. Die Röntgenanalyse kann zu dieser Entscheidung mit Erfolg herangezogen werden. Ein Konglomerat gibt nämlich ein Röntgenogramm, das aus den Diagrammen der beiden Krystallarten besteht; eine Verbindung ergibt ein Diagramm, gänzlich verschieden von denen der Komponenten, während ein Mischkrystall ein Diagramm zeigt, in dem jede Reflexion einen θ-Wert hat, der zwischen den entsprechenden Werten der Komponenten liegt. (In einem Mischkrystall sind die verschiedenen Atomarten verteilt über die Gitterpunkte eines dem der Komponenten analogen Gitters mit intermediärem Netzparameter.)

Eine wichtige technische Anwendung dieses Verfahrens ist die Röntgenprüfung von Legierungen, von den verschiedenen Phasen, die beim Zusammenschmelzen von Metallen in verschiedenen Mengenverhältnissen entstehen. Abb. 43 zeigt die Röntgenogramme verschiedener Cu-Zn-Legierungen (Messing) mit zunehmendem Zinkgehalt. Man liest aus den Diagrammen I und II ab, daß die Kupferstruktur bei Zinkzusatz anfänglich erhalten bleibt und zwar unter geringer Ausdehnung des Gitters, die sich aus einer Verschiebung der Beugungslinien nach kleinerem Ablenkungswinkel, die bei den äußeren Linien besonders hervortritt, ergibt. In diesem Gebiet ersetzen die Zinkatome einen Teil der Kupferatome unter Erhaltung des Gittertypus (Mischkrystalle). Es zeigt sich, daß in dieser Weise über 30% Zink aufgenommen werden kann. Auch in III findet man

dieses Diagramm wieder (jetzt sind die Linien noch mehr verschoben), bei
dieser Zusammensetzung treten aber außerdem noch neue Linien auf. Bei der
Zusammensetzung IV findet man ausschließlich diese neuen Linien; sie gehören

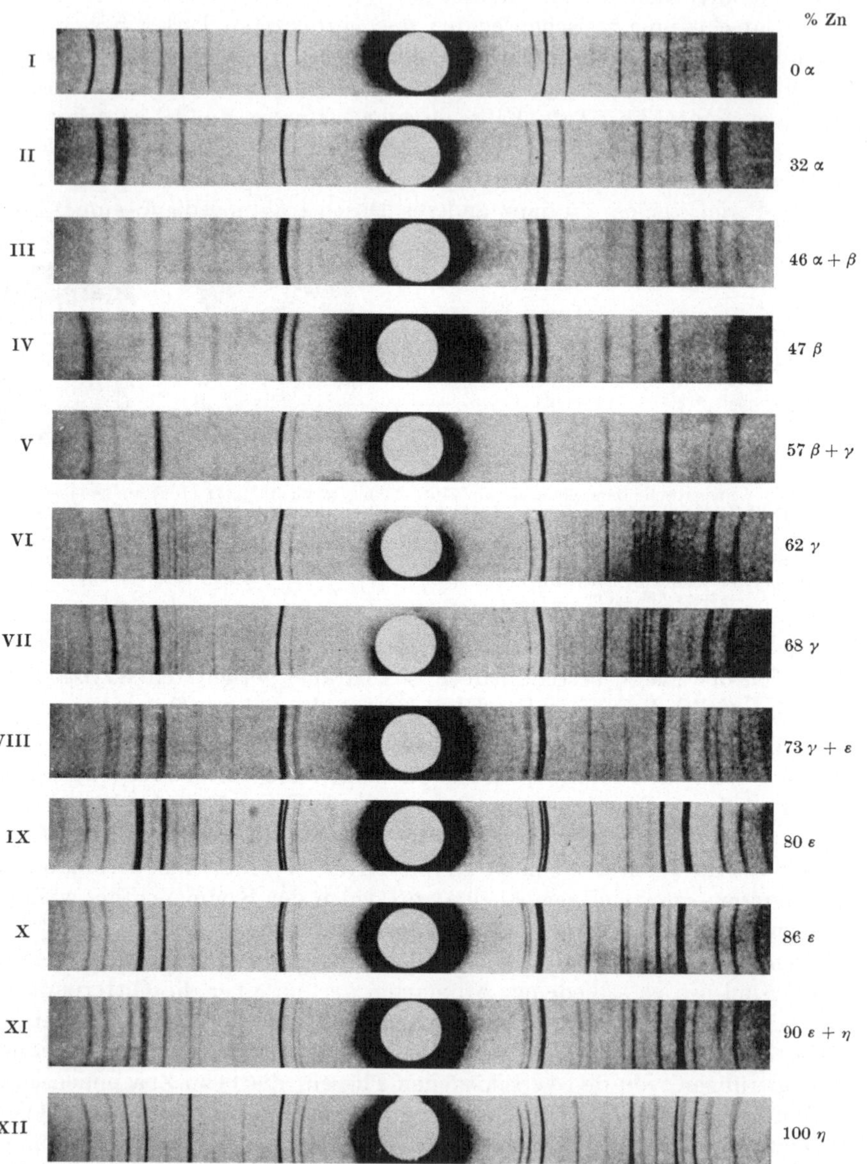

Abb. 43. Pulveraufnahmen von Cu-Zn-Legierungen mit wachsendem Zn-Gehalt.   [WESTGREN u. PHRAGMÉN:
Philos. Mag. J. Sci. [6], 50 (1925).]

also zu einem neuen Gittertyp, dessen Zusammensetzung nahe derjenigen der
Verbindung CuZn liegt. Das Diagramm III entspricht also einer Legierung,
die zwei Krystallarten nebeneinander enthält, die des Cu- (α-) und des CuZn-
(β-) Typus. Bei Zinkzusatz zu Kupfer finden wir also nacheinander ein homogenes

Mischkrystallgebiet vom Typus α, ein Entmischungsgebiet, in dem Mischkrystalle vom α- und vom β-Typus koexistieren, und danach ein (schmales) Einphasengebiet von Mischkrystallen des Typus β. Im heterogenen Gebiet ändert sich das Mengenverhältnis der koexistierenden α- und β-Phasen; die Zusammensetzung der Phasen an sich bleibt jedoch in diesem Gebiet konstant. Dies geht aus dem Röntgenogramm daraus hervor, daß das α-Diagramm im Gebiet α + β bei zu-

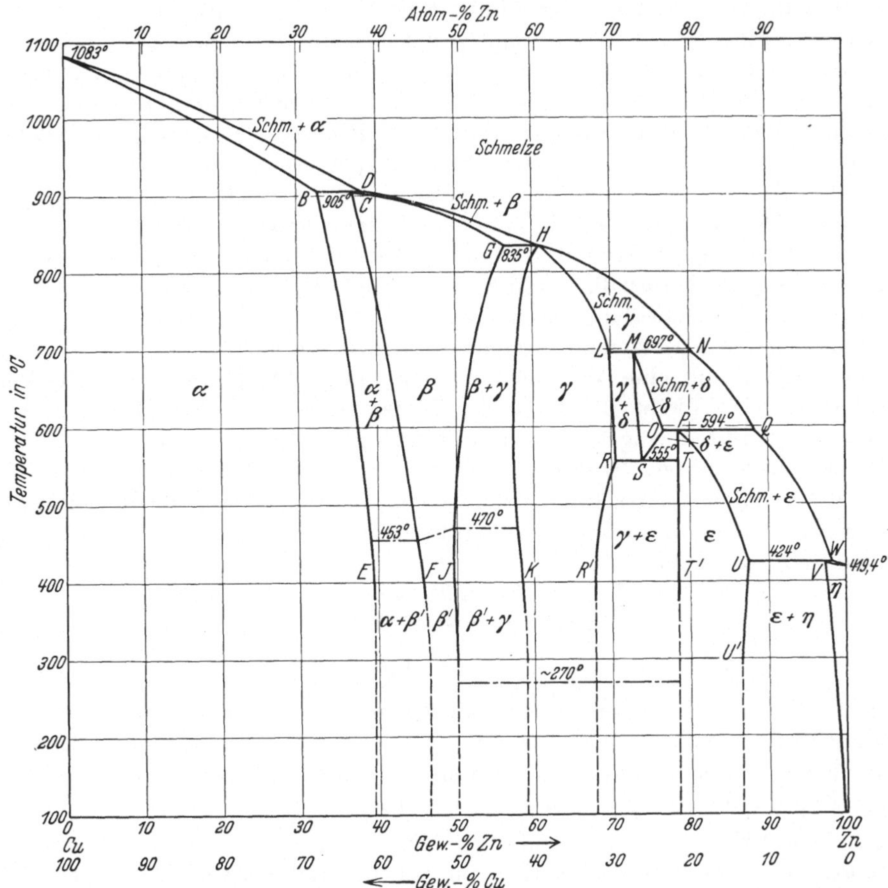

Abb. 44. Zustandsdiagramm des Systems Cu-Zn. (HANSEN, M.: Der Aufbau der Zweistofflegierungen. Berlin: Julius Springer 1936.)

nehmendem Zinkgehalt an Intensität gegenüber dem β-Diagramm zurücktritt, wobei die Lage der Linien völlig konstant bleibt[1].

[1] Abb. 43 enthält nur eine Aufnahme (III) in dem heterogenen α + β-Gebiet; die oben erwähnte Feststellung kann also nicht abgelesen werden.

Fragt man, z. B. für die α-Phase, nach der Grenzzusammensetzung, bei der die Koexistenz mit der β-Phase auftritt, so könnte man Aufnahmen von einer Reihe von Legierungen machen die in der Nähe dieser Grenze (40% Zn) liegen, um festzustellen bei welcher Zusammensetzung die Linien des β-Typus zum ersten Male auftreten. Dieses Verfahren wäre jedoch sehr ungenau. Die genaue Grenzzusammensetzung kann man ermitteln aus der Lage einer hoch indizierten Beugungslinie im Diagramm des Konglomerats: im angrenzenden homogenen Gebiet, d.h. in dem der α-Phase, werden Ablenkungswinkel (Zellendimensionen) und Zusammensetzung einer Reihe von Legierungen bestimmt und graphisch dargestellt; man findet dann durch Extrapolieren die Zusammensetzung der α-Phase im heterogenen Gebiete.

Nach höherem Zinkgehalt fortschreitend lesen wir ab, daß neue Strukturtypen gefunden werden bei den Zusammensetzungen VI und VII, IX und X und bei XII. In den dazwischenliegenden Gebieten V, VIII und XI sieht man, daß die Legierung wieder aus einem heterogenen Konglomerat besteht. Die β-Struktur liegt, wie wir oben bemerkten, nahe an der Zusammensetzung CuZn, die γ-Struktur um Cu_5Zn_8, ε bei $CuZn_3$. In den homogenen Gebieten zeigt sich wiederum die Verschiebung der Linien mit der Zusammensetzung.

Dieses röntgenanalytische Verfahren hat sich in letzter Zeit zu einem mächtigen Hilfsmittel zur genauen Bestimmung von Zustandsdiagrammen entwickelt. (Ein solches Diagramm ist in Abb. 44 für das System Cu—Zn wiedergegeben.) Dabei geht das Verfahren insofern über die Ergebnisse der thermischen Analyse der Systeme hinaus, daß auch die Strukturtypen festgestellt werden, was für die Kenntnis der Eigenschaften von großem Interesse ist.

Ob ein Metall die Fähigkeit hat, eine kleine Menge eines Fremdelementes in seinem Gitter aufzunehmen, ist von großer Wichtigkeit im Hinblick auf die Änderung gewisser Materialkonstanten (z. B. Zugfestigkeit) durch die zugesetzten Elemente. Zur Entscheidung dieser Frage braucht man nur die Röntgenogramme vor und nach dem Zusetzen der Fremdsubstanz zu vergleichen: während bei einer Mischkristallbildung eine Verschiebung der Linien (Änderung der Gitterkonstanten) auftritt, bleibt die Lage der Linien konstant, wenn der Zusatz in eigenen Krystalliten eingeschlossen wird (Konglomerat).

Beim Vergleich der Diagramme I und II der Abb. 43 erwähnten wir schon, daß die Verschiebung der Linien infolge der Änderung der Zellendimensionen[1] bei großen Ablenkungswinkeln am größten ist. Dies ist aus den Beugungsbedingungen abzulesen:

$$2\,d\,\sin\theta = n\,\lambda$$
$$2\,d\cos\theta\,\delta\theta + 2\sin\theta\delta d = 0$$
$$\delta\theta = \frac{-\delta d}{d}\,\mathrm{tg}\theta.$$

Liegt θ nahe an $90°$, so ändert sich also θ stark mit d: Linien mit großem Ablenkungswinkel sind am besten geeignet für eine genaue Bestimmung der Zelldimensionen. Aus Rückstrahldiagrammen können die Zelldimensionen auf einige Zehntausendstel genau bestimmt werden.

29. Identifizierung von chemischen Verbindungen. Es sind verschiedene Metalloxyde bekannt, deren Farbe von der Darstellungsweise abhängt. Dem langwierigen Streit über die Frage, ob es sich hier um verschiedene Modifikationen handelt, konnte die Röntgenanalyse ein Ende bereiten:

Es ergab sich, daß rotes und gelbes Cu_2O, die man u. a. durch Reduktion von Cupriverbindungen auf verschiedenen Wegen erhalten kann, sich nur hinsichtlich der Krystallgröße unterscheiden. Das Anwachsen der gelben zu den roten Krystallen ist in der zunehmenden Schärfe der Pulverlinien zu verfolgen.

Rotes und gelbes PbO dagegen geben gänzlich verschiedene Röntgenogramme: hier gibt es also zwei Modifikationen mit verschiedenen Krystallstrukturen.

---

[1] Dasselbe gilt, wie schon in **22** bemerkt, bei Änderung der Wellenlänge, wie aus der Differenzierung der Gl. (2) auf S. 15 nach θ und λ

$$2\,d\cos\theta\,\delta\theta = n\,\delta\lambda$$

hervorgeht.

Man hatte sich sehr viele Mühe gegeben, um die Existenz des sog. Cd_2O (und Cd_4Cl_7) zu bestätigen. Die Pulveraufnahmen erwiesen nun aber Identität mit einem Gemisch von fein verteiltem Cd und CdO (bzw. $CdCl_2$).

Eine Anwendung, die in nächster Zukunft für die landwirtschaftliche Chemie von sehr großer Wichtigkeit zu werden verspricht, ist die Erforschung der Minerale, aus denen die Bodenkolloide zusammengesetzt sind. Man hat Sammlungen von Röntgenogrammen reiner Minerale gemacht, deren Vorkommen in den Kolloiden vermutet wird, und durch Vergleich die Linien in den Diagrammen der Kolloide identifiziert. Es ergab sich z. B. daß die Teilchen einer Probe roter Erde, welche kleiner als 1 μ — also der optischen Untersuchung unzugänglich — waren, aus Montmorillonit, Limonit, Muskovit, Dickit und vielleicht

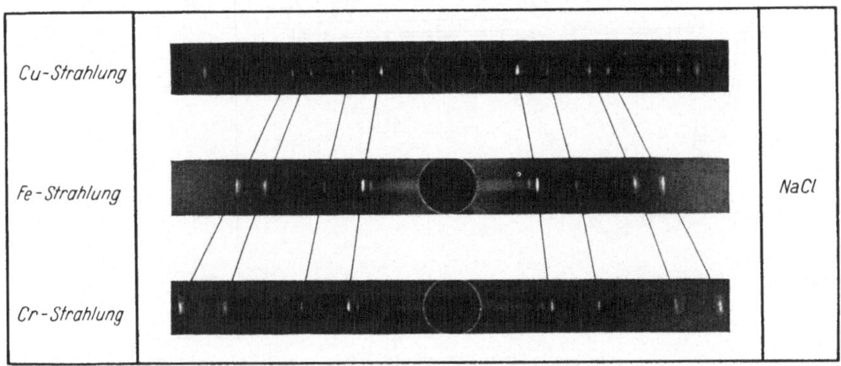

Abb. 45. Pulverdiagramme von NaCl mit Cu-, Fe- bzw. Cr-K-Strahlung. Entsprechende Reflexionen sind durch Linien verbunden.

noch Nakrit zusammengesetzt waren. Ein Ergebnis, das auf chemischem Wege gewiß unerreichbar gewesen wäre. Das Mengenverhältnis kann auch bis auf 10 bis 20% quantitativ ermittelt werden, wenigstens bei nicht zu kompliziert zusammengestellten Gemischen.

Eine derartige Anwendung der Röntgenanalyse wird zweifellos im chemischen Laboratorium immer geläufiger werden. Sie gestattet, krystallisierte Verbindungen sogar dann, wenn sie in kleinen Quantitäten in Glas (z. B. NaF in Milchglas), Fett, Kautschuk usw. eingeschlossen oder suspendiert sind, schnell und mit großer Sicherheit zu identifizieren.

30. Röntgenspektroskopische Analyse. Das Prinzip der qualitativen chemischen Spektralanalyse mittels Röntgenstrahlen wird an Hand der Abb. 45 klar. Die Abbildung zeigt Diagramme derselben Substanz (NaCl), die mit Cu-, bzw. Fe- und Cr-Röntgenstrahlung aufgenommen wurden. Die Photogramme zeigen, daß der Unterschied der Ablenkungswinkel (Wellenlängen) trotz der kleinen Differenz der Atomnummer dieser Metalle (29, 26 und 24) beträchtlich ist. Läßt man Röntgenstrahlung unbekannter Wellenlänge an einer Krystallfläche mit bekanntem Netzebenenabstand reflektieren, so kann man die Wellenlänge messen. Aus ihren Wellenlängen kann man die emittierenden Atome identifizieren (**22**), auch in einer Verbindung, weil die Wellenlänge der von einem Atom ausgesandten Röntgenstrahlung sich mit dem Bindungszustand desselben nicht ändert.

Die zu untersuchende Substanz (eventuell Verbindung oder Gemisch von Verbindungen) wird auf die Antikathode einer Röntgenröhre gestrichen, die so konstruiert ist, daß die Antikathode leicht ausgewechselt werden kann (Abb. 46a). Die beim Arbeiten der Röhre von der aufgestrichenen Substanz ausgesandte Röntgenstrahlung wird sodann durch Reflexion an einem Krystall in ein Spektrum zerlegt (die richtigen Reflexionsrichtungen sind im einfallenden konvergenten Bündel vorhanden). Mit Hilfe einer Eichskala (Abb. 46b) kann man

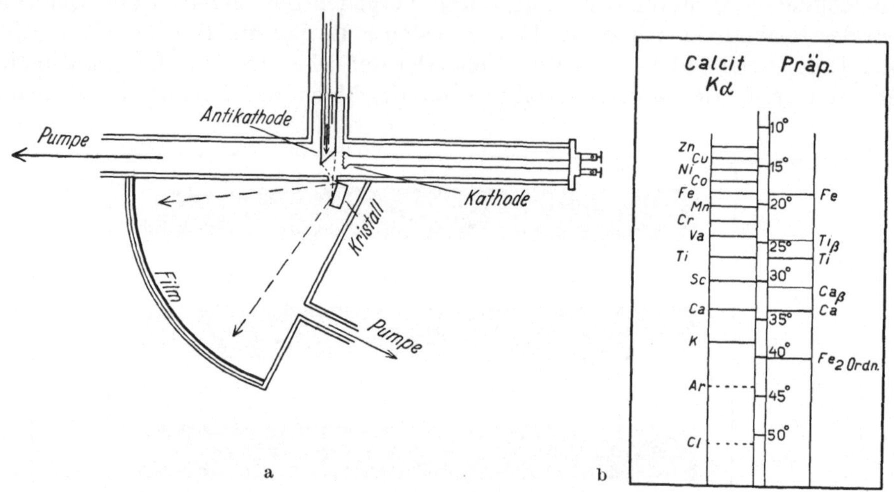

Abb. 46 a u. b. a Schematische Anordnung für Röntgenspektroskopie. b Skala der Stellen, wo die $K\alpha$-Strahlen, nach Reflexion an einem Kalkspatkrystall, auf dem Film abgebildet werden. Rechts das Analysenergebnis von (Ca, Fe) TiO_3, mit $K\alpha$ und $K\beta$-Reflexionen von Ca und Ti, sowie einer $K\alpha$-Reflexion zweiter Ordnung der Fe-Strahlung.

die zu den beobachteten Reflexionswinkeln gehörigen Elemente sofort ablesen (höhere Atomnummer entspricht kleinerem Ablenkungswinkel). Wie bekannt, ist auf diese Weise die Existenz noch unbekannter Elemente (Hafnium, später auch Rhenium) aus dem Auftreten ihrer charakteristischen Röntgenstrahlung nachgewiesen worden.

Das Verfahren ist besonders wichtig in den Fällen, wo die chemische Analyse zu große Schwierigkeiten bietet, z. B. bei den seltenen Erden. Auch für die quantitative Analyse ist das Verfahren ausgearbeitet worden. Zur Vermeidung des störenden Einflusses der einfallenden Kathodenstrahlen (Verflüchtigen des Präparates) ist es besser, die Substanz mit intensiver Röntgenstrahlung anzuregen und die ausgesandte Sekundärstrahlung zu analysieren; die erforderliche Expositionsdauer wird dann jedoch etwa 10 mal länger. Die mit dem Verfahren verbundenen Schwierigkeiten sind noch so groß, daß es nur beschränkte Anwendung gefunden hat. Die nebenstehende Tabelle gibt ein Bild der erreichten Genauigkeit.

Röntgenspektroskopische Analyse einiger Platinlegierungen.

Zusammensetzung		Röntgenspektroskopisch gefunden	
Osmium %	Iridium %	Osmium %	Iridium %
19,5	19,5	20,2	20,3
3,5	5,3	3,7	5,5
4,5	4,5	4,4	4,4

Literatur[1].

I A. Grundlagen.

LAUE, M. v.: Die Interferenzen der Röntgenstrahlen. OSTWALDs Klassiker 204. Leipzig 1923.

I B. Aufnahmemethoden.

HALLA, F. u. H. MARK: Röntgenographische Untersuchung von Krystallen. Leipzig 1937 (daselbst ausführliches Literaturverzeichnis). — SCHIEBOLD, E.: Die Lauemethode. Leipzig 1932.

I D. Anwendungen.

Verhandlungen von E. SCHIEBOLD, R. BRILL u. U. HOFMANN in: Röntgenoskopie und Elektronoskopie kolloider und verwandter Systeme. Kolloid.Z. **69**, H. 3 (1934). — Symposium on Radiography and X-Rays. Philadelphia 1936. — Röntgenmethoden in der Chemie. Diskussionstagung der Deutschen Bunsengesellschaft in Berlin-Dahlem. (Erscheint in Z. Elektrochem. 1940.)

25. BRILL, R.,: Ergebnisse der technischen Röntgenkunde, Bd. 2. Leipzig 1931. — LAUE, M. v.: Z. Kristallogr. **64**, 115 (1926). — PATTERSON, A. L.: Phys. Rev. **56**, 972, 978 (1939). — SCHERRER, P. in ZSIGMONDY: Kolloidchemie, 4. Aufl.

27. BOAS, W. u. E. SCHMID: Kristallplastizität. Berlin 1935. — WASSERMANN, G.: Texturen metallischer Werkstoffe. Berlin 1939.

28. HANSEN, M.: Aufbau der Zweistofflegierungen. Berlin 1937. — HUME-ROTHERY, W.: The Structure of Metals and Alloys. London 1936.

29. HOFMANN, U., K. ENDELL u. D. WILM: Röntgenographische Untersuchungen über Ton. Angew. Chem. **47**, 539 (1934).

30. GLOCKER, R.: Materialprüfung mit Röntgenstrahlen. Berlin 1936, S. 113—132. — GÜNTHER, P. u. F. VOGES: Die Entwicklung der chemischen Röntgenspektralanalyse. Z. angew. Chem. **40**, 1271 (1927); **46**, 323 (1933). — HEVESY, G. v. u. E. ALEXANDER: Praktikum der chemischen Analyse mit Röntgenstrahlen. Leipzig 1933. — SIEGBAHN, M.: Spektroskopie der Röntgenstrahlen. Berlin 1931.

Zweites Kapitel.

Die Struktur der Zelle.
Die Intensitäten der gestreuten Röntgenstrahlbündel.

Wenden wir uns jetzt der Struktur der Krystallzelle zu. Wir überlegen zunächst an Hand einiger einfacher Strukturen, wie der Bau der Zelle in den Intensitäten der vom Krystall abgebeugten Strahlen zum Ausdruck kommt, um diesen Einfluß sodann allgemein zu formulieren.

Wie aus dem folgenden ersichtlich, verursacht die Struktur der Zelle eine sich *sprungweise* ändernde Intensitätsfolge der Reflexionen: die Zusammenwirkung der von den verschiedenen Atomen in der Zelle gestreuten Wellen ist von Reflexion zu Reflexion jedesmal eine andere. Daneben gibt es einige Umstände, welche die Intensitäten der Bündel in dem Maß, in dem ihr Beugungswinkel zunimmt, *allmählich* ändern (am interessantesten sind hierbei die räumliche Ausbreitung des streuenden Atoms und seine Wärmebewegung, welche einen Abfall der Intensität nach größerem Ablenkungswinkel hin verursachen). Dergleichen die Intensität allmählich verändernde Faktoren können wir vorläufig außer acht lassen, weil es für viele Analysen nicht erforderlich ist, sie in Rechnung zu ziehen.

Außer dem Strukturfaktor gibt es bei einigen Aufnahmemethoden (Pulver- und Drehdiagrammen) noch einen Faktor, welcher sich von Reflexion zu Reflexion sprungweise ändert, die sog. Flächen(häufigkeits)zahl; ihrem Einfluß auf die Intensitäten muß Rechnung getragen werden, damit der Einfluß der Struktur nicht verfälscht wird. Wir beginnen deshalb mit der Besprechung der Flächenzahl.

---

[1] Die vorangestellten halbfetten Ziffern beziehen sich auf die Gliederung des Kapitels.

A. Die beiden diskontinuierlichen Faktoren.

31. Flächenzahl. Die Flächenzahl trägt dem Umstand Rechnung, daß z. B. in einem kubischen Krystallpulver 6 Würfel(netz)ebenen, gegen 8 Oktaederebenen, 12 Rhombendodekaederebenen usw. vorkommen. Da bei allen diesen Ebenen die Wahrscheinlichkeit der richtigen Reflexionslage gleich groß ist (wir nehmen an, daß keine bevorzugten Orientierungen bei den verschiedenen Krystallpulverteilchen bestehen), ist die Intensität einer Pulverreflexion proportional der Flächenzahl.

Zu einem „einfachen" Gitter (bei dem alle Ecken der Zelle und nur diese mit Atomen *einer* Art belegt sind) gehören die Intensitäten des in Abb. 47 wiedergegebenen Diagramms. Es ist hier, was die Struktur anbelangt, kein Grund

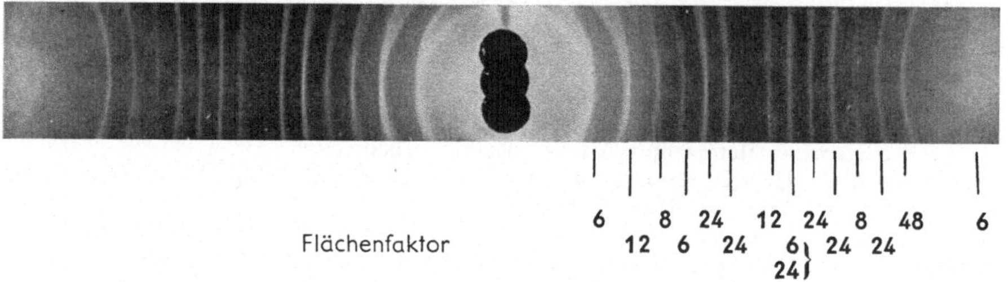

Abb. 47. Pulverdiagramm eines einfachen Gitters[1]. Die relativen Intensitäten gehen der Flächenzahl vollkommen parallel.

für individuelle Intensitätsunterschiede der gebeugten Bündel vorhanden, da hier ja alle Atome in jeder Abbeugungsrichtung phasengleich streuen. In Abb. 47 sind nun die Flächenzahlen v angegeben, wie sie zu der in Abb. 22 abgeleiteten Indizierung gehören. Man sieht in der Tat, daß für benachbarte Reflexionen eine

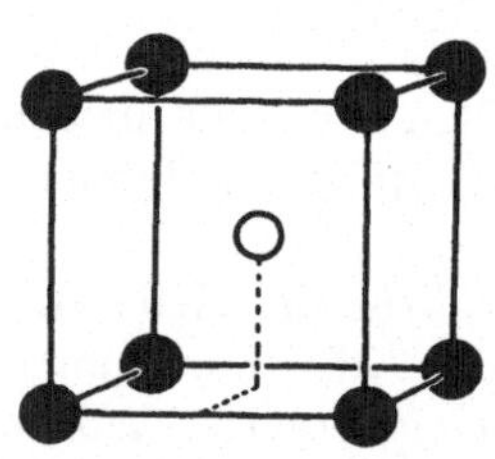
Abb. 48a. Elementarzelle von CsCl.

einfache Parallelität zwischen Intensität und v besteht; dies beweist, daß ein einfaches Gitter vorliegt. Dieser Schluß ist natürlich nicht zwingend, wenn man nur wenige Linienpaare miteinander vergleicht; in allen solchen Fällen wird jedoch die Sicherheit durch eine große Zahl übereinstimmender Intensitätsfolgen erreicht.

32. Der Strukturfaktor. Zusammenhang zwischen Bau der Zelle und Intensität. Caesiumchloridstruktur. Jede der beiden Atomarten bildet hier ein einfaches Gitter; die Atome einer Art liegen in der Mitte der Zelle der andersartigen Atome (Abb. 48a). Inwiefern wirken hier Cs und Cl bei den verschiedenen Reflexionen zusammen? Bei einer Reflexion[2] hkl ist h (bzw. k, l) der Phasenunterschied (gemessen in Perioden) zwischen Strahlen, abgelenkt in Punkten, welche um einen Netzparameter in der X- (bzw. Y-, Z-) Richtung

---

[1] Hier wurde KCl verwendet: Das KCl-Gitter verhält sich nämlich bei der Beugung wie ein einfaches Gitter, da für die Streuung von Röntgenstrahlen kein merklicher Unterschied zwischen K und Cl besteht.

[2] In der bis jetzt benützten Nomenklatur sollte dies lauten: $h_1 h_2 h_3$. Es ist jedoch unter anderem auch aus typographischen Gründen gebräuchlich, hkl statt $h_1 h_2 h_3$ zu schreiben, wenn eine Verwechslung mit den MILLERschen Indices nicht zu befürchten ist: das heißt, überall in der Röntgenanalyse; hier sind ja nur diejenigen Indices wesentlich, die die Ordnungszahl als Faktor enthalten.

voneinander entfernt sind (12). Vom Cs-Gitter gelangt man zum Gitter der Cl-Atome durch Verschiebung um je eine halbe Zellenkante entlang jeder dieser Achsen. Dieser Gesamtverschiebung des beugenden Punktes von Zellecke bis Mitte entspricht also eine Phasendifferenz von $\frac{1}{2}(h+k+l)$.

Diese Größe kann nun ein gerades oder ungerades Vielfaches von $\frac{1}{2}$ sein: dies bedeutet vollkommene Zusammenwirkung bzw. vollkommene Gegenwirkung der Cs- und Cl-Gitter. Im letzteren Fall wird zwar die Reflexion nicht gänzlich vernichtet, weil das Streuvermögen, das der Elektronenzahl ungefähr proportional ist, für Cs und Cl nicht gleich groß ist. Es wird hier also eine Klasseneinteilung der Reflexionen gebildet: Große Amplitude der Streustrahlung für diejenigen mit $(h+k+l)_{\text{gerade}}$, kleine Amplitude für $(h+k+l)_{\text{ungerade}}$.

Abb. 48 b zeigt das Röntgenbild von CsCl; bei jeder Linie findet man in der Tabelle die dazugehörige Indizierung (wie bei Abb. 22 beschrieben) und die Flächenzahl. Es ergibt sich, daß durch die Flächenzahlen allein die Intensitätsverhältnisse keineswegs gedeutet werden können. Man beobachtet dagegen die hier charakteristische Verstärkung der Reflexionen $(h+k+l)_{\text{gerade}}$ im Vergleich zu denen mit $(h+k+l)_{\text{ungerade}}$.

Formulierung von Strukturfaktor und Intensität. Durch die Addition der aus den verschiedenen Teilchen einer Zelle — d. h. von *einem* Cs- und *einem* Cl-Atom — gestreuten Wellen resultiert eine Welle, welche das Streuvermögen des ganzen Elementarkörpers in der betreffenden Richtung darstellt. Die Amplitude dieser Welle nennt man den *Strukturfaktor S*.

F_{Cs} und F_{Cl} seien die von einem Cs- bzw. Cl-Teilchen gestreuten Amplituden; die resultierende Amplitude S der von einer Zelle gestreuten Strahlung ist dann:

$S = F_{\text{Cs}} + F_{\text{Cl}}$ für die Reflexionen $h+k+l_{\text{gerade}}$, 110, 200 usw.

$S = F_{\text{Cs}} - F_{\text{Cl}}$ für die Reflexionen $h+k+l_{\text{ungerade}}$, 100, 111 usw.

Die Reflexionsintensitäten sind proportional:

1. dem Quadrat der von einer Zelle gestreuten Amplitude: S^2,
2. der Flächenzahl v.

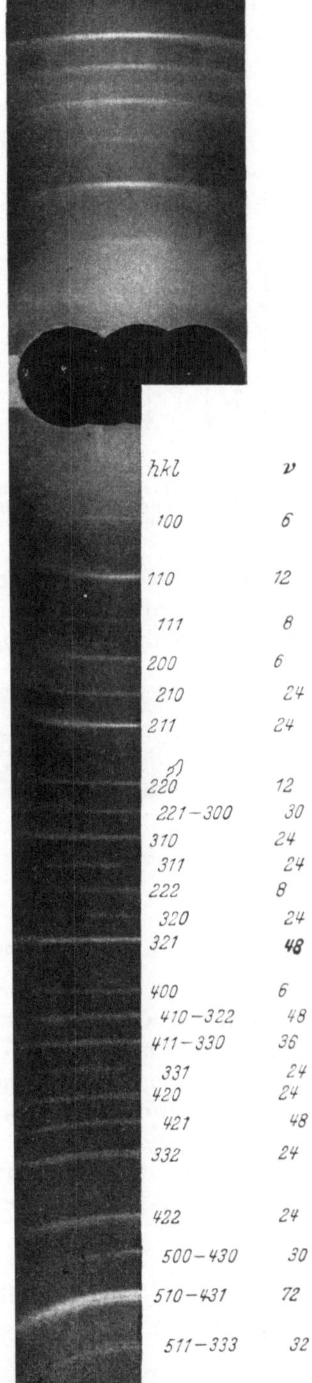

hkl	v
100	6
110	12
111	8
200	6
210	24
211	24
220	12
221—300	30
310	24
311	24
222	8
320	24
321	**48**
400	6
410—322	48
411—330	36
331	24
420	24
421	48
332	24
422	24
500—430	30
510—431	72
511—333	32

Abb. 48 b. Pulverdiagramm von CsCl. Die Interferenz der von den beiden Atomen gestreuten Wellen verstärkt die Reflexionen $h+k+l_{\text{gerade}}$ gegenüber denjenigen mit $h+k+l_{\text{ungerade}}$. Vergleiche z. B. die benachbarten Reflexionen 210 und 211 mit gleicher Flächenzahl.

Deshalb ist:

(1)
$$I = v\,S^2$$

$$I = v\,(F_{Cs} + F_{Cl})^2 \text{ für } h + k + l_{gerade}$$
$$I = v\,(F_{Cs} - F_{Cl})^2 \text{ für } h + k + l_{ungerade}.$$

Es liegt nahe, mit Hilfe dieser Formeln das Diagramm Abb. 48b jetzt quantitativ zu analysieren, aus dem Diagramm zu bestimmen, in welchem Maße die erste Gruppe der Reflexionen gegenüber der zweiten verstärkt ist und daraus auf

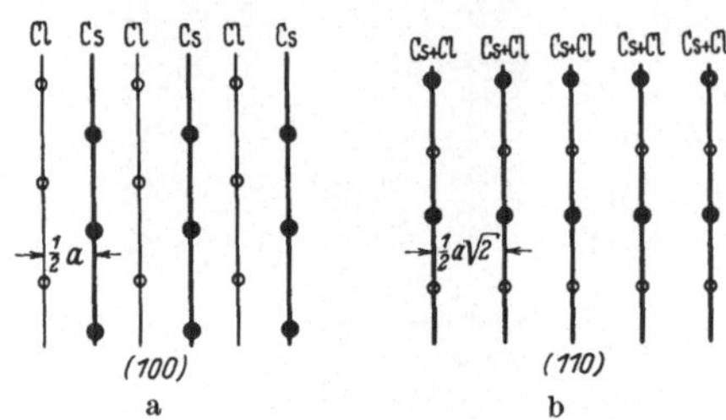

das Verhältnis von F_{Cs} zu F_{Cl}, das Streuvermögen beider Ionen, zu schließen. Wir kommen darauf in **36** zurück.

Auch die Vorstellung der Reflexion an Netzebenen führt in einfacher Weise zu den beiden Strukturfaktoren.

Die Abb. 49 zeigt die Folge und Belegung der Würfel- und Rhombendodekaederebenen. Letztere ergeben in allen Ordnungen — 110, 220 usw. — Streuung mit gleicher Phase aller Atome, da die

Abb. 49a u. b. Belegung der aufeinanderfolgenden Netzebenen des CsCl. a Würfelebenen; b Rhombendodekaederebenen.

Cl-Atome *in* den Netzebenen der Cs-Atome liegen. Die Würfelebenen dagegen sind abwechselnd mit Cl-Atomen oder mit Cs-Atomen belegt; in Reflexionen ungerader Ordnung — 100,300 usw. — haben daher die Schwingungen,

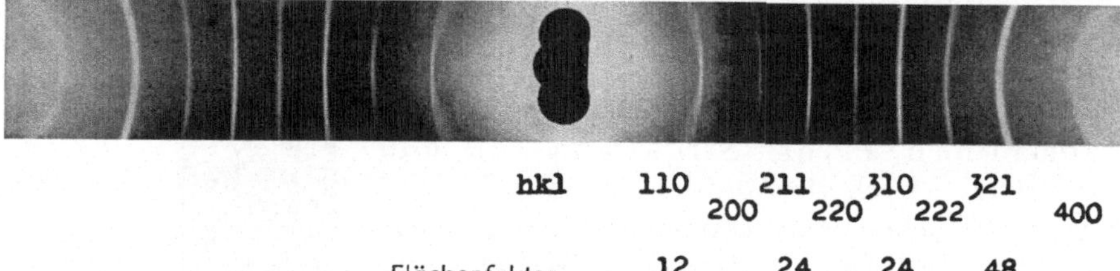

Abb. 50. Pulverdiagramm von Wolfram (innenzentriertes kubisches Gitter). Reflexionen $h + k + l_{ungerade}$ sind ausgelöscht.

die von den aufeinanderfolgenden Cs- und Cl-Ebenen stammen, entgegengesetzte Phase. Die *allgemeine* Formulierung der Gruppeneinteilung ergibt sich jedoch hier in weniger natürlicher Weise wie aus der LAUEschen Formulierung.

Innenzentriertes kubisches Gitter. Einige Metalle krystallisieren in einem Gitter, in dem die Ecken und die Mitte der kubischen Zelle mit Atomen belegt sind, dem sog. kubisch innenzentrierten Gitter. Betrachten wir dieses Gitter als Sonderfall des CsCl-Typus — vgl. Abb. 105c mit Abb. 48a —, so finden wir:

$$S = 0 \text{ für Reflexionen } hkl, \text{ mit } h + k + l_{ungerade},$$
$$S = 2F \text{ für Reflexionen } hkl, \text{ mit } h + k + l_{gerade}.$$

Charakteristisch für diese Atomtranslationen ist also, daß Reflexionen $h + k + l_{ungerade}$ völlig fehlen, wie die in Abb. 50 reproduzierte Aufnahme von Wolframpulver zeigt.

Flächenzentriertes kubisches Gitter. Die Mehrzahl der Metalle krystallisiert in dem Gitter der Abb. 51a. Dieses kann man sich aufgebaut denken aus 4 einfachen kongruenten und parallelen Gittern, die derart ineinander-geschaltet sind, daß man von einem dieser Gitter ausgehend, auch die Mitten der 3 Würfelebenen mit Atomen belegt findet. Von dem ersten Gitter A kommt man also auf eines der anderen (B, C, D) durch Translation um je eine halbe Flächendiagonale in jeder der 3 Würfelflächen: zerlegt man jeden dieser Schritte in 2 Verschiebungen um einen halben Gitterparameter entlang den Zellenkanten, so ergeben sich die zugehörigen Phasen zu

$$0 \qquad \tfrac{1}{2}(h+k) \qquad \tfrac{1}{2}(k+l) \qquad \tfrac{1}{2}(l+h);$$

hierbei ist die Phase des an die Ecke der Zelle gestreuten Strahls gleich 0 gesetzt. Bei einer Reflexion hkl hat man also für die 4 Atome der Zelle 4 Wellen zusammenzu-setzen mit gleicher Amplitude F und mit den angegebenen Phasen. Man überzeugt sich leicht, daß jede dieser 4 Phasen eine ganze Zahl beträgt, wenn die 3 Zahlen h, k, l ent-weder alle gerade oder ungerade sind. In diesen Refle-xionen streuen also alle Atome des zusammengesetzten

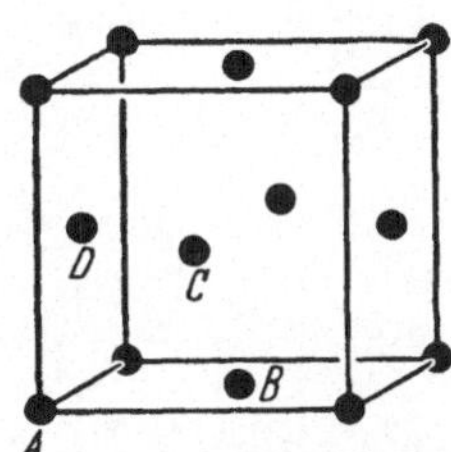

Abb. 51a. Kubisch-flächen-zentriertes Gitter. Vier ein-fache Gitter, dargestellt durch die Atome A, B, C und D sind ineinander geschaltet.

Gitters in Phase. Es ist weiter ersichtlich, daß bei „gemischten" Indices h, k, l zwei der Phasendifferenzen eine gerade Zahl halber Perioden betragen und

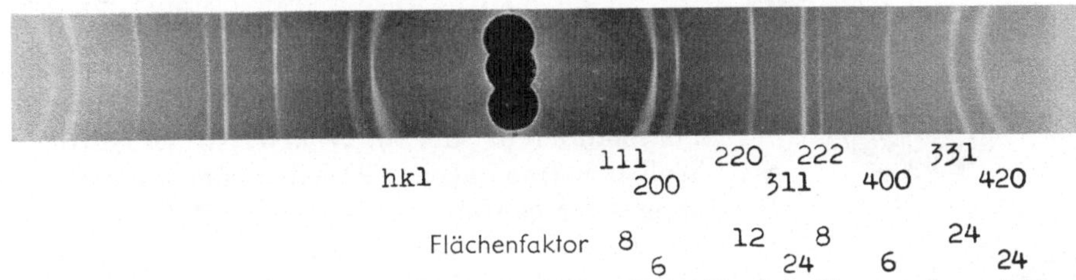

Abb. 51b. Pulverdiagramm eines kubisch-flächenzentrierten Gitters (Kupfer). Ebenen mit gemischtem hkl sind ausgelöscht.

zwei eine ungerade Zahl. In solchen Reflexionen streuen also zwei Gitter mit ent-gegengesetzter Phase wie die zwei anderen; diese Reflexionen sind ausgelöscht:

$$S = 0 \quad \text{für } hkl \text{ gemischt,}$$
$$S = 4F \quad \text{für } hkl \text{ alle gerade oder ungerade.}$$

Das Fehlen der Reflexionen mit gemischten Indices ist aus der Abb. 51b, dem Pulverdiagramm des Cu, ersichtlich.

Die Natriumchloridstruktur. Die Struktur des kubischen Natrium-chlorids ist in Abb. 32 abgebildet: Na- und Cl-Teilchen wechseln auf den Zellen-kanten ab. Zur Ableitung der Gesetzmäßigkeiten der Reflexionsintensitäten kann man das Modell am besten in folgender Weise beschreiben: 1. Die Na-Teilchen bilden flächenzentrierte Würfel; 2. die Cl-Teilchen gleichfalls; 3. die beiden Gitter sind um eine halbe Raumdiagonale gegeneinander verschoben. Wegen 1. und 2. treten nur Reflexionen mit ungemischten Indices auf. Für diese Reflexionen ziehen wir jetzt die Zusammenwirkung beider Gitter in Betracht. Nach 3. ist die bezügliche Phasendifferenz für Reflexionen mit geraden h, k, l, eine gerade Anzahl halbe, mit ungeradem h, k und l eine ungerade Anzahl. Bei der ersten Reflexionsgruppe haben deshalb die von Na und Cl gestreuten Wellen

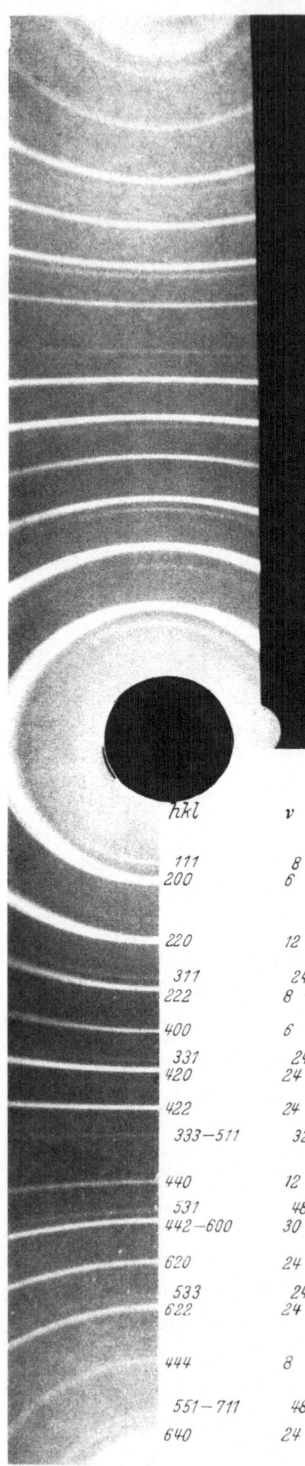

Abb. 52. Pulverdiagramm von Steinsalz. Gemischte Indices fehlen; Reflexionen mit ungeraden Indices sind gegenüber denen mit geradem *hkl* geschwächt — siehe z. B. das Intensitätsverhältnis 311 schwach zu 222 stark mit Flächenzahl 24 bzw. 8.

gleiche Phase, in den Reflexionen mit ungeraden Indices dagegen sind die Phasen der beiden Wellen einander entgegengesetzt. Bei der betrachteten Ineinanderschaltung der 4 einfachen Na- und 4 einfachen Cl-Gitter hat der Strukturfaktor also folgende Werte:

für hkl_{gemischt}　$S = 0$: Reflexionen fehlen,
für hkl_{gerade}　$S = 4(F_{\text{Cl}} + F_{\text{Na}})$: Reflexionen stark,
für hkl_{ungerade}　$S = 4(F_{\text{Cl}} - F_{\text{Na}})$: Reflexionen schwach.

Diese Gesetzmäßigkeiten sind aus der Abb. 52, dem Diagramm gepulverten Steinsalzes, abzulesen.

Struktur mit einem „krystallographisch unbestimmten" Parameter. Betrachten wir jetzt die Struktur der Abb. 53: Die tetragonale Zelle enthält *ein* Atom A und *ein* Atom B; letzteres ist gegen das erstere um den Bruchteil τ der c-Achse verschoben. Man nennt τ einen „krystallographisch unbestimmten" Parameter, im Gegensatz zu Koordinaten, die infolge der Symmetrie auf rationelle Werte beschränkt sind (z. B. 0 und $\frac{1}{2}$ wie in den vorhergenannten Strukturen).

Man gelangt von A zu B durch eine Verschiebung um τ Zellenkanten entlang der c-Achse; die Phasendifferenz der in A bzw. in B gestreuten Wellen beträgt also τl Perioden. Liegt dieser Wert nahe einer ganzen Zahl, so ist die Reflexion stark; ist τl nahe einer ganzen Zahl $+ \frac{1}{2}$, so schwächen die A- und B-Gitter einander beträchtlich. Die Phasendifferenz — und deshalb die Intensität des Bündels — kann alle möglichen Zwischenwerte annehmen:

$$S = F_A + F_{B_{\varphi = \tau l}};$$

diese Schreibweise soll nur angeben, daß die Wellen mit Amplituden F_A und F_B zusammengesetzt werden mit einer Phasendifferenz von τl Perioden. Von der Addition von Schwingungen wissen wir (s. Abb. 55a), daß

$$S^2 = (F_A + F_B \cos \tau l)^2 + (F_B \sin \tau l)^2$$

ist, wobei die Intensität proportional S^2 ist. Die nachfolgende Tabelle gibt für einige Reflexionen und τ-Werte die Phasendifferenz und S^2 (die letzteren Werte wurden berechnet für $F_A = F_B$, der gemeinsame Faktor F^2 wurde fortgelassen).

Da die beiden Gitter nur in einer der Achsenrichtungen gegeneinander verschoben sind, sind die Intensitäten von zweien der 3 Reflexionsindices unabhängig; die Größe der Translation τ bestimmt die Änderung der Intensitäten mit dem dritten Reflexionsindex. Die Reflexion ist maximal stark für $\tau l = 1$, also für $l = p$, wenn τ nahe dem Wert $1/p$ liegt.

Bei dem gegebenen Modell wurden also die zugehörigen Intensitäten berechnet. Umgekehrt wird man aus den Intensitäten zwingend auf dieses Modell schließen können, wenn festgestellt worden ist,

Tabelle.

Reflexion	Phasendifferenz τl			S^2 für $F_A = F_B$		
	$\tau = \frac{1}{2}$	$\frac{1}{3}$	$\frac{1}{4}$	$\frac{1}{2}$	$\frac{1}{3}$	$\frac{1}{4}$
$hk0$	0	0	0	4	4	4
$hk1$	$\frac{1}{2}$	$\frac{1}{3}$	$\frac{1}{4}$	0	1	2
$hk2$	1	$\frac{2}{3}$	$\frac{1}{2}$	4	1	0
$hk3$	$\frac{1}{2}$	1	$\frac{3}{4}$	0	4	2
$hk4$	1	$\frac{1}{3}$	1	4	1	4

1. daß in der Zelle sich 1 Atom A und 1 Atom B befinden,
2. daß die Reflexionsintensitäten nur von l abhängig sind.

Auf die Größe der Translation τ wird man sodann durch Ausprobieren verschiedener Werte für τ schließen können, wobei man eine Übereinstimmung zwischen berechneten und beobachteten Intensitäten anstrebt.

In welchem Bereich der τ-Wert gesucht werden soll, folgt aus obiger Bemerkung, daß

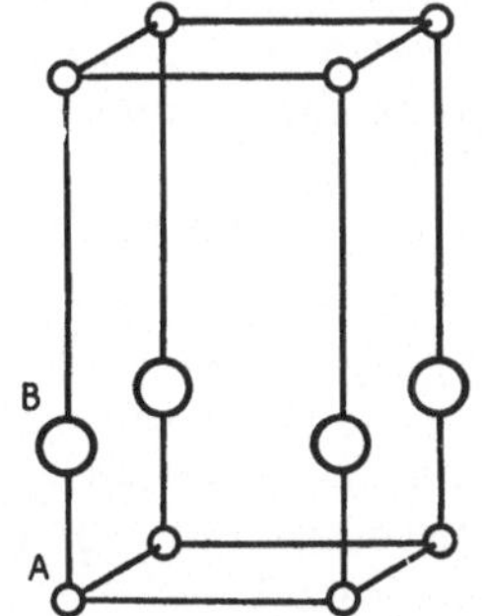

Abb. 53. Tetragonale Zelle mit *einem* Parameter (Abstand AB).

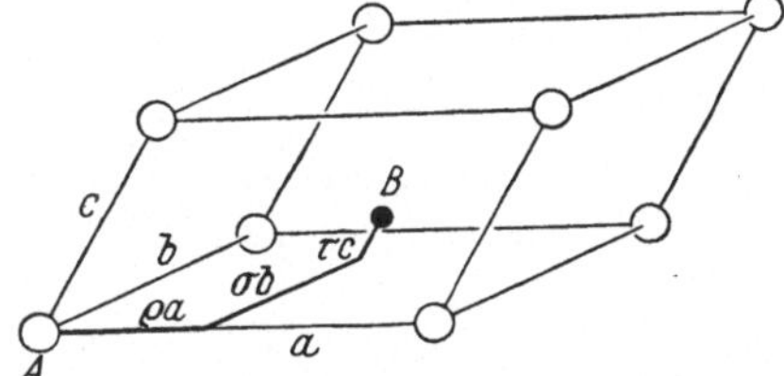

Abb. 54. Die Phasendifferenz der in A und B abgelenkten Strahlen beträgt $\varrho h + \sigma k + \tau l$ Perioden.

eine starke Reflexion, sagen wir 003 (allgemeiner $hk3$), auf einen Abstand A—B hinweist, der ein Drittel der c-Achse beträgt. Hat man sich in dieser Weise aus den Reflexionen niederer Ordnung über den Parameterwert orientiert, so ist die Präzisierung aus den höheren Ordnungen zu entnehmen: Ist τ praktisch genau $\frac{1}{3}$, so sind auch die Reflexionen 006, 009, 00 12 usw. stark; ist τ z. B. $= 0{,}30$, also nur einige Hundertstel von dem soeben betrachteten Wert abweichend, so würde sich diese Differenz bemerkbar machen in der 00 12 Reflexion, wo die Streuungen beider Gitter einander fast völlig abschwächen würden ($\varphi = \tau l = 12 \cdot 0{,}30 = $ ungefähr $3\frac{1}{2}$). Dieses Beispiel illustriert für einen ganz einfachen Fall schon den Gang der eigentlichen Röntgenanalyse, nämlich die Ableitung einer Struktur aus den Intensitäten, wie wir sie im folgenden Kapitel allgemein behandeln.

33. Allgemeine Form des Strukturfaktors bei n Atomen beliebiger Lage in der Elementarzelle. Wir nehmen zuerst an, daß zwei einfache Gitter, mit den Atomen A und B in den Gitterpunkten, ineinandergestellt sind (Abb. 54); A liege in 000, B in $\varrho\sigma\tau$, die Koordinaten seien in der betreffenden Zellenkante als Einheit gemessen. Den Gangunterschied der in A bzw. B abgelenkten Strahlen finden wir wiederum, indem wir die ganze Lageänderung des beugenden

Atoms aufgebaut denken aus seinen Komponenten, und zwar ϱ entlang der X-Achse, σ entlang der Y- und τ entlang der Z-Achse; bei diesen Verschiebungen ändert sich die Phase in der Reflexion hkl mit ϱh, σk und τl, also insgesamt mit $\varrho h + \sigma k + \tau l$:

$$S = F_A + F_{B\varphi = \varrho h + \sigma k + \tau l} .$$

Für n Atome je Zelle wird dementsprechend der Strukturfaktor

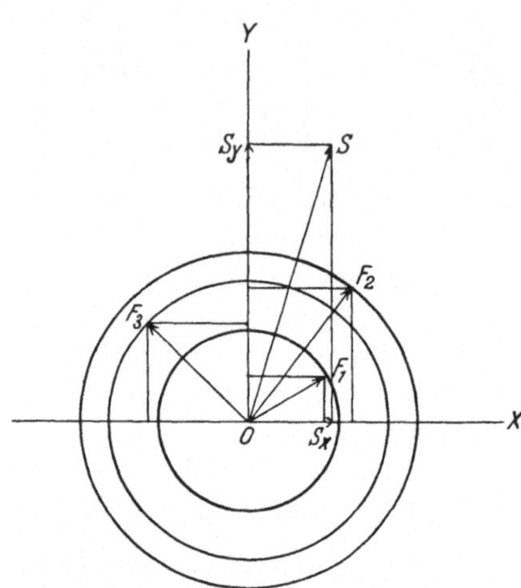

Abb. 55a. Konstruktion zur Zusammensetzung gleichgerichteter Schwingungen ungleicher Phase und Amplitude. S_x und S_y sind die Summen der einzelnen Komponenten der Amplitudevektoren jedes Atoms. S stellt in Größe und Phase die resultierende Schwingungsamplitude dar.

$$(2a) \quad S_{hkl} = \sum_1^n i F_{i\varphi_i} \quad \text{mit} \quad \varphi_i = \varrho_i h + \sigma_i k + \tau_i l ,$$

wo F_i das Streuvermögen des i-ten Atoms und ϱ_i, σ_i, τ_i dessen Koordinaten darstellen.

Wenn wir jetzt zu den Intensitäten I übergehen, die S^2 proportional sind, so haben wir in üblicher Weise die Amplitudevektoren in einem zweidimensionalen Vektordiagramm zusammenzustellen (Abbildung 55a). Jedes Glied der Summe $(2a)$ wird dabei dargestellt durch einen Vektor vom Koordinatenanfangspunkt aus mit der Größe F_i, der den Winkel φ_i mit einer festen Richtung OX einschließt. Man setzt diese Vektoren zusammen und quadriert die resultierenden Amplituden. Man kann dies durchführen, indem man zuerst jeden Vektor entlang der X-Achse und senkrecht dazu zerlegt, diese X- bzw. Y-Komponenten summiert und schließlich S_x und S_y zusammensetzt[1]:

$$S_x = \sum i F_i \cos \varphi_i$$
$$S_y = \sum i F_i \sin \varphi_i$$

$$(2b) \quad \begin{cases} I_{hkl} \sim S_{hkl}^2 \sim \{ \sum i F_i \cos (\varrho_i h + \sigma_i k + \tau_i l) \}^2 + \\ \quad + \{ \sum i F_i \sin (\varrho_i h + \sigma_i k + \tau_i l) \}^2 . \end{cases}$$

Diese Ausdrücke für die Intensitäten bilden — mitsamt der Gl. (1) 14 für die Richtungen der abgelenkten Strahlen — die Grundformeln der Krystalldiffraktion.

Der Strukturfaktor vereinfacht sich — und diese Form findet man in dem Beispiel S. 70 — falls die Struktur ein Symmetriezentrum besitzt. Wählen wir nämlich ein solches Zentrum C als Koordinatenanfang, so findet man neben einem Atom mit den Koordinaten ϱ, σ, τ, zugleich eines in $-\varrho$, $-\sigma$, $-\tau$. Ein solches symmetrisch zu C liegendes Atompaar r und r' streut mit entgegengesetzter Phase

$$\varphi_r = - \varphi_{r'} .$$

In der Gl. (2) sind also je 2 Cosinusglieder einander gleich [$\cos \varphi_r = \cos(-\varphi_r)$], während je 2 Sinusglieder sich aufheben [$\sin \varphi_r = - \sin(-\varphi_r)$]. Zur Berechnung des Streueffektes der ganzen Zelle nimmt man auf diese Weise Punkt und Gegenpunkt zusammen. Der Strukturfaktor nimmt die Gestalt an:

$$(2c) \quad S = 2 \sum i F_i \cos \varphi_i ,$$

wo also in $\varphi_i = \varrho_i h + \sigma_i k + \tau_i l$ die Koordinaten vom Zentrum aus gemessen sind.

---

[1] Eine noch etwas bequemere Schreibweise findet man in **118** auf S. 195.

Man liest das Ergebnis (2c) auch unmittelbar aus der Abb. 55b ab, wo gemäß dem oben Gesagten die Abszisse den Phasenwinkel zwischen jedem Punkt und seinem Gegenpunkt halbiert.

34. Allgemeine Auslöschungsgesetze. Wir fanden oben die charakteristischen Auslöschungsgesetze für die 3 folgenden Typen von BRAVAIS-Gittern (Abb. 6):

Primitiv P, keine allgemeinen Auslöschungen.

Innenzentriert I, Reflexionen hkl mit $h+k+l_{\text{ungerade}}$ sind ausgelöscht.

Flächenzentriert F, ausgelöscht sind Reflexionen hkl mit hkl_{gemischt}.

Man wird jetzt leicht auch für die übrigen BRAVAIS-Gitter die Auslöschungsgesetze aufstellen können. Ist z. B. nur eine Seitenfläche (Basis) zentriert, so beträgt die entsprechende Phasendifferenz zwischen Zellecke und Mitte der Basis (001) in der Reflexion hkl: $\frac{1}{2}(h+k)$. Das Auslöschungsgesetz lautet also:

Basis zentriert C, ausgelöscht sind die Reflexionen hkl mit $h+k$ ungerade. Diese Auslöschungsgesetze sind gültig für beliebig komplizierte Strukturen, denen diese BRAVAIS-Typen zugrunde liegen: eine solche Struktur kann beschrieben werden als die Ineinanderstellung einiger Gitter des betreffenden BRAVAIS-Typus, und für jedes dieser Teilgittergilt das betreffende Auslöschungsgesetz. (In dieser Weise behandelten wir schon das NaCl-Gitter in **32**.)

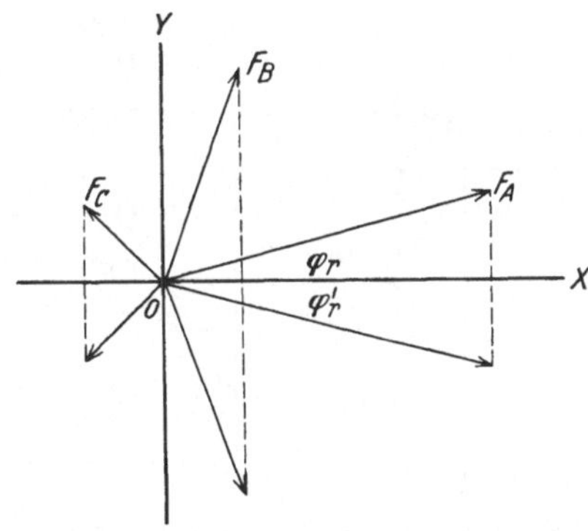

Abb. 55b. Dasselbe wie in Abb. 55a, für Schwingungen, die paarweise gleicher Amplitude und entgegengesetzter Phase sind.

Bei einer Strukturanalyse (Kap. 3) schließt man, umgekehrt, aus den vorhandenen Auslöschungen auf den BRAVAIS-Typus.

35. Spezielle Auslöschungsgesetze. Schraub- und Gleitkomponenten der Symmetrie (**11**) verursachen ebenfalls systematische Auslöschungen der Röntgenreflexionen.

Schraubenachsen. Abb. 56 zeigt eine Zelle mit vierzähliger Schraubenachse in der Z-Richtung mit der Translation $\frac{1}{4}$. Die z-Werte der Atomlagen p, q, r und s sind $\tau, \tau+\frac{1}{4}, \tau+\frac{1}{2}, \tau+\frac{3}{4}$. Bei der Reflexion 001 streut das Atom p mit entgegengesetzter Phase wie das Atom r; in gleicher Weise vernichten sich die Streueffekte der Atome q und s; der Gesamteffekt der 4 Punkte ist also 0 in dieser Reflexion. Dasselbe ist der Fall in jeder ungeraden Basisreflexion (halbzahlige Phasendifferenz zwischen den um $\frac{1}{2}c$ auseinanderliegenden Atompunkten). In der Reflexion 002 streuen die Atome p und q mit entgegengesetzter Phase (Phasenunterschied $\frac{1}{4}l=\frac{1}{2}$), in gleicher Weise r und s: auch die $00l$ Reflexionen mit geradem, nicht vierfachem l, sind somit ausgelöscht. Unter den Basisreflexionen sind nur diejenigen mit l gleich $4n$ anwesend, hier streuen die 4 auf der Schraubenlinie liegenden Atome mit gleicher Phase. Im Falle einer vierzähligen *Dreh*achse, wo die 4 Punkte in gleicher Höhe um die Achse herum liegen, tritt in keiner Ordnung eine systematische Zerstörung des Interferenzeffektes der Basisreflexionen auf.

In ähnlicher Weise zerstört eine Schraubenkomponente $\frac{1}{6}$ alle Basisreflexionen, ausgenommen die der sechsten, zwölften usw. Ordnung. Die Schraubenkomponenten treten nur in den Reflexionen an der Ebene senkrecht zu der Schraubenachse zum Vorschein. Denn in den sonstigen Reflexionen äußern sich in den Phasenunterschieden auch die Abstände der Punkte p, q, r, s von der Schraubenachse — Phasenglieder $\varrho_i h + \sigma_i k$ —, wodurch allgemeine Phasenbeziehungen, die zu einer Auslöschung Anlaß geben können, fortfallen. Auf diese Beschränkung der Auslöschung auf bestimmte Gruppen von Reflexionen (im erwähnten Falle Basisreflexionen) bezieht sich die Bezeichnung der betreffenden Auslöschungsgesetze als *spezielle* Auslöschungsgesetze.

Gleitspiegelebenen. In Abb. 57 links ist (001) eine Gleitspiegelebene mit der Translation[1] $\frac{1}{2} b$. Ein in $p(\varrho, \sigma, \tau)$ befindliches Atom wird von diesem Symmetrieelement in $q(\varrho, \frac{1}{2} + \sigma, \bar{\tau})$ wiederholt. Der Phasenunterschied zwischen in p bzw. q bei der Reflexion hkl abgebeugten Strahlen beträgt

$$\varphi = \tfrac{1}{2} k + 2 \tau l.$$

Diese Phasendifferenz kann zur Auslöschung führen, wenn der unbestimmte Atomparameter unwirksam

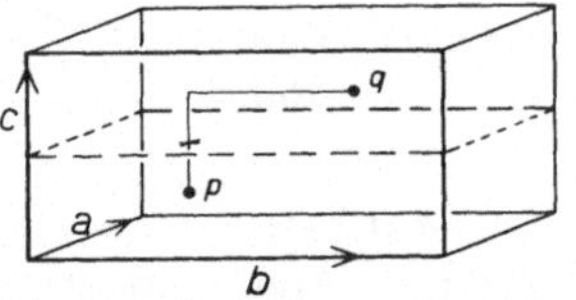
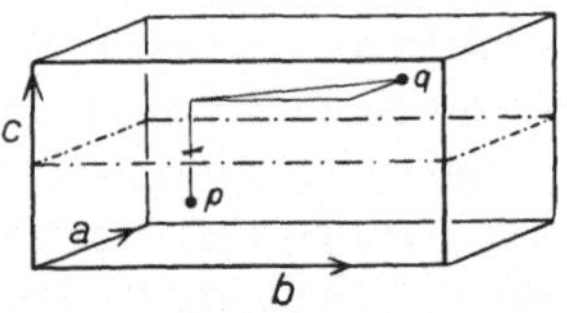

Abb. 56. Struktur mit vierzähliger Schraubenachse parallel [001]. Ausgelöscht sind die Reflexionen $00l$ mit $l \neq 4 n$.

Abb. 57. Strukturen mit Gleitspiegelebenen parallel (001). Links: Gleitung $^1/_2 b$ in Richtung der b-Achse: ausgelöscht sind $hk0$ mit $k$ungerade. Rechts: Gleitung $^1/_2 (a + b)$: ausgelöscht sind $hk0$ mit $(h + k)$ungerade.

ist, d. h. für $l = 0$: Unter den Reflexionen $hk0$ sind diejenigen mit $k =$ ungerade ausgelöscht.

In ganz gleicher Weise tritt im Falle einer (010)-Gleitspiegelebene gesetzmäßige Auslöschung nur unter den Flächen der Zone [010] auf: In diesem Falle tritt in dem Abstand beider gespiegelten Atome die krystallographisch unbestimmte Strecke in der b-Richtung auf, sie ist unwirksam in den Reflexionen der genannten Zone, in denen die Reflexionsebenen — $h0l$ — dieser Strecke parallel sind.

In Abb. 57 rechts ist (001) eine Gleitspiegelebene, jetzt jedoch mit der Translation[2] $\frac{1}{2}(a + b)$. Ein Atompunkt ϱ, σ, τ wiederholt sich in $\varrho + \frac{1}{2}$, $\sigma + \frac{1}{2}$, $\bar{\tau}$. Der Phasenunterschied zwischen den gespiegelten Atomen

$$\varphi = \tfrac{1}{2}(h + k) + 2 \tau l$$

führt zur Auslöschung, wenn $l = 0$ und $h + k$ ungerade ist.

Die hier gefundenen Auslöschungsgesetze ermöglichen es uns wiederum, auf die Gleitspiegelebene mitsamt ihrer Gleitkomponente zu schließen: Eine Spiegelebene äußert sich in dem Auftreten gesetzmäßiger Auslöschungen in der Zone

---

[1] Eine Wiederholung dieser Gleitspiegelung ergibt die Elementartranslation in der b-Richtung.

[2] Eine Wiederholung dieser Gleitspiegeloperation führt zur Gittertranslation entlang der Flächendiagonale $(a + b)$.

senkrecht zu der Spiegelebene; das vorhandene Auslöschungsgesetz bestimmt die Gleitungkomponente.

B. Die kontinuierlichen Faktoren.

36. Das Streuvermögen des Atoms. Haben wir beim Strukturfaktor unsere Aufmerksamkeit hauptsächlich auf die Phasendifferenzen gerichtet, so leuchtet es ein, daß eine im gleichen Maße ausschlaggebende Rolle dem Streuvermögen zukommt. Abb. 58 zeigt die Reflexionen zunehmender Ordnung an den Oberflächen von KCl, NaCl und KJ, drei Krystallen des Steinsalztypus. In **32** wurde gefolgert, daß für die Reflexionen an (111) gilt

$$\text{in gerader Ordnung:} \quad S = F_{\text{Met.}} + F_{\text{Hal.}},$$
$$\text{in ungerader Ordnung:} \quad S = F_{\text{Met.}} - F_{\text{Hal.}}.$$

Wie man der Abb. 58 entnimmt, fehlen bei KCl die ungeraden Ordnungen der (111)-Reflexion, während sie bei NaCl schwach und bei KJ stärker sind; dies

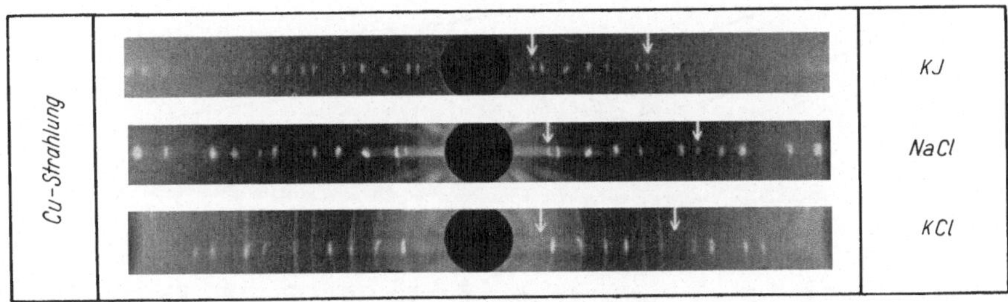

Abb. 58. Drehdiagramme um [1$\overline{1}$0] von KJ, NaCl und KCl. Die ungeraden Oktaederreflexionen 111 und 333 sind durch Pfeile angedeutet.

führt zu dem Schluß, daß dem K- und dem Cl-Atom ein etwa gleich großes Streuvermögen zukommt, dem Na- und Cl- bzw. K- und J-Atom dagegen ein verschieden großes, wobei Cl dem Na näher steht als K dem J.

Stellt man das Intensitätsverhältnis der ungeraden zu den geraden Ordnungen in jedem dieser Fälle quantitativ fest, so findet man die allgemein gültige Regelmäßigkeit, daß *das Streuvermögen eines Atoms ungefähr der Zahl seiner Elektronen proportional ist.* Dieser Zusammenhang ist theoretisch zu erwarten. Von der einfallenden Strahlung zum Mitschwingen angeregt, sind es ja die Elektronen der Hülle, die die Röntgenstrahlen zerstreuen — das Mitschwingen des schweren Kerns darf dabei völlig vernachlässigt werden —. Die vom Atom gestreute Welle ist die Resultante der von den einzelnen Elektronen ausgehenden Wellen, mithin ist ihre Amplitude — das „Streuvermögen" des Atoms — der Zahl der Elektronen proportional. Diese Proportionalität kann nur bei kleinen Ablenkungswinkeln genau gültig sein, wo die Gangunterschiede zwischen den von verschiedenen Elektronen des Atoms gestreuten Wellen zu vernachlässigen sind. Bei größeren Ablenkungswinkeln werden nun aber zwischen diesen Wellen merkliche Phasendifferenzen auftreten — die Dimensionen der Atome, folglich auch die zugehörigen Gangunterschiede, haben die Größenordnung der Röntgenwellenlänge — und dies hat eine Abnahme des Streuvermögens mit zunehmendem Ablenkungswinkel zur Folge: je ausgedehnter die Elektronenhülle, desto steiler der Abfall.

Experimentelle Bestimmung. Aus den Messungen und der Analyse der Intensitäten findet man tatsächlich Werte für das Streuvermögen, deren Verhältnisse sowie Winkelabhängigkeit mit dem auf Grund des Atombaus Erwarteten im Einklang stehen[1]. Bei der experimentellen Bestimmung werden alle sonstigen kontinuierlichen Faktoren — von denen in den folgenden Paragraphen einige näher erläutert werden — zur Eliminierung ihres Einflusses auf die beobachteten Intensitäten berechnet. Auf diese Weise erhält man für jede Reflexion die reinen S^2- oder S-Werte. Für CsCl z. B. findet man aus den Intensitäten des Diagramms Abb. 48b die Meßpunkte der Abb. 59, wo die Kurve

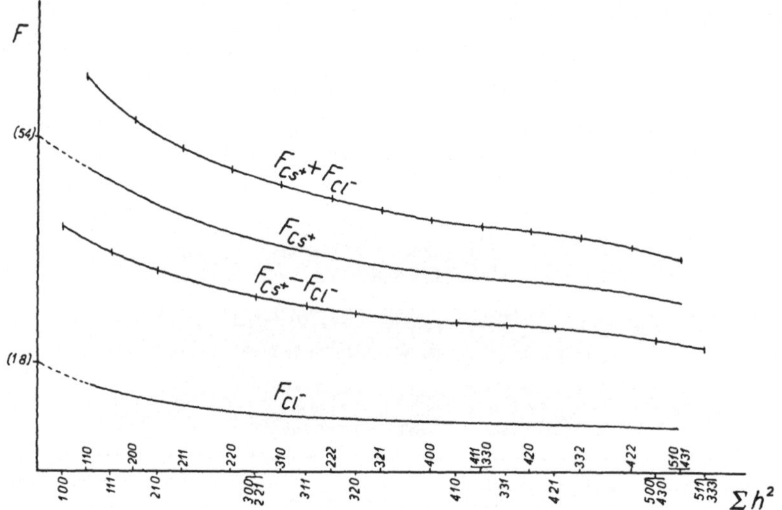

Abb. 59. Kurven für $F_{Cs} + F_{Cl}$ und $F_{Cs} - F_{Cl}$, die man aus den Intensitäten des Diagramms 48b berechnen kann und die daraus konstruierten Kurven F_{Cs} und F_{Cl}.

$F_{Cs} + F_{Cl}$ den Reflexionen $(h + k + l)_{\text{gerade}}$ entspricht, die Kurve $F_{Cs} - F_{Cl}$ den Reflexionen $(h + k + l)_{\text{ungerade}}$. Aus diesen Kurven ergeben sich F_{Cs} und F_{Cl} als halbe Summe bzw. halbe Differenz der Ordinaten. — Aus der Analyse des Abfalls des atomaren Streuvermögens kann man ein grobes Bild der Dichteverteilung der Elektronen im Atom erhalten.

Absolute Messung der F-Werte. Bis jetzt wurden nur die *Verhältnisse* der Streuvermögen aus Relativintensitäten ermittelt. Mißt man die Diffraktionsintensitäten jetzt auch „absolut" — d. h. im Verhältnis zur Intensität des Primärbündels —, so kann man bei quantitativer Interpretation ableiten, welcher Teil der einfallenden Strahlung von einer Zelle gestreut wird. Das Streuvermögen *eines* Elektrons kann man andererseits berechnen. Es liegt dann nahe, das atomare Streuvermögen in dem des Elektrons als Einheit zu messen. Diese Absolutwerte findet man für F_{Na} und F_{Cl} in Abb. 60; sie sind das Ergebnis genauer absoluter Messungen an Steinsalz.

Von den relativen Werten der Abb. 59 kann man auch zu Absolutwerten gelangen durch Extrapolation der F-Kurven bis zum Ablenkungswinkel Null

---

[1] Die betreffenden Wegdifferenzen im Atom sind — wie im BRAGGschen Gesetz — $\sin \theta$ proportional, die Phasendifferenzen sind daher proportional $\sin \theta / \lambda$. Das atomare Streuvermögen kann also am besten angegeben werden als Funktion von $\sin \theta / \lambda$ (oder im Falle eines kubischen Krystalls, als Funktion von Σh^2, wie in der Abb. 59).

und Normierung des Streuvermögens für $\sum h^2$ (oder $\theta) = 0$ auf die Zahl der Elektronen.

Man bedient sich der F-Werte, die aus Krystallen einfacher bekannter Struktur entnommen sind, bei der Analyse komplizierter Strukturen, die eine detaillierte Intensitätsdiskussion erfordern. Die für einige Atome festgestellte gute

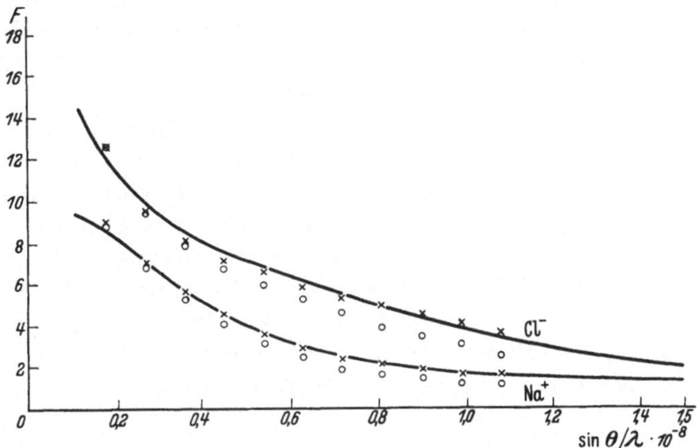

Abb. 60. F_{Na} und F_{Cl} in absolutem Maß, berechnet aus den Beugungsintensitäten von Steinsalz; × mit Korrektion für Nullpunktsenergie, o ohne diese Korrektion. Die ausgezogene Kurve gibt den aus einem Atommodell berechneten Verlauf. [R. W. James, I. Waller und D. R. Hartree, Proc. Roy. Soc. London (A), **118**, 334 (1928)].

Übereinstimmung zwischen ihren aus Messungen abgeleiteten bzw. auf Grund eines Atommodells berechneten F-Kurven hat die Anwendung der berechneten Werte in der Krystallanalyse gesichert (Abb. 60).

37. Polarisationsfaktor. Im primären Streuprozeß, der Streuung durch das Elektron, finden wir die erste Ursache für die Änderung der Beugungsintensität mit dem Ablenkungswinkel (Abb. 61): Ist die einfallende Strahlung nicht polarisiert, so wird die Amplitudenkomponente senkrecht zur Ebene des einfallenden und abgelenkten Strahls vom Elektron gleich stark in alle Richtungen gestreut, die Schwingung *in* dieser Ebene hingegen schwächer, je mehr sich der Ablenkungswinkel 90° nähert: ein Elektron strahlt ja nicht in seiner Schwingungsrichtung.

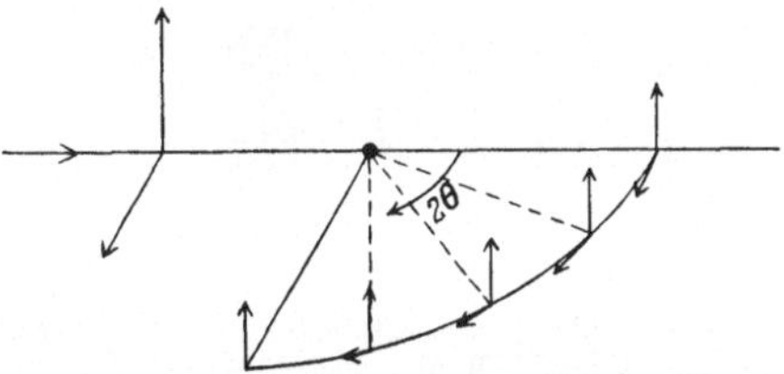

Abb. 61. Polarisationsfaktor der gestreuten Kugelwelle. Senkrechte Schwingung: Amplitude 1; horizontale Schwingung: cos 2 θ. Intensität proportional $1 + \cos^2 2\theta$.

38. Lorentz-Faktor. Für einen Krystall sollten, wie wir sahen, die Reflexionsbedingungen $2\,d \sin \theta = n\,\lambda$ infolge seiner großen Anzahl von Netzebenen streng erfüllt sein. Es leuchtet aber ein, daß auch in diesem Fall um den Reflexionswinkel herum immer noch ein schmales Gebiet liegt, in dem die Intensität infolge des zunehmenden Phasendefekts rasch abfällt. Die Breite dieses Gebiets hängt mit dem Ablenkungswinkel in ziemlich komplizierter Art zusammen. Man findet diesen Reflexionsbereich in den gemessenen Intensitäten wieder (s. Anhang 5, **126**).

39. Temperaturfaktor. Die Wärmebewegung rauht die reflektierenden Netzebenen auf; dies hat Phasendifferenzen zwischen den Atomen einer Reflexionsebene zur Folge, durch die daher in jedem Moment die reflektierte Intensität abgeschwächt wird. Diese Phasendifferenzen wachsen — bei gleicher Rauhigkeit — mit zunehmendem Ablenkungswinkel: die Intensitäten werden in recht komplizierter Weise um so mehr geschwächt, je höher die Ordnung der Reflexion ist.

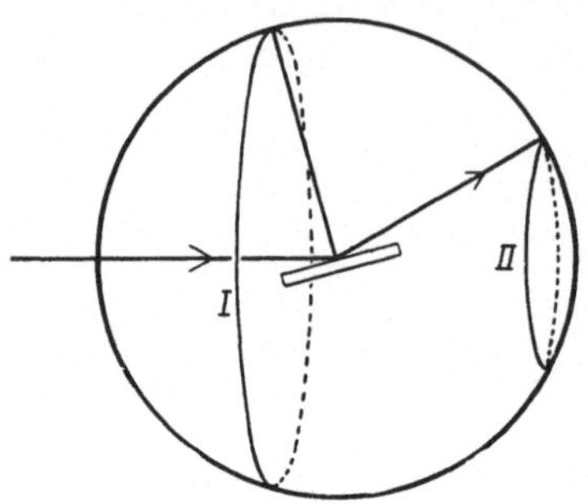

Abb. 62. Geometrische Faktoren bei der Pulvermethode.

Die quantitative Interpretation der Intensitäten ergibt bei Zimmertemperatur mittlere Atomverrückungen im Gitter von der Größenordnung weniger Zehntel Ångström. Es ist recht schwierig, diesem Faktor bei der Strukturanalyse a priori Rechnung zu tragen, denn man müßte dazu die Größe der Wärmeschwingung kennen. Sehr genaue Messungen und Interpretation der NaCl-Intensitäten bei einigen Temperaturen ermöglichten es W. L. BRAGG auch röntgenanalytisch festzustellen, daß beim absoluten Nullpunkt die Schwingung im Gitter nicht gänzlich aufhört (Nullpunktsenergie) (Abbildung 60).

40. Geometrische Faktoren bei der Pulvermethode. Man findet noch triviale Einflüsse bei der Pulvermethode: a) in der Lagestreuung (Anzahl) der reflektierenden Kryställchen: die Zahl der Flächennormalen, die einen Winkel 90—θ mit dem Primärbündel bilden, ist — gleichmäßige

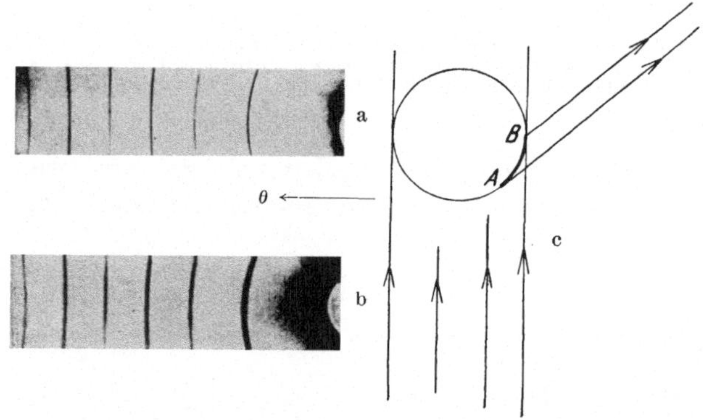

Abb. 63 a bis c. Absorptionsfaktor. a Pulverdiagramm von Wolfram. b Pulverdiagramm von Wolfram mit Korkmehl gemischt. Die viel schwächere Intensität der Linien mit kleinem θ-Wert in a gegenüber b ist durch die stärkere Stäbchenabsorption verursacht. Der Effekt nimmt mit wachsendem θ ab. c Erklärung des Absorptionseinflusses: Bei starker Absorption trägt nur der Teil AB des zylindrischen Präparates merklich zu dem abgebeugten Bündel bei.

Verteilung der Flächennormalen vorausgesetzt — proportional dem Umfang des Kreises I in Abb. 62, also maximal bei $\theta = 0$; b) in der Verbreitung des abgelenkten Strahls über den Kegel II, die am kleinsten ist (große Filmschwärzung) für Ablenkungswinkel nahe an 0° oder 180°.

41. Absorptionsfaktor. Bei einem stark absorbierenden Stäbchen trägt nur ein Teil der Stäbchenoberfläche (der Bogen AB in Abb. 63 c) zum abgebeugten Bündel bei. Dieser Teil wächst mit zunehmendem Ablenkungswinkel und tritt also als Intensitätsfaktor hinzu. Abb. 63 a u. b zeigen deutlich den Einfluß dieses Faktors.

C. Vollständige Intensitätsberechnung.

42. Formeln. Stellen wir alle diese winkelabhängigen Faktoren zusammen, so nimmt die Intensitätsformel der Pulvermethode folgende Gestalt an:

$$(3) \qquad I = A \cdot \frac{1 + \cos^2 2\theta}{\sin^2 \theta \cos \theta} \cdot \nu \cdot e^{-B\left(\frac{\sin \theta}{\lambda}\right)^2} \cdot S^2 \,,$$

wobei I die Intensität [Inhalt des Flächenstücks zwischen dem Gipfel der Schwärzungs- (Ionisations-) Kurve und dem Strahlungsuntergrund];

A den Stäbchenabsorptionsfaktor (tabelliert in den Internationalen Tabellen als Funktion von θ, vom Radius und Absorptionskoeffizienten des Präparats);

$\dfrac{1 + \cos^2 2\theta}{2}$ den Polarisationsfaktor;

$\dfrac{1}{\sin \theta \cos \theta}$ den LORENTZ-Faktor;

$\cos \theta$ bzw. $\dfrac{1}{\sin 2\theta}$ geometrische Zerstreuungsfaktoren der Abb. 62;

ν Flächenzahl;

$e^{-B\left(\frac{\sin \theta}{\lambda}\right)^2}$ den Temperaturfaktor darstellen; die Konstante B enthält die Amplitude der Atomschwingung;

S Strukturfaktor [Gl. (2), S. 52].

Bei stark absorbierendem Krystallpulver ist A dem Ablenkungswinkel ungefähr proportional, bei kleinem θ aber etwa proportional θ^2. Bei kleinen Ablenkungswinkeln ändert sich auch der Faktor $1/\sin^2\theta$ in (3) stark; jedoch gleichen sich diese beiden Faktoren, wie man sieht, größtenteils aus: Für ein stark absorbierendes Stäbchen versagt die einfache Formel (1) $I = \nu \cdot S^2$ am stärksten am Ende des Films, wo die dem Faktor $1/\cos \theta$ aus (3) entsprechende Verstärkung der Intensitäten von der einfachen Formel nicht gegeben wird.

Bei einem schwach absorbierenden Pulver, wo A ungefähr konstant ist, hat die Erweiterung von (1) zu (3) auch bei den kleinen Ablenkungswinkeln großen Einfluß. Auch für nahe beieinanderliegende Reflexionen kann hier das Verhältnis ihrer $\sin \theta$-Werte erheblich von 1 abweichen, z. B. bei den ersten Reflexionen eines kubischen Gitters:

$$\frac{\sin^2 \theta_{110}}{\sin^2 \theta_{100}} = \frac{\Sigma h_{110}^2}{\Sigma h_{100}^2} = 2.$$

Im Falle absoluter S-Werte — Streuvermögen der Zelle ausgedrückt durch das Streuvermögen des Elektrons — hat man auch die von θ unabhängigen Faktoren mit aufzunehmen. Wir geben z. B. die absolute Intensitätsformel, die sich auf die Messung am Einkrystall beim Durchlaufen des Reflexionswinkels bezieht, wieder:

$$(4) \qquad \frac{E\,\omega}{I} = \frac{1 + \cos^2 2\theta}{2} \cdot \frac{1}{2\,\mu} \cdot \frac{N^2\,\lambda^3}{\sin 2\theta} \cdot \left(\frac{e^2}{m\,c^2}\right)^2 \cdot e^{-B\left(\frac{\sin \theta}{\lambda}\right)^2} \cdot S^2 .$$

Hier haben die Konstanten folgende Bedeutung:

ω die Winkelgeschwindigkeit, mit der der Krystall durch das Reflexionsgebiet hindurchgedreht wird;

E die Energie der dabei abgebeugten Strahlung;

I die je Sekunde auf den Krystall einfallende Strahlungsenergie;

μ der Absorptionskoeffizient des Krystalls (für die benutzte Strahlung);

N Anzahl der Zellen je Volumeneinheit;

λ Wellenlänge der Strahlung;

e und m Ladung und Masse des Elektrons;

c Lichtgeschwindigkeit (der Faktor $\dfrac{e^2}{m\,c^2}$ gibt das Streuvermögen des Elektrons an).

43. Sekundäre Extinktion. Zum Schluß erörtern wir eine interessante Schwierigkeit, auf die man bei der quantitativen Ableitung der S-Werte aus den gemessenen Intensitäten gemäß Gl. (4) stößt.

Wie wir aus (4) ersehen, spielt dabei der Absorptionsfaktor eine Rolle, was auch klar ist, denn dieser beeinflußt die Beiträge zum Beugungseffekt der nicht an der Oberfläche liegenden Krystallbezirke. Der hier mitwirkende Absorptionskoeffizient bezieht sich auf die Strahlung, die den Krystall genau unter dem Reflexionswinkel durchsetzt. Diese Strahlen werden auf ihrem Weg im Krystall an den Netzebenen reflektiert und daher stärker absorbiert als die Strahlung, welche unter einem beliebigen Winkel einfällt. Dieser durch die „Extinktion" vergrößerte Absorptionskoeffizient bedarf spezieller mühsamer Messung[1].

Die sich ergebende raschere Schwächung des unter dem richtigen Reflexionswinkel einfallenden Bündels erklärt — s. unten — die paradox anmutende Tatsache, daß ein gut gewachsener Krystall beim Durchlaufen des Reflexionsgebiets weniger Strahlung reflektiert als ein Krystall mit ausgesprochener *Mosaikstruktur*; ein solcher Krystall ist aufgebaut aus kleinen vollkommenen, sich mit größeren Baufehlern aneinander reihenden Krystallfragmenten. Dieser Umstand macht die Extinktion also auch abhängig vom Krystall*individuum* und erschwert aufs neue ihre Berücksichtigung.

Das Vorkommen derartiger Orientierungsdifferenzen zwischen den einzelnen Krystallblöckchen eines Krystalls kann man u. a. aus der Tatsache folgern, daß der Krystall beim Durchlaufen des Reflexionswinkels ein paralleles monochromatisches Primärbündel nicht in einer scharf definierten Lage reflektiert, sondern in einem beträchtlichen Winkelbereich der Krystallstellung. Beim Steinsalz findet man die Streuung der *nach*einander zur Reflexion gelangenden Krystallfragmente mitunter sogar über einen Bereich von einigen Graden.

Bei einem guten Krystall reflektiert ein Krystallelement in gewisser Tiefe unter der Oberfläche das Primärbündel in demselben Moment, in dem viele an der Oberfläche liegenden Elemente das einfallende Bündel reflektieren. Wegen der mit der Reflexion verknüpften starken Absorption an der Oberfläche empfängt in diesem Moment der tiefer liegende Teil des Krystalls weniger Strahlung als bei irgendeinem etwas anderen Einfallswinkel. Die reflektierenden Oberflächenelemente schirmen also die tiefer liegenden Krystallteile in diesem Falle gerade dann ab, wenn diese sich in ihrer Reflexionslage befinden. Bei beträchtlicher Streuung in der Orientierung der Krystallfragmente dagegen hat der unter dem richtigen Glanzwinkel auf das tiefer liegende Fragment einfallende Strahl nur wenige gleichfalls richtig orientierte Bereiche passiert und gleichermaßen wird das vom Mosaikblöckchen reflektierte Bündel auf seinem Austrittsweg im Krystall von der Extinktion nur wenig geschwächt. In einer Mosaikstruktur wird also, infolge der ungleichzeitigen Reflexion in den verschiedenen Gitterblöckchen, der innere Teil des Krystalls der Strahlung besser zugänglich je größer die Verwerfung der Gitterbereiche ist. Aufrauhen einer Krystallfläche mittels Schmirgel erhöht öfters das Reflexionsvermögen infolge der gesteigerten Desorientierung.

---

[1] Für *Pulver*präparate kann der Einfluß der Extinktion meistens vernachlässigt werden. Man kann also bei der Ableitung der Zellendiffraktion aus den Intensitäten auch versuchen, die Schwierigkeit, welche die Extinktion uns bietet, dadurch zu umgehen, daß man die Intensitätsmessungen an Pulverpräparaten anstellt.

44. Primäre Extinktion. Kinematische und dynamische Theorie der Krystallbeugung.

Bei Krystallen von sehr vollkommenem Bau kommt noch eine fundamentale Komplikation dazu. In den Betrachtungen von LAUE und BRAGG wird angenommen, daß die Atome oder Elektronen im Krystall von der einfallenden Welle zur Schwingung angeregt werden; man setzt also die von diesen Punkten ausgehenden Sekundärwellen zusammen (kinematische Theorie). Die *Wechselwirkung* der strahlenden Teilchen wird dabei vernachlässigt. Dies mag erlaubt sein bei einem Kryställchen mit Abmessungen von der Größenordnung relativ weniger Atomschichten, in dem die Primärstrahlung stark über die von den Teilchen abgebeugte Strahlung überwiegt; ebenso auch im Falle eines großen Mosaikkrystalls mit nur sehr kleinen in sich einheitlichen Gitterbereichen; denn in diesem Falle gibt es keine Phasenbeziehung zwischen den

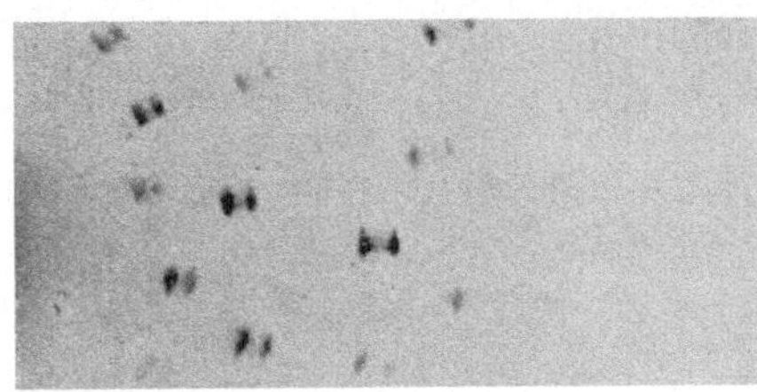 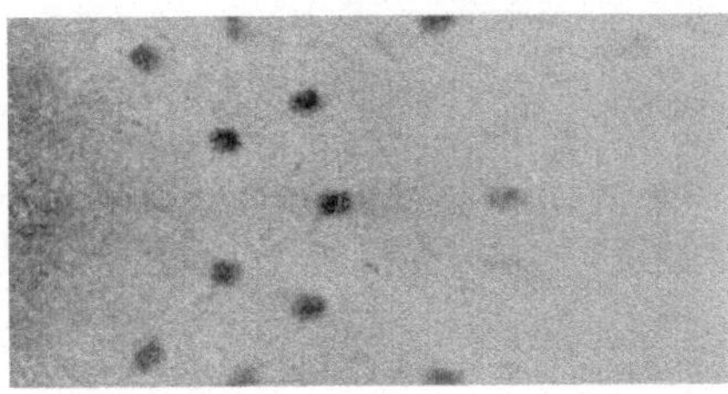

a   b

Abb. 64a u. b. LAUE-Interferenzen bei senkrechter Durchstrahlung einer dünnen Platte a Quarz, b NaCl. Man sieht die starke Extinktion im Inneren des Quarzkrystalls.

von den einzelnen Blöcken gestreuten Wellen. Dagegen wird im Falle größerer idealer Krystalle diese Wechselwirkung nicht zu vernachlässigen sein.

Schon im Jahre 1914 hat DARWIN die Wechselwirkung der streuenden Atome in Rechnung gesetzt, indem er nicht nur die Reflexion des einfallenden Bündels an der oberen Seite der Ebenen der Schar betrachtete, sondern auch die wiederholten Spiegelungen der reflektierten Strahlung zwischen diesen Netzebenen (dynamische Theorie). Im Jahre 1917 hat EWALD eingehend erörtert, welche Strahlungsfelder sich im Krystall derart fortpflanzen können, daß die Schwingung jedes Ions übereinstimmt mit den Kräften, die an seinem Ort von der Primärwelle sowie von den sekundären Atomwellen ausgeübt werden. Die Ergebnisse EWALDs und DARWINs stimmen sehr gut überein und geben ein ganz anderes Bild — und ganz andere Intensitätsformeln — wie die kinematische Theorie. Jede Reflexion ist nach der dynamischen Theorie *total*, den Einfluß der Struktur der Zelle auf die Intensität findet man hier in der Winkelgröße des Totalreflexionsbereiches. Dieser Bereich — und somit die Intensität — berechnet sich nämlich proportional dem Strukturfaktor S der Gl. (2), während in der kinematischen Theorie I proportional S^2 war.

Es hat sich herausgestellt, daß fast alle Krystalle den Beugungsgesetzen der kinematischen Theorie gehorchen. Daraus kann man schließen, daß die vollkommenen Krystallblöcke dieser Krystalle aus nicht mehr als einigen Tausenden Atomschichten bestehen: bei dieser Abmessung liegt die Grenze der Gültigkeit der kinematischen Theorie. Zum „idealen" Typus gehören gute Krystallexemplare von Diamant, Kalkspat, Zinkblende; man hat auch ideale NaCl-Krystalle dargestellt — während doch sonst das Steinsalz das Musterbeispiel der Unvollkommenheit bildet — und zwar durch besonders sorgfältige Krystallisation aus der Schmelze.

Den großen Unterschied in der Extinktion zwischen einem Quarzkrystall und einem gewöhnlichen Kochsalzkrystall sieht man in Abb. 64 demonstriert: Im LAUE-Diagramm des Quarzes zeigt jeder Punkt, daß der mittlere Teil des Krystalls die Strahlung viel weniger stark abbeugt als die (aufgerauhten) Enden. Dies ist eine Folge der ziemlich idealen, nur an der Oberfläche zerstörten, Struktur. Bei dem Mosaikbau des NaCl streut auch das Innere des Krystalls.

Literatur[1].

Neben den im Vorwort genannten Büchern:

LAUE, M. v.: Die Interferenz der Röntgenstrahlen. OSTWALDS Klassiker 204. Leipzig 1923.

36. EHRENBERG, W. u. K. SCHAEFER: Atomfaktoren. Physik. Z. **33**, 97, 575 (1932).

42, 43. BRAGG, W. L., C. G. DARWIN u. R. W. JAMES: The Intensity of Reflexion of X-Rays and the Imperfections of Crystals. Philos. Mag. J. Sci. (7) **1**, 897 (1926). — JAMES, R. W.: Z. Kristallogr. **89**, 295 (1934).

44. DARWIN, C. G.: Philos. Mag. J. Sci. **27**, 315, 675 (1914). — EWALD, P. P.: Ann. Physik **54**, 519, 557 (1917). — LAUE, M. v.: Erg. exakt. Naturwiss. **10**, 133 (1931).

Drittes Kapitel.

Der Gang einer Röntgenanalyse.

A. Übersicht.

45. Die vier Etappen einer vollständigen Analyse. Bei einer nicht zu komplizierten Verbindung kann man die Atomanordnung im Krystall aus den röntgenographisch ermittelten Daten allein ableiten; dabei leistet die etwaige Kenntnis der makroskopischen Krystallsymmetrie gute Dienste. Wir wollen zunächst ausführlich den Gang einer solchen *vollständigen* Röntgenanalyse verfolgen. Sie spielt sich in den nachfolgenden Stufen ab:

1. Aus den Abbeugungsrichtungen bestimmt man die Abmessungen der Krystallzelle.

2. Aus dem Verhältnis zwischen dem Zellvolumen und dem Volumen eines Grammoleküls berechnet man die Anzahl der Moleküle pro Zelle.

3. Aus der makroskopischen Symmetrie und den systematischen Auslöschungen leitet man die Raumgruppe des Krystalls ab.

4. Die unbestimmten Parameter der Atomanordnung in der Zelle werden durch die Berechnung der Reflexionsintensitäten und deren Überprüfung an den beobachteten Werten bestimmt.

Zu 1. Wir besprachen im Kap. 1, wie jede Abbeugungsrichtung zu einem Netzebenenabstand führt und wie das zu diesen Netzebenenscharen passende Raumgitter gesucht wird. Bei dieser Rechnung benutzt man eventuell die goniometrisch bestimmten Achsenwinkel und Achsenverhältnisse. So findet oder bestätigt man das *Krystallsystem* (eventuelle Gleichheit der Achsen; Achsenwinkel von 90° oder 120°) und stellt die Zellabmessungen fest. Dabei erhalten alle beobachteten Reflexionen (Werte von $\sin^2\theta$) ihre Indizierung.

---

[1] Die vorangestellten halbfetten Ziffern beziehen sich auf die Gliederung des Kapitels.

Zu 2. Dieser Punkt bedarf kaum einer näheren Erörterung: Man berechnet das Zellvolumen in Å³, sobald die Abmessungen festgestellt sind. Aus Molekulargewicht, Dichte und AVOGADROscher Zahl ergibt sich das Volumen *eines* Moleküls. Dividiert man das Volumen der Zelle durch das Volumen des Moleküls, so erhält man die Anzahl Moleküle pro Zelle. Ein Zahlenbeispiel findet man in **46** und **47** unter 2. Erhält man bei der Division keine ganze Zahl, so liegt das meist an Fehlern bei der pyknometrischen Bestimmung der Dichte, die dann röntgenanalytisch korrigiert werden kann[1].

Zu 3. Kennt man die makroskopische Symmetrie (Krystallklasse), so leitet man die Raumgruppe ab, indem man den BRAVAIS-Typus und die Art der Symmetrieachsen und -ebenen feststellt (Anhang 2). Dies geschieht an Hand der systematischen Auslöschungen (**34** und **35**).

Die makroskopische Symmetrie ist aber oft nicht vollständig bekannt. So ist die krystallographische Entscheidung, ob eine Richtung polar ist oder nicht, oft ungewiß (aus Ausbildung der Ebenen, piezo-elektrischem Verhalten, Ätzfiguren u. ä.). Auch röntgenanalytisch kann man, wie wir schon in **21** erörterten, nicht direkt feststellen, ob ein Symmetriezentrum vorhanden ist oder nicht. In solchen Fällen bleiben einige Möglichkeiten bei der Wahl der Raumgruppe übrig.

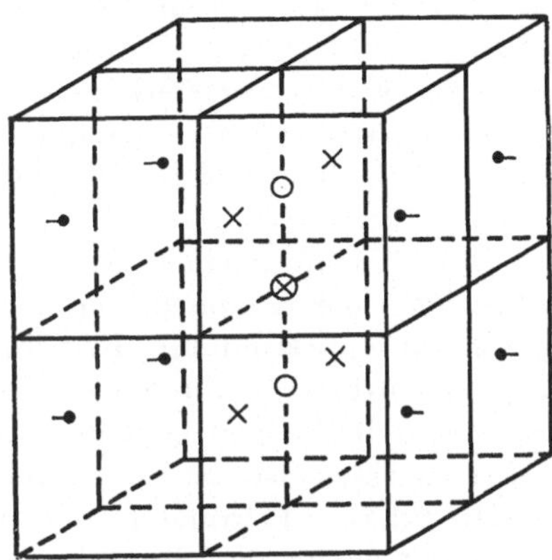

Abb. 65. Punktlagen in der rhombischen Zelle mit drei Scharen von Spiegelebenen. ● achtzählige Lage (allgemeinste Lage); ✕ vierzählige Lage (in einer Spiegelebene); o zweizählige Lage (in der Schnittlinie zweier Spiegelebenen); ⊗ einzähliger Punkt (im Schnittpunkt dreier Spiegelebenen).

Außerdem erschweren mitunter praktische Umstände die Feststellung der Auslöschungssystematik: schwache Reflexionen entziehen sich leicht der Beobachtung (darauf muß bereits bei der Feststellung der Zellengröße geachtet werden). Die Auswahl möglicher Raumgruppen infolge des *Fehlens* bestimmter Reflexionsgruppen ist demzufolge weniger sicher als das Ausschließen einer Raumgruppe auf Grund beobachteter Reflexionen, die in der betreffenden Gruppe verboten sind. Tatsächlich sind mitunter fehlerhafte Strukturbestimmungen darauf zurückzuführen, daß man Reflexionsgruppen mit Unrecht als „systematisch ausgelöscht" betrachtete.

Zu 4. In jede der nach 3. erlaubten Raumgruppen ordnet man jetzt die nach 2. gefundene Anzahl der Moleküle ein. Nehmen wir an, wir kämen auf die in Abb. 65 dargestellte rhombische Raumgruppe mit drei aufeinander senkrecht stehenden Scharen Spiegelebenen. Ein willkürlicher Ort mit den „krystallographisch unbestimmten" Koordinaten ϱ, σ und τ wiederholt sich durch die Spiegelungen in jedem Oktanten der Zelle einmal (sogenannte achtzählige Punktlage); liegt dagegen ein Atom *in* einer Spiegelebene, so wiederholt es sich durch die Symmetrieoperationen nur viermal in der Zelle, da durch die Spiegelung in der betreffenden Spiegelebene die Lage nicht vervielfältigt wird; ein Atom in der Schnittlinie zweier Spiegelebenen findet man nur noch ein zweites Mal in der Zelle; den Schnittpunkt dreier Spiegelebenen (z. B. den

---

[1] Durch Zurückrechnen der Dichte aus Zellvolumen und Anzahl der Moleküle pro Zelle.

Punkt 000 oder $\frac{1}{2}\frac{1}{2}\frac{1}{2}$) findet man als einzählige Lage, hier ist die Anzahl der unbestimmten Parameter auf Null reduziert.

Bei sehr vielen Strukturen hat sich die Annahme bewährt, daß n Atome einer Gattung in der Zelle eine n-zählige Lage besetzen. So enthält z. B. die Zelle der kubisch holoedrischen Struktur des K_2PtCl_6 vier Moleküle; wie man aus der Abb. 100d entnimmt, haben die vier Pt-Atome eine 4-zählige Lage (flächenzentrierter Würfel), die acht K-Atome eine 8-zählige (Teilwürfel-mitten), die 24 Cl-Atome eine 24-zählige (Oktaeder um jedes Pt). Die Voraussetzung, daß gleichartige Atome, die in der chemischen Formel gleichwertig sind, auch im Krystall gleichwertig — d. h. durch die Symmetrieoperationen zur Deckung zu bringen — sind, hat sich seit den ersten Strukturbestimmungen bei vielen einfachen Krystallstrukturen immer wieder bewährt (Ausnahme siehe z. B. S. 72).

Ordnet man nach Feststellung der Raumgruppe und der Zähligkeit der Atomlagen die Atome in der Zelle an, so sind dabei die Werte der krystallographisch unbestimmten Koordinaten noch unbekannt. Für die achtzählige Lage der Atome in Abb. 65 gibt es deren drei, die ϱ-, σ- und τ-Werte eines dieser Atome. Für die vier Atome einer vierzähligen Lage (in der Abb. 65 durch $\times$ gekennzeichnet) ist eine dieser Koordinaten auf den Wert Null oder $\frac{1}{2}$ beschränkt, so daß nur zwei Parameter unbestimmt bleiben. Die zweizähligen Lagen ergeben nur mehr einen, die einzähligen, wie schon erwähnt, keinen Parameter.

Die weitere Untersuchung dieser Möglichkeiten und die Bestimmung der betreffenden Parameter — z. B. des Abstandes Pt—Cl in der K_2PtCl_6-Struktur — geschieht bei jedem der in Betracht zu ziehenden Modelle, indem man den Parametern alle Werte zulegt, bei jeder Kombination die Reflexionsintensitäten berechnet und diese dann mit den beobachteten Intensitäten vergleicht. Dieser Teil der Analyse erfordert bei größerer Anzahl der zu bestimmenden Parameter eine ungeheuer zeitraubende Rechenarbeit. Teilt man z. B. bei sechs Parametern den Bereich[1] jedes Parameters in zehn Teile, so bringt schon diese rohe Lokalisierung 10^6 zu prüfende Fälle mit sich! Selbstverständlich wird man versuchen, in geschickter Weise zu übersehen, bei welchen Parameterbereichen die Intensitäten zu der Beobachtung in Widerspruch stehen; auch wird man natürlich die Parameter möglichst „trennen": So wird man bei einem rhombischen Krystall versuchen, die τ-Werte aus den Intensitäten der Reflexionen an der (001)-Ebene zu bestimmen, weil diese von den Parametern in der a- und b-Richtung unabhängig sind; die Reflexionsintensitäten der (010)-Ebenen enthalten ebenso nur die Parameter σ usw. Man könnte übrigens schwerlich allgemeine Vorschriften für den zweckmäßigsten Gang der Intensitätsdiskussion angeben.

B. Anorganische Beispiele.

46. Steinsalz. Die vier Etappen aus **45** ergeben hier:

1. Bei kubischen Krystallen kann man die Zellenkante a dem Pulverdiagramm entnehmen (Abb. 52). Der gemeinschaftliche Faktor A der $\sin^2\theta$-Werte beträgt $0,0186_5$. Mit $A = \dfrac{\lambda^2}{4a^2}$ und $\lambda = 1{,}54$ Å erhält man $a = 5{,}63$ Å.

---

[1] Der zu untersuchende Bereich wird von der Symmetrie auf einen Bruchteil des Totalbereichs $0 \to 1$ eingeschränkt; z. B. im Falle der Abb. 65 auf ein Viertel, wobei schon alle möglichen Konfigurationen — Abstände von einer Spiegelebene — realisiert sind.

2. Das Molekulargewicht von NaCl beträgt 58,5, die Dichte $d = 2{,}16$, die AVOGADROsche Zahl $0{,}603 \cdot 10^{24}$; das Molekularvolumen ist somit

$$\frac{58{,}5}{2{,}16 \cdot 0{,}603 \cdot 10^{24}} = 44{,}9 \text{Å}^3.$$ Das Zellvolumen beträgt 178 Å³. Die Zelle enthält also $178/44{,}9 = 4$ Moleküle.

3. Das Pulverdiagramm zeigt die folgenden allgemeinen Auslöschungen: Ebenen mit gemischten Indices fehlen. Der Struktur liegt somit ein flächenzentriertes Gitter zugrunde. Die weitere Auswahl der Raumgruppe, die der Krystallsymmetrie und den Auslöschungen genügt, wird meistens mit Hilfe von röntgenanalytischen Hilfstabellen getroffen[1]. Im einfachen Falle des NaCl kann jedoch die Struktur gleich angegeben werden. Die vier einzuordnenden Na-Atome, sowie die vier Cl-Atome liegen in flächenzentrierten Gittern, die aber nun derart ineinander gestellt werden müssen, daß die Symmetrie die kubisch-holoedrische des NaCl bleibt. Infolge der Gleichwertigkeit der drei

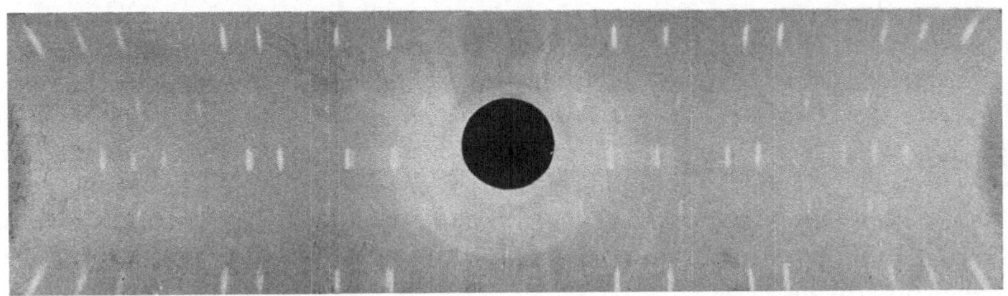

Abb. 66. Drehdiagramm von NaCl um [001] mit schwacher erster Schichtlinie.

Achsen kommt hier lediglich eine relative Verschiebung der Gitter um die Hälfte der Körperdiagonale, also die Struktur der Abb. 32, in Betracht.

4. In dieser Struktur treten keine krystallographisch unbestimmten Parameter auf; man kann die Intensitäten leicht berechnen. Wie wir schon in **32** überlegten, fordert das Modell, daß Reflexionen mit ungeraden Indices schwach, solche mit geraden Indices stark auftreten. Das fanden wir im Diagramm der Abb. 52 bestätigt; das Drehdiagramm der Abb. 66 zeigt dies noch deutlicher: die erste Schichtlinie (Reflexionen mit ungeraden Indices) ist im Verhältnis zum Äquator und zur zweiten Schichtlinie sehr schwach. Die Ablesungen und Berechnungen der Pulver- und Drehkrystallaufnahmen des NaCl sind im Anhang 4 B und C tabellarisch wiedergegeben.

47. Sublimat HgCl₂. Diese Struktur ist komplizierter[2]. Wir schließen ihre Bestimmung trotzdem gleich an das vorhergehende Beispiel an, weil sie den Gang einer Analyse an der Hand von Drehkrystalldiagrammen zeigt.

Die Zellenabmessungen, die Raumgruppe und die Hg-Parameter werden auf *rein röntgenanalytischem Wege* bestimmt. Wir schränken aber das mühsame Absuchen der Cl-Parameter ein durch Heranziehen räumlicher Erwägungen, die uns über die Werte, welche die Cl-Parameter ungefähr annehmen können, Aufschluß geben.

---

[1] Internationale Tabellen zur Bestimmung von Krystallstrukturen. Berlin 1935.
[2] Wenn man diese detaillierte Strukturbestimmung überschlagen will, so gehe man über auf **48**.

Es sei aber noch ein anderer Punkt bei dieser Analyse erwähnt. Man findet vier Moleküle $HgCl_2$, also acht Chloratome pro Zelle. Es ergibt sich nun keine den Röntgendaten genügende Struktur, wenn man von der Bedingung, daß diese acht Chloratome eine achtzählige Lage einnehmen sollen, ausgeht. Setzt man dagegen voraus, daß die völlige strukturelle Gleichwertigkeit nicht für alle acht Chloratome gilt, sondern daß es zwei Gruppen von je vier gleichwertigen Atomen gibt — wobei jede Gruppe eine vierzählige Lage einnimmt — so führt das zu einer räumlich plausiblen Struktur, die sich vollkommen an die beobachteten Intensitäten anzuschließen vermag und in diesem Umstande den Beweis für ihre Richtigkeit findet.

1. Sublimat krystallisiert rhombisch bipyramidal (Klasse $2/m\ 2/m\ 2/m$). Die Identitätsperioden in den drei Achsenrichtungen bestimmt man aus den Höhen der Schichtlinien in den Drehaufnahmen um die Achsen [100], [010] und [001].

Es wurden gefunden (20): $a = 5{,}96$ Å, $b = 12{,}7$ Å, $c = 4{,}33$ Å. Eine Drehaufnahme um [101] ergibt in gleicher Weise aus dem Schichtlinienabstand 7,36 Å für den Wert der Periode entlang dieser Flächendiagonale. Dies bestätigt die Werte der Achsen: $7{,}36^2 = 5{,}96^2 + 4{,}33^2$; es ergibt sich außerdem, daß die betreffende Fläche nicht zentriert ist, denn sonst hätte man die Diagonalperiode halb so groß gefunden. Man könnte so durch die Schichtlinienabstände bei verschiedenen Drehdiagrammen die Auswahl zwischen den BRAVAIS-Gittern der Abb. 6 treffen; wir werden das jedoch unter 3 mit Hilfe der allgemeinen Ebenenstatistik machen.

2. $M = 271{,}5$,

$\quad d = \ \ 5{,}42$,

$\quad V = \ \ 50{,}1$ für ein Grammolekül,

$\quad v = \ \ 83{,}1 \cdot 10^{-24}$ für ein Molekül,

$\quad$ Zellvolumen $= a \cdot b \cdot c = 327{,}8 \cdot 10^{-24}$,

$\quad$ Anzahl Moleküle pro Zelle, $n = 327{,}8/83{,}1 = 3{,}95$,

$\quad$ Röntgendichte (mit $n = 4$) $= 5{,}49$.

3. Aus den verschiedenen Drehdiagrammen bestimmen wir die Auslöschungsgesetze; dazu eignet sich das Pulverdiagramm nicht, einerseits, weil bei dieser niedrigen Symmetrie viele Linien praktisch zusammenfallen, andererseits weil sehr schwache Reflexionen in einem Punktdiagramm weniger Gefahr laufen unbeachtet zu bleiben. Wir entnehmen den Diagrammen:

a) Reflexionen hkl zeigen keine allgemeine Auslöschung (s. erste Schichtlinie Abb. 72): Der Struktur liegt das primitive BRAVAIS-Gitter P der Abb. 6, 2. Reihe zugrunde.

b) Reflexionen $h0l$ fehlen bei $(h + l)_{\text{ungerade}}$ (Abb. 69, Äquator): Die Symmetrieebene (010) ist Gleitspiegelebene mit der Translation gleich der halben Diagonale.

c) Reflexionen $hk0$ fehlen bei k_{ungerade} (Abb. 72, Äquator): Die Symmetrieebene (001) ist Gleitspiegelebene mit der Translation gleich der halben b-Achse.

d) Reflexionen $0kl$ zeigen keine systematischen Auslöschungen: Die Ebene (100) ist eine Spiegelebene.

Diese Symmetriekombination, die die Raumgruppe festlegt, ist abgebildet in Abb. 67a[1] (die Achsenverhältnisse der abgebildeten Zelle sind ungefähr wie beim HgCl$_2$).

4. *a) Bestimmung der Koordinaten des Hg.* Wir wollen zuerst die Lagen der Hg-Ionen bestimmen. Bei einer ersten Beobachtung der Beugungsintensitäten darf man den Effekt der im Vergleich zu Hg so viel leichteren Cl-Atome vernachlässigen; man hat dann die Hg-Atome derart zu ordnen, daß sie in groben Zügen den Verlauf der Intensitäten erklären.

In der Zelle befinden sich vier Atome Hg. Durch die drei Symmetrieebenenscharen der

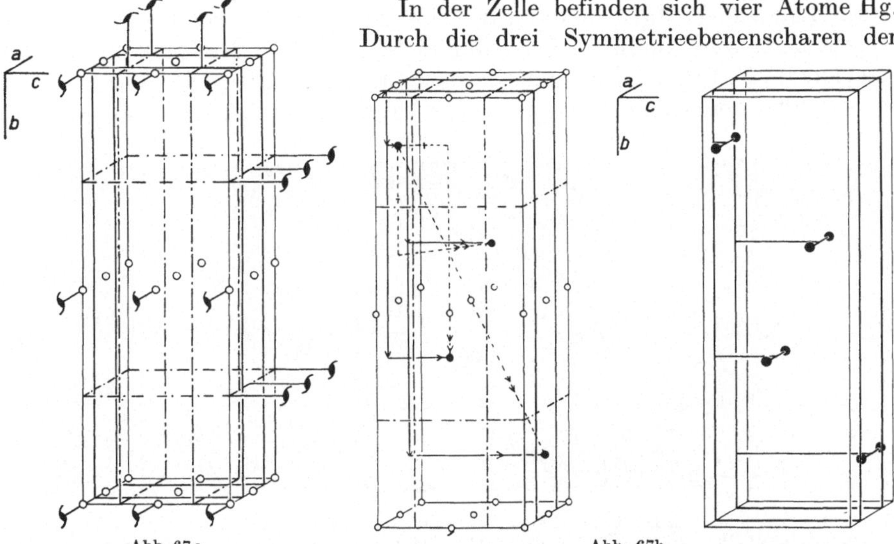

Abb. 67a.   Abb. 67b.

Abb. 67a. Symmetrieelemente der Raumgruppe $P2_1/m\,2_1/n\,2_1/b$ (abgekürzt *Pmnb*), in die das Sublimat gehört
——— Spiegelebene; —·—·— Gleitspiegelebene; ∼ zweizählige Schraubenachse; o Symmetriezentrum.

Abb. 67b. Rechts achtzählige Punktlage, entstanden durch Anwendung der Symmetrieoperationen von *Pmnb* auf ein Teilchen in willkürlicher Lage. Links vierzählige Punktlage in den Spiegelebenen. Man sieht die Wiederholung des Atoms links oben durch die Gleitspiegelebenen *b* und *n* und durch das Zentrum. Aus der allgemeinen Punktlage leitet man die vierzählige ab, indem man je zwei Atome beiderseits der Symmetrieebene *m* zusammenfallen läßt.

Raumgruppe wiederholt sich eine willkürliche Punktlage achtmal in der Zelle. Die achtzählige Punktlage reduziert sich auf eine vierzählige bei einer Atomlage entweder in einem Symmetriezentrum oder in den Spiegelebenen (senk-

---

[1] Diese Symmetriekombination ist im Hinblick auf die äußere Krystallsymmetrie (Krystallklasse) der Raumgruppe der Abb. 65 gleichwertig. Wir wollen für diese Fälle als Beispiel nochmals die (gekürzte) Nomenklatur der Anhänge 1 und 2 angeben. Die rhombische Krystallklasse, durch drei Symmetrieebenenscharen charakterisiert, wird durch dreimalige Wiederholung des Symbols für Symmetrieebene: *mmm* angedeutet. Man beschreibt die Raumgruppe der Abb. 65 durch die Andeutungen: Bravaissches Gitter primitiv *P* mitsamt drei Scharen gewöhnlicher Symmetrieebenen, somit *Pmmm*. Die Raumgruppe der Abb. 67 geben wir mit *Pmnb* an, wo die Symbole *m*, *n*, *b*, sich auf die Ebenen (100), (010) und (001) beziehen und

m eine Spiegelebene,

n eine Gleitspiegelebene mit Diagonaltranslation,

b eine Gleitspiegelebene mit Translation in der *b*-Richtung bedeutet. Man ersieht aus der Abb. 67, bei der der Koordinatenanfang in einem der Symmetriezentren gewählt worden ist, daß *m* die *X*-Achse in $\frac{1}{4}$ bzw. $\frac{3}{4}$ schneidet; dies drückt man durch (100)$_{1/4\,3/4}$ aus; *n* liegt in (010)$_{1/4\,3/4}$ und *b* in (001)$_{1/4\,3/4}$.

recht zu der a-Achse); nur dann fallen je zwei Atomlagen zusammen. Die Lage der Quecksilberatome in Symmetriezentren ist unmöglich; da letztere nämlich alle in Abständen 0 oder $\frac{1}{2}$ längs der Achsen liegen (Abb. 67), würde man alle Reflexionen mit geraden Indices ungefähr gleich stark beobachten: das ist nun nicht der Fall. Also müssen die Hg-Atome in den Spiegelebenen liegen (Abb. 67b, links). Geht man von einer willkürlichen Lage $\frac{1}{4}\,yz$ in der Ebene $(100)_{1/4}$ aus, so wiederholt sich dieselbe und bildet das Quartett

$$\tfrac{1}{4}\,yz; \quad \tfrac{3}{4}\,\overline{y}\overline{z}; \quad \tfrac{3}{4}, \tfrac{1}{2}-y, \tfrac{1}{2}+z; \quad \tfrac{1}{4}, \tfrac{1}{2}+y, \tfrac{1}{2}-z.$$

Die Lage aller Hg-Atome in den im Abstande $\frac{1}{2}a$ aufeinanderfolgenden Spiegelebenen wird durch die Intensitäten bestätigt: In diesem Fall haben die Reflexionen $0kl$, $2kl$, $4kl$ usw. den gleichen Strukturfaktor, weil in den Phasenunterschieden der Atome $(\varrho_1 - \varrho_2)h + (\sigma_1 - \sigma_2)k + (\tau_1 - \tau_2)l$ das erste Glied nur

Abb. 68. Drehdiagramm von HgCl₂ um [100]. Die nullte Schichtlinie (Äquator) stimmt mit der zweiten, die erste mit der dritten überein. Zwecks bequemeren Vergleichs sind einige übereinstimmende Reflexionen markiert. — Auf der Aufnahme bemerkt man auch einige schwache $K\beta$-Reflektionen.

die Werte $0h$ und $\frac{1}{2}h$ annehmen kann. Tatsächlich ändern sich die Intensitäten nicht, wenn h geradzahlig zunimmt. Das zeigt sich in der Abb. 68 — einem Drehdiagramm um [100] — deutlich in der Ähnlichkeit zwischen dem Äquator und der zweiten Schichtlinie einerseits, zwischen der ersten und der dritten Schichtlinie andererseits.

Jetzt hat man aus den Intensitäten die krystallographisch unbestimmten Parameter y_{Hg} und z_{Hg} zu berechnen.

Bestimmung von y_{Hg}. Reflexionen an (010). Wir betrachten zunächst die Reflexionen verschiedener Ordnung an (010), in denen nur y auftritt (,,Trennen der Parameter"). Abb. 72 ergibt

010 —	050 —	090 —	0 13 0 —
020 —	060 —	0 10 0 —	0 14 0 —
030 —	070 —	0 11 0 —	0 15 0 —
040 m	080 s.st	0 12 0 st	0 16 0 st

Wir betrachten nacheinander:

Die ungeraden Ordnungen. Das systematische Fehlen der Reflexionen ungerader Ordnung erklärte sich schon oben durch die Gleitspiegelung mit Translation $\frac{1}{2}b$: Atome in y und $\frac{1}{2}+y$, ebenso diejenigen in $\frac{1}{2}-y$ und $\overline{y}$, liegen in der b-Richtung $\frac{1}{2}$ Zellkante auseinander; ihre Beugungsbeiträge heben sich also in ungeraden Ordnungen auf.

Die geraden Ordnungen. Für die Reflexionen gerader Ordnung wirken die Atome eines solchen Paares zusammen. Dann bleibt noch die Betrachtung der Zusammenwirkung der beiden Paare, z. B. der Atome in y und in $\bar{y}$. Die Tabelle ergibt, daß alle vierfachen Ordnungen stark sind; die geraden, aber nicht vierfachen fehlen dagegen (oder sind sehr schwach). Dies kann, wie ohne weiteres einzusehen ist, durch eine Differenz von $\frac{1}{4}$ zwischen y und $\bar{y}$ erklärt werden.

Wir schließen daraus: Die 010-Reflexionen ergeben $y_{Hg} = \frac{1}{8}$ (oder $\frac{3}{8}$, was eine identische Konfiguration ergibt)[1].

Bestimmung von z_{Hg} aus den Reflexionen an (001). In den Reflexionen an (001) kommt lediglich z zur Geltung. Das Diagramm der Abb. 69 zeigt:

$$001 - \qquad 003 - \qquad 005 -$$
$$002\ \text{st} \qquad 004\ \text{s.schw.}$$

Das Fehlen der ungeraden Ordnungen erklärten wir schon oben: Die Spiegelung in (001) ist ja verbunden mit einer Diagonaltranslation, deren hier wirksame Komponente $\frac{1}{2}c$ beträgt.

Was die geraden Reflexionen anbelangt, so fällt es auf, daß ihre Anzahl so viel kleiner ist als die Zahl derjenigen an (010). Das hängt natürlich zusammen mit der kleinen Zellenabmessung in der c-Richtung, die große Abbeugungswinkel verursacht[2].

Da nun die Anzahl der Reflexionen so gering ist, hat man um so mehr den Wunsch, die Richtigkeit der Daten 002 st, 004 s.schw näher zu

---

[1] Das zeigt sich sofort, wenn man in den angegebenen Atomlagen y durch $\frac{1}{2} - y$ ersetzt; man erhält dann eine vierzählige Lage, die sich bis auf eine Translation $\frac{1}{2}\,0\,\frac{1}{2}$ als mit der ursprünglichen identisch herausstellt.

[2] Es hat also den Anschein, daß die Ortsbestimmung senkrecht zu der (001)-Ebene, da Reflexionen höherer Ordnung nicht zur Verfügung stehen, ungenauer wäre als diejenige senkrecht zu der (010)-Ebene. Für den Wert des *Parameters* (Relativwert) trifft dies zu; dagegen ergibt sich durch die kleinere Zellenabmessung, auf die sich dieser ungenauere Parameter bezieht, eine ebenso genaue *Orts*bestimmung. Bei gleicher „Apertur" — hier geht die Beobachtung bis auf ungefähr $\theta = 90°$ — kann ja die Genauigkeit der Abstandsmessungen nur von der verwendeten Wellenlänge abhängen.

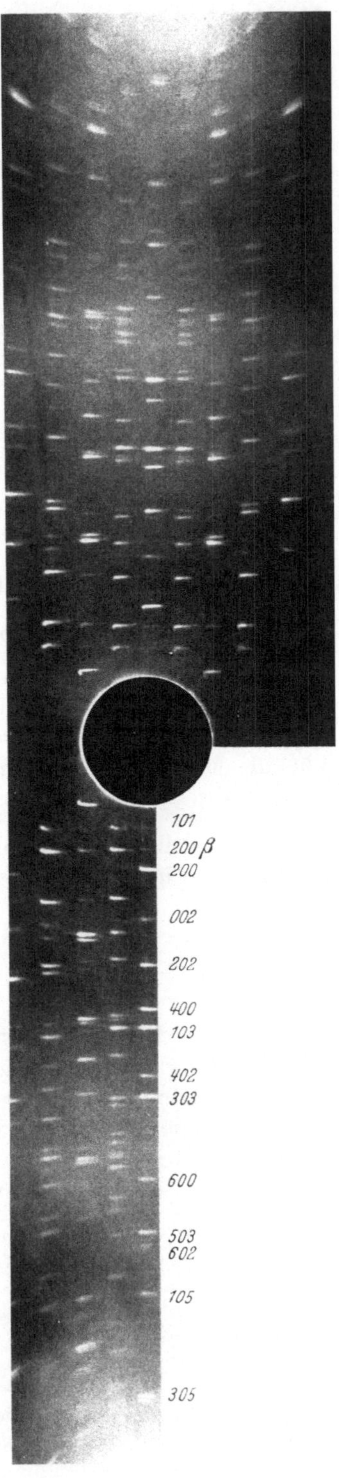

Abb. 69. Drehdiagramm von HgCl₂ um [010] mit indiziertem Äquator.

bestätigen. Dazu überlege man, daß alle Reflexionen hkl mit geradem h und gleichem k und l den gleichen Strukturfaktor haben; tatsächlich entnimmt man aus der Abb. 69

002 st[1]	004 s.schw
202 st	204 s.schw
402 m	404 —
602 schw	

Die Intensitätsverringerung in jeder Spalte ist den kontinuierlichen Faktoren zuzuschreiben.

Um den Bereich, innerhalb dessen die Bedingungen 002 st, 004 s·schw den z-Parameter einschränken, übersehen zu können, brauchen wir die Form des Strukturfaktors für Basisreflexionen. Aus der Atomlage ergeben sich für die Reflexionen $00l$ die nachfolgenden Phasen der vier zusammenzusetzenden Schwingungen: $lz, l(\frac{1}{2}-z), -lz$ und $l(\frac{1}{2}+z)$. Für ungerades l heben sich diese Schwingungen paarweise auf (1 und 4, 2 und 3). Ist l gerade, so bekommt man zwei Schwingungen mit der Phase zl und zwei mit der Phase $-zl$, die die Resultante

$$S_{00l} = 4\,F_{\mathrm{Hg}} \cos z_{\mathrm{Hg}} l$$

ergeben [s. Kap. 2, Gl. (2c)]. Aus S_{002} groß, S_{004} klein, finden wir also die Bedingungen

$$\cos 2z \text{ groß}, \qquad \cos 4z \text{ klein}.$$

Diesen genügen z-Werte[2] in der Nähe von $\frac{1}{16}$.

Der abgeleitete Ausdruck gibt den Strukturfaktor für Basisreflexionen an; nunmehr wollen wir die allgemeine Formel des Strukturfaktors für Reflexionen hkl, die wir unten brauchen, hinschreiben. Die Atomlage

$$\tfrac{1}{4}\,yz; \quad \tfrac{3}{4}\,\bar{y}\,\bar{z}; \quad \tfrac{3}{4}, \tfrac{1}{2}-y, \tfrac{1}{2}+z; \quad \tfrac{1}{4}, \tfrac{1}{2}+y, \tfrac{1}{2}-z$$

hat unter anderem ein Symmetriezentrum in 000. Substituieren wir also die Koordinaten in der Formel des Strukturfaktors der Gl. (2c) **33**, so bekommen wir[3]:

$$S_{hkl} = 2F_{\mathrm{Hg}}\left\{\cos\left(\tfrac{1}{4}h + yk + zl\right) + \cos\left[\tfrac{1}{4}h + (\tfrac{1}{2}+y)k + (\tfrac{1}{2}-z)l\right]\right\}$$
$$= 4F_{\mathrm{Hg}} \cos\left(yk + \frac{h+k+l}{4}\right) \cos\left(zl - \frac{k+l}{4}\right).$$

Prüfung des z_{Hg}-Wertes an den Reflexionen[4] $i0i$. Bis jetzt betrachteten wir für die Ermittlung von z die Reflexionen $p0p$, die vom y-Parameter unabhängig sind. Selbstverständlich eignen sich die gleichfalls nur von z abhängigen Reflexionen $i0i$ dazu ebenso gut. — Reflexionen mit $(h+l)$ ungerade kommen nicht in Betracht, weil sie ausgelöscht sind. — Bei den Reflexionen 101, 301, 501, 701 sehen wir dann zunächst aufs neue bewiesen, daß die a-Richtung

---

[1] Diese Reflexion wird infolge der halben Flächenzahl in Abb. 69 schwächer beobachtet.

[2] Oder eines ungeraden Vielfachen desselben. Die Abstände des Atoms von der Gleitspiegelebene mit $z = \tfrac{1}{4}$ sind die gleichen für $z = \tfrac{1}{16}$ und $z = \tfrac{7}{16}$: Diese Werte ergeben die gleiche Konfiguration der Hg-Atome. Die Werte $z = \tfrac{3}{16}$ oder $\tfrac{5}{16}$ sind auszuschließen wegen der Intensität von $i01$, auf die wir sofort im Text eingehen werden.

[3] Für $00l$ ergibt dies:
$$S_{00l} = 4\,F_{\mathrm{Hg}} \cos l/4 \cos (zl - l/4).$$
Der erste Cosinusfaktor entspricht der Auslöschung der Reflexionen mit ungeradem l. Bei geradem l wird, wie oben gefunden wurde, $S_{00l} = 4\,F_{\mathrm{Hg}} \cos zl$.

[4] i = impair = ungerade; p = pair = gerade.

parameterfrei ist: sie sind alle schwach oder fehlen (Abb. 69); der z-Wert soll also der Bedingung: $i01$ schwach, Rechnung tragen.

Der allgemeine Strukturfaktor nimmt — vom Vorzeichen abgesehen — für diese Reflexionen die Form an

$$S_{i\,01} = 4\,F_{\mathrm{Hg}}\sin z\,.$$

Mit dem oben gefundenen z-Wert — ungefähr $\frac{1}{16}$ — wird S_{i01} tatsächlich klein.

Wir stellen noch die drei zur Ermittlung von z_{Hg} verwendeten Intensitätsangaben nebst den Werten von S und S^2, berechnet für $z = \frac{1}{16}$, zusammen:

hkl	$I_{\mathrm{beob.}}$	S	S	S^2
			berechnet mit $z = \text{}^1/_{16}$	
$p02$	stark	$\cos 2z$	0,7	5
$p04$	schwach bis fehlend	$\cos 4z$	0	0
$i01$	schwach bis fehlend	$\sin z$	0,4	1,5

In dieser Weise kann man den z-Wert schon ziemlich genau bestimmen. — Man überzeugt sich z. B., daß schon mit $z = \frac{1}{14}$ die Werte von $\cos 2z$ und $\sin z$ einander zu nahe liegen.

In Abb. 67b links sind die hier berechneten Parameterwerte $y = \frac{1}{8}$, $z = \frac{1}{16}$ gewählt, so daß diese Abbildung die Lagen der Hg-Atome im Sublimat zeigt.

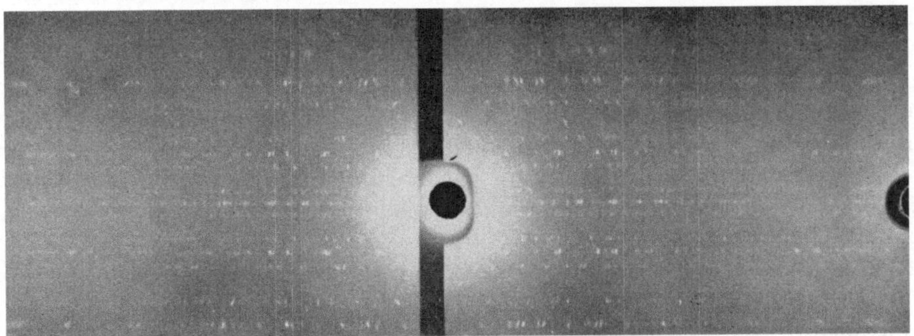

Abb. 70. Drehdiagramm von HgCl$_2$ um [212]. Die geraden, nicht vierfachen Schichtlinien fehlen, die ungeraden sind schwach, die vierfachen stark.

Die abgeleiteten Hg-Parameter finden noch eine Bestätigung in dem auffallenden Intensitätsverlauf der Schichtlinien einer Drehkrystallaufnahme um die Achse [212], Abb. 70. Trotz der individuellen Unterschiede zwischen den Reflexionen in einer Schichtlinie bemerkt man gleich, daß die vierfachen Schichtlinien stark sind, die geraden, nicht vierfachen fehlen, während die ungeraden schwach sind. Die Richtung [212] enthält nun, wenn man z. B. von einem Hg-Atom in $\frac{1}{4}, \frac{1}{8}, \frac{1}{16}$ ausgeht, nacheinander die Atome in $2\frac{1}{4}$, $1\frac{1}{8}\,2\frac{1}{16}$, $4\frac{1}{4}$, $2\frac{1}{8}$, $4\frac{1}{16}$ usw. (Punkte A). Infolge der oben abgeleiteten Werte der Hg-Parameter finden wir aber noch dazwischenliegende Punkte B, die ebenfalls mit Hg belegt sind, in $\frac{3}{4}, \frac{3}{8}, \frac{9}{16}$; $2\frac{3}{4}$, $1\frac{3}{8}$, $2\frac{9}{16}$ usw. (diese Koordinaten sind diejenigen des Punktes $\frac{3}{4}$, $\frac{1}{2}-y$, $\frac{1}{2}+z$). Man bemerkt, daß diese Punkte B die Periode der Punkte A in zwei Strecken vom Verhältnis 1 zu 3 zerlegen. Wenn wir uns nun wie in **20** für die verschiedenen Schichtlinien des Drehdiagramms den Beugungseffekt überlegen, so ergibt sich, daß bei der Phasendifferenz Null zwischen den Quecksilberatomen der erstgenannten Reihe auch die Atome B der zweiten Reihe mit in Phase sind (Äquatorreflexionen). Ist die Phasendifferenz zwischen A_1, A_2, A_3 usw. 1 (erste Schichtlinie), so beträgt die Phasendifferenz zwischen den A- und B-Atomen $\frac{1}{4}$; bei der Phasendifferenz 2 zwischen A_1 und A_2 (zweite Schichtlinie) besteht vollständige Gegenwirkung zwischen den A- und B-Atomen (Phasendifferenz $\frac{1}{2}$); Phasendifferenz $\frac{3}{4}$ für alle Reflexionen der dritten Schichtlinie, vollkommene Zusammenwirkung für die vierte usw.

b) Lage der Chloratome. Für die acht Cl-Atome kommt zunächst die achtzählige Punktlage der Abb. 67b rechts in Frage. Eine derartige Lage kann jedoch sowohl aus röntgenanalytischen, wie aus geometrischen Gründen ausgeschlossen werden, strenge auszuschließen ist sie durch die Kombination beider Erwägungen:

Wir fanden oben die Lagen der Quecksilberatome in den Symmetrieebenen (100) durch die Gesetzmäßigkeit $I_{hkl} = I_{(h+2)kl}$ bestätigt. Diese Regel gilt so scharf, daß sie sich auf die Mitwirkung des Chlors erstrecken muß. Deshalb werden auch die Chloratome *in, oder wenigstens nicht weit außerhalb der Spiegelebene* liegen müssen.

Was nun die räumlichen Verhältnisse betrifft, so ist die Abmessung der a-Achse 5,96 Å zu klein, um Platz für zwei Chlorionen zu bieten. In allen Strukturen findet man nämlich, daß zwei angrenzende Chloratome (-ionen) einen Abstand von ungefähr $2 \cdot 1{,}8$ Å haben: Verlegt man nun ein Cl-Atom in die achtzählige Lage xyz, so liegt eins auch in $\frac{1}{2} - x, y, z$, während das erste Atom sich in der angrenzenden Zelle wiederholt in $1 + x, y, z$. Sogar bei der räumlich günstigsten Verteilung über die a-Richtung — der gleichmäßigen Verteilung mit $x = 0$ oder $\frac{1}{2}$, wobei die Cl-Atome *in der Mitte* zwischen den Spiegelebenen liegen — ergibt sich der Abstand benachbarter Atome zu $\frac{1}{2} \cdot 5{,}96 = 3$ Å als zu klein für die Chloratome. Diese Raumbehinderung eines Atoms durch das gespiegelte muß um so zwingender die achtzählige Lage unmöglich machen, als die Röntgenanalyse für den Abstand zur Spiegelebene gerade einen *kleinen* Wert fordert: die Cl-Atome können keine Lagen außerhalb der Spiegelebenen einnehmen.

Es bleibt also nur die Möglichkeit, daß die acht Chloratome — in den $(100)_{1/_4},\ {}^{3/_4}$-Ebenen — zwei vierzählige Lagen einnehmen:

$$\mathrm{Cl}_1 \quad \tfrac{1}{4}\, y_1 z_1;\ \tfrac{3}{4}\, \bar{y}_1 \bar{z}_1;\ \tfrac{3}{4}, \tfrac{1}{2} - y_1,\ \tfrac{1}{2} + z_1;\ \tfrac{1}{4}, \tfrac{1}{2} + y_1,\ \tfrac{1}{2} - z_1.$$

$$\mathrm{Cl}_2 \quad \tfrac{1}{4}\, y_2 z_2;\ \tfrac{3}{4}\, \bar{y}_2 z_2;\ \tfrac{3}{4}, \tfrac{1}{2} - y_2,\ \tfrac{1}{2} + z_2;\ \tfrac{1}{4}, \tfrac{1}{2} + y_2,\ \tfrac{1}{2} - z_2.$$

Einpassen der Chloratome. Sowohl die Hg- als auch die Cl-Atome liegen also in den Spiegelebenen $(100)_{1/4}$ und $(100)_{3/4}$. Wir überlegen nun, wie man in diesen Ebenen, in denen die Lagen der Hg-Atome schon fixiert sind, die richtigen Orte der Chloratome durch Einpassen ermitteln kann, indem man bedenkt, daß die Abstände Hg—Cl und Cl—Cl nicht kleiner sein dürfen als die Summe der entsprechenden Ionenradien. Man kann für den Abstand zweier angrenzender Cl-Ionen einen Minimalwert von ungefähr 3,4 Å annehmen, während für den Abstand Hg—Cl aus dem Vergleich mit den gemessenen Abständen in $HgBr_2$ und HgJ_2 ein Wert von ungefähr 2,2 Å zu erwarten ist.

Abstand Chlor — Symmetriezentrum. Der Radius des Chlorions fordert einen Minimalwert von 1,7 Å für den Abstand von Cl-Mitte bis Symmetriezentrum.

Man kann also um jedes Zentrum der Struktur (Abb. 67) eine Kugel mit dem Radius 1,7 Å schlagen, innerhalb welcher die Cl-Mitte sich nicht befinden darf. Diese Kugeln, deren Mittelpunkte $\frac{1}{4}a$ außerhalb der Spiegelebene (100)$_{1/4}$ liegen, schneiden diese Ebene in Kreisen mit dem Radius $\sqrt{1{,}7^2-(5{,}96/4)^2}=0{,}8$ Å. Die Cl-Mitten sollen also außerhalb dieser in Abb. 71 schraffierten Bereiche liegen.

Abstände in der Spiegelebene. Die Bedingung Hg—Cl $>$ 2,2 Å schließt die Cl-Atome in der (100)-Ebene aus den kreisförmigen punktierten Bereichen mit dem Radius 2,2 Å um die Hg-Punkte aus.

Hinsichtlich der Verteilung der Cl-Atome in der b - Richtung geben uns die (010)-Reflexionen noch einen Hinweis. Die vierfachen Ordnungen ergaben sich bei diesen als stark (Tabelle, S. 68), welcher Umstand die Lage der Hg-Atome — in äquidistanten Ebenen mit gegenseitigen Abständen $\frac{1}{4}b$ — genau festlegte. Es bleibt dann noch in der Reihe 040 m, 080 s.st, 0120 st, 0160 st zu erklären übrig, warum 080 in der Intensität so stark hervortritt. Dies muß dem Cl zugeschrieben werden; wenigstens eine der Chlorgruppen muß dann in der Mitte zwischen den soeben genannten

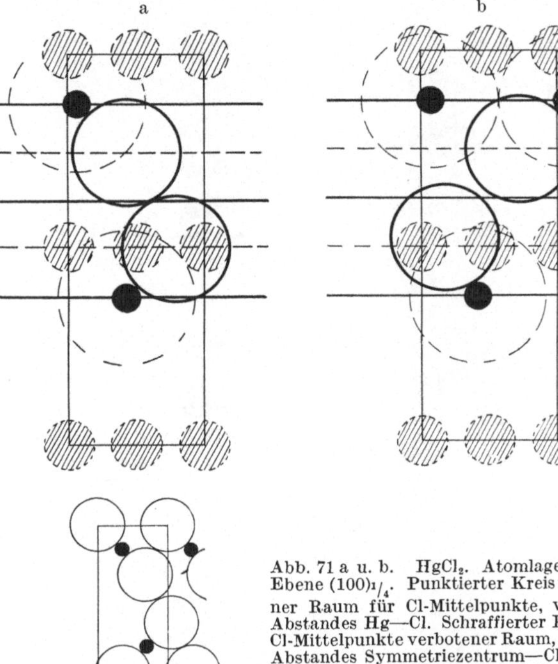

Abb. 71 a u. b. HgCl$_2$. Atomlagen in der Ebene (100)$_{1/4}$. Punktierter Kreis: Verbotener Raum für Cl-Mittelpunkte, wegen des Abstandes Hg—Cl. Schraffierter Kreis: Für Cl-Mittelpunkte verbotener Raum, wegen des Abstandes Symmetriezentrum—Cl. a und b geben die zwei Möglichkeiten für das Einpassen der Chloratome (ausgezogene Kreise) an.

Hg-Ebenen, somit im Abstand $\frac{1}{8}$ Zellenkante von diesen gelegen sein. Dies fordert in der Abb. 71 für die Lage wenigstens eines der Chloratome die Umgebung der unterbrochenen Linien senkrecht zu der b-Achse.

Erwägt man des weiteren, daß auch der Abstand Cl$_1$—Cl$_2$ mindestens den Wert 3,4 Å haben muß, so findet man, daß die Konfiguration der Abb. 71a allen Bedingungen genügt; die Parameterwerte sind:

$$
\begin{array}{ccc}
 & y & z \\
\mathrm{Cl_1} \ldots & \tfrac{1}{4} & 0{,}42 \\
\mathrm{Cl_2} \ldots & \tfrac{1}{2} & 0{,}77
\end{array}
$$

Läßt man eine geringe Abweichung von den Bedingungen zu, so kommt auch die Konfiguration der Abb. 71b in Betracht.

c) Überprüfung durch die Röntgenintensitäten. Die Prüfung dieser Anordnungen und die genauere Festlegung der Hg- und Cl-Parameter veranlaßt eine mühsame Rechenarbeit, wobei man die Parameter fast kontinuierlich in der

Nähe der angegebenen Anordnung ändert und die berechneten mit den beobachteten Intensitäten vergleicht. Dann zeigt es sich, daß die Anordnung *b* nirgends die richtige Intensitätsfolge zeigt, weshalb wir diese ablehnen. Dagegen

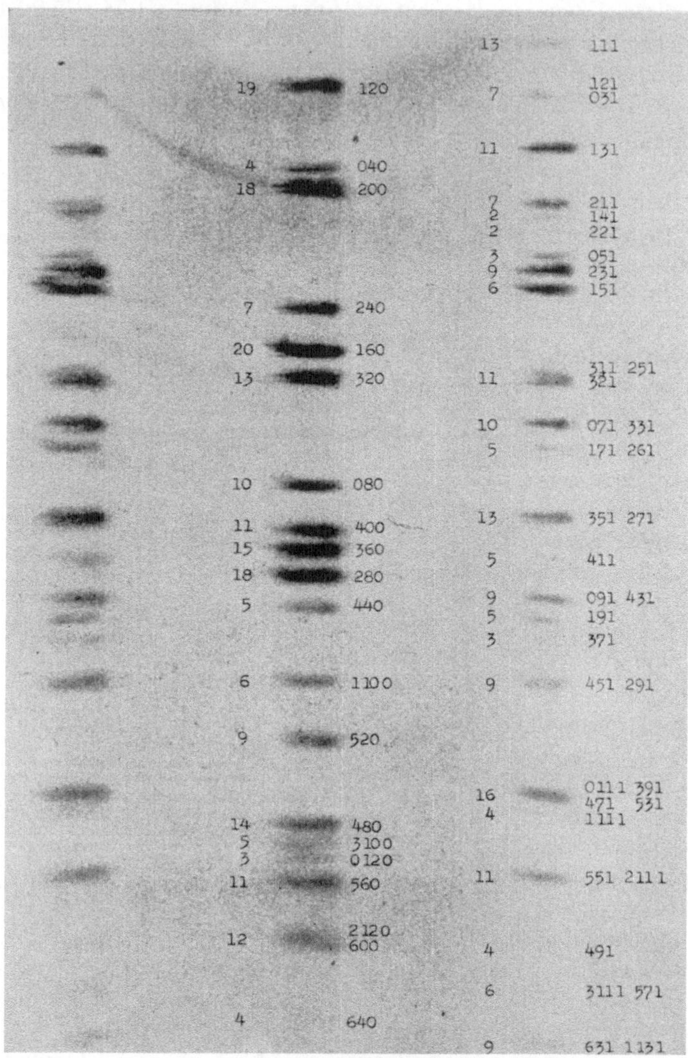

Abb. 72. Drehdiagramm von $HgCl_2$ um [001] samt berechneten Intensitäten. Zur rechten Seite jeder Reflexion sind die Indices angegeben; zur linken Seite die berechnete Intensität. Man vergleiche diese mit der Schwärzung. [H. Braekken u. W. Scholten: Z. Kristallogr., A, 89, 448 (1934).]

ergibt sich, daß man die Konfiguration *a* präzisieren und die Parameterwerte innerhalb der nachfolgenden Grenzen einschränken kann:

	y	z
Hg	$0{,}126 \pm 0{,}003$	$0{,}053 \pm 0{,}008$
Cl_1	$0{,}267 \pm 0{,}008$	$0{,}375 \pm 0{,}03$
Cl_2	$0{,}492 \pm 0{,}008$	$0{,}78 \ \pm 0{,}03$

Das Diagramm der Abb. 72 zeigt die Übereinstimmung, die bei diesen Parameterwerten zwischen berechneten und beobachteten Intensitäten erreicht wurde;

weil nicht allen kontinuierlichen Faktoren Rechnung getragen ist, vergleiche man nur benachbarte Reflexionen. Die Übereinstimmung ist überzeugend.

Die kleine unter Abb. 71a befindliche Darstellung läßt die Anordnung in der Spiegelebene übersehen, während die Abb. 136a das Raummodell dieser für $HgCl_2$ gefundenen Struktur zeigt.

48. Verwendung nichtröntgenographischer Daten. Die Strukturen mit einer größeren Anzahl ungleichwertiger Atome enthalten bis zu Hunderte von krystallographisch unbestimmten Parametern. Dieser Umstand zwingt uns, bei der Analyse neben den Intensitätsbetrachtungen noch andere zu Hilfe zu rufen. Beim Beispiel des Sublimats bemerkten wir schon, wie man die Anzahl der möglichen Atomlagen wesentlich einschränken kann durch die Berücksichtigung der Größen der zu ordnenden Atome.

Bei der Analyse typischer Ionengitter kann man einige wichtige Prinzipien anwenden, die darauf beruhen, daß die elektrostatische Energie einem Minimalwert zustrebt. Zunächst werden die Kationen, die im allgemeinen die kleineren sind, von möglichst vielen Anionen umhüllt werden. Die Maximalzahl, die „Koordinationszahl", wird durch das Radienverhältnis von Kation zu Anion bestimmt (V. M. GOLDSCHMIDT): Nur so viele Anionen werden sich um ein Kation fügen, daß sie alle das Kation unmittelbar berühren. Kennt man also die Ionenradien, so kann man durch einfache geometrische Betrachtungen ersehen, welche Anionenpolyeder man in der Struktur um die Kationen erwarten darf. Solche Bausteine müssen dann derart aneinander gereiht werden, daß die stöchiometrische Formel stimmt: die Anionenpolyeder müssen dazu Ecken, eventuell Kanten oder Flächen gemeinsam haben. Beispiel: In der Fluoritstruktur (Abb. 132a) umgeben acht Fluorionen jedes Calciumion; zur Erhaltung der Zusammensetzung CaF_2 muß also jedes Fluorion zur Umhüllung von vier Ca gehören. Die F-Hexaedér, sowie die Ca-Tetraeder haben in dieser Struktur Kanten gemeinsam.

PAULING hat Regeln angegeben, nach denen man in verwickelten Fällen die verschiedenen Bausteine zur Erhaltung einer energetisch günstigen Struktur aneinander zu legen hat. Er geht davon aus, daß die elektrostatischen Ladungen überall in der Zelle möglichst kompensiert, die elektrischen Kraftlinien möglichst kurz sein sollen. Die Anzahl der Kraftlinien, die ein Kation mit der Ladung p mit einem Anion seiner n-zähligen Umringung verbindet, ist p/n. PAULING nennt dieses Verhältnis die Stärke der elektrostatischen Bindung („elektrostatische Valenz"). Umgekehrt gehen vom Anion ebensoviele Kraftlinien aus, wie seiner Ladung q entspricht. Der wichtigste Satz von PAULING sagt nun aus, daß das Anion zu sovielen und derartigen Polyedern gehören soll, daß die Summe der elektrostatischen Bindungen des Anions der Ladung des Anions gleich ist: $\Sigma\, p/n = q$.

In einfachen Fällen, wo gleichartige Atome krystallographisch gleichwertig sind, wie beim oben erwähnten Fluorit, ist diese Bedingung automatisch erfüllt: Jede Bindung Ca—F gilt für $\frac{2}{8} = \frac{1}{4}$ und das F-Ion ist mit vier Ca verbunden. Bei verwickelten Strukturen, wo ein Anion sich an den Umringungen verschiedener Kationen mit verschiedenen Ladungen und Koordinationszahlen beteiligen kann, schränkt diese fast nie versagende Regel die Anzahl der möglichen Anordnungen oft erheblich ein und kann auch zur Kontrolle einer aufgestellten Struktur dienen. Beispiele der Anwendung dieser Regeln geben wir im Kap. 7 bei den Silicaten.

Neben diesen räumlichen und energetischen Erwägungen können auch die physikalischen Eigenschaften des Krystalls Hinweise auf die Atomanordnung geben. Der Wert des *Brechungsexponenten* hängt mit dem mehr oder weniger kompakten Bau der Packung zusammen: Orthosilikate, z. B. Olivin, $n = 1{,}65$, haben einen hohen Brechungsexponenten, ein Umstand, der auf eine dichte Pakkung der Sauerstoffatome hinweist; demgegenüber weisen die Kieselsäuremodifikationen Tridymit und Cristobalit Werte von 1,48 bzw. 1,43 auf; bei diesen findet man Sauerstoffgerüste mit größeren Hohlräumen (s. Kap. 7).

Die *Doppelbrechung* gibt Aufschlüsse über die Richtung, in der die Atome die stärksten Zusammenhänge haben; je stärker die Bindung in einer bestimmten Richtung, um so kleiner ist die Fortpflanzungsgeschwindigkeit des Lichts, das in dieser Richtung schwingt (78). Ergibt sich also, daß für Schwingungen in einer gewissen Richtung der Brechungsexponent bedeutend größer ist als für solche in dazu senkrechten Richtungen, so weist das auf eine kettenförmige Anordnung der Atome hin. Umgekehrt äußert sich eine Schichtenstruktur des Atombaus allgemein darin, daß der Krystall zwei größere und einen kleineren Hauptbrechungsexponenten aufweist.

Auch aus der *Spaltung* kann man über die Beschaffenheit der Anordnung Schlüsse ziehen. Faserige Spaltung deutet auf Fasern, blättrige auf Schichten hin.

Bei den Analysen u. a. von Silicaten und organischen Verbindungen begegnen wir verschiedenen Fällen, in denen man bei der Strukturbestimmung von dergleichen Angaben Gebrauch macht.

C. Organische Beispiele.

Je nachdem wie weit eine Analyse durchgeführt werden konnte, unterscheidet man einige Arten der Strukturbestimmung.

49. Vollständig röntgenanalytische Strukturbestimmungen. Nur in seltenen Fällen kann man das streng röntgenanalytische Verfahren anwenden, in dem (an der Hand der Raumgruppentheorie) *alle* in Betracht kommenden Konfigurationen durch die Intensitäten geprüft werden. Als Beispiel einer solchen Bestimmung besprechen wir die des Hexamethylbenzols. Diese Substanz krystallisiert triklin (mit Symmetriezentrum); die Zelle enthält

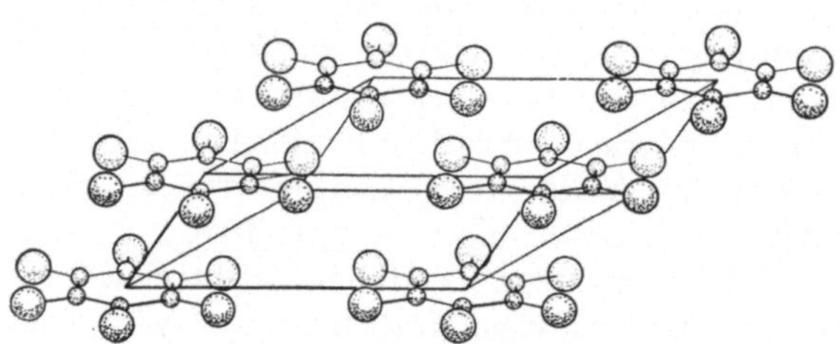

Abb. 73. Struktur von Hexamethylbenzol.

ein Molekül. Trotzdem beträgt die Anzahl der Parameter, wenn man sich nur auf die zwölf Kohlenstoffatome beschränkt, schon 18; durch die Symmetrie sind ja nur Punkt und Gegenpunkt verbunden, so daß man sechs Atome im Raum unterzubringen hat. Und trotzdem konnte hier infolge der günstigen Verhältnisse und zufolge genauer Intensitätsmessungen die Analyse der Atomlagen durchgeführt und festgestellt werden, daß das Benzolsechseck nur unmerklich von einem ebenen regelmäßigen Sechseck abweicht (Abb. 73).

Zunächst zeigt sich, daß die Basisreflexionen den „normalen" Intensitätsverlauf haben, der für Reflexionen mit gleichem Strukturfaktor charakteristisch ist; dies ist nur dann möglich, wenn alle Atome sich in der Basisebene befinden, also bei Reflexionen an dieser Ebene phasengleich streuen. Diese Lage wird durch die aus den Intensitäten hervorgehende Regelmäßigkeit bestätigt: I_{hkl} ist unabhängig von l. Infolgedessen — siehe Gl. (2b) **33** — muß die c-Richtung parameterfrei sein ($\tau = 0$). Das Molekül ist also, zumindest was die im Beugungseffekt vorherrschenden Kohlenstoffatome anbelangt, flach. Aus den Zelldimensionen ergibt sich des weiteren, daß die Moleküle in der Basisebene nach einem pseudohexagonalen Muster geordnet sind. Daß auch der Ring selbst die Form eines regelmäßigen Sechsecks hat, ergab sich bei Schwenkaufnahmen um die c-Achse. Dabei findet man nämlich sechsmal die gleichen Intensitäten: Somit hat die entlang der c-Achse auf die Basisebene projizierte Struktur hexagonale Symmetrie. Jetzt ist die Anzahl unbekannter Parameter nur mehr auf drei reduziert: Zwei für die Abmessungen der beiden konzentrischen Sechsringe (z. B. des C—C-Abstandes im Benzolring und des C—C-Abstandes zwischen einem aromatischen und einem Methyl-C) und eins für die Orientierung des Moleküls in der Basisebene (Winkel zwischen einer Kante der Basisebene und einer des Benzolsechsecks). Nachdem man diese Parameterwerte an Hand einer Anzahl von Intensitäten bestimmt hatte, ergab sich, daß auch alle weiteren Intensitäten durch die Berechnung richtig wiedergegeben werden.

50. Strukturbestimmung mit Hilfe räumlicher und physikalischer Angaben. Bei dieser Art der Bestimmung werden chemische, räumliche und röntgenanalytische Erwägungen zur Erforschung der Krystallstruktur kombiniert; die Struktur wird dann weiter durch die Röntgenintensitäten mehr oder weniger vollständig überprüft. Als kurzes Beispiel für ein solches Vorgehen erwähnen wir hier die ersten von W. H. BRAGG schon 1921 vorgenommenen Strukturbestimmungen des Naphthalins und des Anthracens.

Naphthalin und Anthracen krystallisieren beide im monoklinen System. Die Anzahl von Molekülen pro Zelle beträgt zwei. Die Symmetrieoperationen der Raumgruppe bringen beide Moleküle zur Deckung; ferner ist das Molekül zentrosymmetrisch (**51**). In der Zelle sind also beim Naphthalin fünf Kohlenstoffatome krystallographisch unabhängig; dies ergibt schon fünfzehn Parameter. Man nahm nun an, daß in den aromatischen Verbindungen der Benzolring eine bestimmte Form und eine feste Größe beibehält, und zwar diejenige, die sich auch im Graphit findet (Abb. 106). Beim Vergleich der Zelldimensionen des $C_{10}H_8$ mit denen des $C_{14}H_{10}$ (s. nachstehende Tabelle und Abb. 74)

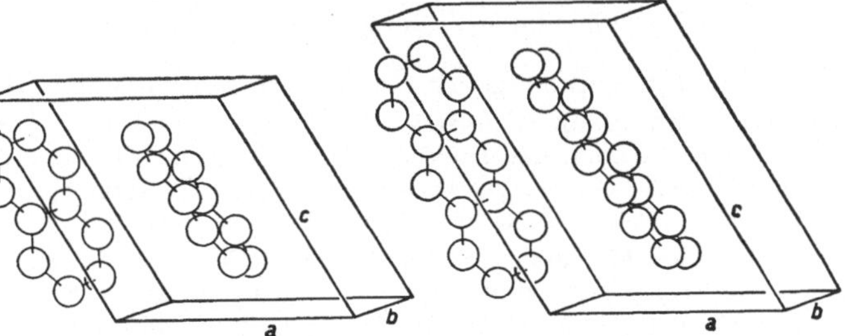

	Naphthalin $C_{10}H_8$	Anthracen $C_{14}H_{10}$
a	8,29	8,58
b	5,97	6,02
c	8,68	11,18
β	122° 42′	125°

ergeben sich die a- bzw. b-Werte als ungefähr gleich, dagegen ist c beim Anthracen größer. Es lag somit auf der Hand, die Längsrichtung der Moleküle in die

Abb. 74. Struktur von Naphthalin und Anthracen.

c-Richtung zu legen. Aus räumlichen Erwägungen war es wahrscheinlich, daß die Ringe parallel zur $a\,c$-Ebene seien. Später jedoch bezog man die optischen

Daten in die Betrachtung ein, nämlich die Tatsache, daß die schnellere Schwingungsrichtung im Krystall ungefähr senkrecht zur bc-Ebene steht. Dadurch wird aber die genannte Ebene zur Ebene der Atomringe gestempelt. Die Lage der Ringe wurde an Hand einer sehr großen Anzahl von Intensitätsbestimmungen genau festgelegt.

51. Bestimmungen, die nur bis zur Symmetrie des Moleküls gehen. Viel weniger vollständige Analysen ergeben sich in den Fällen, wó lediglich aus der Symmetrie der Punktlagen und der Anzahl der Moleküle pro Zelle die Symmetrie des Moleküls abgeleitet wird. Als Beispiel erinnern wir an die schon oben erwähnte Symmetrie des Naphthalinmoleküls: Die Makrosymmetrie deutet auf das Vorhandensein einer zweizähligen Achse, einer Symmetrieebene und eines Symmetriezentrums. Den systematischen Auslöschungen zufolge (35) ist die Achse eine Schraubenachse, die Symmetrieebene eine Gleitspiegelebene. Durch diese Symmetrie wird ein Molekül willkürlicher Lage viermal in der Zelle wiederholt. Dichte und Zelldimensionen dagegen ergeben, daß nur zwei Moleküle in der Zelle vorhanden sind: Es müssen sich infolgedessen $\frac{4}{2}$ verschiedene Lagen im gleichen Molekül decken. Ist nun aber das innere Symmetrieelement, das das Molekül mit sich selbst zur Deckung bringt, die Schraubenachse, die Gleitspiegelebene oder das Symmetriezentrum? Die beiden erstgenannten kommen bei einem endlichen Molekül nicht in Betracht, weil ein Atom durch ihre Operationen zu einer unendlichen Kette wiederholt würde: das Naphthalinmolekül hat also ein Symmetriezentrum.

Ein analoges Beispiel ist das *Hexabromcyclohexan*. Diese Substanz krystallisiert kubisch. Die Raumgruppe ergab sich zu $P\frac{2_1}{a}\bar{3}$; die Symmetrieelemente dieser Gruppe sind zweizählige Schraubenachse, Gleitspiegelebene, trigonale Achse und Zentrum[1]. Diese Symmetriekombination veranlaßt eine 24fache Wiederholung eines Moleküls, wenn es sich in einer willkürlichen Lage zu den Symmetrieelementen befindet.

Man findet jedoch nur vier Moleküle in der Zelle. Somit beträgt die Symmetriezahl des Hexabromcyclohexan-Moleküls $\frac{24}{4} = 6$. Überlegen wir wieder, aus welcher Kombination der in der Gruppe $P\frac{2_1}{a}\bar{3}$ vorhandenen Symmetrieelemente die Symmetriezahl 6 hervorgehen kann, so deutet der Faktor 3 sofort auf die trigonale Symmetrie hin. Weil wir nun die zweizählige Schraubenachse und die Gleitspiegelebene schon für ein abgeschlossenes Molekül ablehnten,

---

[1] Es sei hier kurz mitgeteilt, wie man diese Symmetrie aus Laue-Diagrammen abgeleitet hat. Die Laue-Symmetrie (21) ist die der Klasse $\frac{2}{m}\bar{3}$ der Abb. 175, denn bei der zur Würfelkante parallelen Durchstrahlung findet man keine vier- sondern eine zweizählige Achse und weiter ein einziges Paar zueinander senkrechter Symmetrieebenen. Die Krystallklasse könnte nun, wie in **21** dargelegt, außer der L-Klasse $\frac{2}{m}\bar{3}$ auch die Klasse 23 sein, die in der Abb. 175 links von der ersteren steht: Das Symmetriezentrum, das die beiden Klassen unterscheidet, kann ja in der Laue-Symmetrie hinzugefügt sein. Die Statistik der Reflexionen ergibt (nach ihrer Indizierung), daß keine allgemeinen Auslöschungen existieren. Mithin ist die Bravais-Klasse primitiv. Spezielle Auslöschungen: $hk0$ fehlt, wenn k ungerade. — Diese Bedingung gilt infolge der Gleichwertigkeit kubischer Achsen mit cyclischer Vertauschung der Indices. — Wir schließen: Die Koordinatenebenen sind Gleitspiegelebenen mit Kantentranslation. Bei dieser Symmetriekombination ergibt sich die zweizählige Achse als eine Schraubenachse (s. Tabelle im Anhang 2); ihre Auslöschungsbedingung: $0k0$ fehlt bei k ungerade, ist in der oben angegebenen enthalten.

bleibt nur das Symmetriezentrum übrig. Die trigonale Achse und das Zentrum
— $\bar{3}$ — ergeben zusammen für die Halogen- bzw. Kohlenstoffatome[1] eine Anordnung, die wir als „Sesseltypus" (Abb. 75) bezeichnen möchten.

Bei Anwendung der Regel:

(a) $\qquad \dfrac{\text{Symmetriezahl } S \text{ der Raumgruppe}}{\text{Anzahl der Moleküle pro Zelle } n} = \text{Symmetriezahl } S' \text{ des Moleküls,}$

die besagt, daß die Gittersymmetrie S das Produkt eines intermolekularen (n)
und eines intramolekularen (S') Faktors ist, hat man verschiedenes zu beachten:

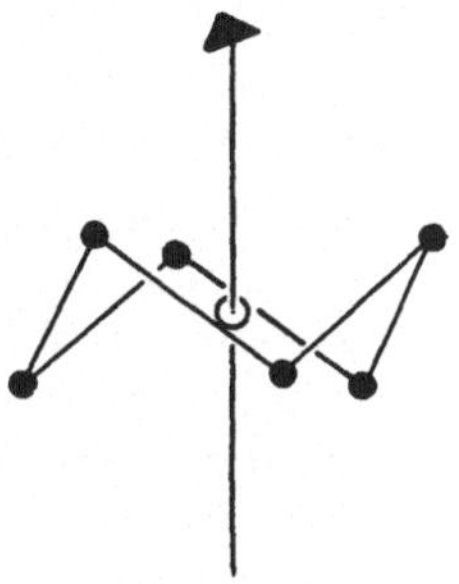

1. In unserer Betrachtung ist vorausgesetzt, daß alle
Moleküle in der Zelle krystallographisch gleichwertig seien.
Ist dem nicht so, so wirken nicht *alle* Moleküle zum
Aufbau der Symmetrie der intermolekularen Anordnung
zusammen, sondern kleinere Gruppen derselben wirken
unabhängig nebeneinander: Man sollte dann die Beziehung (a) nur in jeder dieser Gruppen von krystallographisch
gleichwertigen Molekülen anwenden, wobei n nur einen
Bruchteil der Anzahl Moleküle angibt. Setzt man also
aus Mangel an näherer Kenntnis in diesem Stadium der

Abb. 75.
„Sesseltyp"-Anordnung.

Analyse für n die Gesamtzahl der Moleküle pro Zelle an, so ist die erhaltene
Symmetriezahl S' des Moleküls ein Minimalwert.

2. S' gibt die Symmetrie des Moleküls *mitsamt seiner Umgebung im Krystallzusammenhang* wieder. Es habe z. B. ein Molekül die Form eines regelmäßigen
Fünfecks. Nun ist aber fünfzählige Symmetrie in einer Raumgruppe ausgeschlossen (**10**). Die Analyse der Molekülsymmetrie in seinem Gitter wird
somit diese fünfzählige Symmetrie nicht, aufweisen (auch dann nicht, wenn
man sich das Molekül als starr und nicht von der nichtfünfzähligen Umringung
deformiert denkt).

Benzol krystallisiert rhombisch bipyramidal, in der Krystallsymmetrie
weist das Benzolmolekül nur ein Symmetriezentrum auf ($S' = S/n = 8/4 = 2$).
Und doch deutet jegliche — auch die röntgenanalytische — Erfahrung darauf
hin, daß das Benzolmolekül ein ebenes regelmäßiges Sechseck ist. Auch im
Hexamethylbenzol hat das Krystallmolekül nur ein Symmetriezentrum; die
Ortsbestimmung der Atome mittels genauer Intensitätsmessungen ergibt keine
einzige Abweichung vom regelmäßigen Sechseck. Somit hüte man sich, in der
Symmetrieverringerung des Moleküls im Krystallzusammenhang etwas zu
sehen, worum sich der Chemiker zu kümmern braucht. Diese Symmetrieverringerung ist lediglich die Folge der Anordnungsweise der Moleküle, und zwar
könnte eine Packung, die die volle Symmetrie des Moleküls in der Krystallumringung strenge durchführt, nicht gerade die stabilste, sogar eine unmögliche
sein.

Man könnte weiterhin dennoch die Symmetrie — wie des Benzolkerns —
frei von ihrem Krystallrahmen in nachfolgender Weise auffinden: Es ist wohl
eine plausible Voraussetzung, daß die Substitution im Benzolkern zwar die
Symmetrie des Moleküls erniedrigen, jedoch nicht erhöhen kann; daß also z. B.
dem Trinitrobenzolmolekül keine trigonale Achse zukäme, wenn das unsubsti-

---

[1] Man hat in diesem Falle des weiteren noch die Parameter der Bromatome aus den
Intensitäten bestimmen können.

tuierte Benzol diese nicht hätte. Man bestimme jetzt in den Krystallen vieler verschiedener Benzolderivate die Symmetrieelemente, die das Molekül im Krystallzusammenhang besitzt. Alle die so aufgefundenen Symmetrieelemente zusammen kommen nun dem Benzolkern zu: Das Zentrum z. B. nach dem Hexamethylbenzol, die dreizählige Achse nach dem Hexaminobenzol, die zweizählige Achse nach dem (2-4-6)-Trinitro-(1)-Jodbenzol. Die Kombination derselben ergibt den ebenen regelmäßigen Sechsring. In **49** kamen wir zu dieser Folgerung aus der Interpretation der Intensitäten, hier dagegen aus Symmetrieüberlegungen ohne Analyse der Röntgenintensitäten (nur die Kenntnis der Auslöschungen ist für die Feststellung der Raumgruppen erforderlich).

52. Bestimmung der Zelldimensionen allein. Zum Schluß erwähnen wir noch, daß die Röntgenanalyse in gewissen Fällen nur die Zelldimensionen und die Anzahl der Moleküle pro Zelle hat bestimmen können. Schon dieses erste Stadium einer Analyse kann nützliche Auskünfte in den Fällen geben, wenn es sich um Moleküle mit chemisch noch nicht eindeutig festgestellter Struktur handelt: Durch Einpassen verschiedener Molekülmodelle in der aufgefundenen Zelle kann man zuweilen einen Hinweis auf die Struktur erhalten. So ergab sich, daß das ältere Strukturschema der Sterine nicht in die gefundenen Zellen einer Anzahl von Cholesterinderivaten hineinpaßte: Das Molekülmodell war zu breit und zu kurz. Bei den neuen zur Zeit allgemein angenommenen Formeln der Sterine ist diese Diskrepanz vermieden.

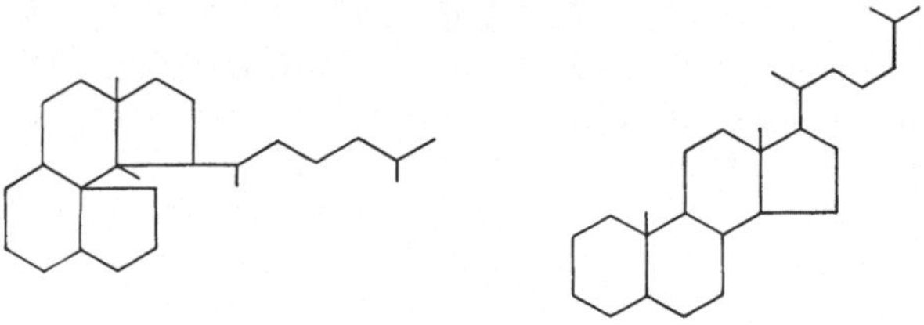

Alte Formel   Neue Formel
Sterin.

Wir hätten eigentlich an den Anfang dieses Kapitels die vollkommenste Analyse stellen sollen, die des Phthalocyanins (**56**), die nach einem anderen als dem bis jetzt behandelten „trial and error"-Verfahren durchgeführt wurde. Wir werden dieses Verfahren, die sog. FOURIER-Analyse, im nächsten Kapitel besprechen.

Literatur.

HALLA, F. u. H. MARK: Röntgenographische Untersuchung von Kristallen. Leipzig 1937.

Viertes Kapitel.

Berechnung der Krystallstruktur mittels FOURIER-Analyse.

53. Die Grundlage der FOURIER-Analyse. Wie wir sahen, bestimmt man bei der Röntgenanalyse eines Krystalls die Anordnung der abbeugenden Teilchen in der Zelle aus den Intensitäten — S-Werten — der Reflexionen. Wir erörterten im vorigen Kapitel den üblichen Weg, um zur Anordnung der Atome zu gelangen, den des *Ausschlusses*, bei dem man alle erdenklichen, den Symmetrieanforderungen genügenden Konfigurationen absucht, ihre Reflexionsintensitäten berechnet und alle diejenigen Strukturen verwirft, die zu den beobachteten Intensitäten in Widerspruch stehen.

Es gibt aber auch die Möglichkeit, auf *direkte* Weise aus den Werten der Strukturfaktoren die räumliche Verteilung der abbeugenden Materie zu berechnen. Mit dieser Methode, die auf einer FOURIER-Zerlegung der streuenden Dichte beruht, und ihren Ergebnissen werden wir uns in diesem Kapitel beschäftigen.

Die Vorstellung einer kontinuierlich verteilten Streudichte. Wenn man bedenkt, daß die Elektronen die eigentlichen Streuzentren bilden, so findet man das Streuvermögen räumlich viel weniger scharf lokalisiert als in einem einfachen Modell beugender Atompunkte. Man darf erwarten, durch eine direkte Analyse des Beugungseffektes primär zu dieser streuenden Elektronenverteilung zu kommen, in deren Häufungsstellen man dann sekundär die Lagen der Atome erkennen kann. Wenn man noch bedenkt, daß die Wärmebewegung die Bahnen der Elektronen verschmiert und im Beugungseffekt die Beiträge vieler Zellen summiert werden, so sieht man, daß das Streuvermögen fast kontinuierlich in der Zelle verteilt angenommen werden kann — in der Wellenmechanik ist die klassische Vorstellung lokalisierter Elektronen sogar verlassen worden —.

Bestimmung der Dichteverteilung. Wir behandeln zuerst die Bestimmung der streuenden Dichteverteilung in der Zelle zwischen zwei Netzebenen A_1 und A_2 (Abb. 76). Die betreffenden experimentellen Daten werden durch die Strukturfaktoren der Reflexionen an dieser Netzebene gegeben. Diese Strukturfaktoren sind ja bestimmt durch die Verteilung der Elektronen einer Zelle über die einzelnen Schichten, in die wir den Raum zwischen den Reflexionsebenen durch Parallelebenen geteilt denken können, d. h. durch die Verteilung in der zur Netzebene senkrechten Richtung. Über die Verteilung *in* diesen Schichten hingegen geben uns diese Reflexionen keinen Aufschluß, denn die Lage *in* der Schicht drückt sich nicht in Gangunterschieden der an dieser Ebene reflektierten Strahlung aus.

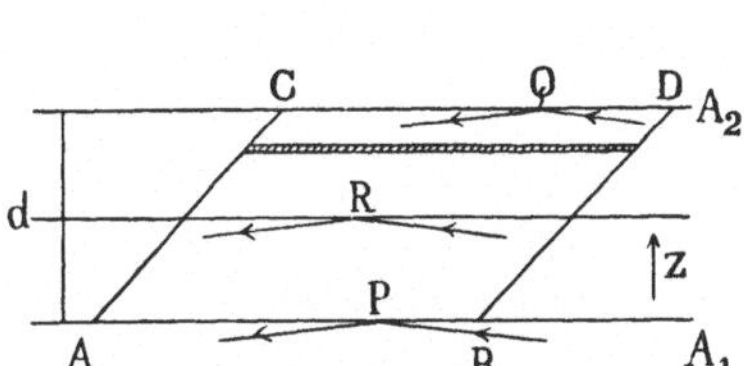

Abb. 76. Verteilung der Elementarzelle in Schichten parallel zur Reflexionsebene. Schraffierte Schicht von der Höhe dz, Abstand z von der Ebene A_1, Anzahl Elektronen $\varrho_z\,dz$.

Es sei $\varrho_z dz$ das Streuvermögen einer Schicht von der Dicke dz in der Höhe z über der Netzebene A_1 in der Zelle $ABCD$ (in Abb. 76 schraffiert angegeben). — Als Maß des Streuvermögens wählen wir wiederum die von einem Elektron in der betreffenden Richtung gestreute Amplitude; $\varrho_z dz$ ist also die Effektivzahl[1] der Elektronen in der betrachteten Schicht. — ϱ_z ist im Krystallgitter eine periodische Funktion mit der Periode d, dem Abstand aufeinanderfolgender

---

[1] Unter „Effektivzahl" der Elektronen an einem Ort verstehen wir genauer ausgedrückt die Anzahl freier klassisch strahlend gedachter Elektronen, deren Streuung derjenigen am betreffenden Orte äquivalent ist. Diese Effektivzahl wird unter Umständen verschieden sein von der der wirklich anwesenden Elektronen, z. B. bei starker Elektronenbindung oder merklicher COMPTON-Streuung. Die erste Ursache läßt sogar bei der üblichen Härte der Strahlung einen negativen Effekt (entgegengesetzte Phase) für die K-Elektronen der Atome mit hohem Atomgewicht erwarten.

identisch belegter (001)-Ebenen A. Diese Funktion entwickeln wir in einer Fourier-Reihe:

$$(1) \qquad \varrho_z = A_0 + A_1 \cos 2\pi \frac{z}{d} + A_2 \cos 2\pi \frac{2z}{d} + \cdots + A_n \cos 2\pi \frac{nz}{d}\,.$$

Wir betrachten also die Dichteverteilung entlang der Z-Achse als die Summe einer homogenen Verteilung (entsprechend dem konstanten Glied A_0) und Dichtewellen der Perioden d, $d/2$, $d/3$ usw.[1]

Die Fourier-Zerlegung einer periodischen Funktion kann nicht immer in der Form (1), sondern muß im allgemeinen in der Form der Gl. (1a) auf S. 84 angesetzt werden: Gl. (1) gilt nämlich wie ersichtlich nur, wenn die Dichte für je zwei einander entgegengesetzte z-Werte gleich ist. Die Gl. (1) setzt also voraus, daß der Krystall ein Symmetriezentrum oder eine Spiegelebene parallel zur

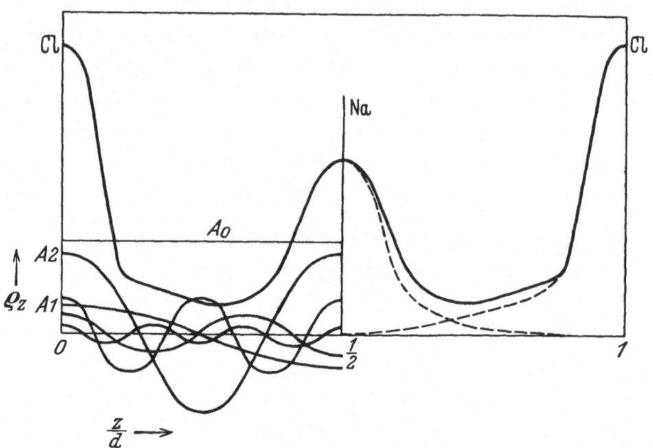

Abb. 77. Rechts: Elektronendichte zwischen Oktaederebenen beim Steinsalz. Links: Die einzelnen Fourier-Komponenten.

Reflexionsebene aufweist. Wie wir unten sehen werden, ist die praktische Anwendung der Fourier-Analyse auf diesen Fall beschränkt.

Im linken Teil der Abb. 77 sind einige Komponentenwellen der Elektronendichte zwischen den von Na- bzw. Cl-Ionen belegten Oktaederebenen des Steinsalzkrystalls gezeichnet worden, und zwar die homogene Verteilung A_0, die Komponente der Periode d und der Amplitude A_1, diejenige der Periode $d/2$ und der Amplitude A_2 usw.

Beugungseffekt. $S_n = \dfrac{d}{2} A_n$. Wir wollen jetzt zeigen, daß zu jeder der einzelnen Komponenten ein sehr einfacher Beugungseffekt gehört: Die homogene Verteilung ergibt eine Reflexionsintensität Null in allen Ordnungen; die harmonische Dichtewelle der Periode d/n reflektiert nur in n-ter Ordnung, während der Strukturfaktor S_n dieser Reflexion der Amplitude A_n der Dichtekomponente proportional ist.

---

[1] Den einzelnen Komponenten kommt keine physikalische Realität zu; man wundere sich also nicht, daß die Hälfte der Welle eine negative Dichte aufweist. Diese gleicht einfach einen von anderen Teilwellen am betreffenden Orte erzeugten Dichteüberschuß aus. Der negativen Dichte hat man also in der Diffraktionsberechnung in dieser Weise Rechnung zu tragen, daß der Effekt einer gleich großen positiven Dichte an derselben Stelle kompensiert wird, d. h. man hat den Diffraktionseffekt dem einer gleich großen positiven Dichte mit entgegengesetzter Phase gleichzusetzen.

Beweis: Berechnen wir den Strukturfaktor S_p der Reflexion p-ter Ordnung für die n-te Dichtekomponente $A_n \cos 2\pi \frac{nz}{d}$ der Periode d/n. Der Strukturfaktor summiert bekanntlich über die Zelle das Streuvermögen jedes Punktes unter Berücksichtigung der zugehörigen Phase. In der betrachteten Reflexion der p-ten Ordnung beträgt, wie wir schon öfters ableiteten, die betreffende Phase im Abstand z von der Netzebene $2\pi \frac{pz}{d}$. Als Grenzen der Periode wählen wir $-\frac{1}{2}d$ und $+\frac{1}{2}d$ und haben somit den Spezialfall der paarweise gleich großen, jedoch in Phase entgegengesetzten Beiträge (Abb. 55b), die den Höhen $-z$ und $+z$ entsprechen. Der Strukturfaktor nimmt also die Gestalt der Gl. (2c) Kap. 2 an

$$S_p = \sum_r F_r \cos \varphi_r$$

in der jetzt die Summation über die diskreten Atome der Zellen in eine Integration über die Elektronendichte übergeht:

$$S_p = \int\limits_{-d/2}^{+d/2} \varrho_z \cos 2\pi \frac{pz}{d} \, dz.$$

Nach Substitution von (1) in dieser Gleichung folgt:

$$S_p = \sum_n \int\limits_{-d/2}^{+d/2} A_n \cos 2\pi \frac{nz}{d} \cos 2\pi \frac{pz}{d} \, dz.$$

Nach Zerlegung der Cosinusprodukte erhält man:

$$S_p = \frac{1}{2} \sum_n A_n \left[\int\limits_{-d/2}^{+d/2} \cos 2\pi \frac{(n+p)z}{d} \, dz + \int\limits_{-d/2}^{+d/2} \cos 2\pi \frac{(n-p)z}{d} \, dz \right].$$

Nun gilt:

$$\int\limits_{-d/2}^{+d/2} \cos 2\pi \frac{qz}{d} \, dz = \begin{cases} d & \text{für } q=0 \\ 0 & \text{für } q \neq 0. \end{cases}$$

Man findet also, da n und p positiv sind:

(2a)   für $p \neq n$: $S_p = 0$

(2b)   für $p = n > 0$: $S_n = \frac{d}{2} A_n$

(2c)   für $p = n = 0$: $S_0 = A_0 d$

womit der Beweis erbracht ist.

Wir sehen also, daß eine Elektronenverteilung die Röntgenstrahlung so zerstreut, als streute jede FOURIER-Komponente für sich; eine homogene Dichte beugt dabei, wie sich auch aus dem Vektordiagramm leicht ergibt, seitlich nicht ab, indem in diesem Fall die Vektoren den Kreis homogen ausfüllen[1]; eine Dichtewelle reflektiert nur in jener Ordnung, in der die Phasen der Dichte- und der Strahlungswelle an jedem Ort gleich sind.

Die Umkehrung der Beziehung (2b)

(2′) $A_n = \frac{2}{d} S_n$

---

[1] Dies gilt nicht für die unabgelenkte Richtung, denn in diesem Fall fehlender Phasendifferenzen tritt an die Stelle des Kreises eine gerade Strecke der Länge $A_0 d$.

wird bei der Krystallanalyse verwendet[1]. Aus den beobachteten Reflexionsintensitäten I werden die zugehörigen Werte des Strukturfaktors S abgeleitet, indem man alle sonstigen Intensitätsfaktoren berücksichtigt[2]. Nach (2′) berechnet man dann die FOURIER-Koeffizienten der Elektronendichte. Sodann summiert man nach Gl. (1) für jeden z-Wert alle Dichteglieder $A_n \cos 2\pi \frac{nz}{d}$ (graphisch ausgeführt im linken Teil der Abb. 77). Das konstante Glied A_0 kann nicht nach (2c) der Streuung in der Einfallsrichtung entnommen werden, denn das nach vorn gestreute Bündel wird vom Primärbündel überdeckt. Zur Bestimmung von A_0 benützt man die Überlegung, daß die Gesamtzahl Z der Elektronen der Zelle in dem konstanten Glied der FOURIER-Zerlegung wiedergefunden werden soll, denn jede harmonische Welle veranlaßt ebensoviele positive wie negative Beiträge:

$$(2c') \qquad\qquad Z = A_0 d.$$

Die Grundlage der Berechnung der Streudichte mittels der FOURIER-Entwicklung wird also durch das folgende Gesetz gegeben: *Durch die Reflexion n-ter Ordnung erhalten wir die Dichtekomponente der Periode d/n und lernen ihre Amplitude kennen.*

54. Schwierigkeiten bei der FOURIER-Analyse; der Phasenverband der Dichtewellen. Ohne die oben erwähnte Beschränkung der Symmetrie, die in dem Reihenansatz enthalten ist, hätten wir der FOURIER-Reihe Sinusglieder hinzuzufügen oder, in damit äquivalenter Weise, Gl. (1) in der Gestalt anzusetzen:

$$(1a) \quad \varrho_z = A_0 + A_1 \cos 2\pi \left(\frac{z}{d} + \varphi_1 \right) + A_2 \cos 2\pi \left(\frac{2z}{d} + \varphi_2 \right) + \cdots + A_n \cos 2\pi \left(\frac{nz}{d} + \varphi_n \right).$$

Wenn man diese letzte Gleichung zugrunde legt, findet man analog wie oben Gl. (2): Zu jeder Dichtekomponente gehört wiederum eine einzige Reflexion, deren Intensität die Amplitude dieser Welle aufweist. Wie weit das Maximum dieser Dichtewelle aus der Ebene $z = 0$ verschoben liegt — d. h. der betreffende φ-Wert —, würde nur aus der *Phase* der reflektierten Strahlung zu entnehmen sein; diese Phase entzieht sich aber der Beobachtung. Bei der Summation der Wellen von nunmehr bekannter Amplitude gemäß (1a) führt der unbekannte Phasenzusammenhang — φ-Werte — zu unendlich vielen möglichen Superpositionen, deren jede eine ganz verschiedene Dichteverteilung ergibt (Abb. 78). Hier stößt man auf die wichtigste und fundamentalste Schwierigkeit, die der FOURIER-Methode eigen ist.

Im Falle von **53**, Gl. (1) — Symmetriezentrum oder Spiegelebene parallel zur Reflexionsebene — ist diese Schwierigkeit zwar beschränkt, jedoch nicht verschwunden. Am Orte dieser Symmetrieelemente befindet sich entweder das

---

[1] Mathematisch findet man bei gegebener Funktion ϱ_z die FOURIER-Koeffizienten A_n der Reihenentwicklung (1) nach

$$A_n = \frac{2}{d} \int\limits_{-d/2}^{+d/2} \varrho_z \cos 2\pi \frac{nz}{d}\, dz.$$

Setzt man dies als bekannt voraus, so läßt sich die Ableitung von (2′) in die Bemerkung zusammenfassen, daß das eben genannte Integral den Strukturfaktor S_n der Reflexion n-ter Ordnung an der z-Ebene wiedergibt.

[2] Im Strukturfaktor S kann der Temperaturfaktor einbegriffen bleiben: In diesem Fall leitet man die Elektronenverteilung so ab, wie sie von der Wärmebewegung modifiziert ist.

Maximum oder das Minimum jeder Komponente ($\varphi_i = 0$ oder π). Die Wahl bleibt für jede Komponente offen, also gibt es bei n FOURIER-Gliedern noch 2^n mögliche Kombinationen.

In algebraischer Fassung: Ist die Reflexionsebene Symmetrieebene oder ist ein Symmetriezentrum vorhanden, so erhält man nach Gl. (1a), (2′) und der Symmetrieforderung den Ausdruck:

(1b) $$\varrho_z = \frac{Z}{d} \pm \frac{2\,S_1}{d} \cos 2\,\pi\,\frac{z}{d} \pm \frac{2\,S_2}{d} \cos 2\,\pi\,\frac{2z}{d} \pm \cdots \pm \frac{2\,Sn}{d} \cos 2\,\pi\,\frac{nz}{d}$$

in dem die richtige Wahl der Vorzeichen noch unbestimmt ist.

a) Bestimmung der Vorzeichen der FOURIER-Glieder bei symmetrischer Dichteverteilung. Bei der Analyse eines Krystalls mit Zwischenräumen zwischen den Elektronengruppen der einzelnen Atome besteht das Kriterium, daß außerhalb der Atombereiche die Elektronendichte bei richtiger Wahl der Vorzeichen nahezu auf Null ermittelt wird, während bei unrichtiger Überlagerung der Komponenten dort positive und negative Werte für die Dichte resultieren. Abb. 78 zeigt z. B. in a und b den Einfluß des Vorzeichenwechsels einer Komponente (während aus c ersichtlich ist, wie eine Phasenverschiebung von $\frac{1}{2}\,\pi$ die Symmetrie der Verteilung zerstört). Im einfachen Fall eines Gitters, in dem nur die Zellecken belegt sind, überdecken sich im Mittelpunkt des Atoms nur Maxima. Um dies einzusehen, erwähnen wir die Tatsache, daß das mit wachsendem Abbeugungswinkel abnehmende Streuvermögen eines Atoms nicht durch Null geht (36); die Phasen aller höheren Reflexionen bleiben also gleich der zum Atommittelpunkt gehörenden (S_n positiv).

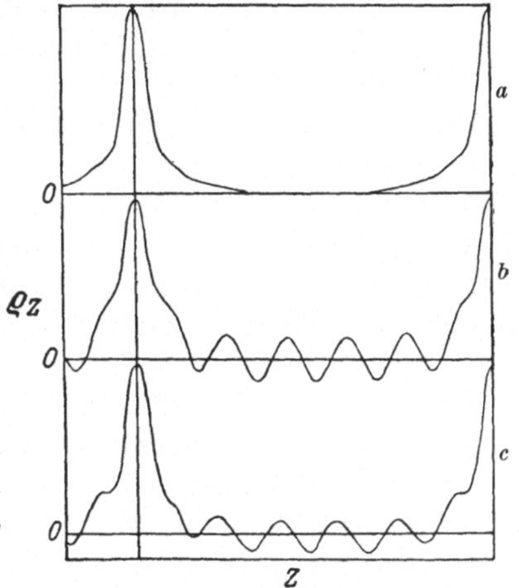

Abb. 78. Störung einer FOURIER-Kurve (a) durch Phasenänderung einer seiner Komponenten, nämlich der sechsten Komponente um π (b) bzw. $\pi/2$ (c). (A. H. COMPTON: X-rays and Electrons 1926.)

Wir können den Fall der Abb. 77 anschließen, in der die Elektronenverteilung zwischen den Oktaederebenen des Steinsalzes dargestellt ist. Man findet Maxima lediglich in der Cl-Ebene. Dies entspricht der Überlegung, daß bei allen Ablenkungswinkeln $F_{\mathrm{Cl}} > F_{\mathrm{Na}}$, also S_n immer mit der Streuung des Chlors phasengleich sein wird.

Ein etwas komplizierteres Beispiel ist die FOURIER-Analyse der Alaune. Am Ort des Mittelpunktes des dreiwertigen Metallions, das in einer Symmetrieebene liegt, können wiederum nur Maxima und Minima einander überdecken. In diesem Fall kann in der n-ten Dichtewelle die Komponentenwelle $(A_n)_{M^{+++}}$ des dreiwertigen Ions, die am Orte des Ions positiv ist, überdeckt werden durch den Beitrag $(A_n)_{\mathrm{Rest}}$ der übrigen Atome. Das Vorzeichen von A_n

$$A_n = (A_n)_{M^{+++}} + (A_n)_{\mathrm{Rest}}$$

kann nun aus dem gegenseitigen Vergleich der Reflexionsintensitäten einiger isomorpher Alaune mit verschiedenem dreiwertigen Metallion entnommen werden: Wächst der Absolutwert von S_n mit zunehmendem Streuvermögen des M^{+++} Ions — d. h. wird die Reflexion stärker beim Übergang auf einen Alaun mit schwererem dreiwertigen Ion — so stimmen S_n und $(S_n)_{M^{+++}}$ im

Vorzeichen überein; übertragen wir dies auf die Dichtewellen, so finden wir also für A_n wie für $(A_n)_{M^{+++}}$ ein Maximum im Mittelpunkt des dreiwertigen Ions. Nimmt dagegen die Reflexionsintensität bei der Substitution eines schwereren dreiwertigen Ions ab, so haben S_n und $(S_n)_{M^{+++}}$ — bzw. A_n und $(A_n)_{M^{+++}}$ — entgegengesetztes Vorzeichen; die Dichtewelle weist dann ein Minimum am Ort des dreiwertigen Ions auf. Diese Beispiele zeigen, wie man die Vorzeichen von S_n, die sich der Beobachtung entziehen, aus Überlegungen entnimmt, die auf einer Konzentration der streuenden Materie um die Atompunkte beruhen.

Dieser Atomverband, eine notwendige Ergänzung der Röntgendaten, wird in der im vorangehenden Kapitel eingehend besprochenen Ausschlußmethode von Anfang an eingeführt; die Fourier-Methode macht von ihr bei der Synthese der Dichtekomponenten Gebrauch.

Der allgemeine Weg, um zu den Vorzeichen der Fourier-Koeffizienten zu gelangen, ist der, daß man diese einer vorangehenden, weniger präzisierten Ausschlußanalyse entnimmt. Letzte gibt die rohe Anordnung der Atome; für jede Reflexion kann man dabei, mit Hilfe unserer Kenntnis der atomaren Streuvermögen, nach Gl. (2a), **33** den Wert ihres Strukturfaktors *einschließlich des Vorzeichens* (Phase 0 oder π) berechnen. Bei einer Fourier-Analyse entnimmt man nur die *Vorzeichen* der Dichteamplituden aus dieser Berechnung, ihre *Absolutwerte* dagegen direkt aus den quantitativ gemessenen Beugungsintensitäten nach Gl. (2′). Die Fourier-Synthese, die der Analyse nach der Ausschlußmethode folgt, wickelt also die letzte Phase der Strukturbestimmung, die genaue Festlegung der Parameter, in *direkter* Weise ab.

In Spezialfällen braucht man eine solche vorangehende Analyse nicht: Bei der Analyse der Alaune, wo der Vergleich der Reflexionsintensitäten isomorpher Verbindungen untereinander zur Kenntnis der Vorzeichen führte, genügte es, die Anordnungen der Kationen zu kennen. Ein analoges, sehr frappantes Beispiel, die Analyse der Phthalocyanine wird unten bei den zweidimensionalen Fourier-Reihen erörtert.

b) **Alle Reflexionen müssen bei einer Fourier-Analyse in Betracht gezogen werden.** Eine weitere Schwierigkeit, auf die man bei der Anwendung der Fourier-Analyse achten soll, besteht darin, daß man *alle* merklich von Null differierenden Strukturfaktoren in die Reihe (1b) mit aufnehmen soll. In dieser Hinsicht ergibt sich wiederum ein großer Unterschied zur Ausschlußmethode. Infolge der größeren Anzahl von Voraussetzungen und der engeren Aufgabe braucht man bei letzterer nur wenige experimentelle Daten zur Bestimmung und Prüfung einer kleinen Anzahl von Unbekannten (Atomparametern); man kann hier ohne Bedenken eine bestimmte Reflexion außer Betracht lassen: eine hinreichende Anzahl von Reflexionen, deren beobachtete und berechnete Intensitäten leidlich untereinander übereinstimmen, gibt hier genügende Gewähr für die Richtigkeit der abgeleiteten Atomanordnung. Ganz anders liegt die Sache bei der Berechnung der Elektronenverteilung nach der Fourier-Methode, wo bei der Reihe (1b) kein Strukturfaktor außer acht gelassen werden darf, weil dies ja auf das Gleichsetzen auf Null der betreffenden Intensität hinauskäme. Bei der Fourier-Synthese der Dichteverteilung zwischen zwei Netzebenen hat man also alle Reflexionsintensitäten an dieser Fläche zu messen, die merklich von Null verschieden sind. Die Wellenlänge soll dazu so kurz gewählt werden — man benutzt meist Mo-Strahlung —, daß die Beschränkung der Zahl der Reflexionen, die das Beugungsexperiment uns durch die Bedingung $2\vartheta < 180°$ auferlegt, nicht verhindert, das erforderte Abklingen der höheren Ordnungen zu beobachten. Je schärfer diskontinuierlich die Dichteverteilung ist, desto schwächer ist der Abfall der Röntgenintensitäten. Bei Verwendung einer ungenügenden Anzahl von Beugungsbildern bekommt man ein Bild, das mit dem Objekt nicht „konform" ist; dieser Satz ist auch für die optische Abbildung mit dem Mikroskop wohlbekannt (Theorie von ABBE)[1].

Die große Zahl der an einer FOURIER-Synthese beteiligten genauen Intensitätsdaten erfordert nicht nur vorzügliche Apparate sondern auch viel Zeit und Mühe. Hier kommt die viel Arbeit erfordernde Meßmethode mit der Ionisationskammer (18) in Betracht. Sie erfordert die sorgfältige Ermittlung und Vermessung der einzelnen Reflexionen. In letzter Zeit ist auch die quantitative Messung der photographischen Röntgenschwärzungen ausgearbeitet worden; diese photometrische Intensitätsmessung steht der Ionisationsmessung an Genauigkeit nur wenig nach, während dem photographischen Verfahren der Vorteil zukommt, daß es gestattet, viele Reflexionen auf einer Aufnahme zu übersehen.

Um zur Elektronenverteilung im absoluten Maßstab zu gelangen, ist es dabei noch erforderlich, die Intensitäten nicht nur relativ, d. h. die Verhältnisse der Reflexionsintensitäten untereinander, sondern absolut, also nach Gl. (4), Kap. 2 im Verhältnis zum Primärbündel zu messen. Man führt dies so aus, daß man die Reflexionsintensitäten mit der einer Krystallfläche von bekanntem absolutem Reflexionsvermögen (z. B. eines Anthracenkrystalls) vergleicht. Erst bei Absolutmessungen der Intensitäten hat es übrigens einen Sinn, das nullte Glied A_0 der FOURIER-Reihe in der Form Z/d [vgl. Gl. (2 c')] mit aufzunehmen.

55. Einige Beispiele. Die Abb. 77, 79 und 80 sind Beispiele der behandelten FOURIER-Synthese in Schichten parallel zu einer Netzebene. Abb. 79 gibt die Elektronenverteilung zwischen den Oktaederebenen einiger Alaune, deren Analyse oben erwähnt wurde. Der Gipfel in der Kurve zwischen den mit Metallionen

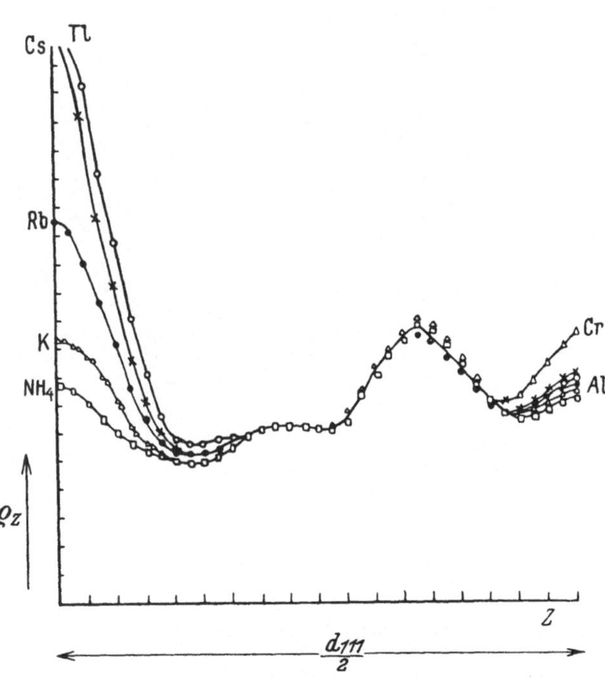

Abb. 79. Elektronenverteilung zwischen den Oktaederebenen einiger Alaune. [J. M. CLARK: Philos. Mag. J. Sci. [7] 4, 688 (1927).]

---

[1] Man lese bei W. L. BRAGG die Erörterung der Analogie — wie auch der Unterschiede — zwischen der Abbildung in der Optik und in der Röntgendiffraktion nach. [Z. Kristallogr. 70, 478 (1929).]

belegten Ebenen stammt von den SO_4-Gruppen und den Wassermolekülen. Wie man sieht, wird dieser Gipfel bei den verschiedenen Alaunen praktisch unverändert wiedergefunden.

Aus der Kurve der Abb. 80 kann man die interessanten Bauprinzipe der Glimmer, wie wir im Kapitel über die Silicate sehen werden, fast alle direkt

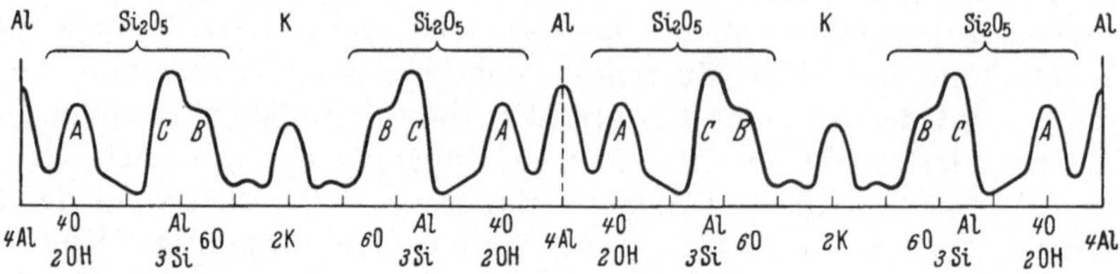

Abb. 80. Elektronendichte im Muscovit in Projektion auf die Normale der Spaltfläche. Der Atomverband ist mitangegeben. [Nach W. W. JACKSON u. J. WEST: Z. Kristallogr., 76, 211 (1930).]

ablesen. In Abb. 139b findet man noch die Elektronendichtekurve neben dem Atommodell des Krystalls wiedergegeben.

56. Entwicklung der Dichte in zwei- und dreidimensionalen Reihen. Wir beschränkten uns im obigen auf die Verteilung des Streuvermögens auf Schichten

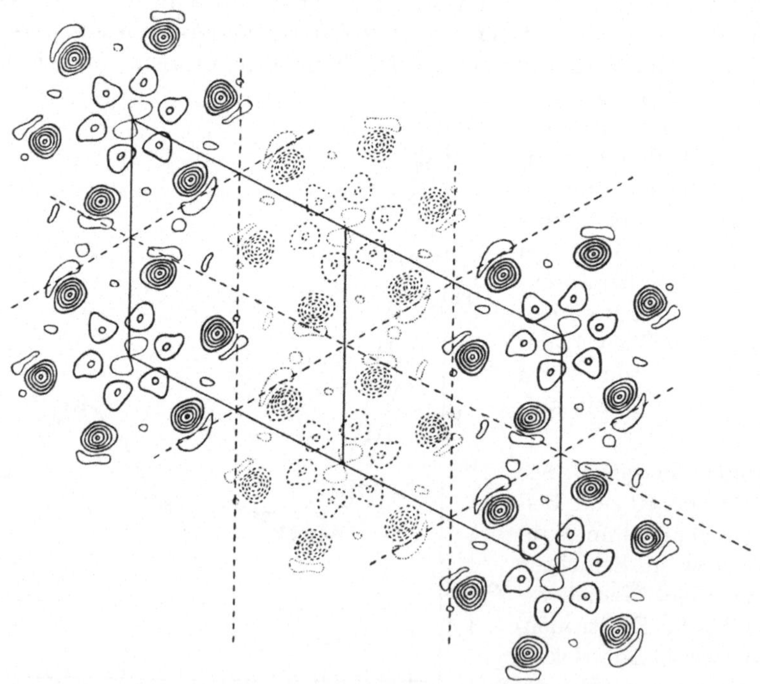

Abb. 81. FOURIER-Projektion der Elektronendichte von C_6Cl_6 auf die Ebene (010).   [K. LONSDALE: Proc. Roy. Soc., London Ser. A, 133, 536 (1931).]

parallel zur Reflexionsebene. Analog zur eindimensionalen Reihenzerlegung Gl. (1), die die Projektion der Elektronendichte auf eine Netzebenennormale darstellt, können zweidimensionale Reihen aufgestellt werden (s. Anhang 6) für die zweidimensional-periodische Dichteverteilung in einer Projektion parallel zu einer Zonenachse, schließlich dreidimensionale Reihen für die räumliche Dichte selbst. Im letzten Fall erfordert die Bestimmung der FOURIER-Koeffizienten die Messung aller Reflexionsintensitäten, bei der zweidimensionalen Analyse nur die der zur betreffenden Zone gehörigen Reflexionen.

Wenn man erwägt, daß die Bestimmung einer eindimensionalen Dichteprojektion die Kenntnis der Reflexionsintensitäten an der betreffenden Netzebene bis etwa zur 20. Ordnung fordert, eine zweidimensionale Synthese ungefähr hundert Reflexionen und im dreidimensionalen Fall etwa tausend beteiligt sind, so erscheint eine vollständige dreidimensionale FOURIER-Synthese praktisch

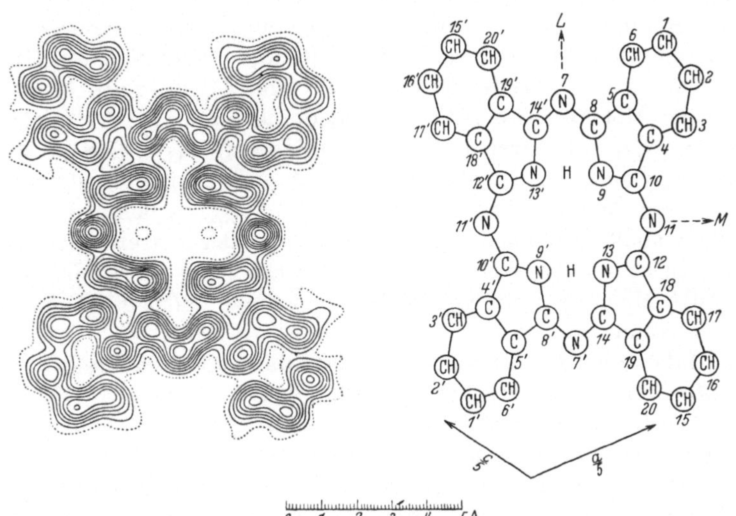

Abb. 82. Elektronendichte von Phthalocyanin in der Projektion parallel zur *ortho-Achse*. Die Grundebene der Zelle ist in der Figur angegeben, die *b*-Periode beträgt nur 4,72 Å. Die Ebene des flachen Moleküls, mit den aus Abb. 151 ersichtlichen Abmessungen, ist um einen Winkel von ungefähr 45° gegen die Projektionsebene geneigt derart, daß Moleküle, die in der *a*-Richtung aufeinander folgen, annähernd senkrecht aufeinanderstehen [(010) Gleitspiegelebene mit Gleitung $^{1}/_{2}\,a$]. (J. M. ROBERTSON: J. chem. Soc. London **1936**, 1195.)

kaum durchführbar. Man kann übrigens die räumliche Lage der Atompunkte auch schon aus ihren Projektionen auf *zwei* Koordinatenebenen ersehen — also aus zwei zweidimensionalen Synthesen; — diese Lage kann man dann noch kontrollieren bzw. ergänzen durch die Projektion auf die dritte Ebene.

Zweidimensionale Verteilungen. Diese werden meist in anschaulicher Weise, wie in Abb. 81 und 82, angegeben, wo die Dichtelinien für C_6Cl_6 bzw. Phthalocyanin dieselbe Rolle spielen wie die Niveaulinien einer geographischen Karte. In der Abb. 81 sieht man die Projektion des Benzolrings und der schweren Cl-Atome.

Die FOURIER-Synthese von Phthalocyanin $C_{32}H_{18}N_8$ ist sehr bemerkenswert: „It is remarkable that the complex phthalocyanine molecule, governed by 60 independent parameters for the carbon and nitrogen atoms should be the first organic structure to yield to an absolutely direct X-ray analysis which thus not even involves any assumptions regarding the existence of discrete atoms in the molecules" (ROBERTSON, J. M., zitiert in der Unterschrift der Abb. 82).

Die Strukturfaktoren von Phthalocyanin werden verglichen mit den korrespondierenden der isomorphen Metallverbindungen, z. B. der Ni-Verbindung. Die genaue Übereinstimmung der Zelldimensionen

		a	b	c	β
Phthalocyanin	metallfrei	19,85	4,72	14,8	122,2°
	Ni-Verbindung . .	19,9	4,71	14,9	121,9°

garantiert eine weitgehende Ähnlichkeit der Atomlagen; die Strukturfaktoren des freien Phthalocyanin $S_{\text{Phth.}}$ findet man mithin bei der Metallverbindung wieder, jedoch vermehrt durch ein dem Metall entsprechendes Glied $S_{\text{Met.}}$. Was nun dieses Metallatom anbetrifft, so braucht man — wie im analogen Beispiel der Alaune — von vornherein die Kenntnis seiner Existenz als dichte Elektronenanhäufung, seiner Lage in der Zelle und der ungefähren Größe seines Streuvermögens. Die betreffende Lage, 000 und $\frac{1}{2}\frac{1}{2}0$, ergibt sich sofort aus der Anzahl der Moleküle pro Zelle (2) und der Raumgruppe ($P2_1/a$). Aus dem Vergleich von $S_{\text{Phth.}}$ des freien Phthalocyanins mit $S_{\text{Phth.}} + S_{\text{Met.}}$ der Metallverbindung — wobei $S_{\text{Met.}}$ in Größe und Vorzeichen (immer positiv) bekannt ist — kann man das gesuchte Vorzeichen von $S_{\text{Phth.}}$ entnehmen[1].

Außerdem stellt sich nach der Durchführung der betreffenden zweidimensionalen Synthese die Projektion auf die (010)-Ebene als so durchsichtig heraus, daß der ganze Molekül- und Krystallbau aus dieser einzigen Projektion abgelesen werden kann.

Sehr auffallend ist das erreichte Resultat, daß eine fast direkte Analyse der Beugungsintensitäten zum Strukturbild führt und dies bei einer so komplizierten organischen Verbindung. Wenn man dabei auf die Kenntnis der Elektronenkonzentration im Atomverband zurückgreift, was in irgendeiner Form immer erforderlich ist, so macht man von dieser Kenntnis hier nur einen ganz spärlichen Gebrauch, der sich auf die Metallatome beschränkt, die in das Molekül unter Isomorphie eingeführt werden können.

Andererseits leuchtet es ein, daß es sich hier um eine ausnahmsweise günstige Sachlage handelt sowohl betreffs der Möglichkeit, ein schweres Atom an einer bestimmten Stelle in der Zelle einzuschalten, wie hinsichtlich der Klarheit der (010)-Projektion, in der die verschiedenen Atome einander nicht teilweise überdecken (b-Periode sehr klein).

Dreidimensionale Verteilung. Ionen oder Atome im NaCl-Gitter? Betrachten wir nochmals Abb. 77 in Hinblick auf die Frage, ob die Röntgenanalyse zwischen einer Besetzung der Gitterpunkte mit Atomen oder Ionen entscheiden kann. Hier gibt die Oberfläche unter dem Cl- bzw. Na-Gipfel die Elektronenzahl der Partikeln. Wie man sieht, ergibt sich zwischen den beiden Gipfeln kein Streifen der Elektronendichte Null; die Zerlegung der Dichte in

---

[1] Aus der angegebenen Lage der Metallatome folgert man:

$$S_{\text{Met.}} = 2\,F_{\text{Met.}}, \text{ wenn } h + k \text{ gerade,}$$
$$S_{\text{Met.}} = 0, \text{ wenn } h + k \text{ ungerade.}$$

Die Gegenüberstellung von $S_{\text{Phth.}}$ und $S_{\text{Met.}} + S_{\text{Phth.}}$, auf der die Vorzeichenbestimmung von $S_{\text{Phth.}}$ beruht, fällt aus für $S_{\text{Met.}} = 0$; die Frage nach dem Vorzeichen von $S_{\text{Phth.}}$ bleibt also ungelöst für die Reflexionen $h + k$ ungerade. Trotzdem macht dies keine Schwierigkeit in der Bestimmung der (010)-Projektion. Hier sind ja nur die ($h0l$)-Reflexionen beteiligt, unter denen also die mit h ungerade der erwähnten Schwierigkeit unterliegen. Diese Reflexionen sind aber bei der vorliegenden Raumgruppe ausgelöscht (010 Gleitspiegelebene mit Gleittranslation $a/2$).

einen Na- und einen Cl-Verband ist demgemäß nicht ohne Willkür und somit der Beweis des Daseins von Ionen nur aus den Oktaederreflexionen unsicher. Bestimmt man nun aber die *räumliche* Elektronendichte in den Punkten einer Zellenkante — Teil der dreidimensionalen Verteilung — so ergibt sich in *dieser* Darstellung eine Dichte Null zwischen den Teilchen. Diesen Unterschied der Sachlage in den beiden Zerlegungen findet man für ein zweidimensionales Gitter in Abb. 83 erläutert. Nach dieser Abgrenzung der Teilchen kann die Zahl der jedem zugehörigen Elektronen ermittelt werden; erst auf diese Weise hat die Fourier-Analyse mit genügender Sicherheit den röntgenographischen Nachweis der Existenz von *Ionen* im Gitter einiger Alkalihalogenide erbracht.

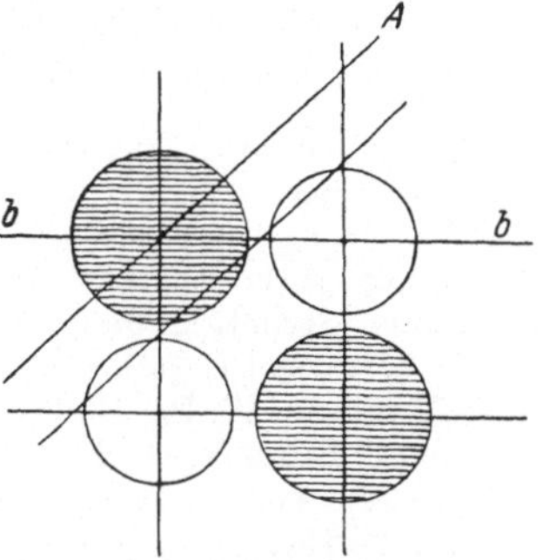

Abb. 83. In der Analyse nach Schichten parallel *A* findet man hier keine Grenzen der Nachbarpartikeln; wohl aber bei der Betrachtung des Dichteverlaufs in den *Punkten* entlang der Achse *bb*.

Die Fourier-Methode führt zu den detailliertesten Strukturbildern der Röntgenanalyse. Während die Ausschlußmethode im Falle einer größeren Anzahl von Parametern die Atomanordnung nur annähernd berechnen läßt, ergibt die Fourier-Methode nicht nur die Detaillierung bis zur Elektronenverteilung, sondern damit auch die genaueste auf Grund der Röntgendaten erreichbare Lokalisierung der Atome.   Beispiele findet man in den Kapiteln über die Silicate und die organischen Verbindungen.

57. Historische Übersicht der Krystallanalyse mittels Fourier-Zerlegung. Die in diesem Kapitel beschriebene Analysenmethode beruht auf dem Zusammenhang der harmonischen Dichtekomponente mit der Periode d/n mit der Reflexion n-ter Ordnung an der betreffenden Ebene. Dies wurde 1924 von Epstein und Ehrenfest abgeleitet, und zwar nicht, wie wir es oben taten, auf Grund der Wellentheorie des Lichtes, sondern im Ausbau einer von Duane (1923) angegebenen extrem quantenhaften Behandlungsweise der Diffraktion, in der die Strahlung als sich in diskreten Quanten fortpflanzend gedacht ist. Zu gleicher Zeit bemerkten sie, daß das Ergebnis auch durch die klassische Wellentheorie erreicht wird. Es ist wohl merkwürdig, daß gleich darauf die Anwendung der Reihenentwicklung zur Bestimmung von Krystallstrukturen theoretisch ausgearbeitet und praktisch durchgeführt wurde, während doch schon 1915 das Prinzip — in der von uns angegebenen Weise — von W. H. Bragg abgeleitet, klar ausgesprochen und zur praktischen Anwendung dargeboten war. Letztes lese man in dem folgenden Zitat: "If we know the nature of the periodic variation of the density of the medium we can analyse it by Fouriers method into a series of harmonic terms. The medium may be looked on as compounded of a series of harmonic media, each of which will give the medium the power of reflecting at one angle. The series of spectra which we obtain for any given set of crystal planes may be considered as indicating the existence of separate harmonic terms. We may even conceive the possibility of discovering from their relative intensities the actual distribution of the scattering centres, electrons and nucleus, in the atom."

Die Methode konnte damals noch nicht in Anwendung gebracht werden; die betreffende Ursache entnimmt man aus folgendem zitierten Satz: "...but it would be premature to expect too much until all other causes of the variation of intensity have been allowed for ...". Zwar hatte schon damals DARWIN seine grundlegenden Intensitätsberechnungen gegeben, aber das Vertrauen zur quantitativen Intensitätsinterpretation kam erst mit den ausführlichen Untersuchungen am Steinsalz von W. L. BRAGG und Mitarbeitern. Gerade als die Daten die praktische Anwendung der FOURIER-Methode gestatteten, wurde dann durch die erwähnte Arbeit von EPSTEIN und EHRENFEST die Aufmerksamkeit aufs Neue auf das Prinzip der Methode gelenkt.

Literatur[1].

BRAGG, W. L.: The Determination of Parameters in Crystal Structures by means of Fourier Series. Proc. Roy. Soc. London, Ser. A **123**, 537 (1929). — An Optical method of representing the Results of X-Ray Analysis. Z. Kristallogr. **70**, 475 (1929). — COMPTON, A. H. und S. K. ALLISON: X - Rays and Electrons. New York 1936. — LONSDALE, K.: Simplified Structure Factors and Electron Density Formulae for the 230 Space Groups of Mathematical Crystallography. London 1936.

57. BRAGG, W. H.: Philos. Trans. Roy. Soc. London, Ser. A **215**, 253 (1915). — EPSTEIN, P. S. u. P. EHRENFEST: Proc. Nat. Acad. Sci. U.S.A. **10**, 133 (1924). — DUANE, W.: Proc. Nat. Acad. Sci. U.S.A. **11**, 489 (1925). – HAVIGHURST, R. J.: Proc. Nat. Acad. Sci. U.S.A. **11**, 502 (1925).

Fünftes Kapitel.

Beugung von Elektronenstrahlen am Krystallgitter.

58. Die Wellennatur der Elektronenstrahlen. Nach der grundlegenden Arbeit von L. DE BROGLIE aus dem Jahre 1924 stellt ein Elektron mit der Geschwindigkeit v eine Welle mit der Wellenlänge $\lambda = \dfrac{h}{mv}$ (h = PLANCKsche Konstante,

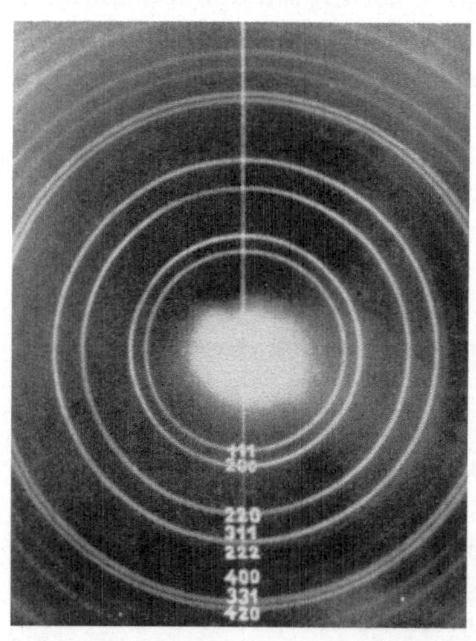

Abb. 84. Elektronenaufnahme eines Goldblattes, mit Indizierung. Unorientierte Krystallite. [G. I. FINCH, A. G. QUARRELL u. H. WILMAN: Trans. Faraday Soc. **31**, 1051 (1935).]

m = Masse des Elektrons) dar. DE BROGLIE konnte so die zu den Energieniveaus des Wasserstoffatoms führenden Quantenbedingungen in natürlicherer Weise einführen als durch das BOHRsche Postulat.

Obwohl schon früher beim Auftreffen von Elektronen auf krystalline Körper eigentümliche damals noch nicht deutbare Beugungserscheinungen beobachtet wurden, stellte man erst nach dem Erscheinen der DE BROGLIEschen *Thèse* systematische Versuche an, um die Wellennatur des bewegenden Elektrons durch Beugung am Krystallgitter zu beweisen. Dies erschien um so aussichtsreicher, nachdem bei den meisten verwendeten Potentialdifferenzen Wellenlängen von der Größenordnung der Röntgenwellen zu erwarten waren: Durchläuft ein Elektron eine Potentialdifferenz von V Volt, so ist $\frac{1}{2} mv^2 = eV$, also nach der DE BROGLIEschen Formel $\lambda = \sqrt{150/V}$ Å; bei einem Potential $V = 60$ V

wird $\lambda = \sqrt{2{,}5}$ Å, also ungefähr gleich der Wellenlänge der CuKα-Strahlung. Später zeigte es sich, daß reproduzierbare Resultate mit diesen größeren Wellen-

[1] Die vorangestellten halbfetten Ziffern beziehen sich auf die Gliederung des Kapitels.

längen außerordentlich schwierig zu erhalten sind; dagegen gelangte man zu guten Ergebnissen bei einem Potential von z. B. 40 kV, das einer Wellenlänge $\lambda = 0,06$ Å entspricht.

Sowohl mit langsamen (DAVISSON und GERMER), als auch mit schnellen Elektronen (THOMSON) ergab sich sofort, daß Elektronenstrahlen in vielen Hinsichten genau dieselben Beugungserscheinungen zeigen wie die Röntgenstrahlen: Bei Durchstrahlung einer Goldfolie (gehämmertes Goldblatt, durch eine KCN-Lösung abgeätzt) entsteht ein Diagramm (Abb. 84), das einer Pulveraufnahme mit Röntgenstrahlen weitgehend ähnelt, auch hinsichtlich der Intensitäten (Au-Gitter: flächenzentrierter Würfel; vgl. die Diagramme Abb. 84 und 51 b). Ordnet man dem einfallenden Elektronenbündel eine Welle mit der von der DE BROGLIEschen Formel gegebenen Wellenlänge zu, so kann man die Interferenz dieser Welle am Krystall aus den drei LAUEschen Bedingungen, wie bei der Röntgenstrahlung beschrieben (13), berechnen. Wo ein abgelenkter Strahl berechnet wird, findet man Elektronen. — Daß dieses Beugungsbild tatsächlich von abgelenkten Elektronen gebildet wird, zeigt sich dadurch, daß es durch einen Magnet verschoben werden kann. — Man kann Krystallstrukturen durch Elektronenstrahlen ausmessen, wie durch Röntgenstrahlen, die Krystallbeugung bestätigt die Wellennatur der Elektronenstrahlen und die DE BROGLIEsche Beziehung auf experimentellem Wege in direktester Weise[1].

59. Apparatur. Man sendet das von der Kathode kommende Elektronenbündel durch ein aus zwei Lochblenden (0,1 bis 0,2 mm Durchmesser, Abstand etwa 15 cm) bestehendes Diaphragma (B in Abb. 85). Direkt hinter der Austrittsöffnung des geerdeten Diaphragmas (zugleich Anode) befindet sich das Präparat C, das von außen her in alle möglichen Lagen gebracht werden kann. In einem Abstand von 30 bis 50 cm vom Präparat befindet sich der Plattenbehälter D oder ein Leucht-

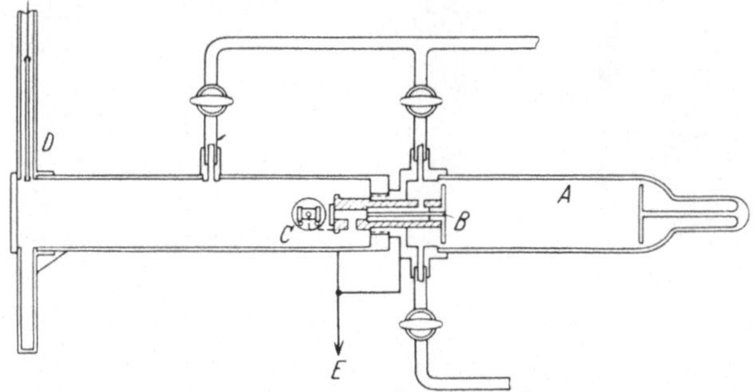

Abb. 85. Apparat zur Beugung von Elektronenstrahlen nach G. P. THOMSON. [Proc. Roy. Soc., London Ser. A, **117**, 600 (1928).]

schirm; ein so großer Abstand ist durch die kleinen Ablenkungswinkel (kleine Wellenlänge) vorgeschrieben. Man kann die Wellenlänge der monochromatischen Strahlung durch ein gleichzeitig aufgenommenes Beugungsbild einer Goldfolie oder eines Spaltblättchens von Molybdänglanz eichen.

60. Unterschied im Mechanismus der Elektronen- und der Röntgenstreuung. Obwohl die Beugungserscheinungen bei Röntgen- und Elektronenstrahlen sehr ähnlich sind, müssen wir jedoch einige tiefgehende Unterschiede erwähnen. Röntgenstrahlen werden durch ein Atom abgelenkt, indem die Elektronen vom einfallenden Bündel zur Mitschwingung angeregt werden (die schweren Kerne können wir dabei außer acht lassen) und ausstrahlen. Gänzlich anders ist der Streumechanismus bei Elektronenstrahlen, die durch das *Potentialfeld* der Atome

---

[1] Dies wurde weiter noch bestätigt durch Wellenlängenmessung an einem Gitter mit 1300 Strichen pro cm, wie in **24**.

abgelenkt werden. An der Elektronenstreuung beteiligen sich also auch die Kerne; die positiven Ladungen streuen sogar wegen ihrer größeren Ladungskonzentration am stärksten. Ist F das Streuvermögen für Röntgenstrahlen — ausgedrückt in dem eines Elektrons als Einheit — und Z die Kernladung (Ordnungszahl), so wird das Streuvermögen für Elektronenstrahlen proportional zu $Z—F$ berechnet. (Abschwächung des von den Kernen erregten Feldes durch die Elektronenhülle[1].) Weiterhin kommt der Unterschied im Streumechanismus auch in der viel stärkeren Streuung der Elektronenstrahlen zum Vorschein; die Intensität der atomaren Abbeugung ist hier ungefähr 10^8-mal so groß wie bei Röntgenstrahlung. Aus diesem Grund ist für eine Elektronenaufnahme nur eine kurze Expositionszeit nötig (etwa eine Sekunde), trotz der sehr scharfen Ausblendung und der großen Entfernung zwischen Präparat und photographischer Platte; man kann die Beugungserscheinung auch visuell am Leuchtschirm beobachten.

61. Unterschiede zwischen Elektronen- und Röntgendiagrammen. Starke Absorption. Ein weiterer Unterschied zwischen Elektronen- und Röntgenstrahlen ist der, daß bei den ersten die Absorption im Präparat, gerade als Folge der starken Streuung, viele Male größer ist als bei Röntgenstrahlung, so daß nur sehr dünne Schichten durchstrahlt werden können[2]. Die Absorptionsunterschiede verursachen den Unterschied zwischen dem Elektronen- und dem Röntgendiagramm von Graphitpulver (Abb. 86a und b), im Gegensatz zu der erwähnten Ähnlichkeit der Diagramme Abb. 84 und 51 b. In der Elektronenaufnahme der dünnen, zu der Basisebene parallelen Spaltblättchen fehlen die Basisreflexionen, die im Röntgenogramm gerade die stärksten sind. Man bedenke, daß der sehr kleinen Wellenlänge der Elektronenaufnahme sehr kleine Ablenkungswinkel entsprechen: der streifend auf die vollkommen glatte Spaltfläche einfallende Strahl durchdringt schon in der oberen Atomschicht viele Atome und wird dabei so stark absorbiert,

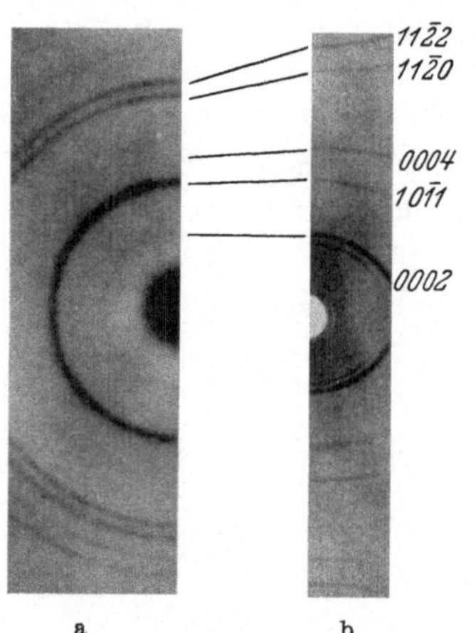

Abb. 86a u. b. Beugungsbild von Graphitpulver. a mit Elektronenstrahlen, b mit Röntgenstrahlen. In a fehlen die starken Basisreflexionen aus b. [Nach F. Trendelenburg: Z. techn. Physik 14, 489 (1933).]

daß er die nächsten Netzebenen nicht mehr erreicht. Wenn dagegen die Oberfläche nicht glatt ist, sondern herausragende Zacken hat, die von den die Oberfläche streifenden Strahlen *durch*strahlt werden, kommen tieferliegende Netzebenen mit ins Spiel. Die Mehrzahl der Krystalloberflächen ist nicht glatt; auch beim Graphit ist dies nur die Spalt-

---

[1] Die Verschiedenheit im Vorzeichen von Z und F entspricht für die Elektronenwellen einer Phasendifferenz π bei der Streuung an den entgegengesetzt geladenen Bestandteilen des Atoms.

[2] Man erhält diese dünnen Schichten z. B. durch Spalten; durch thermisches oder elektrisches Zerstäuben im Vakuum auf einer nachher entfernten Unterlage; durch Ausgießen einer verdünnten Lösung in einem flüchtigen Lösungsmittel auf Wasser oder Quecksilber; durch Aufstäuben der sehr fein gepulverten Substanz auf eine Celluloid- oder Kollodiumhaut; durch chemisches oder elektrisches Ausfällen auf eine Unterlage; durch Abätzen einer dünn gehämmerten Metallfolie.

ebene. Weil bei der glatten Oberfläche nur die obere Netzebene streut, fällt hier die BRAGGsche Beschränkung auf bestimmte Glanzwinkel aus; das Bündel wird bei jedem Einfallswinkel reflektiert, dies führt nur zu einem diffusen Schwärzungsuntergrund.

Atomreihen, die für Interferenz unwirksam sind. Betrachtet man den zentralen Teil des Diagramms Abb. 87, des Elektronenbeugungsmusters eines sehr dünnen ungefähr senkrecht durchstrahlten Glimmerblättchens, so scheint er an einem *zwei*dimensionalen Gitter entstanden zu sein (vgl. das Beugungsmuster des Cristobalits, Abb. 13). Die diffusen Ringe zeigen jedoch, daß tatsächlich auch eine dritte Punktreihe zu Interferenz Anlaß gibt. Man erblickt im Diagramm den Schnitt der drei Scharen von Kegeln der Abb. 11 mit der zum einfallenden Bündel senkrechten photographischen Platte. Die Kegel der oberen Reihe dieser Abbildung, die der X-Richtung entsprechen, schneiden die Platte nach horizontalen Hyperbeln; die Kegel der zweiten Reihe (die beim pseudohexagonalen Glimmer am besten so gewählt wird, daß sie mit der

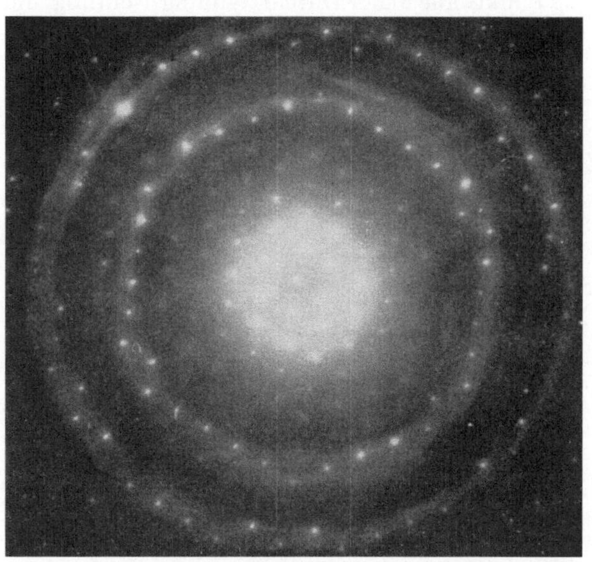

Abb. 87. Glimmerblatt in Richtung der Zonenachse (ungefähr senkrecht zur Blättchenebene) durchstrahlt. Zweidimensionales Beugungsbild nebst verschwommenen Ringen. [F. KIRCHNER: Erg. exakt. Naturwiss. 11, 72 (1932).]

ersten Reihe einen Winkel von 120° statt 90° einschließt) geben eine zweite Schar von Hyperbeln, die die erste unter einem Winkel von 60° schneidet; schließlich gehören die Kreise zu der Punktreihe in der Durchstrahlungsrichtung Z. — Entsprechend den kleinen Ablenkungswinkeln sind die Hyperbeln in Abb. 87 fast zu Geraden entartet. — Man braucht sich nicht sehr zu wundern, daß ein feststehender mit Strahlung von *einer* Wellenlänge durchstrahlter Krystall abgebeugte Bündel gibt, im Gegensatz zu dem, was wir aus der Durchschneidung der drei Scharen von Kegeln ablasen. Ist hier doch die Zahl der Perioden in der Durchstrahlungsrichtung sehr klein, so daß die v. LAUEsche Bedingung bei dieser Richtung nicht in voller Strenge gilt; die Maxima der Kreiseschar sind breit, so daß die Abbeugungen in Kränzen beobachtet werden.

Dagegen bedürfen die Proportionen der Beugungsabbildung, die ganz verschieden von denen bei der Röntgenstrahlbeugung sind, einer näheren Erklärung. Die Ablenkungswinkel des Atommusters *in* der Spaltebene sind sehr viel kleiner als diejenigen der Punktreihe in der Z-Richtung, so daß eine große Anzahl der Schnittpunkte des zweidimensionalen Beugungsbildes innerhalb des Kreises erster Ordnung liegt; weiter fällt beim Vergleich des nullten, ersten, zweiten Kreises in Abb. 87 die große Ausdehnung des nullten Maximums auf, wodurch ein ganzes zweidimensionales Beugungsmuster innerhalb des breiten kreisförmigen Bereichs der nullten Ordnung fällt. Wie W. L. Bragg bemerkte, ist die kleine Wellenlänge der Elektronenstrahlung verantwortlich für diese, auf den ersten Blick rätselhaften Verhältnisse.

Verringert man, von der Abb. 11 ausgehend, die Wellenlänge, so ziehen sich die beiden Scharen von Hyperbeln und die Kreise um den Mittelpunkt zusammen. Jedoch sind die Lagen der kreisförmigen Interferenzlinien um die Punktreihe in der Durchstrahlungsrichtung, und insbesondere die der niedrigen Ordnungen, für eine Abnahme der Wellenlänge viel weniger empfindlich als die Lagen der Hyperbeln: Die v. Laueschen Beugungsbedingungen, im allgemeinen Fall

$$a\,(\cos\alpha - \cos\alpha_0) = h\,\lambda$$

lauten hier (Abb. 88) für die X- und Y-Richtung

$$a\sin\theta_1 = h_1\,\lambda \quad \text{und} \quad b\sin\theta_2 = h_2\,\lambda,$$

für die Z-Richtung jedoch

$$c\,(1 - \cos\theta_3) = h_3\,\lambda.$$

Wegen der Kleinheit der Winkel kann man die Bedingungen in der Form schreiben

θ_1 und θ_2 sind λ proportional, jedoch

$$(1 - \cos\theta_3) \sim \lambda, \text{ also } \theta_3 \text{ proportional zu } \sqrt{\lambda},$$

so daß θ_1 und θ_2 mit abnehmender Wellenlänge viel schneller

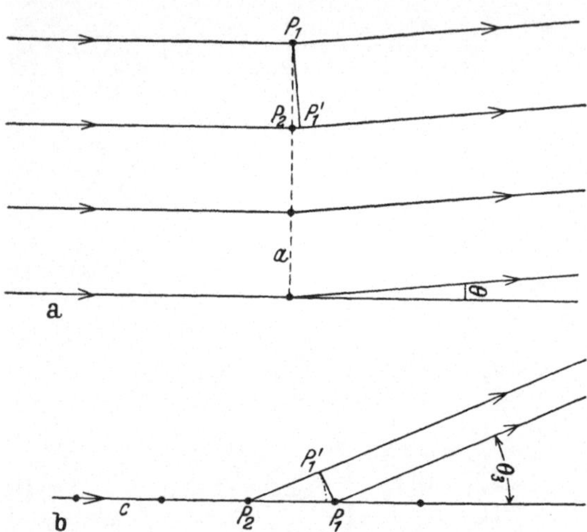

Abb. 88 a u. b. Abbeugung erster Ordnung an einer Atomreihe. Die Strahlung mit einer gegen den Atomabstand kleinen Wellenlänge fällt in a senkrecht, in b parallel zur Atomreihe ein.

abfallen als θ_3. Das Gebiet nullter Ordnung der Z-Richtung ist also im Verhältnis zu der X—Y-Beugungsfigur viel ausgedehnter als bei größeren Wellenlängen, so daß wir bei Elektronenstrahlen das zweidimensionale Muster innerhalb dieses Gebietes beobachten. Im schönen zweidimensionalen Beugungsbild der Abb. 89 ist von Interferenz *zwischen* den Schichten praktisch nichts zu sehen.

Ein Bündel Röntgenstrahlen wird beim Einfall auf einen Krystall nur dann reflektiert, wenn sein Glanzwinkel den richtigen Wert hat. Dagegen gibt ein Krystall, auf den ein Elektronenbündel in der in Abb. 90 gezeichneten Weise streifend einfällt, ein Beugungsbild, und zwar entsteht wieder ein zweidimensionales Diagramm. Dies wird so gedeutet, daß die Strahlung hier wiederum in der Richtung einer Atomreihe einfällt (Z-Richtung), so daß diese Reihe keine scharfen Ablenkungsrichtungen verursacht. Das erhaltene Muster ist das Beugungsbild des Atomgitters in der X—Y-Ebene.

Es erscheint verwunderlich, daß die Strahlen trotz der starken Absorption tief genug unter die Oberfläche eindringen, um hinreichend scharfen Beugungsbedingungen in der X-Richtung zu unterliegen. Thomson gab die Erklärung, daß an solchen Grenzflächen oft Unebenheiten vorkommen, die so dünn sind, daß die Strahlen sie durchdringen. Das kommt darauf hinaus, daß unser zweidimensionales Bild in der gleichen Weise entsteht wie z. B. Abb. 89. Es würde auch, wenn tatsächlich streifend einfallende Strahlen im Spiel wären, ein Bre-

chungseffekt erwartet werden können (**64**). Diesen Effekt finden wir *nicht* in den Lagen der Flecken auf den senkrechten Reihen der Abb. 90, wo die Entfernung der Schichtlinien sich in einer Weise ändert, wie sie uns aus den Drehdiagrammen geläufig ist. So wurde man zu der obigen Deutung geführt, daß das Beugungsbild von *durchstrahlten* Zacken stammt (bei deren Beugung die Brechung also praktisch keine Rolle spielt). — Wir sahen also, daß eine Atomreihe zum Erzeugen von scharfen Interferenzen unfähig sein kann, entweder wegen zu geringer Anzahl der zusammenwirkenden Perioden (Absorp-

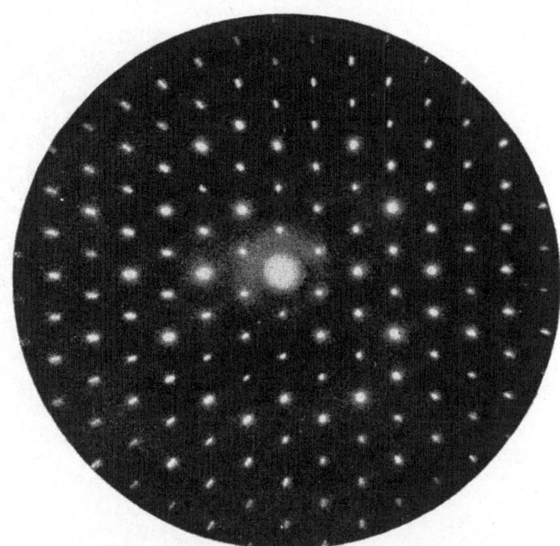

Abb. 89. Wie Abb. 87, jedoch dünneres Glimmerblatt. (SEEMANN-Laboratorium, Mitteilung 32.)

tionseinfluß bei glatter reflektierender Oberfläche), oder dadurch, daß der Phasendefekt zwischen angrenzenden Punkten der Reihe bei Änderung der Ab-

lenkungsrichtung nur sehr langsam anwächst (Durchstrahlung in der Richtung einer Punktreihe bei einer Wellenlänge, die klein gegenüber der Gitterperiode ist). Ist nun bei dem Reflexionsversuch der Abb. 90 die Krystalloberfläche auch noch glatt, so sind die beiden Ursachen wirksam, die eine in der X-, die andere in der Z-Richtung. Nur die Y-Richtung gibt dann noch scharfe LAUE-Bedingungen und man beobachtet die zugehörige Schar von senkrechten Interferenzlinien wie in Abb. 91, einer Reflexionsaufnahme am Pyrit. Die LAUE-Bedingung der Atomreihe *in* der Richtung des einfallenden

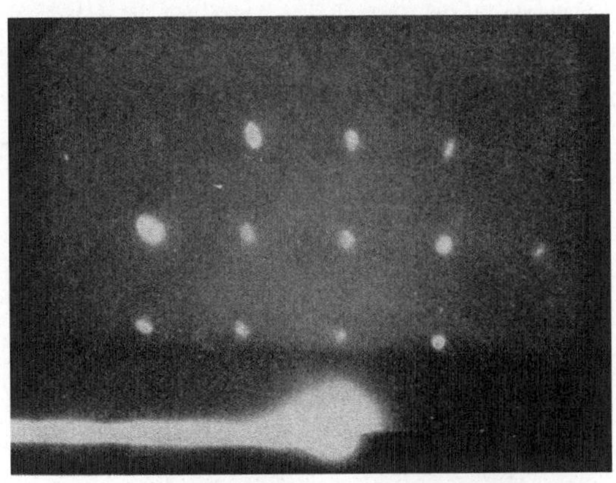

Abb. 90. Reflexionsaufnahme an der (100)-Ebene eines Kupferkrystalls. [G. P. THOMSON: Proc. Roy. Soc.. London Ser. A, **133**, 1 (1931).]

Bündels ist noch schwach wirksam, wie beim Glimmerblättchen der Abb. 87: die vertikalen Linien sind nur stark in kreisförmigen Bändern um die Bündelrichtung. Bei einigen Krystallen (PbS) hat man, durch verschiedenartiges Bearbeiten der Oberfläche, alle drei Diagrammtypen Abb. 90, 91 u. 98 b (s. unten) verwirklichen können: die frische Spaltfläche kann das Diagramm Abb. 91 geben, nach Aufrauhen entsteht Abb. 90, nach Polieren Abb. 98 b.

Aufnahmen von orientierten Pulvern (Faserdiagrammen). Dampft man auf eine dünne Nitrocelluloseschicht nur ganz wenig CdJ_2 auf, so erhält

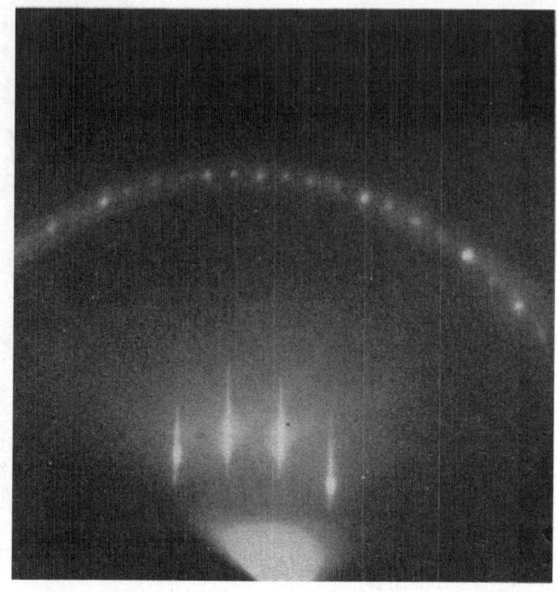

Abb. 91. Reflexionsaufnahme an (100) bei Pyrit. Sachlage wie bei Abb. 90 angegeben. Beugungsbedingung der X-Richtung unwirksam, der Y-Richtung scharf, der Z-Richtung schwach wirksam. — Dadurch, daß das einfallende Bündel einen kleinen Winkel mit der Z-Achse einschließt, bildet die Abbeugung nullter Ordnung hier einen breiten Ring, statt eines Vollkreises, um die Atomreihe. — In dem Ring nullter Ordnung fehlen die ungeraden Ordnungen der vertikalen Geraden, in dem Ring erster Ordnung sind diese stark. Die Indices der stark reflektierenden Ebenen sind also entweder beide gerade oder beide ungerade. Dies wird durch die angenäherte Zentrierung der (100)-Ebene verursacht. [F. KIRCHNER u. H. RAETHER: Physik. Z. **33**, 510 (1932).]

man bei Durchstrahlung des Präparates ein Ringdiagramm (Abb. 92a), das man für ein Pulverdiagramm halten würde. Schwenkt man jedoch das Präparat

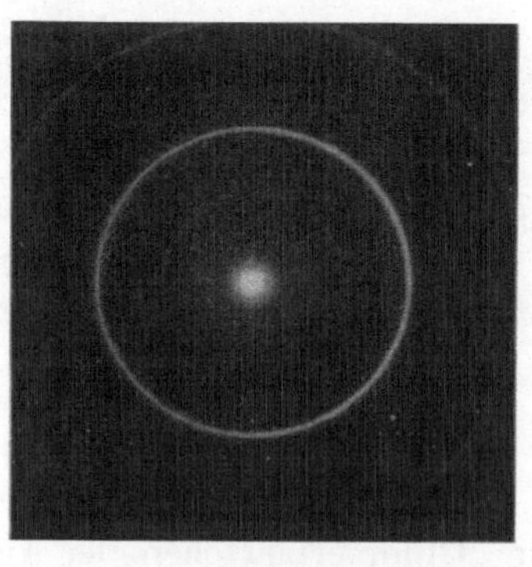
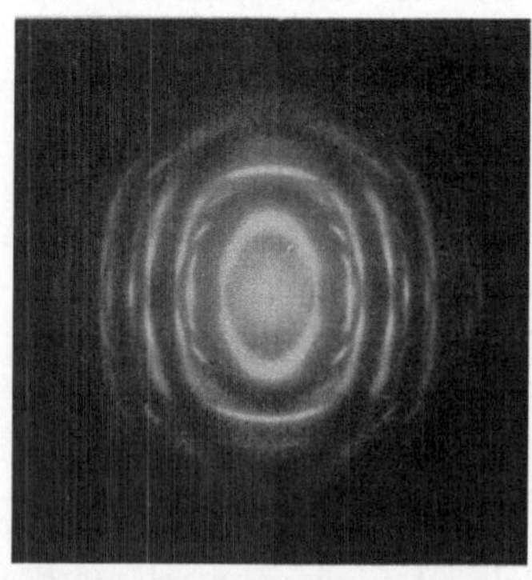

a   b

Abb. 92a u. b. CdJ_2, auf eine Kollodiumhaut aufgedampft. a senkrecht, b unter einem Winkel von 50° durchstrahlt. [G. I. FINCH: Erg. exakt. Naturwiss. **16**, 399 (1937).]

aus der zum Primärbündel senkrechten Lage, so entsteht ein ausgesprochenes Faserdiagramm (Abb. 92b). Ein wahres Pulverdiagramm würde sich natürlich bei einer solchen Schwenkung gar nicht ändern; auch Abb. 92a ist also das

Diagramm eines Faserpräparats. Es ergibt sich, daß die Krystallite sich alle mit der Ebene (0001) parallel zur Unterlage, jedoch mit jedem beliebigen Azimut um die Normale dieser Ebene, auf die Nitrocellulosehaut absetzen. Röntgenstrahlen würden hier (Durchstrahlung eines Faseraggregats in der Faserrichtung) kein Beugungsbild geben: ein einzelner Krystallit würde nämlich keine Interferenz zeigen, auch nicht bei Drehung um die Bündelrichtung. Mit Elektronenstrahlen würde man dagegen von *einem* so orientierten Krystallit ein Diagramm

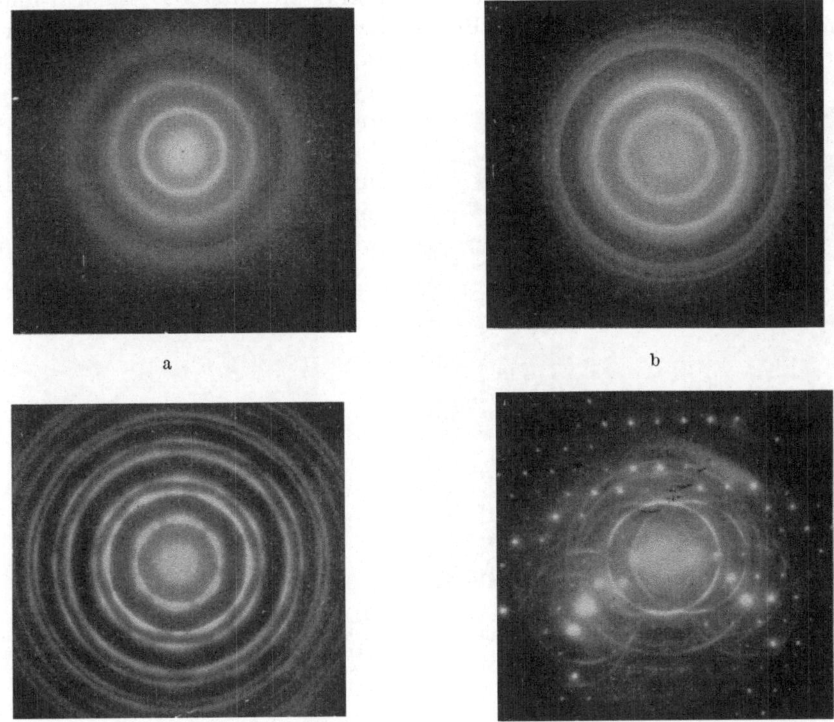

a

b

c

d

Abb. 93a bis d. Verschiedene Stadien einer sublimierten CdJ_2-Schicht. [F. KIRCHNER: Erg. exakt. Naturwiss. 11, 64 (1932).]

erhalten wie in Abb. 89; bei Drehung um die Bündelrichtung — Krystallite mit beliebigem Azimut um [0001] — entsteht daraus das Ringdiagramm der Abb. 92a.

Bei einem solchen Aggregat kann übrigens die Tatsache, daß man die Zusammenwirkung der Gitterpunkte in der [0001]-Richtung bei der Elektronenaufnahme außer acht lassen kann, in noch einfacherer Weise gedeutet werden, nämlich durch die Fehlorientierung dieser Richtung: Weil bei Elektronen die Ablenkungswinkel nur einige Grade betragen, werden einige der zu der Unterlage nahezu senkrechten Prismenebenen wohl unter dem richtigen Glanzwinkel getroffen werden. Weil dies in jedem Azimut um [0001] stattfindet, entstehen die Beugungskreise. Schwenkt man sodann die CdJ_2-Haut aus der zum Primärbündel senkrechten Lage, so findet man die Flächennormalen, die den richtigen Winkel mit dem Primärbündel einschließen, nicht mehr *rings* um dieses Bündel. Man sieht leicht ein, daß diese Normalen nur noch in zwei diametral gelegenen Sektoren vorkommen. Das Diagramm 92b zeigt dementsprechend Segmente, die von diesen Bereichen der Netzebenenorientierungen stammen. Bei zunehmender Schrägstellung erscheinen überdies Segmente, die neu auftretenden Reflexionsmöglichkeiten entsprechen.

Abb. 93 zeigt Aufnahmen von CdJ_2-Schichten. Nach Aufdampfen von sehr wenig CdJ_2 erhält man anfänglich breite Linien (Abb. 93a), bei einer dickeren Schicht wachsen die Krystallite an: Die Linien werden scharf (Abb. 93b). Sodann tritt auch *in* der Basisebene eine spontane Orientierung auf, die sogar nach (c) so weit gehen kann, daß beinahe ein Einkrystall entsteht (Aufspaltung der Ringe zu verschmierten Flecken). Bei Erhitzung bildet sich tatsächlich ein Einkrystall (d). Auch in der dünnen Schicht tritt nach einigen Stunden von selbst Rekrystallisation auf: es entsteht ein Diagramm mit scharfen Ringen (Abb. 92a).

Abb. 94, die Aufnahme einer schräg durchstrahlten dünnen Hg_2Cl_2-Haut, zeigt Pulver- sowie Faserlinien, und zwar entsprechen die Pulverlinien den

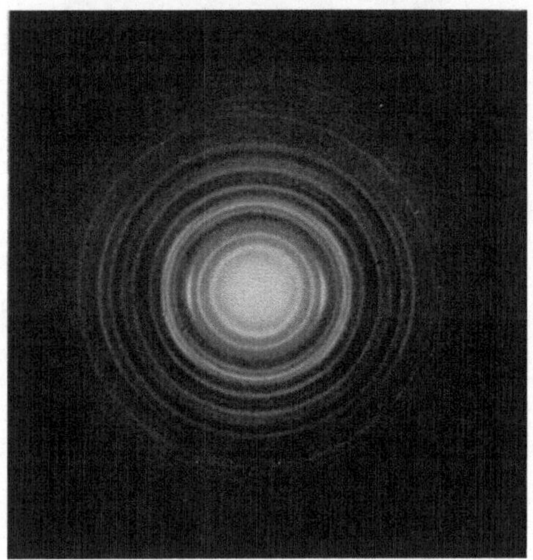

Abb. 94. Diagramm von Hg_2Cl_2-Pulver; das Präparat schließt einen Winkel von 45° mit dem einfallenden Bündel ein. Die vollständigen Kreise stammen von Ebenen *hk*0, die Segmente von Ebenen *hkl*. (F. KIRCHNER: zit. S. 99, Abb. 93.)

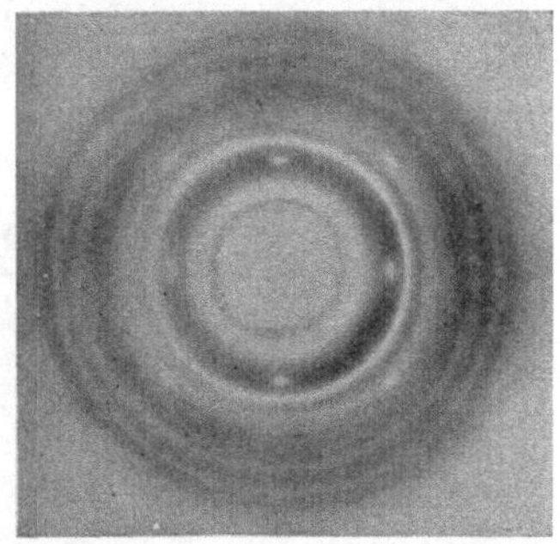

Abb. 95. Diffraktionsringe eines „zweidimensionalen Pulvers". Man sieht die (hellen) Ringe an der Innenseite scharf begrenzt, an der Außenseite verschwommen. [W. G. BURGERS: Z. Kristallogr., 94, 301 (1936).]

Reflexionen *hk*0. Hieraus läßt sich die Orientierung im Präparat ableiten: Die tetragonale Achse liegt parallel zur Blättchenebene (im übrigen in beliebiger Stellung) und die Krystallite haben beliebigen Azimut um die Achse. Wie man leicht einsieht, sind dabei nur die Ebenen *hk*0 in jeder Orientierung vorhanden; bei diesen kann also bei Schrägstellung des Präparats immer eine Netzebene in der ursprünglichen Lage gefunden werden durch Übergang auf einen Krystallit mit anderem Azimut. Diese Prismenebenen — und nur diese — ergeben also Ringe, die bei Schrägstellung vollständig bleiben.

Beugungsbild von unorientierten zweidimensionalen Gittern. Wird Nickeleisen mit Salpetersäure bis auf eine sehr geringe Dicke abgeätzt, so gibt es ein Elektronendiagramm von Ringen, die an der Innenseite scharf, an der Außenseite verschwommen sind (Abb. 95). Dieses Beugungsbild entspricht einem Konglomerat von zweidimensionalen Gittern (möglicherweise von [Fe-, Ni-] Oxyd) in allen möglichen Orientierungen. Bei senkrechter Durchstrahlung liefert ein zweidimensionales Gitter das Bild der Abb. 89; schwenkt man das Gitter um eine seiner Gitterlinien, so verringert sich der effektive beugende Abstand in dieser Schar von Gitterlinien (s. Fußnote [1], S. 33), die Interferenzpunkte bewegen sich nach außen in einer zu dieser Geraden senkrechten Richtung. Denkt man sich das Gitter jetzt um das einfallende Bündel gedreht, so beschreiben diese nach außen hin verschwommenen Interferenzflecke Ringe, die nur an der Innenseite scharf begrenzt sind.

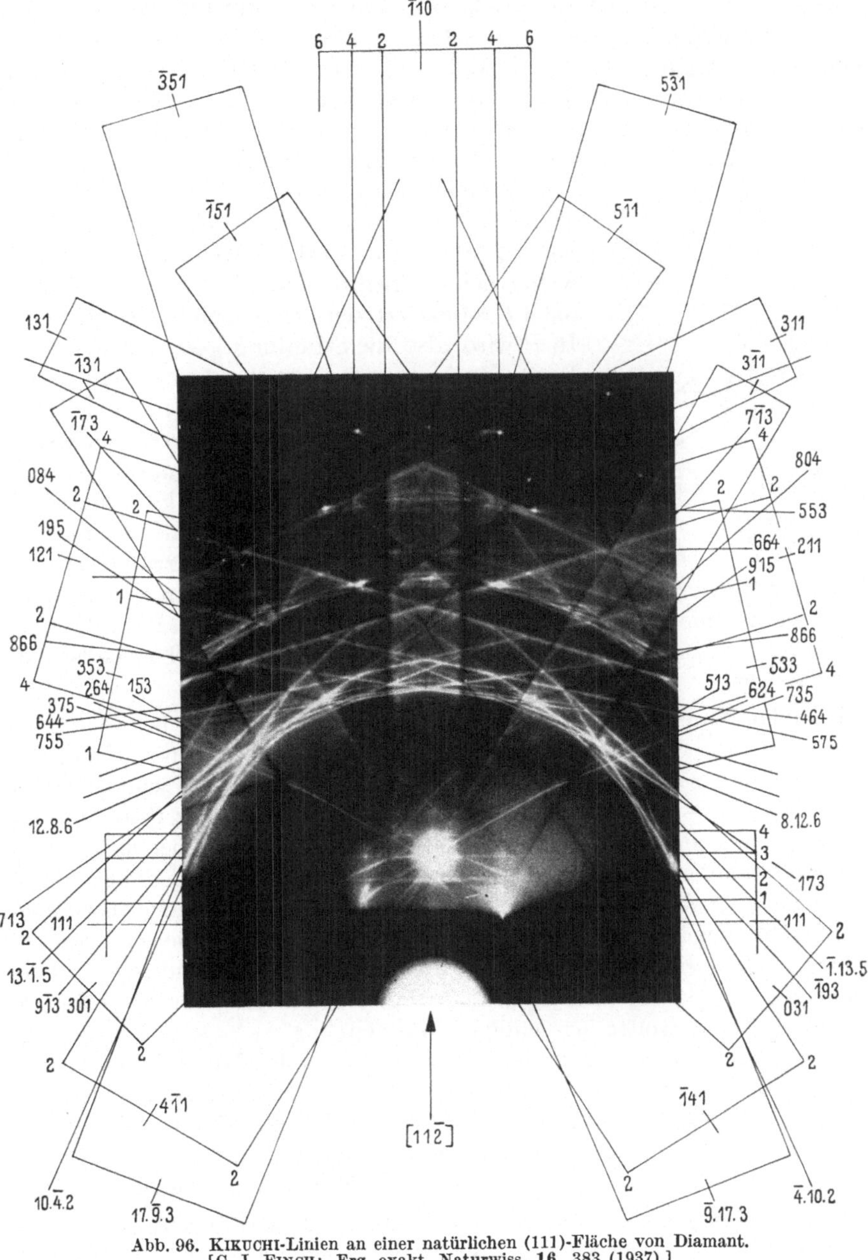

Abb. 96. Kikuchi-Linien an einer natürlichen (111)-Fläche von Diamant.
[G. I. Finch: Erg. exakt. Naturwiss. 16, 383 (1937).]

62. Kikuchi-Linien. Bei Bestrahlung von größeren Krystallen beobachtet man das paarweise Auftreten von parallelen hellen und dunklen geraden Linien, die nach ihrem Entdecker Kikuchi-Linien genannt werden (Abb. 96). Von dieser Erscheinung wird folgende Erklärung gegeben; außer den elastisch reflektierten Elektronen, die das Beugungsbild ergeben, gibt es auch solche, die beim Zusammenstoß mit einem Elektron des Präparates unelastisch gestreut werden. Bei diesen Stößen erleidet das Elektron nach der COMPTONschen Anschauung einen Geschwindigkeitsverlust von schätzungsweise 20 V; also einen geringen Bruchteil der Anfangsgeschwindigkeit von etwa 40 kV. Das Elektron wird dabei aus seiner Anfangsrichtung abgelenkt, jedoch sind größere Ablenkungswinkel seltener: auf der Platte entsteht ein nach außen abnehmender Schwärzungsuntergrund. Ein solches abgelenktes Elektronenbündel kann nun reflektiert werden, wie z. B. das Bündel OC an der Netzebene AA' (Abb. 97), wobei ein Teil des Bündels nach Q abgelenkt wird, während der Rest nach P weiter geht. Ebenso wird ein Teil des Bündels OG nach P reflektiert, der unabgelenkte Teil geht nach Q. In P wird also die Strahlung geschwächt durch die Reflexion in C, verstärkt durch die Reflexion in G. Das Umgekehrte gilt für die Strahlung in Q. Weil jedoch das mehr zentrische Bündel OG intensiver ist als das Bündel OC, werden Strahlungsüberschuß und Defekt sich in P und in Q nicht kompensieren: In größerer Entfernung von dem zentralen Fleck wird sich eine Linie von größerer Schwärzung abzeichnen,

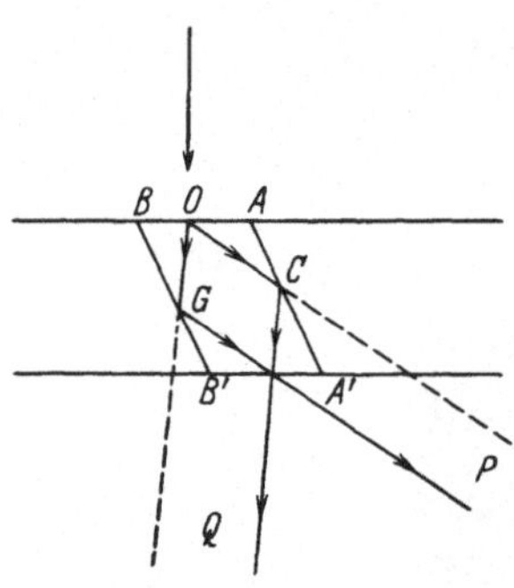

Abb. 97.
Zur Deutung der KIKUCHI-Linien.

in kleinerer Entfernung eine unterbelichtete Linie; beide Linien sind parallel zu der Schnittlinie der Netzebene mit der photographischen Platte[1]. Aus der Entfernung der zusammengehörigen Linien kann der Netzebenenabstand berechnet werden.

63. Einige Ergebnisse. Durch Elektronenstrahlen sind unbekannte Modifikationen aufgefunden worden, unter anderem eine hexagonale Modifikation von kathodisch zerstäubtem Nickel — isomorph mit der schon bekannten Co-Modifikation — und von Gold. Eine Probe von nur 10^{-7} g Polonium konnte untersucht und die Krystallstruktur aus dem Diagramm berechnet werden.

Röntgenstrahlen dringen tief in das Material ein und sind daher zur Oberflächenforschung nicht geeignet. Die Verwendung von Elektronenstrahlen ist für solche Untersuchungen (Katalyse, Gasadsorption, Passivität) gerade deswegen angebracht, weil sie nur wenige Oberflächenschichten durchdringen können[2]. Obwohl die Ergebnisse dieser Untersuchungen oft noch nicht vollkommen sichergestellt sind, wollen wir einige erwähnen.

Ohne spezielle Vorsorge findet man auf fast jeder Krystalloberfläche eine Haut von adsorbierter „Verunreinigung" wie Sauerstoff, Fett oder — bei Metallen — Quecksilber (Amalgambildung). Auf Glas sublimiertes Aluminium bildet eine so vollkommen reflektierende Schicht, daß diese als astronomischer Spiegel dienen kann; auch da verraten die Elektronenstrahlen die Existenz

---

[1] Enthält die Netzebene die Richtung des einfallenden Bündels, so sollten die Strahlungsverstärkung und -schwächung sich genau kompensieren, also sollten die helle und die dunkle Linie hier fehlen. Sie werden jedoch auch in diesem Falle beobachtet; dies zeigt, daß die hier gegebene Deutung nicht vollkommen befriedigend ist.

[2] „Langsame" Elektronen (durchlaufene Spannung einige zehn Volt) könnten wegen ihres sehr geringen Eindringungsvermögens als das geeignetste Hilfsmittel scheinen. Jedoch treten bei diesen allerhand, teilweise noch ungeklärte Komplikationen auf.

einer schützenden, unsichtbar dünnen Oxydschicht. Ebenso wurde gezeigt, daß bei passivem Eisen die Schutzhaut aus γ-Fe_2O_3 besteht.

Bringt man auf Glimmer eine Kupferschicht von 10^{-5} bis 10^{-6} cm Dicke, sodann eine Goldschicht, so ergibt sich das Diagramm als Überlagerung der Diagramme beider Metalle. Nach Erhitzen auf 200° entsteht das Diagramm eines Mischkrystalls.

Auf Zink oder Aluminium gefälltes Platin gibt das Beugungsbild des reinen Pt; auf Kupfer gefälltes Pt jedoch nicht, wahrscheinlich infolge einer schon bei verhältnismäßig niedriger Temperatur eintretenden Legierungsbildung. Dies wäre mit der Vergiftung eines Pt-Katalysators durch Kupfer im Einklang.

Viele Untersuchungen haben sich mit dem Polieren der Metalle beschäftigt. Die von BEILBY auf Grund mikroskopischer Untersuchung gefolgerte amorphe Natur der Polierschicht wurde durch die Elektronenforschung bestätigt. Beim Polieren wird das Diagramm immer weniger scharf, bis nur zwei oder drei Bänder zurückbleiben, die den Flüssigkeitscharakter der Schicht zeigen. — Anfangs wurden die diffusen Ringe wahrscheinlich durch Sauerstoff- (Oxyd-) Schichten verursacht, man fand nämlich bei allen Metallen Beugungsringe desselben Durchmessers. Es wurde jedoch vor kurzem gezeigt, daß beim Polieren unter Benzol die Ringe doch verschieden sind. — Und zwar ergibt sich aus diesen „amorphen" Ringen ein mittlerer Abstand der Atome, der dem kürzesten Abstand im Krystallgitter gleich ist (die Packung ist also dichter als in einer normalen amorphen Substanz). Aus der Untersuchung der Oberfläche eines eingeschliffenen Zylinders eines Explosionsmotors vor und nach dem „Einlaufen", ergab sich, daß sich beim Einlaufen eine sehr dicke BEILBY-Schicht gebildet hatte; erst nach mehreren Strichen mit sehr feinem Schmirgelpapier kam das krystalline Material an die Oberfläche.

Daß die Polierschicht die Eigenschaften einer unterkühlten Flüssigkeit besitzt, zeigt folgender Versuch: Wird Zink auf geätztes Kupfer aufgedampft, so beobachtet man die Beugungsringe des Zn. Frisch auf poliertes Kupfer gefälltes Zink zeigt das Zn-Diagramm nur kurze Zeit; das Diagramm verschwindet schnell, und es bleiben nur die verschwommenen Ringe der Polierschicht. Die anfänglich gebildeten Zinkkrystalle haben sich in der Polierschicht gelöst „wie Schneeflöckchen, die ins Wasser fallen" (Abb. 98). Nach wiederholter Fällung hat sich die Polierschicht mit Zink gesättigt; die krystallinische Struktur des gefällten

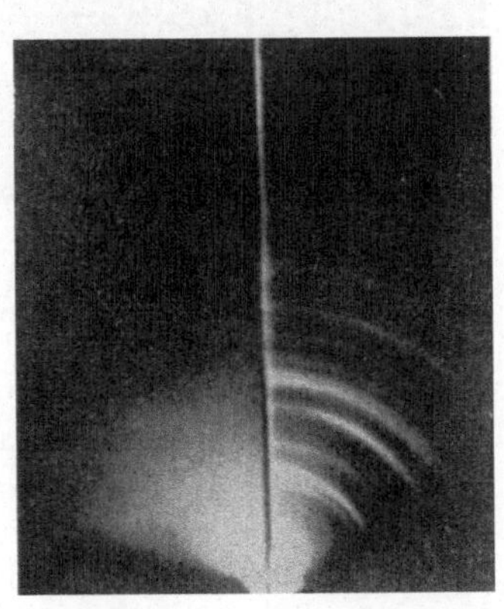

Abb. 98a u. b. a Beugungsbild von Zink, eine Sekunde nach dem Ausfällen auf poliertem Kupfer. b Drei Sekunden später. [G. I. FINCH, A. G. QUARRELL u. J. S. ROEBUCK: Proc. Roy. Soc., London Ser. A, 145, 676 (1934).]

Zinks bleibt dann erhalten. — Auch bei diesen Versuchen war es jedoch nicht ausgeschlossen, daß sich auf dem Kupfer eine Oxyd- oder Sauerstoffhaut befand, die anfänglich durch Zink reduziert wurde. —

64. Brechung der Elektronenstrahlen. Inneres Potential der Krystalle. Abb. 99 zeigt das Reflexionsdiagramm an der Würfelebene eines Steinsalzkrystalls. Aus einem genauen Vergleich der Abstände zwischen den Schichtlinien in den Abb. 90 und 99 geht hervor, daß diese im ersten Diagramm einen „normalen"

Verlauf aufweisen (die Distanz nimmt mit höherer Rangnummer ein wenig zu). Dagegen zeigen die Distanzen zwischen den Schichtlinien der Abb. 99 bei genauer Messung einen verwickelteren Verlauf. Es ergibt sich, daß dieser Verlauf durch die Brechung der streifend einfallenden Strahlen gedeutet werden kann: Der Krystall ist nämlich für Elektronenwellen ein optisch dichteres Medium (s. unten), die Strahlen werden also beim Übergang in den Krystall zur Normalen hin gebrochen. Die Brechung verringert den außerhalb des Krystalls gemessenen Ablenkungswinkel, und zwar ist dieser Effekt um so stärker, je streifender das Bündel austritt.

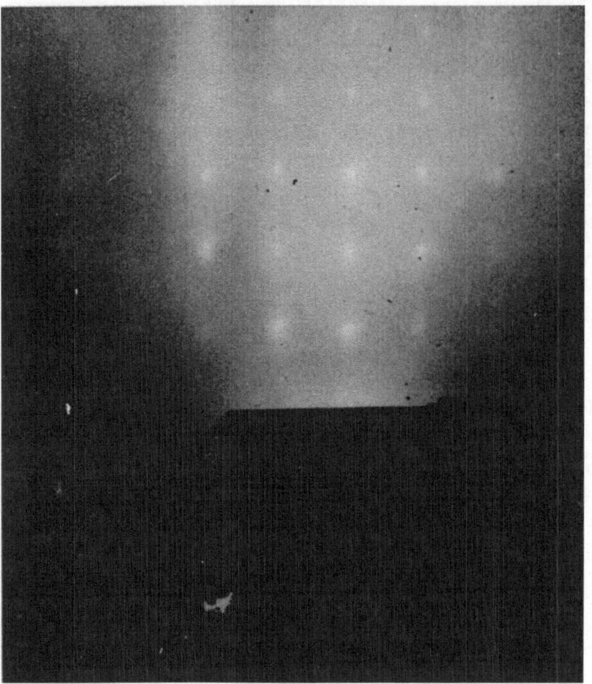

Abb. 99. Steinsalzaufnahme um die Y-Achse geschwenkt, mit 40 kV-Elektronen. Die horizontalen Reihen sind durch die Brechung ein wenig in die Richtung des unabgelenkten Bündels verschoben. Diese Verschiebung ist für die niedrigen Ordnungen am stärksten: die Distanz zwischen den Schichtlinien nimmt nach oben ein wenig ab, statt ein wenig zuzunehmen wie in Abb. 90. Die Elektronenstrahlen dringen also beim NaCl-Krystall bis zu einiger Tiefe unter die Oberfläche ein. (F. KIRCHNER: zit. S. 95, Abb. 87.)

Zur Berechnung des Brechungsexponenten ist die Kenntnis des Potentials im Metall erforderlich. Der mittlere Wert dieses sich periodisch ändernden Potentials ergibt sich als positiv[1]: Die Geschwindigkeit des Elektrons steigert sich, wenn es von außen in den Krystall geschossen wird. Nach der DE BROGLIESCHEN Beziehung

$$(1) \qquad \lambda = \frac{h}{mv}$$

nimmt dabei die Wellenlänge der Elektronen ab: Die Strahlen werden zu der Normalen hin gebrochen (HUYGENSsche Konstruktion).

Selbstverständlich ist der Einfluß des inneren Potentials auf langsame Elektronen größer als auf schnelle. Ist V die von den Elektronen im Felde der Elektronenröhre durchlaufene Spannung, V_{Kr} das Krystallpotential, so ist das insgesamt durchlaufene Potential außerhalb bzw. innerhalb des Krystalls gleich V bzw. $V + V_{Kr}$, die Geschwindigkeit der Elektronen ist also — infolge

---

[1] Daß das Potential in einem neutralen Komplex von Kernen und Elektronen im Mittel positiv ist, ist sowohl in Metallen wie im Einzelatom der Fall. Dies hat seinen Grund in der Verschmierung der negativen Ladung (Elektronen) gegenüber der Konzentration in den Kernen der positiven Ladung. In einem Punkt in der Entfernung r vom Kern trägt in einem Atom die gesamte Kernladung zum Potential bei, während das resultierende Potential der Elektronensphäre nur durch die Ladung, die sich in einer Kugel vom Radius r um den Kern befindet, gegeben wird.

$\frac{1}{2} m v^2 = eV$ — proportional $\sqrt{V}$ bzw. $\sqrt{V+V_{Kr}}$. Das Verhältnis der entsprechenden Wellenlängen ist also nach (1)

$$\sqrt{\frac{V+V_{Kr}}{V}};$$

dieser Ausdruck gibt zugleich den Brechungsindex für Elektronenwellen an. Für Elektronen von 30000 V ergibt sich daraus bei einem V_{Kr} von z. B. 15 V ein Brechungsindex $n = 1{,}00025$, für langsame Elektronen von 40 V dagegen $n = 1{,}17$.

Aus den Abweichungen von den bei fehlender Brechung zu erwartenden Abbeugungsrichtungen kann das innere Potential ermittelt werden; man erhielt bei mehreren Krystallen Werte von $+5$ bis $+15$ V. Bei Isolatoren wurde manchmal auf negative innere Potentiale geschlossen; es war dann jedoch Aufladung der Krystalloberfläche durch die einfallenden Elektronen im Spiel.

Literatur [1].

HENGSTENBERG, J. u. K. WOLF: Elektronenstrahlen und ihre Wechselwirkung mit Materie. Leipzig 1935. — FINCH, G. I. u. H. WILMAN: Erg. exakt. Naturwiss. 16, 353 (1937) (mit ausführlicher Literaturangabe). — THOMSON, G. P. u. W. COCHRANE: Theory and Praxis of Electron Diffraction. London 1939. — KIRCHNER, F.: Erg. exakt. Naturwiss. 11, 64 (1932). — TRILLAT, J. J.: La Diffraction des Electrons. Actualités Scientifiques No 269. Paris 1935.

58. BROGLIE, L. DE: Thèse Paris 1924. — ELSÄSSER, W.: Naturwiss. 13, 711 (1925). — DAVISSON, C. J. u. L. H.GERMER: Nature, London 119, 558 (1927). — THOMSON, G. P. u. A. REID: Nature, London 119, 890 (1927).

62. KIKUCHI, S.: Proc. Imp. Acad. Tokyo 4, 354 (1928).

63. FINCH, G. I. u. S. FORDHAM: J. Soc. chem. Ind., Chem. & Ind. 56, 632 (1937). — Dynamische Theorie der Elektronenstreuung: BETHE, H.: Ann. Physik 87, 55 (1928). LAUE, M. VON: Interferenz von Röntgen- und Elektronenstrahlen. Berlin 1935.

---

[1] Die vorangestellten halbfetten Ziffern beziehen sich auf die Gliederung des Kapitels.

Ergebnisse der Röntgenanalyse.

Sechstes Kapitel.

Einteilung und Eigenschaften der Krystallgitter.

Wir wollen die nach Hunderten zählenden Strukturtypen von Tausenden untersuchter Verbindungen nicht systematisch behandeln[1]. Dagegen geben wir in diesem Kapitel zunächst eine Einteilung der Strukturen und besprechen auf Grund des atomaren Krystallmodells eine Anzahl wichtiger Krystalleigenschaften. Sodann erörtern wir im Kap. 7 zwei Gruppen anorganischer Verbindungen und im Kap. 8 einige Gruppen organischer Verbindungen.

A. Einteilung der Gitter.

Die nachfolgende Einteilung bezieht sich auf die Art der Kräfte, die zwischen den die Gitterpunkte besetzenden Teilchen wirken.

65. Ionengitter. Eine erste Gruppe bilden Gitter wie das des Steinsalzes, in denen positive und negative Ionen sich abwechseln; die COULOMBsche Anziehung der entgegengesetzt geladenen Ionen erklärt den Zusammenhang des Gitters. In Abb. 100 sind einige Ionengitter abgebildet: Neben dem NaCl-Gitter (Abb. 100b), in dem jedes Ion von sechs entgegengesetzt geladenen Ionen umgeben ist, gibt es noch andere vom Typus $A\,B$, z. B. den CsCl-Typ mit der Koordinationszahl acht (Abb. 100a).

Beim Gitter des trigonalen Calcits (Abb. 100c) sind Ca^{++}- und CO_3^{--}-Ionen in einer dem Steinsalz analogen Weise angeordnet[2]. Die Ebene der CO_3-Ionen liegt parallel zu einer „Oktaeder"-Ebene, während das Modell im Vergleich mit dem NaCl-Gitter in der zu dieser Ebene senkrechten Richtung zusammengedrückt ist. Abb. 100d zeigt die Struktur eines Komplexsalzes, $K_2[PtCl_6]$, die in überzeugender Weise die WERNERsche Vorstellung über den Bau derartiger Komplexe bestätigt.

In jedem dieser Typen krystallisiert eine große Anzahl von Verbindungen: Im NaCl-Typ viele Alkalihalogenide (Tabelle S. 115) und zahlreiche Oxyde

---

[1] Eine vollständige Aufzählung und Beschreibung derselben findet man in P. P. EWALD u. C. HERMANN u. Mitarb.: Strukturberichte. Ergänzungsbände zur Z. Kristallogr., Übersichtlich auch in WYCKOFF, R. W. G.: The Structure of Crystals. New York 1931 und Supplement 1935.

[2] Streng genommen ist die Periode doppelt so groß, weil die CO_3-Gruppen nicht alle gleich orientiert sind; die mit p und q bezeichneten haben gegenseitig gespiegelte Lagen, denn die Ebene durch die trigonale Achse senkrecht zur Rhomboederfläche ist eine Gleitspiegelebene.

(Sulfide, Selenide) verschiedener Metalle wie MgO, CaS. Den CsCl-Typ haben die Chloride, Bromide und Jodide des Cs, NH_4 und Tl. Den $CaCO_3$-Typ findet man bei verschiedenen Carbonaten (80) und Nitraten wieder, z. B. bei $NaNO_3$.

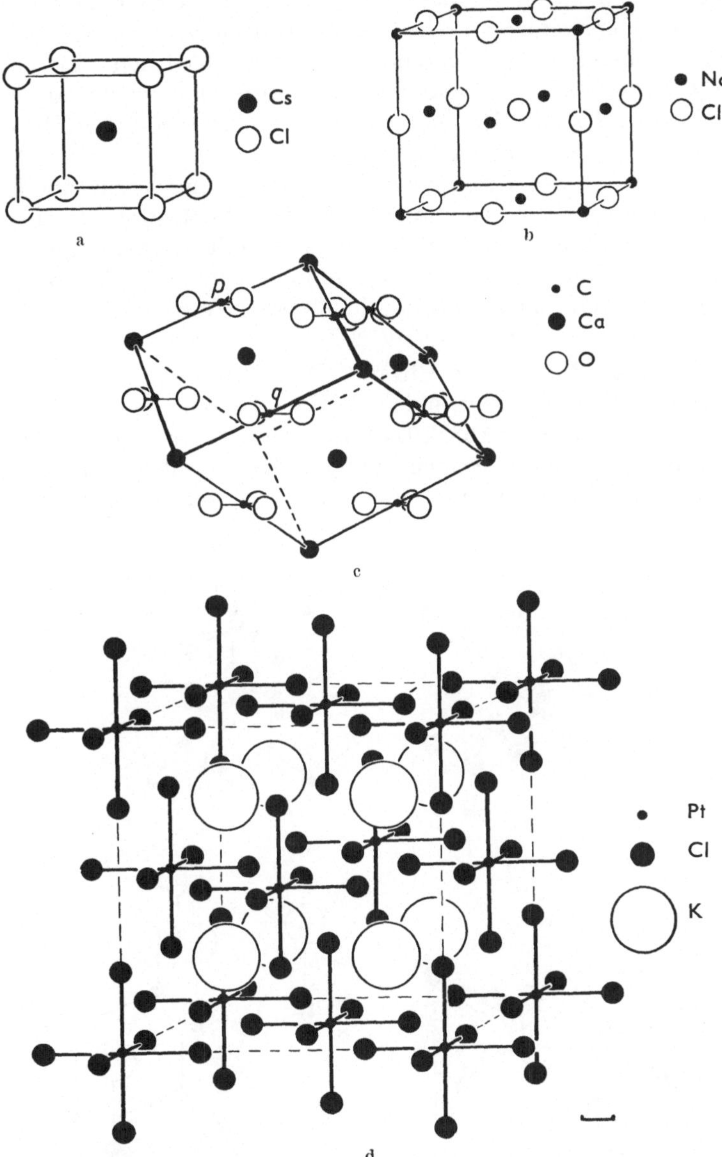

Abb. 100 a bis d. *Ionengitter.* a Elementarzelle von CsCl. b Elementarzelle von NaCl. c Struktur des $CaCO_3$. d Elementarzelle des K_2PtCl_6. (In dieser und den nachfolgenden Abbildungen entspricht die am Fuße der Abbildung eingezeichnete horizontale Strecke einer Å-Einheit).

Die $K_2[PtCl_6]$-Konfiguration kommt bei vielen komplexen Salzen vor, auch solchen mit positiver Ladung des Komplexions, wie z. B. im $[Co(NH_3)_6]Cl_2$.

In einem Ionengitter hat die Krystallenergie den kleinsten Wert, wenn die Kraftlinien zwischen den entgegengesetzt geladenen Ionen möglichst kurz sind:

Also keine Anhäufung positiver und negativer Ladungen, aber möglichst guter Ladungsausgleich um jedes Ion. Dieses Prinzip ist in den PAULINGschen Regeln weiter detailliert, für die wir auf **48** und **95** verweisen.

Daß tatsächlich Ionen in diesen Verbindungen vorkommen, wurde durch viele — mehr oder weniger direkte — Wege nachgewiesen (Reststrahlen und Ionenleitung beweisen das Vorkommen *geladener* Teilchen; das magnetische Verhalten, z. B. des NaCl, zeigt abgeschlossene Elektronenschalen an; in einzelnen Fällen — S. 91 — hat die Röntgenanalyse die *Gesamtzahl* der Elektronen aus dem Streuvermögen bestimmen können).

Man kann die Wechselwirkung zwischen den Ionen — z. B. zur Berechnung der Krystallenergie — sehr wohl angenähert berechnen, wenn man sich auf die Vorstellung des Ions als einer geladenen, mehr oder weniger „harten" Kugel stützt: Neben der COULOMBschen Kraft nimmt man eine Abstoßungskraft an, die erst nach kleinen Entfernungen hin merklich wird und schnell anwächst (BORNsche Krystalltheorie).

66. Homöopolare Bindung in Gittern. Der heteropolaren Bindung von **65** steht die *Diamantbindung* gegenüber. Nicht in geometrischer Hinsicht, denn auch bei dieser Struktur (Abb. 101a) ist jedes Atom regelmäßig umgeben; dagegen ist die Bindung hier nicht heteropolar — infolge eines Elektronenübergangs von einem Atom auf das andere — sondern *homöopolar*: Durch

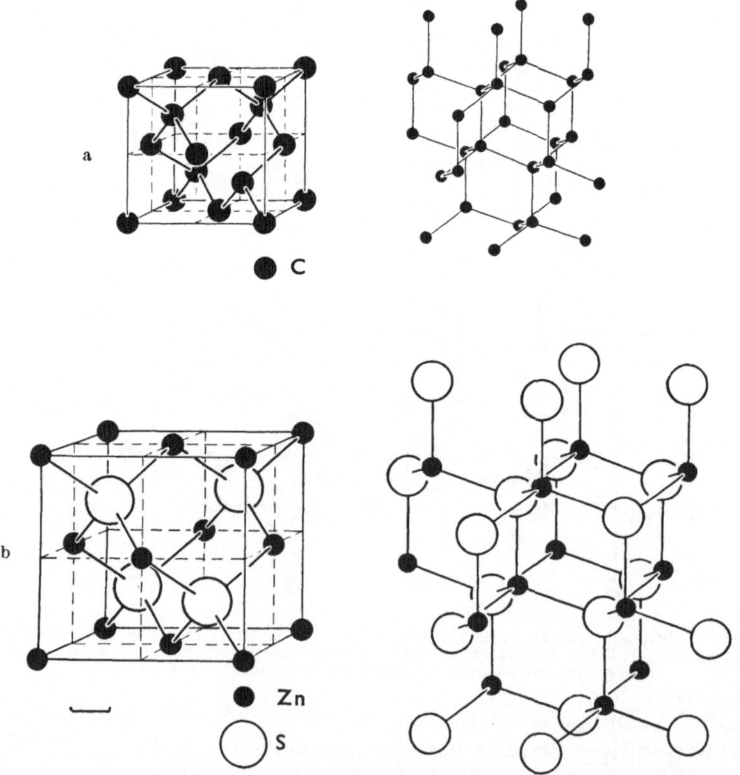

Abb. 101 a u. b. *Gitter mit Diamantbindung.* a Diamant, links Elementarzelle; rechts Aufstellung mit horizontalen Oktaederflächen. b Zinkblende, ZnS, links Elementarzelle; rechts Aufstellung mit horizontalen Oktaederflächen.

Elektronen, die den beiden Atomen gemeinsam sind[1]. Man sieht in der Abb. 101a die tetraedrische Umringung jedes C-Atoms, die VAN 'THOFF schon 1874 aus chemischen Erwägungen ableitete. Zinkblende ZnS (Abb. 101b) mit gänzlich analoger Krystallstruktur, ist auch im Bindungstypus dem Diamant verwandt[2]. Diese Struktur ist charakteristisch für die Elemente C, Si, Ge, Sn (graue Modifikation), das sind die Elemente des periodischen Systems mit vier Außenelektronen im Atom; man findet sie ferner auch bei einer Anzahl Verbindungen von Elementenpaaren, deren eines Glied im periodischen System ebenso viele Stellen vor einem der genannten Elemente steht wie das zweite dahinter, z. B. InSb, CdTe, AgJ (kubische Tieftemperaturmodifikation) oder GaAs, ZnSe, CuBr, aber auch eine der Modifikationen des MnS besitzt diese Struktur.

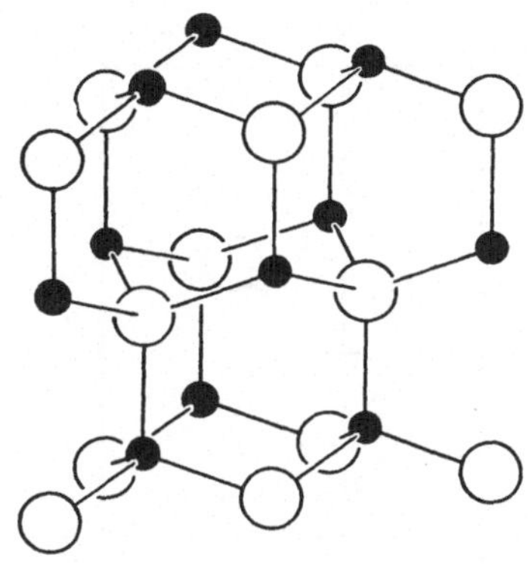

Abb. 102. Struktur des Wurtzit, ZnS.

Man findet vielerlei Übergänge zwischen den hetero- und homöopolaren Bindungen, je nachdem die Kationen die Valenzelektronen der sie umgebenden Atome mehr oder weniger an sich ziehen. Eine Zwischenstufe bilden die

67. Ionengitter mit Polarisation (Schichtenstrukturen). Bringt man ein hochgeladenes, kleines Kation in die Nähe eines Anions mit schwachgebundenen Außenelektronen, so deformieren sich im Felde des Kations die Bahnen dieser Elektronen und verschieben sich auf das Kation zu: Das Anion ist polarisiert.

Man müßte Arbeit leisten, um im Felde des Kations die Deformation wieder rückgängig zu machen; die Energie einer bestimmten Ionenkonfiguration ist somit durch die möglicherweise auftretende Ionenpolarisation verringert. Dieser Energiefaktor kann mitunter von Wichtigkeit sein bei der Frage, welcher Ionenkonfiguration die kleinste Energie zukommt. Die kleinste Energie kann also einem Strukturtypus zugehören, in dem die COULOMBsche Energie der Ladungen

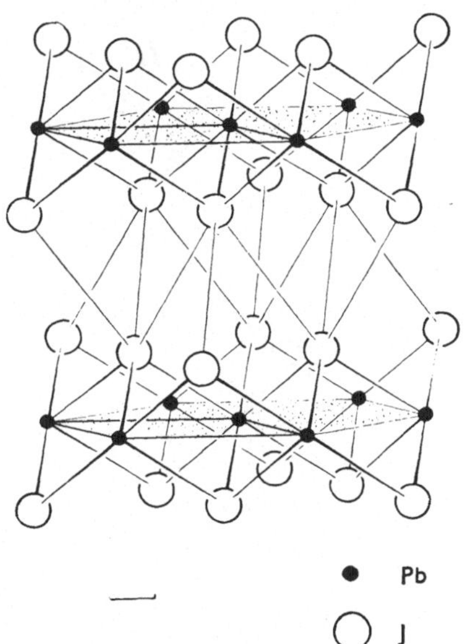

Abb. 103. *Schichtenstrukturen.* Struktur von PbJ₂.

---

[1] Bestimmte Details der Röntgenintensitäten beim Diamant widersprechen dem einfachen Bild der Abb. 101, wenn man den Atomen Kugelsymmetrie zuschreibt. Die 222-Reflexion, die nach diesem Bilde einen Strukturfaktor Null erhielte — gemäß der Translation $\frac{1}{4}\frac{1}{4}\frac{1}{4}$ — ist als schwach beobachtet worden. Die Anhäufung der Elektronen „zwischen" den Atomen tritt hier ans Licht.

[2] Eine zweite Modifikation des ZnS, der Wurtzit, unterscheidet sich lediglich in der gegenseitigen Orientierung seiner Tetraeder, wodurch die Struktur hexagonal wird (Abb. 102). Der Zusammenhang zwischen Blende- und Wurtzitgitter ist demjenigen zwischen kubischer und hexagonaler Kugelpackung **(69)** analog.

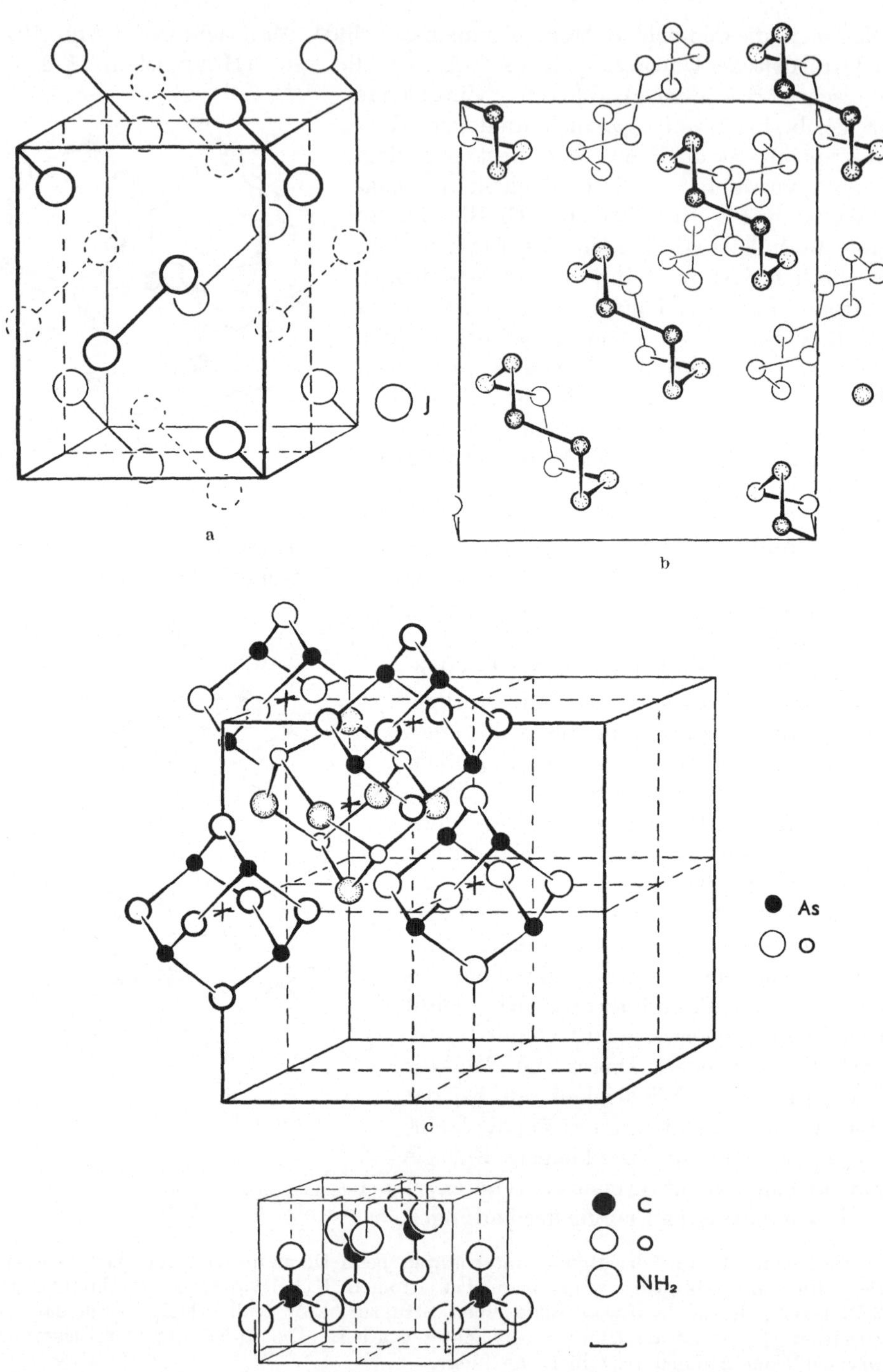

Abb. 104a bis d. *Molekülstrukturen.* a Elementarzelle des J_2. b Projektion der S_8-Moleküle in der Elementarzelle des rhombischen Schwefels auf (001). c Elementarzelle des As_2O_3. Moleküle As_4O_6 in der Diamantkonfiguration der Abb. 101 a. d Elementarzelle des Harnstoffs.

nicht die kleinstmögliche ist; nämlich im Falle, daß das Zuviel an COULOMB-scher Energie der betrachteten Konfiguration einem konkurrierenden Typus gegenüber überkompensiert wird durch stärkere Polarisierung. In einer reinen Koordinationsstruktur, wie derjenigen des NaCl oder des CaF_2 (Abb. 132a) ist die Feldstärke in jedem Atompunkt gleich Null; im Gegensatz zu diesem Strukturtyp sieht man in der Abb. 103 einen Typ, in dem das leicht polarisierbare Ion *asymmetrisch* umringt ist: Das sehr leicht polarisierbare J-Ion ist hier auf der einen Seite von Pb-Ionen, auf der anderen von J-Ionen umgeben; das Kation dagegen nur — und zwar oktaedrisch — von J-Ionen. Schichten der Zusammensetzung Anion-Kation-Anion reihen sich derart aneinander, daß zwei Anionschichten sich berühren[1]. Der geringe elektrostatische Zusammenhang bei diesem Anschluß erklärt die leichte Spaltbarkeit der sogenannten Schichtenstrukturen nach einer den Schichten parallelen Ebene; ebenfalls, daß die thermische Ausdehnung *in* der Schicht viel kleiner ist als senkrecht dazu.

68. Molekülgitter. In diese Klasse reihen wir die Strukturen ein, in denen sich abgesonderte Komplexe (Moleküle) vorfinden, aus denen nur wenige Kraftlinien austreten. Die innerlich stark gebundenen neutralen Atomgruppen werden von schwächeren VAN DER WAALSschen Kräften im Gitter zusammengehalten. Man findet diese Strukturen (Abb. 104) beim J_2, beim As_2O_3 mit Doppelmolekülen $(As_2O_3)_2$, beim Schwefel, wo ringförmige Moleküle S_8 auftreten[2]. Zum Schluß erwähnen wir die große Gruppe organischer Verbindungen, die ebenfalls Molekülgitter aufweisen (Abb. 104 d und Kap. 8).

Aus Eigenschaften wie niedrigem Schmelzpunkt, geringer Härte u. ä. ergibt sich, daß die Gitterbindung bei den Molekülgittern viel schwächer ist als in Gittern mit hetero- oder homöopolar gebundenen Bausteinen. Je weniger polar das Molekül ist, um so schwächer ist die gegenseitige Bindung der Moleküle im Gitter und um so niedriger der Schmelzpunkt — man vergleiche die Reihe Zucker-Glykole-Alkohole-Kohlenwasserstoffe —. Harnstoff mit dem starken Zusammenhang zwischen den CO- und NH_2-Gruppen benachbarter Moleküle hat trotz der Kleinheit des Moleküls einen hohen Schmelzpunkt und eine große Härte.

69. Metallgitter. Bei vielen Metallen liegen die Atome in einer Anordnung, die für Kugeln die dichteste Packung bildet. In eine Ebene gepackte Kugeln besetzen die Ecken eines Netzes mit dreieckigen Maschen, die Punkte (1) der Abb. 105. Im Falle einer dichtesten Raumpackung folgt auf diese erste eine zweite ebenso angeordnete Ebene, und zwar derart, daß ihre Kugeln in die Mulden der Kugeln (1) passen. Nun stehen für die Atome der zweiten Schicht die Stellen (2) oder (3) offen. Bildet die Abwechslung *zweier* Ebenenbelegungen (1), (2) oder (1), (3) die Periode — liegen somit die Kugeln der dritten Ebene

---

[1] In der Schichtenstruktur von Tl_2S (schwach deformiertes PbJ_2-Gitter) liegen dagegen die Kationen an der Außenseite von Tl—S—Tl-Schichten; die polare Umgebung des Tl-Ions — auf der einen Seite sind es S-Ionen, auf der anderen Tl-Ionen der folgenden Schicht — deutet auf große Polarisierbarkeit des Tl-Ions. Aus der starken Lichtbrechung der Thalliumsalze ist bekannt, daß tatsächlich Tl^+ eine für ein Kation außergewöhnlich hohe Polarisierbarkeit hat.

[2] Schreckt man geschmolzenen Schwefel durch Ausgießen in Wasser ab, dann ordnen sich, wie man vermutet, die Atomreihen nicht nach diesen Achtecken, sondern bilden ein Gewirr von Faserstücken. Diese Vorstellung gibt ein Bild von der anfänglichen Plastizität des so entstandenen Schwefels. Beim Dehnen ordnen sich die Ketten.

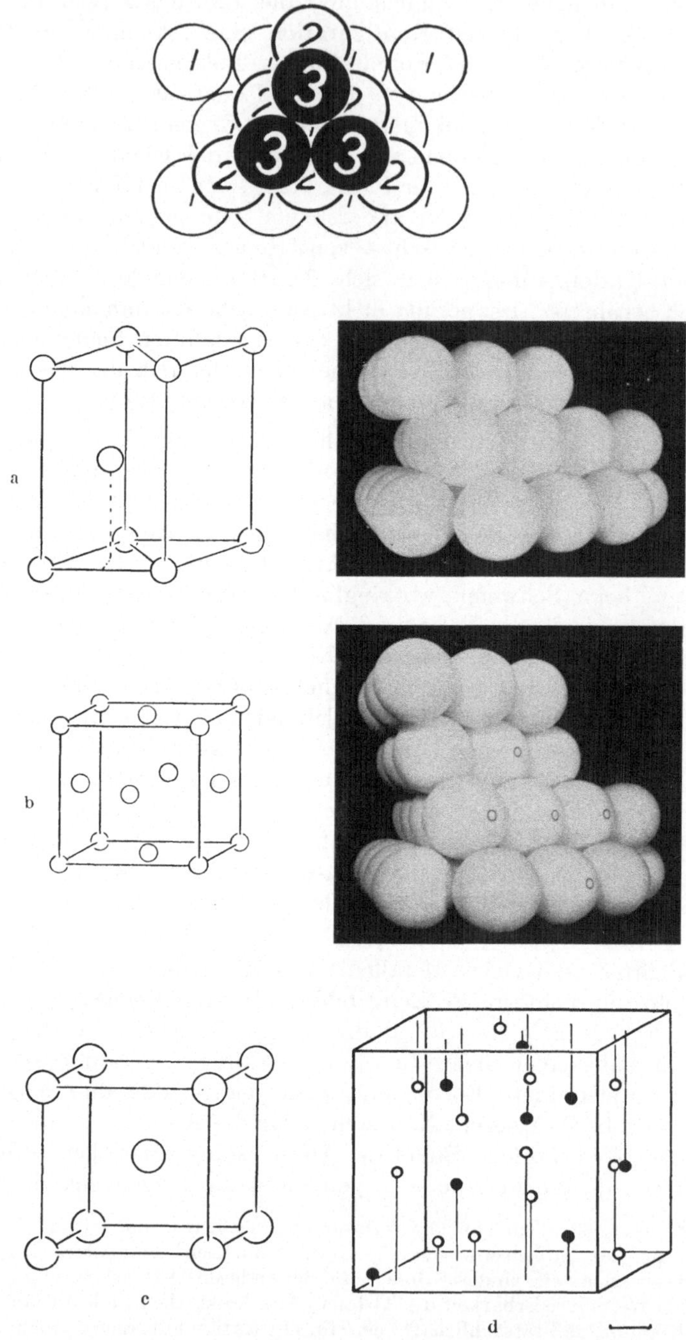

Abb. 105a bis d. *Metallstrukturen.* Oben Schichtenfolge in dichtester Kugelpackung. a links Elementarzelle der hexagonalen dichtesten Packung; rechts hexagonale dichteste Kugelpackung. Schichtenfolge 1—2—1. b links Elementarzelle der kubischen dichtesten Packung; rechts kubische dichteste Kugelpackung, Oktaederebene horizontal. Schichtenfolge 1—2—3—1. Die markierten Atome bilden die zentrierte Würfelebene. c Elementarzelle des innenzentrierten kubischen Netzes. d Elementarzelle von β-Mn. ○ zwölfzählige Lage: ● achtzählige Lage.

wiederum gerade über denjenigen der ersten — so hat die Packung hexagonale Symmetrie (Abb. 105a). Wird dagegen die Elementarperiode durch die *Drei-schichtenaufeinanderfolge* (1), (2), (3) gebildet, so daß die vierte Schicht wieder über (1) zu liegen kommt usw., so hat die Packung kubische Symmetrie (Abb. 105b), und zwar diejenige eines flächenzentrierten Würfels. Jedes Atom ist in diesen Packungen von zwölf anderen umgeben. In der kubischen dichtesten Packung krystallisieren u. a. Kupfer, Silber, Blei; in der hexagonalen Magnesium und Zink. In beiden Modifikationen treten u. a. Kobalt und Thallium auf.

Weiter findet man noch unter den Metallen das innenzentrierte kubische Gitter der Abb. 105c. In diesem Gitter krystallisieren u. a. die Alkalimetalle und Wolfram. Eine kleine Anzahl von Metallen (Modifikationen des Mn) und viele intermetallische Verbindungen krystallisieren in verwickelten Strukturen, wovon Abb. 105d ein Beispiel gibt.

Die Valenzelektronen gehören in einem Metallgitter weder zu einem Atom — wie bei den Ionengittern — noch zu Atompaaren — wie bei den Gittern mit homöopolarer Bindung —, sondern sie gehören dem *ganzen Krystallgitter* an.

Am engsten hängen damit u. a. das große Elektronenleitvermögen und die Undurchsichtigkeit der Metalle zusammen. Die fundamentale Rolle der Elektronen im Gitterbau tritt deutlich hervor in der Tatsache, daß bei den Legierungen ein enger Zusammenhang besteht zwischen dem Strukturtyp und der Elektronenzahl (84).

70. Zwischenformen. Abb. 106 stellt die Graphitstruktur dar, ein Schichtengitter von anderem Bindungstyp als die in **67** behandelten. Auch hier folgen innerlich stark gebundene Schichten einander in großen Abständen und sind durch schwache Kräfte unter sich gebunden. Man muß sich hier vorstellen, daß drei der Valenzelektronen des Kohlenstoffs zu den drei homöopolaren Bindungen innerhalb der Schichten beitragen, während der Zustand des vierten Elektrons,

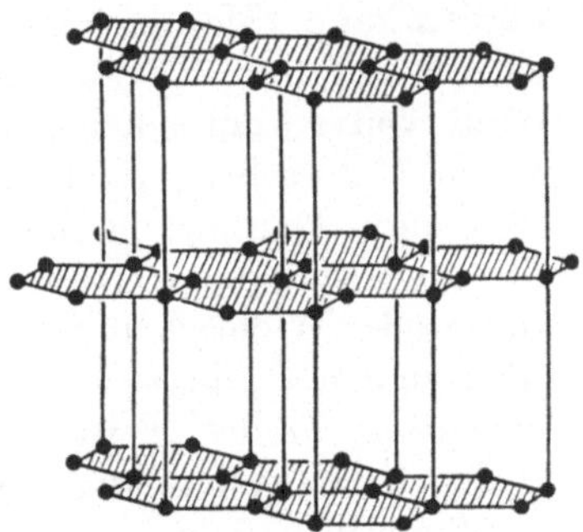

Abb. 106. Graphitstruktur.

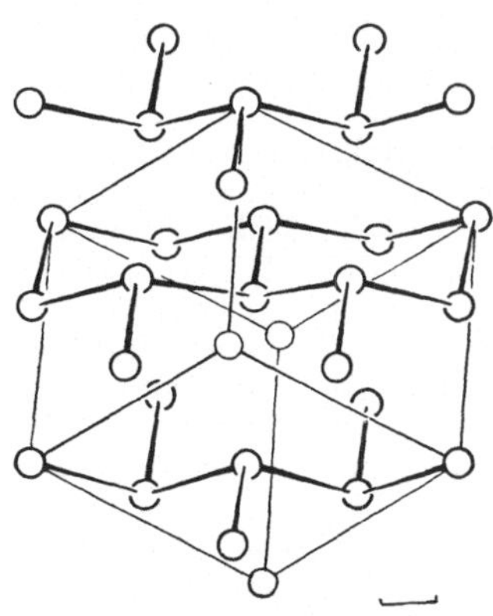

Abb. 107. Struktur von Sb.

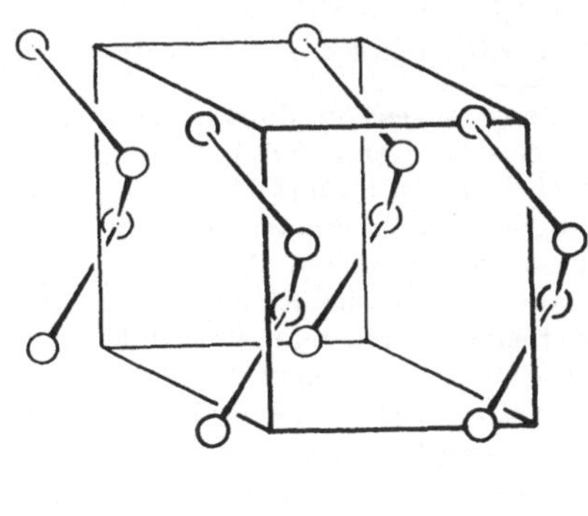

Abb. 108. Struktur von Te.

das die schwache Bindung zwischen den Schichten vermittelt, besser mit dem Zustand der Valenzelektronen in *Metallen* zu vergleichen ist. Das gleichzeitige

Auftreten dieser verschiedenen Bindungsarten verleiht dem Graphit eine Sonderstellung unter den chemischen Elementen: Es erklärt einerseits u. a. das große Leitvermögen für Wärme und Elektrizität, andererseits die geringe chemische Angreifbarkeit und die geringe Flüchtigkeit. Man könnte also Graphit als ein Metall mit riesigen plattenförmigen Ionen bezeichnen.

Ähnlich verhalten sich die metallischen Modifikationen des As, des Sb und des Bi, in denen ebenfalls jedes Atom zu einigen seiner direkten Nachbarn enger gebunden ist, und zwar zu dreien derselben unter Bildung von Schichten (Abb. 107). Eine gleichartige engere homöopolare Bindung mit nur *zwei* Nachbarn — Kettenbildung — findet man, wie die Abb. 108 zeigt, unter den Elementen beim Se und Te[1].

B. Ionen- (Atom-) Abstände.

71. Abstände in Ionenkoordinationsgittern. Es zeigt sich, daß man alle Ionengitter von **65** in erster Näherung beschreiben kann als eine Packung sich berührender Kugeln, in der jedem Ion ein konstanter Radius zugeteilt werden kann. Man entnimmt nämlich aus nebenstehender Tabelle, daß in den Gittern AX und BX die Abstände $A—X$ und $B—X$ sich unabhängig von der Wahl von X um einem konstanten Betrag unterscheiden: Dies ermöglicht, diesen Unterschied als Radiusdifferenz der Ionen A und B zu deuten, und zwar unter Einführung eines — angenähert — konstanten Ionenradius. Dieser Umstand, daß man einem Ion eine feste Raumfüllung zuerkennen kann, ist von großer Wichtigkeit für die Kontrolle oder Hilfe bei Strukturbestimmungen (**47**); zudem ergibt sich das Verhältnis der Ionengrößen als von fundamentaler Bedeutung in der Krystallchemie, nämlich für die Wahl des Strukturtypus, in dem eine Verbindung krystallisiert.

Wir wollen daher auf die Bestimmung dieser Ionenradien etwas näher eingehen. Es muß nämlich noch erörtert werden, wie man bei der Bestimmung der Ionenradien den gemessenen Abstand zwischen zwei Ionen in zwei gesonderte „Ionenradien" zerlegt. Bei den gemessenen Abständen zwischen positiven und negativen Ionen scheint es ja vollkommen gleichgültig, ob wir uns die Ionenradien aller negativen Ionen um einen gewissen Betrag $\varDelta$ vergrößert und zu gleicher Zeit dieselben aller positiven Ionen um den gleichen Betrag verringert vorstellen.

---

[1] Es ist angesichts des Zusammenhangs zwischen Krystallstruktur und Elektronenbau des Atoms anregend, miteinander zu vergleichen: Die Halogene der 7. Spalte des periodischen Systems, Se und Te der 6., As und Bi der 5. und schließlich die in der Diamantstruktur krystallisierenden Elemente der 4. Im Molekülgitter der Halogene hat jedes Atom einen einzigen nächsten Nachbar, in der Kettenstruktur des Se und des Te zwei, in der Schichtenstruktur des As und des Bi drei, in der Diamantstruktur vier. Die dadurch für diese Elemente offenbar werdende Gesetzmäßigkeit, nämlich n nächste Nachbarn im Krystall zu einem Element der $(8-n)$-ten Spalte des periodischen Systems (HUME-ROTHERYsche Regel), erklärt sich durch die Oktett-Theorie: Ein Atom mit $8-n$ Außenelektronen kann in seiner äußeren Schale die stabile Edelgas- (Oktett-) Konfiguration annehmen, indem es mit einer Anzahl von Nachbarn Elektronen gemeinsam nimmt (Bindungen eingeht). Man denke sich eine einfache Bindung entstanden, wenn zwei Elektronen — je eines der beiden gebundenen Atome — ein Bindungspaar bilden. Verbindet sich ein Atom mit n anderen, so bringt dies n neue Elektronen in die äußere Schale des Atoms: Ein Atom mit $8-n$ Außenelektronen braucht n Nachbarn zum Komplettieren seiner Außenschale. Das Anstreben der Bildung einer Edelgaskonfiguration äußert sich in dieser Weise in der Koordination der Krystallstruktur.

Tabelle.

	Li		Na		K		Rb
F	2,01	0,30	2,31	0,35	2,66	0,16	2,82
	0,56		0,50		0,48		0,47
Cl	2,57	0,24	2,81	0,33	3,14	0,15	3,29
	0,18		0,16		0,15		0,14
Br	2,75	0,22	2,97	0,32	3,29	0,14	3,43
	0,25		0,26		0,24		0,23
J	3,00	0,23	3,23	0,30	3,53	0,13	3,66

Die nicht unterstrichenen Zahlen geben die Zellenkanten der Alkalihalogenide vom NaCl-Typ an. Beim Übergang auf ein anderes Kation oder Anion, wobei das andere Ion unverändert bleibt, ändert sich die Zellenkante mit einem von der Wahl dieses letzten Ions unabhängigen Wert (unterstrichene Zahlen).

a) Man kann diese Überlegung aber nicht ungestraft zu weit führen, bei gewissen Strukturen würden die vergrößerten Ionen im Raume sich zu behindern anfangen. Es gibt nun eine Anzahl von Verbindungen — z. B. LiJ, MgS, BeO usw. —, bei denen Gründe zur Voraussetzung bestehen, daß die negativen Ionen, zwischen denen die positiven eingefaßt liegen, unmittelbar aneinander stoßen. Bei diesen Verbindungen ergibt dann aber der halbe Abstand zwischen Nachbarionen den Radius des Ions. Man vergleiche z. B. die halben Zellkanten der nachfolgenden Strukturen des NaCl-Typus (V. M. GOLDSCHMIDT):

(1)   MgO . . . 2,10 Å   MnO . . . 2,24 Å
(2)   MgS . . . 2,60 Å   MnS . . . 2,59 Å

Die Zeile (1) ergibt, daß Mn^{++} einen um 0,14 Å größeren Radius hat als Mg^{++}. In (2) zeigt sich ein solches Inkrement nicht; hier diktieren die S-Ionen allein die Zellenabmessungen, woraus sich folgern läßt, daß diese Ionen aneinander stoßen. Der Abstand benachbarter S-Ionen — Ecke bis Flächenmitte (Abb. 100b) — ergibt sich zu $2,60 \cdot \sqrt{2} = 3,67$ Å; somit beträgt der Radius des S-Ions 1,83 Å.

Ein zweites Beispiel: Bei den Oxyden BeO, Al_2O_3, $BeAl_2O_4$, deren Strukturen eine dichte Sauerstoffpackung zugrunde liegt, ergibt sich das Verhältnis der Molekularvolumina 8,55, 25,9 bzw. 34,4 zu 1 : 3 : 4, d. h. gleich dem Verhältnis der Anzahl von Sauerstoffionen in den Molekülen, unabhängig von den mitanwesenden Kationen. Diese kleinen Kationen treiben somit die Kugeln der Sauerstoffpackung nicht auseinander. Nun ergibt eine dichteste Packung von N Ionen mit dem Radius r ein Ionenvolumen[1] $4Nr^3\sqrt{2}$. Setzt man diesen Ausdruck dem gemessenen Ionenvolumen des Sauerstoffs in den genannten Verbindungen gleich ($8,6$ cm^3; $N = 0,603 \cdot 10^{24}$) so ergibt sich der Radius des Sauerstoffions zu $r = 1,36$ Å, während die Abb. 109 als besten Wert 1,33 Å angibt.

Geht man nun von einem in dieser Weise bestimmten Ionenradius aus, so verläuft die Zerlegung aller gemessenen Summenwerte von selbst.

b) Eine andersartige Erwägung, die z. B. im Falle des KCl zur Zerlegung des gemessenen Abstands K—Cl führt, ist folgende: Beide Ionen haben die

---

[1] Man denke z. B. an die kubische Packung. Flächendiagonale $4r$, Würfelkante $2r\sqrt{2}$, Volumen $(2r\sqrt{2})^3$. Für N Ionen oder $N/4$-Zellen: Volumen $\dfrac{N}{4}(2r\sqrt{2})^3$.

gleiche Elektronenzahl (18) und den gleichen Bau der Elektronensphäre. Nur wird diese beim K-Ion wegen der größeren Kernladung stärker komprimiert ein als beim Cl-Ion (Atomnummer K 19, Cl 17); man hat somit den Radius

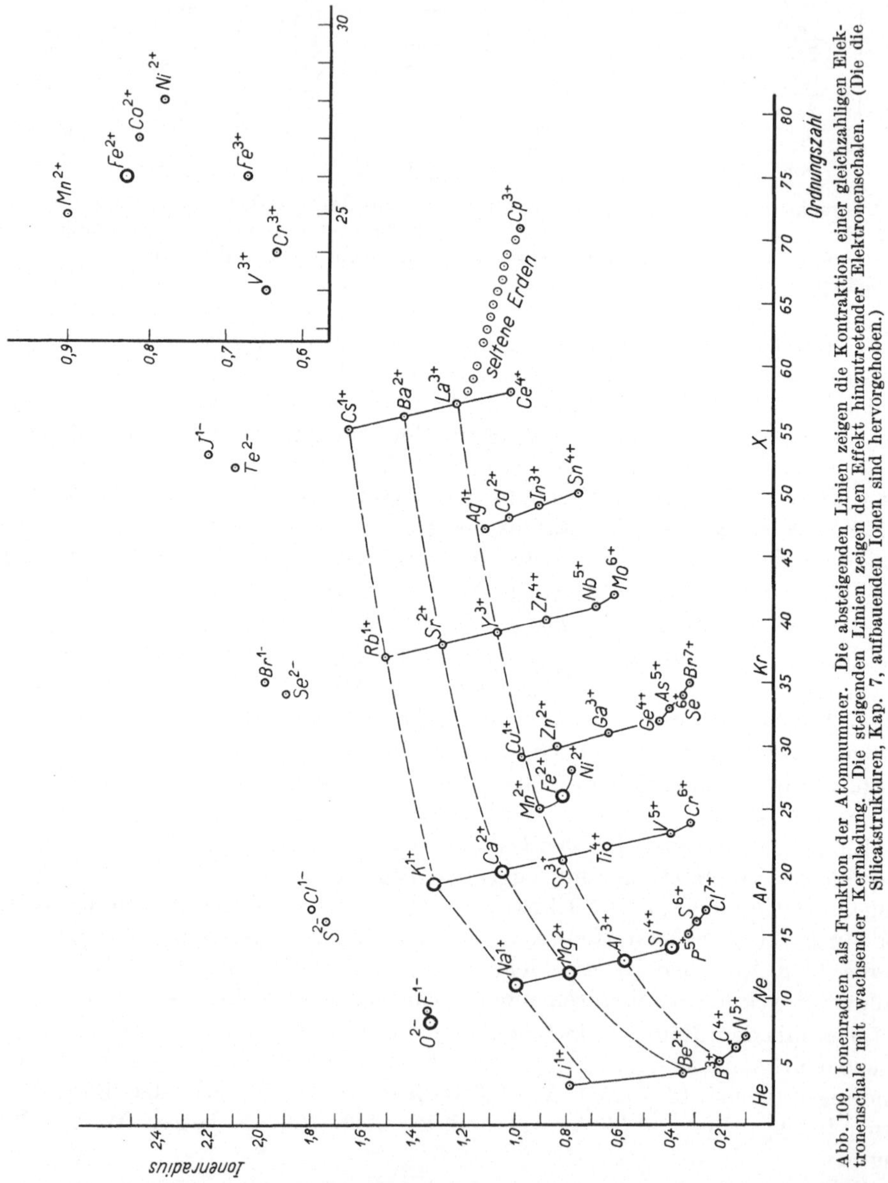

Abb. 109. Ionenradien als Funktion der Atomnummer. Die absteigenden Linien zeigen die Kontraktion einer gleichzahligen Elektronenschale mit wachsender Kernladung. Die steigenden Linien zeigen den Effekt hinzutretender Elektronenschalen. (Die die Silicatstrukturen, Kap. 7, aufbauenden Ionen sind hervorgehoben.)

des K-Ions kleiner zu wählen als den des Chlors. Man könnte noch die Vergleichsreihe auf Ca^{++}, K^+, Cl^- ausdehnen. Die zu bestimmende Größe Δ, die das Niveau der Kationenradien gegenüber dem der Anionen festlegt, kann dann aus der Bedingung entnommen werden, daß in der genannten Reihe die Ionengröße sich regelmäßig mit der Kernladung ändern soll.

In der Abb. 109 sind die Ionenradien als Funktion der Atomnummer aufgetragen.

Auch wenn man bei den reinen Koordinationsgittern der Gruppe der Abb. 100 bleibt, bei denen also jedes Ion regelmäßig von entgegengesetzt geladenen Ionen umgeben ist, findet man noch Abweichungen von der Konstanz der Ionenradien; diese betragen aber nur wenige Prozente und sind zu berechnen (Einfluß der Wertigkeit und der Anzahl der umgebenden Ionen, s. u.).

Man hat die Ionenradien auch völlig theoretisch berechnet. Man kann für die Wirkung in großer Entfernung die Ionen als Punktladungen betrachten; entgegengesetzt geladene Ionen ziehen sich an. Dagegen äußert sich die Struktur des Ions — positiver Kern mit negativer Elektronenwolke — in kleinen Entfernungen: Fangen bei der Annäherung die Elektronensphären an, sich zu durchdringen, so geht die Anziehung in eine Abstoßung über. Die Entfernung, in der dies stattfindet — der Gleichgewichtsabstand — kann berechnet werden. Dieses Bild der sich durchdringenden Ladungssysteme ergibt bei einer Kombination hochwertiger Ionen — starke Anziehung — eine etwas dichtere Annäherung, als zu erwarten wäre aus Verbindungen, in denen die bezüglichen Ionen an Partner niedriger Valenz gekoppelt sind (Ionenkugeln zusammendrückbar). Weiter berechnet sich eine Vergrößerung des Gleichgewichtsabstandes, je nachdem die Ionen im Gitter von einer größeren Anzahl von Ionen umgeben sind; mit der Zahl der Berührungsstellen wird ja die Anzahl der Beiträge zu der Abstoßungsenergie zunehmen, somit auch ihr Einfluß. Man findet sehr gute Übereinstimmung mit dem experimentellen Befund, wenn man diesen Einfluß der Valenz und der Umringungs- (Koordinations-) Zahl auf die Ionenabstände für Ionen mit Edelgaskonfiguration berechnet.

72. Abstände in Schichtenstrukturen. In den Schichtenstrukturen der Abb. 103 verliert die Elektronensphäre des polar umgebenen Ions im elektrischen Felde, wie wir erörterten, in hohem Maße ihren kugelsymmetrischen Charakter. Das Kation zieht die Elektronensphäre der angrenzenden Anionen an sich heran. Die Wechselwirkung zwischen den beiden Ionen kann hier nicht mehr beschrieben werden mit Hilfe einer einfachen „Überlappung" der kugelsymmetrischen Ionensphären; das Eindringen des Kations in die deformierte Sphäre des Anions setzt den Abstand Kation — Anion stark herab gegenüber den „normalen" Werten, wie man diese für die betreffenden Ionen in Koordinationsstrukturen erwarten sollte. Dagegen zeigt es sich, daß merkwürdigerweise der Abstand zwischen aneinanderstoßenden Halogenionen in Schichtenstrukturen, wie denjenigen der Abb. 103, dem doppelten Ionenradius ungefähr gleich bleibt.

Die Abb. 110 gibt eine graphische Darstellung der Polarisierbarkeit der verschiedenen Ionen. Unter Polarisierbarkeit versteht man den Proportionalitätsfaktor α zwischen dem vom elektrischen Feld im Ion induzierten Moment p des Dipols und der Feldstärke E[1]:

$$p = \alpha E.$$

Man entnimmt der Abb. 110, daß die großen negativen Ionen am stärksten pola-

---

[1] Man kann die Polarisierbarkeit u. a. bestimmen aus der Ionenrefraktion, die ebenfalls von der Festigkeit der Bindung der Valenzelektronen — stärkerer oder schwächerer Mitschwingung — abhängt.

risierbar sind; dies entspricht der Erwartung, da diese Ionen die am schwächsten gebundenen und daher am leichtesten verschiebbaren Außenelektronen haben.

Einige zutreffende Beispiele dessen, was man auf Grund der Ionengrößen und Polarisierbarkeiten über die Ionenanordnungen erklären und vorhersagen kann, findet man im Kap. 7.

73. Atomabstände beim Zinkblendetyp.

Bei den Koordinationsgittern des Diamant- oder Zinkblendetyps besteht eine bemerkenswerte Regelmäßigkeit der Abstände bei den verschiedenen Vertretern dieses Typs, die von ganz anderem Charakter ist, als bei den Ionengittern.

Wie wir erwähnten, findet man diese Struktur bei den Elementen der vierten Spalte des periodischen Systems und bei den Verbindungen eines Elements aus einer niedrigeren Spalte mit einem aus der entsprechend höheren Spalte. Es ergibt sich nun, daß unter diesen Verbindungen diejenigen mit gleicher Gesamtzahl der Elektronen die gleiche Zellabmessung und somit den gleichen *Atomabstand* haben (s. folgende Tabelle).

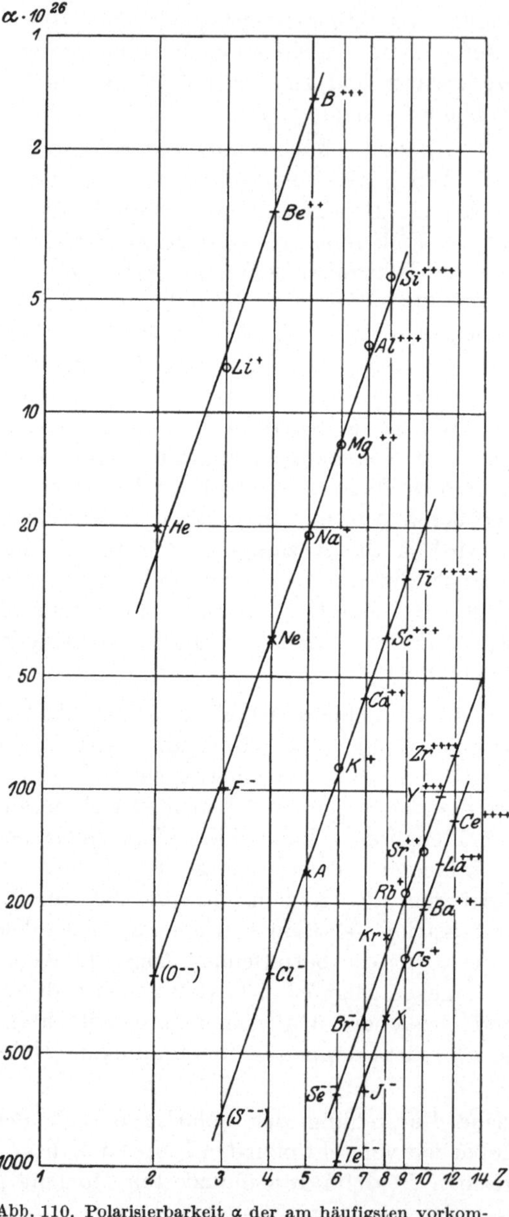

Abb. 110. Polarisierbarkeit α der am häufigsten vorkommenden Ionen als Funktion der effektiven Kernladung Z. [M. BORN u. W. HEISENBERG: Z. Physik **23**, 402 (1924).]

Tabelle.
(Nach V. M. GOLDSCHMIDT.)

Verbindung	Zellenkante Å	Atomabstand Å
Sn	6,46	2,79
InSb	6,45	2,79
CdTe	6,44	2,79
AgJ	6,49	2,81
Ge	5,62	2,43
GaAs	5,63	2,43
ZnSe	5,65	2,44
CuBr	5,68	2,45

Das deutet auf eine ganz andere Bindungsart in diesen Gittern als in den Ionengittern, wo z. B. der Übergang NaF → MgO — Steinsalztyp — die Zellabmessung von 4,62 auf 4,20 Å herabsetzt.

74. Atomabstände in metallischen Systemen. Bei den einfach gebauten Metallgittern der Abb. 105a, b, c ist jedes Atom von seinen Nachbarn gleich weit entfernt; man kann hier ohne weiteres die Hälfte dieses Abstandes als „Atomradius" deuten. Diese Radien sind viel größer als diejenigen der betreffenden Kationen, z. B. beträgt $\varrho_{Mg} = 1{,}60$ Å, $\varrho_{Mg^{++}} = 0{,}78$ Å[1]; man findet dieselben Werte bei den intermetallischen Verbindungen. Weiter auch bei den Hydriden, Boriden, Nitriden und Carbiden mit metallischem Charakter, in welchen Verbindungen die kleinen Metalloidatome öfters die Zwischenräume der genannten einfachen Metallgitter besetzen („Einlagerungsstruktur").

C. Physikalische Eigenschaften und Strukturmodell.

75. Spaltbarkeit. Wir geben zuerst einige Beispiele, bei denen eine besonders ausgesprochene Anisotropie im Zusammenhang besteht: Die äußerst leichte Spaltbarkeit des Graphits nach der Basisebene ist ohne weiteres aus der Krystallstruktur (Abb. 106) abzulesen. Alle Krystalle mit ausgesprochener *Blattspaltung* zeigen in ihrer Atomkonfiguration den geringen Zusammenhang senkrecht zu der Spaltungsebene. Andere Beispiele: Die Schichtenstrukturen der Ionengitter der Abb. 103; die Glimmer, bei denen größere niedriggeladene Kationen oder sogar Wassermoleküle, stark gebaute Netzebenen zusammenhalten (Abb. 143); die Fettsäuren und Paraffine mit schichtenweise gepackten Molekülen, deren CH_3-Endgruppen eine schwache Bindung vermitteln (Abb. 156).

In analoger Weise erkennt man auch die *Faserspaltung* aus der Struktur; es ergibt sich, daß in der Faserrichtung immer Reihen von unter sich stark gebundenen Atomen liegen, während die Atomanordnung ebenfalls zeigt, daß die Bindung zwischen den einzelnen Fasern viel schwächer ist. Beispielen dieser Art werden wir u. a. bei den Strukturen der asbestartigen Minerale (92) und der Cellulose (Abb. 168) begegnen.

Wo somit stark gebaute Gruppen (Blätter, Fasern) die Spaltbarkeit diktieren, lesen wir diese aus dem Modell ab. Man könnte nun des weiteren erwarten, daß auch für einfache Koordinationsgitter der NaCl-, CsCl-, Diamant- usw. Typen, die Spaltungsrichtungen vorherzusagen wären. Tatsächlich gelingt dies bequem beim Diamant, wobei man sich auf die Bindung jedes Atoms mit seinen unmittelbaren vier Nachbarn beschränken darf. Die Oktaederebene durchschneidet die kleinste Anzahl dieser Bindungen — eine der vier — (Abb. 111) und ist in der Tat Spaltebene.

Abb. 111. Zerreißen der Tetraederbindungen im Diamant bei der Oktaederspaltung.

Geht man nun aber zur Zinkblende über, so findet man Spaltung nach der Rhombendodekaederebene, während doch die Atomkonfiguration — der Auf-

---

[1] In analoger Weise sind umgekehrt die Radien der negativen Ionen viel größer als der halbe Abstand zweier solcher Teilchen in atomarer Bindung. Zum Beispiel ist der S—S-Abstand in gasförmigem S_2 1,81 Å (spektroskopisch bestimmt), also ungefähr *einem* Ionenradius, für welchen wir oben 1,83 Å fanden, gleich; im Pyrit FeS_2, in dem Fe und S_2-Komplexe sich in NaCl-Packung abwechseln, beträgt der S—S-Abstand 2,08 Å; auch beim MoS_2, einer Schichtenstruktur, zeigt die Anordnung der S-Atome um das Mo-Atom (prismatische statt oktaedrische Umringung), daß eine Kraftwirkung zwischen den Teilchen wie bei geladenen Kugeln zur Beschreibung der Struktur nicht ausreicht: das nicht rein ionogene Verhalten ergibt sich aus dem noch merklich zu kleinen S—S-Abstand von 2,98 Å.

bau aus tetraedrisch gebundenen Teilchen — die gleiche ist; die Oktaederebenen sind hier jedoch wechselweise mit Zn- bzw. S-Atomen belegt. Wenn man sich hier auch sicher außerhalb des Bereichs der Ionengitter befindet, so ist doch das Fehlen der Spaltung wahrscheinlich einer positiven Ladung der Zn- und einer negativen der S-Teilchen zuzuschreiben.

Waren wir hier also schon genötigt, die Wechselwirkung zwischen nicht direkt aneinander gebundenen Zn- und S-Atomen angrenzender Netzebenen mit in Betracht zu ziehen, so wird man sich bei den Ionengittern noch viel weniger auf die Bindungen mit den unmittelbaren Nachbarionen beschränken können. Versuche einer allgemeinen Voraussage der Spaltung auf Grund der elektrostatischen Wirkung zwischen den Ionen haben noch nicht zu einem befriedigenden Ergebnis geführt.

Dennoch kann man öfters sagen, daß diejenigen Ebenen als Spaltungsebenen auftreten, die den größten Netzebenenabstand, somit auch die größte Belegungsdichte haben; oder aber — was in vielen Fällen damit zusammenhängt — diejenigen Ebenen, *innerhalb* deren die größte Anzahl von Bindungen zwischen direkten Nachbarn liegt. Beispiel: Im Steinsalz hat die Spaltebene (100) den größten Netzebenenabstand, sie enthält auch die meisten Na—Cl-Bindungen — vier von den sechs bestehenden. Die bekannte rhomboedrische Spaltung des Calcits ist derjenigen des NaCl gänzlich analog. Jedoch spalten Krystalle des CsCl-Typus nach der Würfelebene, obgleich die Rhombendodekaederebene einen $\sqrt{2}$-mal größeren Netzebenenabstand hat.

76. Gleitung. Die Formänderung, welche die Krystalle unter dem Einfluß äußerer Kräfte erleiden, ist die Folge des Abgleitens bestimmter Netzebenen.

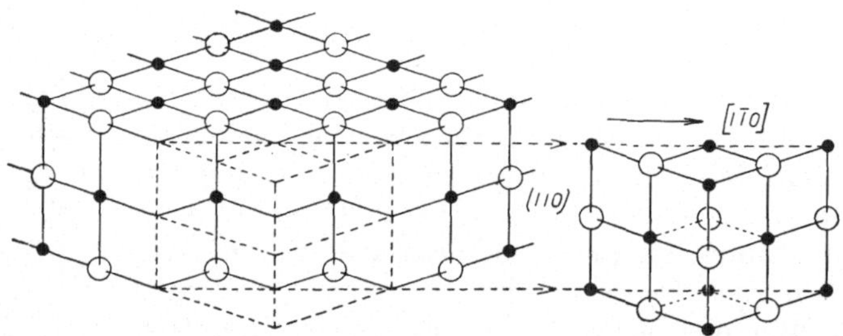

Abb. 112. Steinsalzgitter, in dem ein Teil längs der (110)-Ebene in der Richtung [1̄10] abgeglitten ist.

So beruht die Deformation des Steinsalzes, das besonders unter Wasser merklich verformt und gebogen werden kann, auf einer Gleitung der Rhombendodekaederflächen (110) in der Richtung der Gittergeraden [1̄10]. Das Modell der Abb. 112 zeigt, daß dabei Ionenreihen, deren jede mit einer Ionengattung belegt ist, aneinander abgleiten. Man sieht ein, daß die Energie der Zwischenzustände, die jedesmal bei gegenseitiger Verschiebung der Krystallhälften über eine Elementarperiode passiert werden, bei dieser Sachlage am geringsten, somit die Gleitung am leichtesten sein wird. — Demgegenüber denke man sich eine Verschiebung längs der Würfelkante der NaCl-Struktur: Jedesmal würde eine Lage passiert werden, in welcher positive Ionen positiven, negative negativen gegenüberständen; die Folge wäre Spaltung, nicht Gleitung.

Die Plastizität vieler Substanzen (Paraffine [Abb. 155], Graphit [Abb. 106], Quecksilberbromid [Abb. 136b], Talk [Abb. 143]) ist auf Grund der schwachen Gitterkräfte, die einer Gleitung wenig Widerstand leisten, verständlich.

Auffallend ist auch die Deformierbarkeit der Metalle, eine Folge des eigentümlichen Zusammenhangs ihrer Atome (im Elektronengas eingebettete Ionen). Dehnt man einen Zink-Einkrystall, so kann die Verlängerung drei- bis viermal der ursprünglichen Länge betragen. Dieser Vorgang ist mit einer deutlichen Streifung der Oberfläche (Abb. 113a) verknüpft, die die Lage der Gleitebene verrät: In diesem Falle findet Gleitung der (0001) - Ebene in Richtung einer digonalen Achse I. Art [11$\bar{2}$0] statt. Zink krystallisiert hexagonal in nahezu dichtester Packung; in dieser sind die Basisebene und

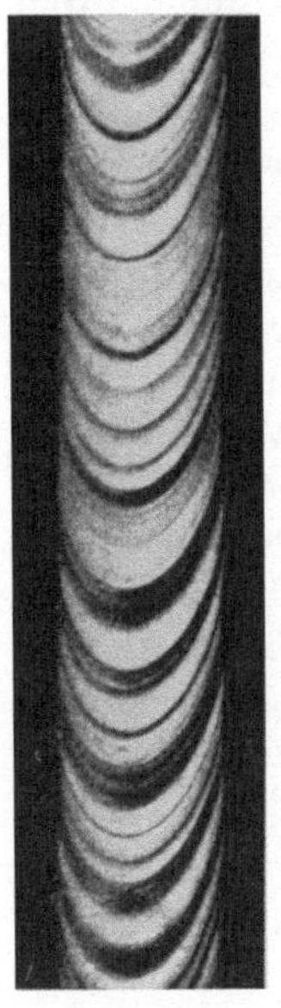
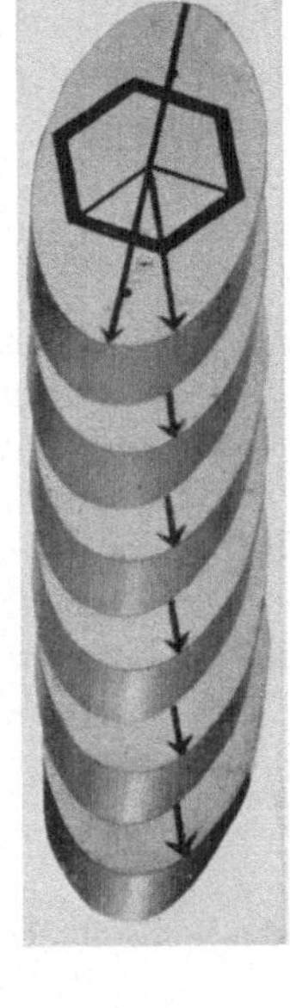

a
b

Abb. 113a bis e. a Beispiel eines gedehnten Einkrystalls. Man bemerkt auf der Oberfläche die Spuren der Flächen, längs denen die Gleitung vor sich ging. b Die Gleitung findet wie bei einem Paket dünner Blätter statt [H. MARK, M. POLANYI u. E. SCHMID: Z. Physik 12, 68 (1922)]. c Drehkrystallaufnahme eines Zinkeinkrystalls vor der Deformation. d Drehkrystallaufnahme desselben Krystalls nach Dehnung. e Nach Zwillingsbildung. [E. SCHMID u. G. WASSERMANN: Z. Physik. 48, 370 (1928).]

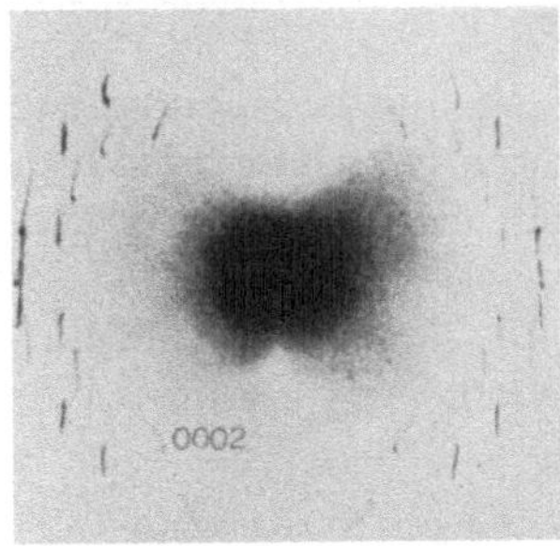
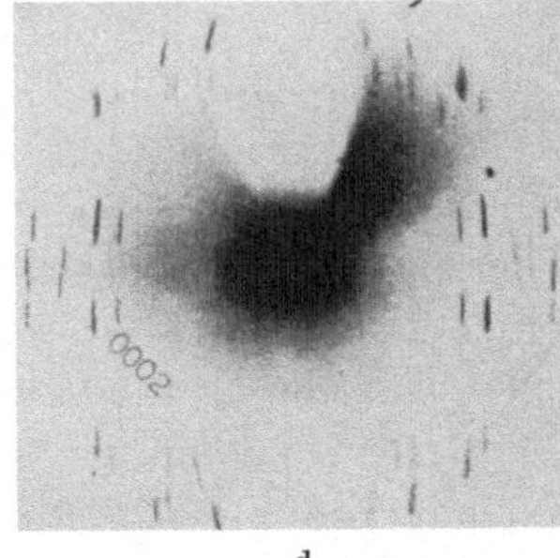
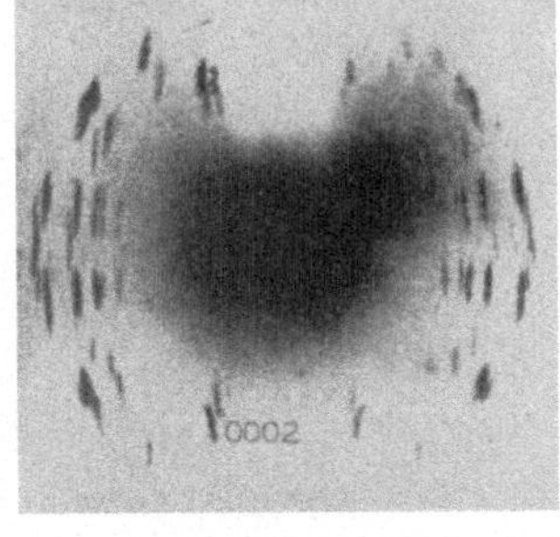

c
d
e

digonale Achse I. Art am dichtesten mit Atomen belegt: Somit zeigt sich, daß die Gleitung in der Richtung der am dichtesten belegten Gittergeraden stattfindet, während die Gleitfläche die am dichtesten belegte Gitterebene in dieser Richtung ist. Bei der Dehnung gleiten die bevorzugten Ebenen wie in einem Postkartenpaket übereinander (Abb. 113b). Zwei Atomschichten rücken dabei gegeneinander immer um eine ganze Anzahl von Gitterabständen vor, so daß ein Einkrystall, von Störungen (79) abgesehen, ein Einkrystall bleibt. Die Drehdiagramme um die Drahtachse vor und nach der Dehnung aufgenommen beweisen diese eigentümliche Tatsache in deutlichster Weise (Abb. 113c und d). Die Diagramme zeigen weiter die Änderung in der Orientierung des Krystalls in bezug auf die Drahtrichtung, die man aus der mechanischen Vorstellung der Abb. 113b abliest: Die Lage der Basisreflexionen 0002 verrät, daß die anfangs schräg zur Drahtachse stehende Basis sich während des Ziehens fast parallel zu dieser gestellt hat, wie es aus dem Gleitmechanismus der Abb. 113b hervorgeht. Wird noch weiter gezogen, so kann ein Teil des Krystalls in eine Zwillingsstellung umklappen, in der die Basisebene sich wieder schräg zur Drahtachse stellt (Abb. 113e); in der Zwillingslamelle kann dann aufs neue Abgleitung und dadurch weitere Dehnung erfolgen.

77. Härte. Man dürfte erwarten, daß die Härte eines Krystalls mit zunehmender Valenz und Packungsdichte der Teilchen wächst. Im allgemeinen trifft das auch sehr gut zu. Man vergleiche z. B. LiF und MgO, beide krystallisieren im NaCl-Gitter und haben ziemlich den gleichen Gitterabstand $a_{LiF} = 4,01$ Å; $a_{MgO} = 4,20$ Å: Die Ladungszunahme erhöht die Härte von 3,3 beim LiF (Bezeichnung nach der empirischen Härteskala von MOHS) auf 6,5 beim MgO. Andererseits zeigt sich der Einfluß des Abstandes in dem Vergleich von MgO mit BaO ($a_{BaO} = 5,52$ Å): Die Zunahme des Abstands verringert die Härte von 6,5 auf 3,3. Den erwähnten Ladungseinfluß erblickt man ebenfalls beim Vergleich der Verbindungen Li_2BeF_4 und Zn_2SiO_4, bei denen die Ionen im gleichen Muster geordnet und wiederum von fast gleicher Größe sind. Die Härte des Silicats beträgt 5,5, die Schwächung aller Bindungen bringt beim Fluoberyllat die Erniedrigung der Härte bis auf 3,8 mit sich.

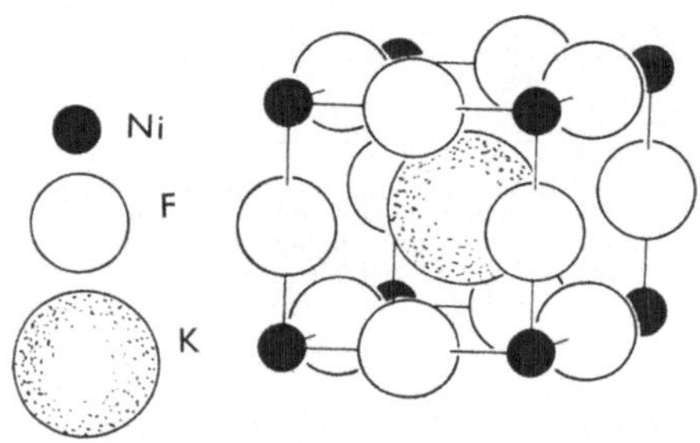

Abb. 114. Elementarzelle des $KNiF_3$.

Wieder ein anderer Strukturcharakter erklärt die Verschiedenheit der Härten des $KNiF_3$ und des $KNbO_3$. Man findet in deren Gittern (sogenannter Perowskit-Typ) einen sehr bemerkenswerten Bau, der in der Abb. 114 abgebildet ist: Durch den ganzen Krystall hindurch bilden Ni und F (bzw. Nb und O) ein zusammenhängendes Gerüst; in den Maschen dieses Netzes sind die Alkaliionen eingeschlossen (sogenanntes Wabengitter)[1]. Der Gitterzusammenhang ist nun fast ausschließlich durch die Bindungen *innerhalb* dieses „unendlich kondensierten Komplexions" bedingt: Die Härte des $KNiF_3$ ist 3,5, des $KNbO_3$ 4,5.

78. Doppelbrechung. Wie man die physikalischen Eigenschaften aus der Krystallstruktur ablesen kann, wollen wir an einem schönen Beispiel aus dem Gebiete der Krystalloptik noch etwas eingehender beschreiben: W. L. BRAGG hat zahlenmäßig die Doppelbrechung des Calcits aus der Krystallstruktur abgeleitet.

Der Brechungsindex wird, wie wir als bekannt voraussetzen, von der Polarisierbarkeit des Milieus bedingt, und wird also durch Art und Konzentration der Ionen bestimmt (Additivität der Atomrefraktionen). Diese Additivität gilt

---

[1] In der Struktur der Abb. 114 krystallisiert auch $Cs_2AgAuCl_6$, eine Verbindung, die als mikrochemischer Nachweis für Cs verwendet wird. Die Tripelnitrite [z.B. $K_2PbCu(NO_2)_6$], die ebenfalls in der Mikrochemie verwendet werden, bilden gleichfalls ein Wabengitter von etwas verwickelterem Bau. Die Vorstellung drängt sich auf, daß die Spezifität dieser Reaktionen mit dem vorgeschriebenen Raum zusammenhängt, den derartige Gitter dem einzufangenden Ion bieten.

streng nur in erster Instanz, soweit nämlich jedes Ion vom einfallenden Bündel polarisiert wird, wie wenn es frei im Raume wäre. Im Krystall wird nun dagegen die Bindungsstärke der Außenelektronen — demnach auch ihre Polarisation — von der im freien Ion etwas verschieden sein (Abweichung von der Additivität); außerdem ist diese Korrektion bei nichtkubischen Krystallen von der Feldrichtung abhängig (Doppelbrechung).

Wir wollen nun aus dem Krystallmodell des Calcits ablesen, daß ein zu der optischen Achse senkrechtes elektrisches Feld stärker polarisierend wirkt als ein zu dieser Achse paralleles. Weil die Sauerstoffionen im Calcit in Anzahl und Polarisierbarkeit (Abb. 110) stark vorherrschen, ist es in erster Näherung erlaubt, nur den gegenseitigen Einfluß der Sauerstoffteilchen zu betrachten und sich bei diesen noch auf die direkt benachbarten zu beschränken, d. h. auf diejenigen einer einzelnen CO_3-Gruppe.

Die drei Sauerstoffionen dieser Gruppe umgeben in einer zur trigonalen (optischen) Achse senkrechten Ebene ein Kohlenstoffatom. Werden die Sauerstoffionen, wie in der Abb. 115 a angedeutet, von einem zu dieser Ebene parallelen Felde polarisiert, so sehen wir, daß hier a und c einerseits, b andererseits, einander ungleichnamige Pole zuwenden. Die benachbarten Sauerstoffionen verstärken in diesem Falle wechselseitig ihre Polarisation. Mithin weisen die drei Sauerstoffteilchen bei einem zu ihrer Ebene[1] parallelen Felde ein größeres elektrisches Moment auf, als sie in einem gleich starken Felde erhalten würden, wenn sie sich nicht beeinflußten. — Für das Verhältnis dieser Momente berechnete BRAGG

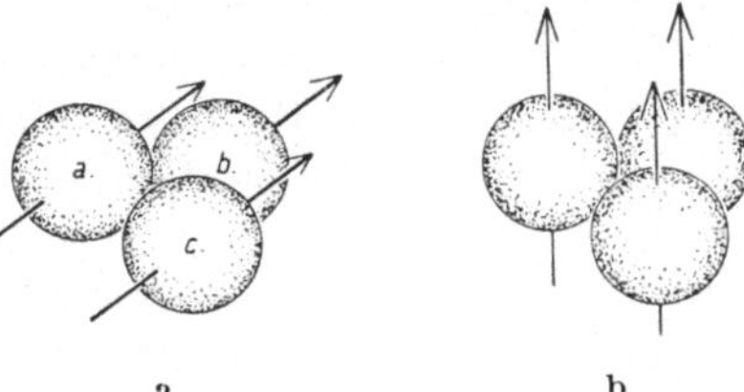

a   b

Abb. 115 a und b. Elektronenverschiebung in der CO_3-Gruppe des Calcits; Schwingung a innerhalb der Ebene, b senkrecht zu der Ebene der CO_3-Gruppe.

aus dem Abstand der Sauerstoffionen den Wert 1,17.— Die Fortpflanzungsgeschwindigkeit der zur Hauptachse senkrechten Schwingungen wird somit kleiner und der Brechungsindex größer sein als diejenige, die man aus den Atomrefraktionen folgern würde.

Wir betrachten sodann den Fall, daß das elektrische Feld senkrecht zu der Ebene der CO_3-Gruppe steht. In diesem Falle verringern die induzierten Momente sich wechselseitig (Abb. 115 b), und zwar berechnet man hier einen Faktor 0,815. Somit wird der Brechungsindex für die zur optischen Achse parallelen Schwingungen bei der Berücksichtigung dieses Einflusses kleiner berechnet als bei einfacher Addition der Atomrefraktionen. Die so erhaltene Übereinstimmung zwischen den berechneten Werten der Brechungsindices und den experimentellen war in dieser Näherung schon sehr gut (s. Tabelle).

	Berechnet	Beobachtet
n_ε	1,488	1,486
n_ω	1,631	1,658

$NaNO_3$ ist dem Calcit isomorph. Es hat stärkere Doppelbrechung, in guter Übereinstimmung mit der kleineren Abmessung des Sauerstoffdreiecks im Nitrat: Die Wechselwirkung der Dipole ist demzufolge stärker.

Wir wollen jetzt auch die Krystallstruktur und das optische Verhalten des Aragonits, der rhombischen Modifikation des $CaCO_3$, in diesen Vergleich ein-

---

[1] Eine Berechnung lehrt, daß das in der CO_3-Gruppe induzierte Moment vom Azimut der Feldrichtung unabhängig ist.

beziehen. Auch hier findet man CO_3-Gruppen in zu der c-Achse senkrechten Ebenen, und zwar von gleicher Abmessung wie beim Calcit. Betrachtet man, wie oben, lediglich die gegenseitige Einwirkung in einer einzelnen CO_3-Gruppe, so berechnet man auch hier ein optisch einachsiges Verhalten: Die Brechungsindices würden sich somit nur durch die Dichtedifferenz der beiden Modifikationen von denjenigen des Calcits unterscheiden. Das stimmt auch ungefähr. Tatsächlich ist aber der Aragonit nicht ein-, sondern zweiachsig mit *kleinem* Unterschied der Fortpflanzungsgeschwindigkeiten der in der Ebene der CO_3-Gruppe liegenden Schwingungen. Dieser Unterschied kann erst zutage kommen, wenn man der gegenseitigen Einwirkung mehrerer Gruppen Rechnung trägt, wodurch die Polarisation in der Ebene der CO_3-Gruppen nicht mehr von der Richtung des elektrischen Feldes in dieser Ebene unabhängig ist. Eine dahin angestellte Rechnung ergab aber noch nicht den richtigen Wert dieses Unterschieds.

Im übrigen ist in quantitativer Hinsicht die erhaltene Übereinstimmung auch bei Calcit besser, als bei der Grundlage der BRAGGschen Rechnung zu erwarten wäre. Ausgangspunkt war nämlich die Voraussetzung, daß lediglich die gegenseitige Einwirkung der Sauerstoffdipole die Abhängigkeit der Polarisierbarkeit von der Richtung veranlaßte. Nun ist aber das Sauerstoffion einer CO_3- Gruppe im Gitter sehr stark anisotrop gebunden, welcher Umstand es an sich schon mit sich bringt, daß ein äußeres Feld die Elektronen in verschiedenen Richtungen nicht gleichmäßig verschiebt. Es ergab sich, daß dieser Einfluß in anderen Fällen (u. a. beim Kalomel und beim TiO_2) unbedingt berücksichtigt werden sollte, damit die berechnete und die beobachtete Doppelbrechung gut übereinstimmen.

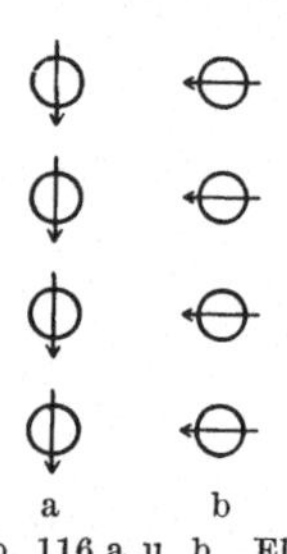

Abb. 116 a u. b. Elektronenverschiebung in einer Atomkette. a Bei der Schwingung in der Richtung der Kette; b Bei der Schwingung senkrecht zur Kette.

Rein qualitativ läßt der Gedankengang, dem wir beim Calcit folgten, für jede Schichtenstruktur erwarten, daß Licht, dessen Schwingungsrichtung senkrecht zu den Schichten steht, sich am schnellsten fortpflanzt; viel weniger (oder kein) Unterschied in der Fortpflanzungsgeschwindigkeit sollte bei den verschiedenen Schwingungen innerhalb der Schichtenebene bestehen. Bei einer derartigen Sachlage nennt man den Krystall negativ doppelbrechend. Tatsächlich findet sich nun bei Schichtenstrukturen (PbJ_2 [Abb. 134b], Glimmer [Abb. 139b]) vorwiegend negative Doppelbrechung. Ganz analog zeigt sich in einem Faserbau (Paraffin) die Schwingung in der Faserrichtung im Hinblick auf die Fortpflanzungsgeschwindigkeit manchmal am absonderlichsten und hier freilich am trägsten (Abb. 116): die Doppelbrechung ist dann positiv.

Sulfate bilden Gitter, in denen das SO_4-Ion tetraedrischen Bau hat. Bei einer derartigen, mehr kugelsymmetrischen Anordnung berechnet man nur einen geringen Unterschied in den Wechselwirkungen der Sauerstoffdipole für Schwingungen verschiedener Richtungen. Daraus erhellt, daß bei Sulfaten auf Grund ihrer Atomanordnungen nur schwache Doppelbrechung zu erwarten ist. Auch dieser Schluß stimmt mit dem Versuche überein. Gleiches Verhalten zeigen die Salze mit übereinstimmend gebauten Anionen: Phosphate, Chromate usw.

Organische Verbindungen sind oft stark doppelbrechend. Bei gestreckten Molekülen oder Ketten besteht eine ausgesprochene Neigung, im Gitter eine parallele Anordnung anzunehmen: Bei den normalen Paraffinen erwartet man demnach positive Doppelbrechung. Sind dabei aber stark polare Endgruppen vorhanden — Fettsäuren (Abb. 156) — so soll man ebenfalls die Anordnung dieser letzten betrachten: ihre Anhäufung in Ebenen verleiht der ganzen Struktur Schichtencharakter, so daß negative Doppelbrechung, sogar eine sehr starke, auftreten kann. Ebene Kohlenstoffringe — besonders die kondensierten — ordnen sich oft mehr oder weniger in Schichten. Zu solchen Strukturen gehört wiederum eine starke negative Doppelbrechung. In dem Maße, wie die Anzahl polarer Gruppen im Molekül zunimmt, verschwindet auch die anisotrope Anordnung der Moleküle im Krystallgitter und damit die starke Doppelbrechung (Rohrzucker).

79. Strukturempfindliche Eigenschaften. Für ein Ionengitter führte Born als Grundlage der Energieberechnung die Voraussetzung ein, daß sich die Kräfte zwischen den Ionen durch die elektrische Anziehung ihrer Ladungen und eine Abstoßungskraft, die sehr rasch mit der Entfernung abnimmt, annähernd darstellen lassen. (Wie rasch, darüber gibt am besten die Komprimierbarkeit Aufschluß.) Man hat auf Grund dieser Theorie beim NaCl-Krystall quantitativ den Verlauf der Dehnungskraft als Funktion der Dehnung berechnet, und man erhielt das Ergebnis, daß die Zerreißfestigkeit (die Belastung, bei der der Krystall zerreißt) ungefähr 200 kg/mm² betragen sollte. Der Versuch liefert einen Wert, der — in starker Abhängigkeit von der „Vorgeschichte" und der Reinheit des Krystalls — nur Teile eines kg beträgt.

Diese geringe Zugfestigkeit ist dem Umstand zuzuschreiben, daß auf normale Weise entstandene Krystalle sehr stark von einem idealen Krystall abweichen. Stellt man sich bei einem idealen Krystall das Raumgitter als ungestört fortlaufend vor, so grenzen in einem wirklichen Krystall kleine Krystallfragmente mit unvollkommener gegenseitiger Orientierung aneinander (**43**), die Krystalle haben *Mosaikstruktur*[1]. Während Eigenschaften wie Dichte, Lichtbrechung, Energieinhalt u. ä. von den Gitterfehlern praktisch unabhängig sind — sie sind durch Art, Anzahl und Anordnung der Atome in der Krystallzelle bestimmt —, ist die Zugfestigkeit eine typisch „strukturempfindliche" Eigenschaft. Dabei hat man dann unter „Struktur" die *Makro-* (Mosaik-) Struktur zu verstehen.

Auch die Ionenleitung ist eine derartige strukturempfindliche Eigenschaft; bei gewöhnlichen Temperaturen geraten lediglich die leicht aus dem Gitter loszulösenden Ionen in Strömung, nämlich „Lockerionen", die sich an Sonderstellen an den Grenzen der kleinen Mosaikfragmente befinden. Ein derartiges Leitvermögen hat nun wechselnde Größe, im Zusammenhang mit der Entstehungsweise der Krystalle und daher mit dem Maße, in dem sie vom idealen Gitterbau abweichen. Dagegen tritt bei hohen Temperaturen eine Leitung durch das normale Gitter auf, bei der nun ein sehr kleiner Teil der Ionen sich längs hochenergetischer Gitterplätze, die bei niedriger Temperatur unbesetzt blieben, verschiebt. Man beachte, daß die Ionen, die diese Hochtemperaturleitung tragen, weder in der Anzahl, noch im Verhalten mit Krystall*fehlern* zusammenhängen, sondern zum idealen Krystall gehören. *Dieser* Beitrag zur Leitung ist denn auch nicht strukturempfindlich. Auf einen Fall, wo das Gitter den Ionen

---

[1] Auch oberflächliche Risse verringern die Zugfestigkeit durch ihre Kerbwirkung. Beim NaCl-Krystall in der wässerigen Lösung findet man für die Zugfestigkeit einen viel besseren Anschluß an den berechneten Wert als beim Krystall an der Luft. Möglicherweise verringert lokale Rekrystallisation in der gesättigten Lösung den Einfluß der Oberflächenrisse.

bequemen Durchgang darbietet — im Zusammenhang damit ist die Gitterleitung sogar bei verhältnismäßig niedrigen Temperaturen beträchtlich — kommen wir bei der Abb. 126 zurück.

Ein technisch wichtiges Verfahren, das mit den Gitterfehlern am engsten zusammenhängt, ist die „Verfestigung" bei der Deformation der Krystalle. Ein Metalldraht verfestigt sich während des Ziehens: Man muß mit fortschreitender Dehnung eine größere Kraft pro mm² anwenden, um weitere Deformation hervorzurufen[1]. Im allgemeinen zeigt jede „Kaltbearbeitung" — Stauchen, Walzen, Ziehen, Pressen usw. — einen derartigen Effekt. Der Verfestigung geht immer eine Gleitung voran. Offenbar setzen sich immer neue Schichten in Gleitung, denn die Außenoberfläche eines Ziehtabs zeigt keine *weit* vortretenden Schichten — man kann das auch dem Entstehen immer neuer Gleitungsstreifen an der Oberfläche, zwischen den alten, entnehmen —. Eine *geringe* Dehnung kann andererseits nur mit Verschiebung zwischen vereinzelten Paaren der Atomebenen verknüpft sein, sogar wenn die Schichten um nicht mehr als eine Zelldimension sich verrücken würden: *offenbar gleitet hier und dort eine Atomschicht eine kleine Strecke und läuft sich fest.* Man hat zu erklären, weshalb anfänglich schon eine kleine Kraft Gleitung hervorrufen kann, aber auch, warum diese Gleitung sich fortwährend „festläuft". Dazu stellt man sich vor, daß in den Mosaikblöckchen Versetzungen vorkommen — an Stellen z. B., an denen sich ein Atom zu viel befindet — und daß diese Versetzungen schon bei kleiner Ziehkraft weiterzulaufen anfangen, mithin die Gleitung einleiten. Diese Fehlstellen machen an den Grenzen des „idealen" Bereiches Halt und häufen sich dort an. Die Störung im Grenzbereiche nimmt somit immer zu und verbreitet sich. Der Prozeß kann nur fortschreiten, wenn eine *vergrößerte* Ziehkraft weniger bewegliche Verrückungen in Gang setzt.

Auf ein solches Festlaufen der Gleitungen weist auch die Beobachtung hin, daß sich Gleitflächen bei fortfahrender Deformation wellen. Man ersieht das an

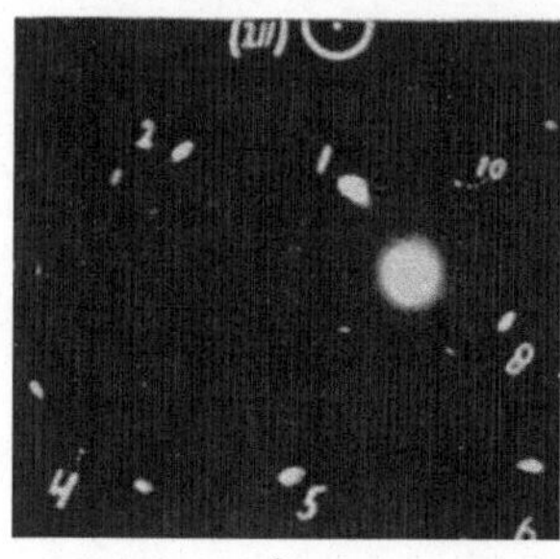
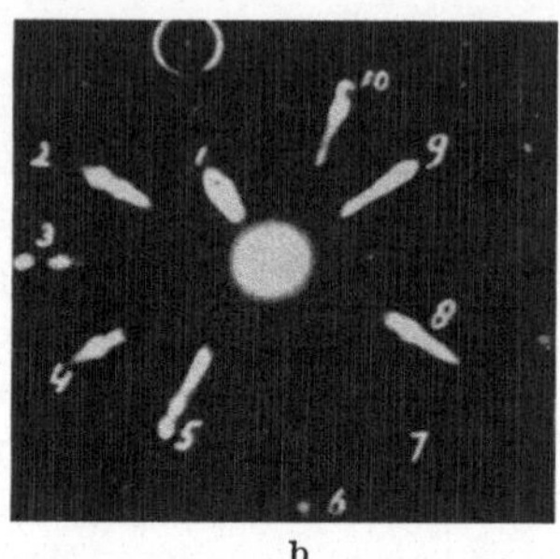

a   b

Abb. 117a u. b. LAUE-Aufnahme eines in Richtung einer Druckbeanspruchung durchstrahlten Al-Blättchens. a Undeformiert. b Zusammengedrückt bis auf 0,86 der ursprünglichen Dicke; die Interferenzpunkte haben sich gegenüber denen von a verschoben (vgl. 76 S. 121); außerdem sind sie infolge Verbiegung der Netzebenen (um die mit einem Kreise umgebene Richtung) verschmiert. [W. G. BURGERS: Z. Physik **67**, 605 (1931).]

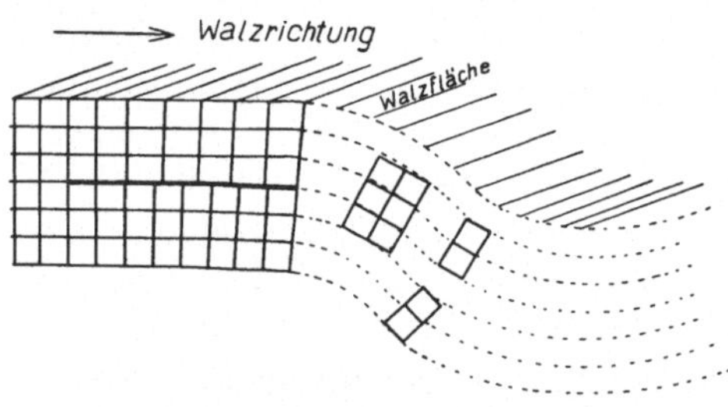

Abb. 118. Wellenbildung und Zerstückelung eines Gitters beim Walzen.

---

[1] Diese Deformation bei der Verfestigung ist unelastisch, im Gegensatz z. B. zu der Dehnung des Kautschuks; andererseits unterscheidet sie sich von derjenigen einer plastischen Substanz wie z. B. Pech, bei dem eine *konstante* Kraft für das Fortschreiten der Deformation genügt („Fließen").

der Abb. 117b, in der die LAUE-Reflexionen sich zu Streifen verschmiert haben; die Abb. 118 zeigt zunächst eine derartige Wellenbildung und daneben eine Zerstückelung der beanspruchten Schichten, die bei Fortführung der Deformation eintritt. Diese Zerstückelung (Kornverfeinerung) lasen wir aus der Abb. 37 schon aus der Verbreiterung der DEBYE-SCHERRER-Linien ab.

Läßt man die Substanz nach der Dehnung *rekrystallisieren*, so bilden die am stärksten gestörten Stellen, in denen sich mithin die Atome in einem Zustand höherer potentieller Energie befinden, die Keime der neuen Krystallbildung. Hat man ein Stück Metall nur stellenweise, z. B. durch lokale Beanspruchung in ausgeglühtem Material, deformiert, so wachsen die Kryställchen, die sich in der unmittelbaren Umgebung bilden, nicht oder nur sehr langsam außerhalb des Deformationsbereiches. Bei einem im ganzen deformierten Metall nehmen die

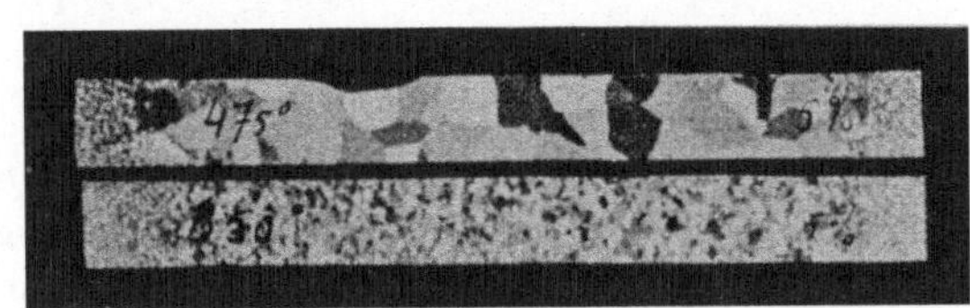

Abb. 119. Al-Blättchen, 5% gedehnt, rekrystallisiert; oben bei 475°, unten bei 650°. (A. E. VAN ARKEL: Polyt. Weekbl. 1932.)

am stärksten gestörten Stellen die Nachbarn bei der Neugruppierung mit, sobald die Beweglichkeit dies erlaubt. Beim Zinn ist dies schon bei Zimmertemperatur der Fall, bei technisch reinem Aluminium bei ungefähr 350°, beim Eisen bei etwa 700°. Je nachdem die Temperatur erhöht wird, fangen auch die weniger gestörten Stellen an, als Keime zu fungieren. So sehen wir, wie zwei Aluminiumblättchen von anfänglich gleicher Dehnung im Zusammenhang mit der Rekrystallisationstemperatur Krystalle verschiedener Größe liefern (Abb. 119): Bei niedriger Temperatur (wenige Keime mit starker Störung) bilden sich einige größere, bei hoher Temperatur viele kleinere Krystalle (viele Keime, weil auch Stellen mit geringerer Spannung schon zur Neugruppierung veranlaßt werden).

Wie man auch mittels Röntgenstrahlen den Krystallisationsprozeß verfolgen kann, haben wir schon in 27 erwähnt.

D. Isomorphie, isomorphe Vertretung und strukturelle Unordnung.

80. Isomorphie. Eine bekannte Reihe isomorpher Krystalle bilden die Carbonate Aragonit, Strontianit, Witherit (Ca-, Sr-, $BaCO_3$), die in derselben Krystallklasse mit nahezu gleichem Achsenverhältnis und Krystallform krystallisieren. Man kann daher eine gleiche Anordnung der Atome vermuten; diese wird in derartigen isomorphen Reihen auch tatsächlich auf röntgenanalytischem Weg gefunden. Für einen solchen analogen Krystallaufbau hat man wohl gleichen Bau der chemischen Formeln und enge chemische Verwandtschaft der entsprechenden Atome gefordert. Die Ergebnisse der Röntgenanalyse haben eine Umkehr in dieser Ansicht hervorgebracht.

Gegen die ältere Vorstellung, die den chemischen Charakter der Atome in den Vordergrund stellt, spricht schon, daß auch $PbCO_3$ (Cerussit) sich der genannten Reihe anschließt, nicht dagegen $MgCO_3$, obwohl gerade Mg zu den Erdalkalimetallen gehört. Aus der räumlichen Anordnung der Atome geht jedoch klar hervor, daß zur Beantwortung der Frage, wann bei verschiedenen Verbindungen dieselbe Anordnung zu erwarten ist, die relative Größe der Ionen eine wichtige Rolle spielen muß: Im Aragonit ist das Kation von 9 Sauerstoffionen umgeben. Ein Vergleich der Ionenradien von O^{--} und Mg^{++} zeigt, daß der Ionenradius von Mg^{++} so klein ist, daß nicht mehr als sechs Sauerstoffionen in direkter Berührung das Magnesiumion umgeben können. Diese Koordination ist in der mit Kalkspat (Abb. 100c) isomorphen $MgCO_3$-Struktur realisiert. Ordnet man die Minerale der isodimorphen Reihe der Carbonate nach zunehmender Größe des Kations:

$$
\begin{array}{l}
\varrho = \begin{array}{cccc}
\text{Mg} & \text{Fe} & \text{Mn} & \text{Ca} \\
0{,}8 & 0{,}8 & 0{,}9 & 1{,}0
\end{array} \left.\vphantom{\begin{array}{c}a\\b\end{array}}\right\} \quad \begin{array}{c}\text{Kalkspattypus}\\ \text{(Kation in Sechserkoordination)}\end{array} \\[2ex]
\begin{array}{c}\text{Aragonittypus}\\ \text{(Kation in Neunerkoordination)}\end{array} \left\{\vphantom{\begin{array}{c}a\\b\end{array}}\right. \begin{array}{cccc}
\text{Ca} & \text{Pb} & \text{Sr} & \text{Ba} \\
1{,}0 & 1{,}2 & 1{,}3 & 1{,}4
\end{array} = \varrho
\end{array}
$$

so erhält man die beiden Typen tatsächlich getrennt, mit dem dimorphen Calciumcarbonat als Übergangsglied. Außerdem liegt der Umschlag gerade bei dem Kationenradius, wo nach größerem Kation hin mehr als sechs Sauerstoffionen um das Kation Platz finden können[1].

Die bekannten Isomorphien von $BaSO_4$ mit $KMnO_4$, $CaCO_3$ mit $NaNO_3$ zeigen, daß die entsprechenden Atome nicht gleiche Valenz zu haben brauchen. Charakteristisch ist in dieser Hinsicht die Isomorphie von Chrysoberyll $BeAl_2O_4$ und Olivin Mg_2SiO_4, wo Be und Si, bzw. Al und Mg, gleiche Gitterstellen einnehmen; daraus erhellt, daß der Formel Al_2BeO_4 der Vorzug zu geben ist. Röntgenanalytisch ergab sich $AlPO_4$ als isomorph mit Quarz; die Gitterstellen des Si — man denke sich die Formel des SiO_2 doppelt — sind dabei zur einen Hälfte von Al, zur anderen von P eingenommen. Sogar die *Anzahl* der Atome braucht bei isomorphem Gitterbau nicht übereinzustimmen, wie die Ergebnisse der Röntgenanalyse lehren: $Ce_2(WO_4)_3$ und $CaWO_4$ krystallisieren isomorph; in dem Gerüst einer identischen Sauerstoffpackung ist in der ersten Verbindung ein Drittel der Kationenstellen unbesetzt. Ein analoges Beispiel gibt die Isomorphie von $LiClO_4 \cdot 3H_2O$ und $Mg(ClO_4)_2 \cdot 6H_2O$: In beiden Verbindungen ist die Lage der ClO_4 und H_2O-Gruppen die gleiche, während jede zweite Kationenstelle im Magnesiumperchlorat leer ist. — Es ist ebenso unerwartet, daß $LiJ \cdot 3H_2O$ dieselbe Struktur besitzt, trotz des großen Unterschiedes in der chemischen Struktur der Anionen: Diese Isomorphie ist möglich, weil die ClO_4- und J-Ionen ungefähr gleich groß sind und beiden Ionen hohe Symmetrie gemeinsam ist. Ähnliches findet man bei den Hexamminen wie $Co(NH_3)_6Cl_2$ und sogar bei den entsprechenden Perchloraten und Fluoboraten, die alle mit Calciumfluorid isomorph sind.

81. Isomorphe Vertretung. In einem Mischkrystall, z. B. von NaCl mit NaBr, nehmen chemisch verschiedene Atome gleichwertige Gitterstellen ein. Andererseits bildet NaCl mit dem gleichfalls isomorphen KJ keine Mischkrystalle: Dies ist der zu großen Differenz der Radien von Na und K bzw. Cl und J zuzuschreiben. Isomorphie und isomorphe Vertretung gehen nämlich nicht notwendig zusammen: Bedingung für die Isomorphie zweier Krystalle ist, daß die *Verhältnisse* der Radien der zusammensetzenden Teilchen in beiden ungefähr übereinstimmen, während für Mischkrystallbildung die einander vertretenden Teilchen

---

[1] In **87** wird gezeigt, daß Sechserkoordination zu erwarten ist, sobald das Radienverhältnis $\varrho_{\text{Kation}}/\varrho_{\text{Anion}}$ den Wert 0,73 unterschreitet; hier $\varrho_{\text{Kation}} < 0{,}73 \, \varrho_{\text{Sauerstoff}}$ oder $\varrho_{\text{Kation}} \approx 1 \, \text{Å}$.

ungefähr *gleich groß* sein sollen. — Zahlreiche Beispiele dieser Regel werden wir bei den Silicaten, Kap. 7, besprechen.

Nun wäre es verfehlt, bei isomorpher Vertretung sowie bei Isomorphie, zu eng an eine atomweise Vertretung von einander ähnlichen Atomen zu denken. Es wäre dann z. B. unverständlich, daß $MgCl_2$ und LiCl eine ununterbrochene Mischkrystallreihe bilden. Die Struktur beider Verbindungen beruht auf einer kubisch dichtesten Packung der Chlorionen. Betrachtet man die nacheinander folgenden Ebenen (111) (Abb. 120), so erhält man die Atomlagen der $MgCl_2$-Struktur aus der des Li_2Cl_2 durch Entfernen jeder zweiten der mit Metallionen belegten Schichten. Bei der Mischkrystallbildung vollzieht sich die Substitution nach $Mg + Leerstelle \rightarrow 2\,Li$. Ähnliches findet bei der Oxydation des Fe_3O_4 zu $\gamma\text{-}Fe_2O_3$ statt, wo das (kubisch dichtest gepackte) Sauerstoffgitter sich nicht ändert, aber die erhöhte Wertigkeit des Eisens mit dem Entstehen von Leerstellen im ursprünglichen Eisengitter zusammenhängt. In der offenen WO_3-Struktur können Na-Ionen aufgenommen werden bei Erhaltung des Wolfram-Sauerstoffgerüstes; in der Verbindung Na_xWO_3 wird die Ladung des eingeschobenen Alkaliïons durch eine Ladungsänderung des Wolframs kompensiert. Auf dem Einbau kleiner Teilchen in den Hohlräumen einer Packung größerer Atome beruht auch die Fähigkeit vieler Metalle, in ihren Gittern Kohlenstoff, Wasserstoff, Bor oder Stickstoff aufnehmen zu können (Kohlenstoff in Eisen!).

Die Mischkrystallbildung von CaF_2 und YF_3 (von 0 bis 25% YF_3) geht in anderer Weise vor sich. Kation und Anion sind hier ungefähr gleich groß und bilden in CaF_2 ein Flußspatgitter. Dieses Gitter kann man sich nun vom CsCl-Typ durch wechselweises Entfernen der Kationen hergeleitet denken, wie in Abb. 121 angegeben ist; bei der Mischkrystallbildung CaF_2—YF_3 wird nun die Ladungsvergrößerung des Kations kompensiert durch Einbau von Fluorionen in den leeren — nicht von Kationen besetzten — Oktanten des Fluorgitters (Abb. 121). Diese Art von Mischkrystallbildung war für diesen Fall schon lange vor der Röntgenuntersuchung von V. M. GOLDSCHMIDT vermutet worden.

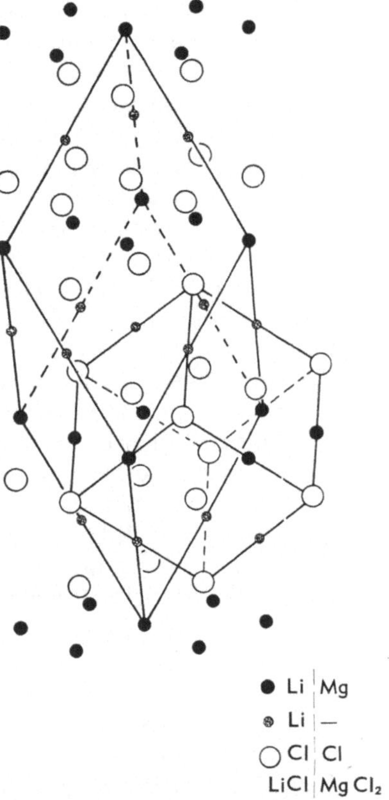

Abb. 120. Zusammenhang zwischen der LiCl- und der $MgCl_2$-Struktur. Im LiCl-Gitter sind die schraffierten Punkte besetzt: NaCl-Typus mit eingezeichnetem Elementarwürfel. Im $MgCl_2$-Gitter sind diese Punkte unbesetzt: Schichtengitter mit eingezeichnetem Elementarrhomboeder.

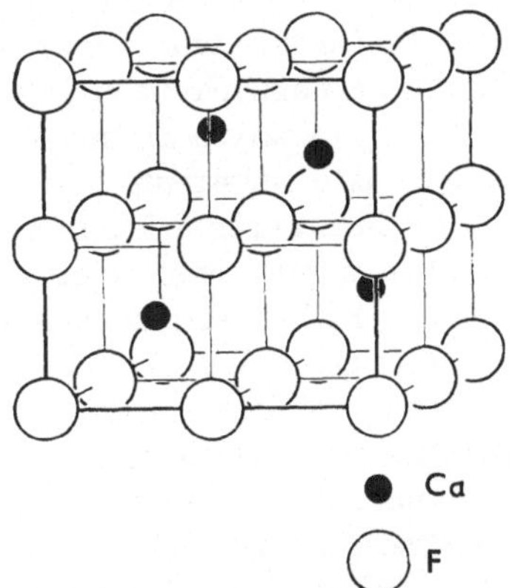

Abb. 121. CaF_2 (Flußspattyp, gezeichnet mit dem Anion in der Zellecke). Bei Ersatz von Ca durch Y wird F in den leeren Oktanten eingebaut.

82. Mischkrystalle und Verbindungen. In einem Mischkrystall sind chemisch verschiedene Atome unregelmäßig über ein krystallographisches Punktsystem verteilt: In dieser Hinsicht ist *Unordnung* in der Krystallanordnung vorhanden. In einem Mischkrystall genügt offenbar eine solche „mittlere" Identität der Belegung der krystallographisch gleichwertigen Punkte — und somit eine „mittlere" Identität der Krystallzellen —; das in der Strukturlehre vollkommen scharf definiert gedachte Krystallbild ist hier also teilweise verwischt. Jedoch sind durch Untersuchungen der letzten Jahre auch bei einigen Verbindungen mit fester rationeller Zusammensetzung interessante Abweichungen von dieser höchsten Ordnung ans Licht getreten.

Zur Erörterung, inwiefern man aus dem Ordnungsgrad eine Entscheidung zwischen Mischkrystall und Verbindung zu treffen vermag, stellen wir verschiedene Typen nebeneinander:

1. In den Molekülgittern der organischen Substanzen sind die Atome eng verknüpft zu Teilchen konstanter Zusammensetzung (Moleküle): Diese Bindungsart ist es, die man beim Aufstellen der Atomtheorie als eine „Verbindung" vor Augen hatte. In den Koordinationsgittern, z. B. dem Steinsalzgitter, ist zwar nichts von einer Bildung geschlossener Bindungseinheiten wieder zu finden, jedoch liegt eine Bindung von weiterem Zusammenhang vor, die in den meisten Fällen ebenfalls zwei fundamentalen Kriterien genügt:

Gravimetrisch: Konstante stöchiometrische Zusammensetzung.

Krystallographisch: Chemisch ungleichwertige Atome sind strukturell ungleichwertig.

In diesen Eigenschaften unterscheiden sich die Verbindungen von 1. von 2. den Mischkrystallen, in denen

die Zusammensetzung willkürlich ist,

chemisch verschiedene Atome über *ein* Punktsystem verteilt sind.

Zwischen 1. einerseits und 2. andererseits stehen Übergangssysteme:

3. In einer Substanz wie FeAl ist die Zusammensetzung nicht an das Atomverhältnis 1:1 gebunden. Daß die Zusammensetzung 1:1 in der Mischreihe trotzdem eine Sonderstellung hinsichtlich der physikalischen Eigenschaften einnimmt, beruht darauf, daß die Eisen- und Aluminiumatome bei dieser Zusammensetzung geordnet liegen, und zwar in Zellenmitte bzw. Ecke.

4. Im Gegensatz zu dem Fall des FeAl ist z. B. im Ag_3Al gerade die Zusammensetzung an enge Grenzen gebunden; die Ag- und Al-Atome jedoch liegen, wie die Röntgenanalyse als merkwürdiges Ergebnis zeigte, durcheinander über die Gitterpunkte verstreut.

Bei Substanzen wie unter 3. und 4. ist es ziemlich willkürlich, in welchen Fällen man noch von einer Verbindung reden will. Es ist wichtiger, in jedem einzelnen Fall zu untersuchen, an welchen Grenzen die relative Zahl der Teilchen im Gitter gebunden ist und wie sie über die Gitterstellen verbreitet sind. Dabei stößt man auf Unerwartetes; sogar bei einer Verbindung wie FeO, die im Steinsalztypus krystallisiert, gelingt es merkwürdigerweise nicht, FeO von *genau* stöchiometrischer Zusammensetzung darzustellen. Reduziert man ein höheres Oxyd, so scheidet sich Eisen als gesonderte Phase schon dann aus, wenn die Phase FeO erst eine Zusammensetzung von 48,5 At-% Fe hat: Hier sind offenbar Leerstellen im Gitter des Oxyds $Fe_{0,94}O_1$ für die Stabilität erforderlich. Auch einige Sulfide wie CoS und FeS — das klassische Schulbeispiel des Proustschen

Gesetzes! — zeigen oft einen Mangel an Metall, indem nicht alle dem Metall zur Verfügung stehenden Gitterstellen besetzt sind.

83. Intermetallische Systeme. An Hand einiger Röntgenogramme sollen jetzt Fälle verschiedenen Ordnungsgrades besprochen werden, und zwar zunächst bei einigen Legierungen.

Au—Ag, Beispiel einer ungeordneten Mischphase. Silber und Gold sind kubisch dicht gepackt und geben also das Diagramm der Abb. 51b. Genau wie die reinen Komponenten zeigen auch die zwischenliegenden Legie-

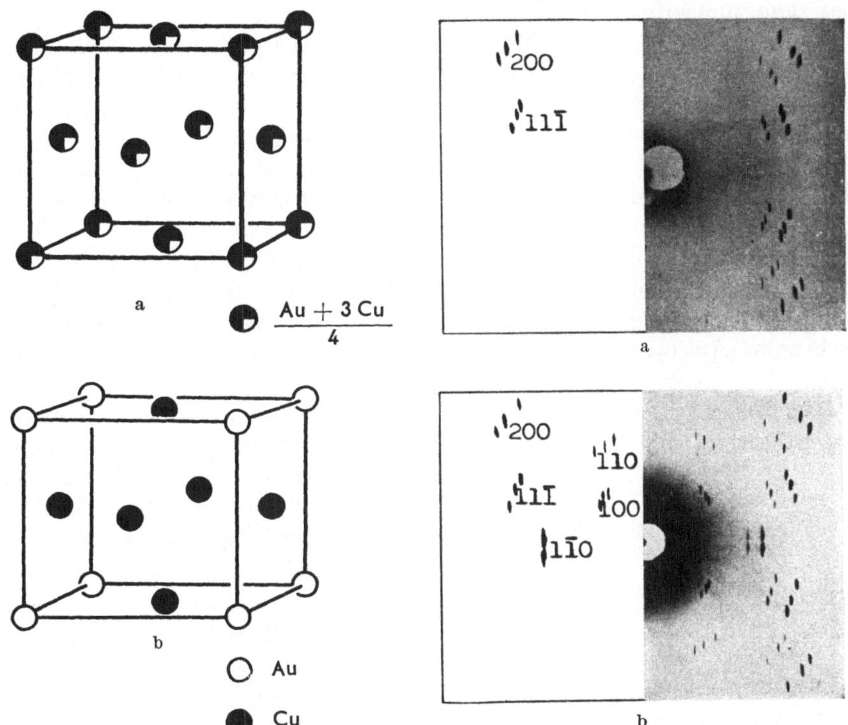

Abb. 122a u. b. AuCu₃. a Struktur der ungeordneten Phase. b Struktur der geordneten Phase.

Abb. 123a u. b. AuCu₃. Drehdiagramm um [111]. a Der ungeordneten Phase. b Der geordneten Phase (Diagramm a vermehrt um die Überstrukturlinien).

rungen im Beugungsbild nur Linien mit ungemischten Indices; daraus ergibt sich, daß im flächenzentrierten Gitter alle Punkte gleichwertig besetzt sind: Die Ag- und Au-Atome liegen ungeordnet verteilt über die Gitterpunkte.

Na_2K, konstante Zusammensetzung und Ordnung als Folge der Gittergeometrie. Den extrem entgegengesetzten Fall, der den beiden Kriterien von **82**, 1. Genüge leistet, findet man ebenfalls unter den metallischen Verbindungen, z. B. beim Na_2K. Im Gegensatz zu den Verhältnissen bei Ag—Au ist der Unterschied der Ionengrößen hier offenbar groß genug, um die Entstehung einer geordneten stöchiometrischen Struktur zu garantieren. Man kann hier von einer „Krystallverbindung" sprechen im Gegensatz zu „chemischen Verbindungen", bei denen die konstante Zusammensetzung nicht nur gittergeometrisch, sondern auch schon chemisch bedingt ist (Ladungsbilanz, Valenz).

$AuCu_3$, **Beispiel einer Legierung, die bei höherer Temperatur ungeordnet ist, bei niedriger geordnet.** Zwischen den besprochenen Fällen Ag—Au und Na_2K steht z. B. der Fall Au—Cu; hier nehmen die Teilchen bei hoher Temperatur, wie im System Ag—Au, ungeordnet die Gitterstellen einer kubischen dichtesten Packung ein (Abb. 122a), bei bestimmten Zusammensetzungen — AuCu und $AuCu_3$ — kann jedoch eine Ordnung der verschiedenartigen Atome hervorgerufen werden. In der geordneten Phase $AuCu_3$ z. B. sind die Würfelecken mit Atomen der einen Art, die Flächenmitten der kubischen Zelle mit Atomen der anderen Art belegt (Abb. 122b). Diese Ordnung[1] gegenüber dem ungeordneten Mischkrystall zeigt sich röntgenographisch im Auftreten neuer Linien (Abb. 123). Diese „Überstruktur"-Linien sind hier Reflexionen der Ebenen mit gemischten Indices: Für den geordneten Zustand der Abb. 122b ist der Strukturfaktor dieser Reflexionen $S = F_{Au} - F_{Cu}$, sie sind also nicht ausgelöscht, wie bei der ungeordneten Struktur.

Bei den Ag—Au-Legierungen fanden wir keine derartige Trennung der verschiedenartigen Atome. Im allgemeinen ist zu erwarten, daß im Falle einfacher Atomzusammensetzungen bei niedriger Temperatur eine geordnete Konfiguration die stabile ist — weil durch den Ordnungsvorgang die Energie verringert wird[2]; bei Temperaturerhöhung wird ein Platzwechsel der Atome auftreten (Entropieeinfluß), welcher sich zunächst entweder auf die Atomlagen des Raumgitters beschränkt ($AuCu_3$) oder sofort zum ungeordneten Flüssigkeitszustand (Na_2K) führt.

Das Gebiet, in dem, von hoher Temperatur kommend, der Übergang von ungeordneter zu geordneter Phase stattfinden sollte, kann jedoch bei so niedriger Temperatur liegen, daß die Umlagerung infolge der zu kleinen Atombeweglichkeit ausbleibt: auch *unter*halb dieses Gebietes findet man die Legierungen dann „eingefroren" im ungeordneten Zustand.

84. HUME-ROTHERYsche Verbindungen. Einen Gegensatz zu den oben besprochenen einfachen Strukturen, die mit den Atomgrößen in Zusammenhang gebracht werden können, bilden gewisse merkwürdige metallische Bindungsarten. So krystallisieren z. B. β-Mn und die intermetallischen Verbindungen Ag_3Al und Cu_5Si nach demselben Gittertyp (einem komplizierten kubischen Gitter mit zwanzig Atomen pro Zelle, Abb. 105d), obwohl diese Verbindungen von so sehr verschiedener Zusammensetzung sind. Abb. 124 zeigt, daß die Diagramme dieser Substanzen in ihren Intensitäten untereinander vollkommen übereinstimmen. Da die Gitterpunkte im Mangan alle identisch besetzt sind, muß auch in den isomorphen Verbin-

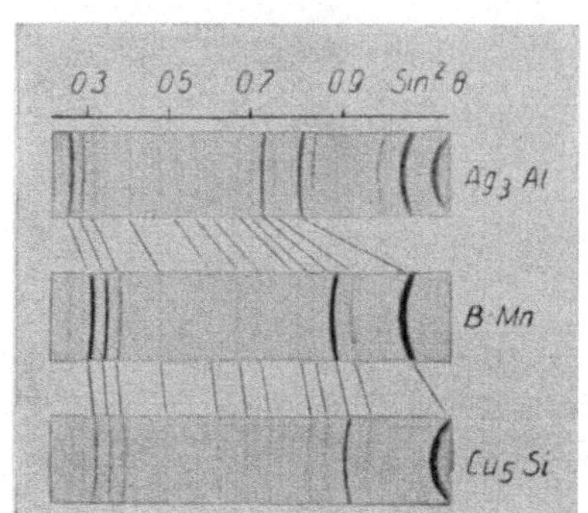

Abb. 124. Pulverdiagramme von β-Mn, Ag_3Al und Cu_5Si. [A. WESTGREN: Z. angew. Chem. **45**, 33 (1932).]

---

[1] Diese Ordnung ist von einer erheblichen Veränderung der Eigenschaften begleitet: Die geordnete Phase ist weich und plastisch wie ein reines Metall, die ungeordnete Phase jedoch hart und spröde.

[2] Es ist wohl zu erwarten, daß die Energie kleiner ist, je weniger gleichartige Atome ein großes Goldatom umgeben: Im ungeordneten Zustand ist diese Anzahl bei der Zusammensetzung $AuCu_3$ im Mittel 12/4 = 3, im geordneten Zustand ist das Au nur von Cu umgeben.

dungen die Belegung aller Gitterpunkte gleichwertig sein; die beiden Atomarten sind also ungeordnet über die Gitterpunkte verteilt.

Verhältnis der Anzahl von Elektronen und Atomen. Man hat einige von solchen Reihen intermetallischer Verbindungen von *einem* Gittertypus und gänzlich verschiedener Zusammensetzung aufgefunden. Wir erwähnen noch Cu_5Zn_8 (γ-Messing), Cu_9Al_4 und $Cu_{31}Sn_8$, die ein verwickeltes kubisches Gitter mit 52 Atomen pro Zelle besitzen[1]. Hume-Rothery hat nun festgestellt, daß in jeder dieser Reihen das Verhältnis der Anzahl der Valenzelektronen zu der Anzahl der Atome eine konstante charakteristische Zahl ist. Dieses Verhältnis beträgt 21 : 13 in letztgenannter Reihe (für Cu_5Zn_8, Cu_9Al_4 und $Cu_{31}Sn_8$: $\frac{5+(2\times8)}{5+8}$ bzw. $\frac{9+(3\times4)}{9+4}$ und $\frac{31+(4\times8)}{31+8}$); in der ersten Reihe ist es 3 : 2. Für die Wahl des Gittertyps würde hier also das Verhältnis der Valenzelektronenzahl zu der Anzahl der Atome entscheidend sein[2].

In einigen Fällen findet man hier den Gittertypus an enge Grenzen der Zusammensetzung gebunden, trotzdem die verschiedenartigen Atome einander in jedem Gitterpunkt vertreten können. Die konstante Zusammensetzung wird hier offenbar verursacht durch die neue Gitterbedingung, die die Elektronenkonzentration in einem solchen Metallgitter an einen festen Wert bindet.

Diese Beziehungen zwischen Gittertyp und Elektronenkonzentration kommen nur dann zur Geltung, wenn sonstige Einflüsse, in erster Linie die des Größenverhältnisses der Atome, nicht überwiegen. Weiter wird die Abzählung der Valenzelektronen dadurch kompliziert, daß die Anzahl der von einem Atom abgegebenen Elektronen im allgemeinen von der Art der metallischen Umgebung, in der es sich befindet, abhängig sein wird. So wurde z. B. durch Messungen der magnetischen Suszeptibilität festgestellt, daß das Pd sich bis zu ungefähr 50% atomar in Silber löst, bei höherer Pd-Konzentration teilweise als Ion.

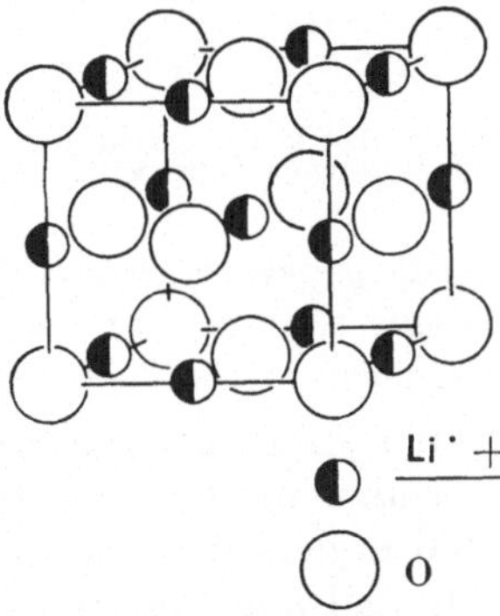

85. „Averaged structures" in Ionengittern. Auch unter den Ionengittern mit unveränderlicher Zusammensetzung trifft man Beispiele einer ungeordneten Verteilung über die Gitterpunkte an. Zu diesen gehört u. a. das schon erwähnte *Cerwolframat* $Ce_2(WO_4)_3$, in dem zwei Cerionen über die Stellen, die im entsprechenden Ca-Salz von drei Ca-Ionen eingenommen werden, verteilt sind.

Abb. 125. Struktur des $LiFeO_2$.

Lithiumferrit $LiFeO_2$ krystallisiert in einem Steinsalzgitter, in dem Li^+ und Fe^{+++} ungeordnet über die Kationenstellen verteilt sind (Abb. 125). Bei

---

[1] Früher wurde diesen „Verbindungen" eine andere Zusammensetzung zugeschrieben. Zum Beispiel wurde für die Cu—Zn-Phase, die sich von 59 bis 68% Zn erstreckt (Abb. 44), aus dem Schmelzdiagramm die Zusammensetzung Cu_2Zn_3 abgeleitet (Zusammensetzung, bei der das Maximum der Schmelzlinie liegt). Die Röntgenuntersuchung gibt die Zusammensetzung Cu_5Zn_8 an, weil nur bei dieser Zusammensetzung in dem betreffenden Gittertypus — 52 Atome pro Zelle — eine vollkommene Ordnung möglich ist.

[2] Und somit, trotz des Unterschieds in der Atomzusammensetzung, entscheidend für die Eigenschaften: die γ-Strukturen — d. h. die eben betrachtete Reihe mit 52 Atomen pro Zelle — zeichnen sich z. B. durch große Härte und Sprödigkeit und geringes elektrisches Leitvermögen aus.

der wechselseitigen Vertretung von Li^+ und Fe^{+++} tritt der Einfluß des Unterschieds in der Wertigkeit und im chemischen Charakter wieder ganz gegen den Einfluß der bei den beiden Ionen ungefähr gleichen Ionengrößen zurück. Sogar Li_2TiO_3 hat bei hoher Temperatur NaCl-Struktur, wobei das *ein*wertige Li und das *vier*wertige Ti strukturell gleichwertig sind. Die beiden genannten Verbindungen bilden eine kontinuierliche Mischkrystallreihe mit dem isomorphen MgO.

Silber-Quecksilberjodid. Ag_2HgJ_4 krystallisiert bei Zimmertemperatur in einer gelben tetragonalen Modifikation, die nach normalen Symmetrieprinzipien aufgebaut ist. Bei 50° geht die Verbindung in eine rote kubische Modifikation von interessantem, verwandtem Bau über. Abb. 126a gibt die Struktur

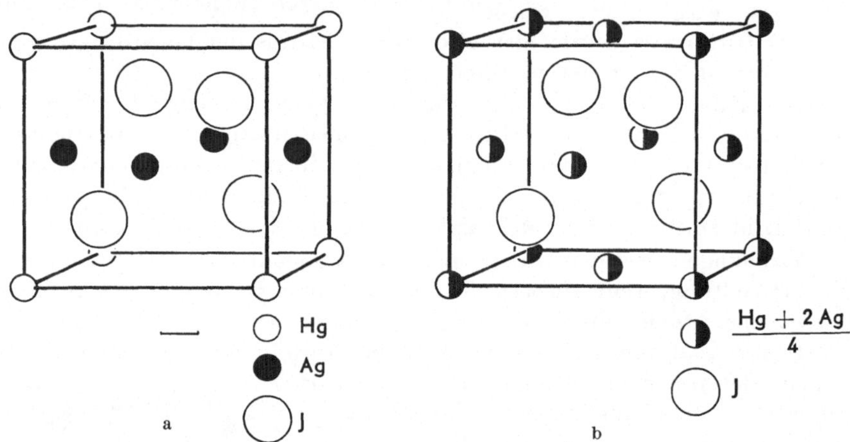

Abb. 126a u. b. Struktur des Ag_2HgJ_4. a Tieftemperaturmodifikation bei Zimmertemperatur. b Hochtemperaturmodifikation; über 50° C. [J. A. A. KETELAAR: Diss. Amsterdam 1933.)

der *Niedrigtemperaturmodifikation* mit einem kaum von 1 verschiedenen Achsenverhältnis wieder: Hg in den Ecken, Ag in den Mitten der Prismenflächen, J annähernd in den Zentren von vier nicht anliegenden Oktanten der Zelle.

In der kubischen *Hochtemperaturmodifikation*, mit einer Zellenkante, die mit den Zelldimensionen der tetragonalen Form fast genau übereinstimmt, liegt das Jod in derselben vierzähligen Lage; jedoch haben sich die *drei* Metallatome (ein Hg und zwei Ag) hier in ungeordneter Weise über die *vier*zählige Lage verteilt, die die Zellenecken und die Flächenmitten umfaßt (Abb. 126b). Der Übergang der einen Modifikation in die andere findet allmählich statt. Schon bei 40° fängt die Farbe sich zu ändern an, das Ionenleitvermögen steigt stark an: Unter Wärmeabsorption breiten sich die Ag- und Hg-Ionen über die Leerstellen und auch über ihre gegenseitigen Gitterstellen aus.

Die beschriebene Hochtemperaturmodifikation des Ag_2HgJ_4 ist der schon vorher untersuchten Struktur der Zinkblendemodifikation des AgJ ähnlich. Der Unterschied liegt nur darin, daß die Metallplätze bei der letzten Verbindung von Ag eingenommen sind, in der ersten im Mittel von (2 Ag + Hg)/4. Man könnte sagen, daß bei der Umwandlungstemperatur das Gitter der *Metall*ionen in Ag_2HgJ_4 schmilzt, während das Gitter der *Jod*ionen intakt bleibt.

Auch in der Höchsttemperaturform des AgJ sind die Metallionen zwischen den Jodionen — die in dieser Struktur ein innenzentriertes kubisches Gitter bilden — nicht an feste Gitterstellen gebunden. Eine analoge Struktur haben die Hochtemperaturmodifikationen des Ag_2S und des Ag_2Se: Dieselbe Anordnung der Anionen und wiederum statistische Verteilung der Kationen über die Zwischenräume.

86. Rotation im krystallinen Zustand. Auch in einer anderen Hinsicht ergab sich, daß die angenommene Starrheit des Krystallbaus weniger ausgesprochen ist, als man bis jetzt gemeint hatte. Atomgruppen — komplexe Ionen, Moleküle — *rotieren* in einigen Fällen im Gitter. Die Schaukelbewegungen, die stets

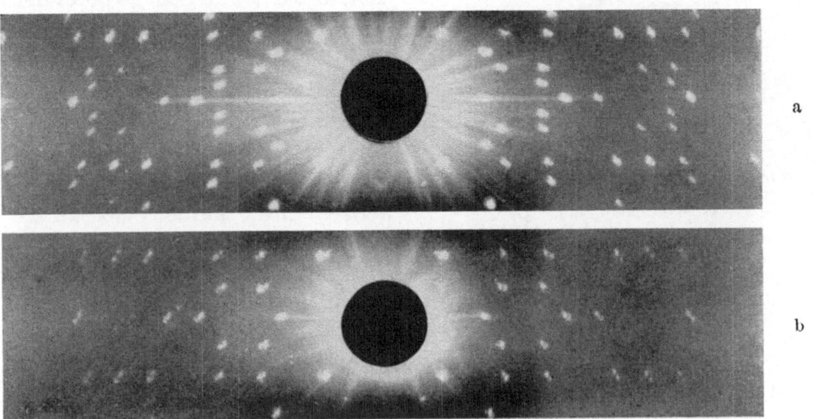

Abb. 127a u. b. $NaNO_3$. Drehdiagramm um die trigonale Achse.
a Bei Zimmertemperatur. b Bei 280° (ungerade Schichtlinien von a fehlen).

vorhanden sind, gehen bei kleinem Trägheitsmoment der Gruppe, geringer sterischer Hinderung und genügend hoher Temperatur in vollständige Drehung über.

Derartige Umwandlungen verraten sich makroskopisch in einer abnorm großen Wärmeaufnahme, Ausdehnung und ähnlichen Phänomenen über ein gewisses Temperaturgebiet, in dem die Rotation der Teilchen einsetzt und sich vollzieht. Dieses Gebiet ist zwar oft ziemlich schmal: Wenn nämlich eine Anzahl von Molekülen in Rotation versetzt ist, werden dadurch meistens die energetischen Hemmnisse für die Rotation der weiteren Moleküle verringert[1].

Daß bei diesen Änderungen wirklich eine Rotation im Spiel ist, wurde in einigen Fällen röntgenanalytisch sehr wahrscheinlich gemacht, beim $NaNO_3$ und auch beim NaCN dagegen durch quantitative Analyse bewiesen. Im $NaNO_3$, mit einer dem $CaCO_3$ analogen Struktur, werden die NO_3-Gruppen zwischen 250° und 275° in Rotation um die trigonale Achse versetzt. Die Elementarperiode (s. Fußnote[2], S. 106) wird dadurch der des NaCl-Typus gleich; diese Halbierung der Periode liest man für die Richtung der Drehachse unmittelbar aus den Diagrammen der Abb. 127 aus dem Verschwinden der ungeraden Schichtlinien ab. Die Ausdehnung in der Richtung der c-Achse ist bei dem In-Drehung-geraten der NO_3-Gruppen abnorm groß. Auch dies ist aus dem Modell ersichtlich. In den Basisebenen ist der Abstand zwischen zwei benachbarten NO_3-Gruppen

---

[1] In analoger Weise nimmt bei der Ag_2HgJ_4-Umwandlung die Energiedifferenz zwischen unbelegten und belegten Stellen ab, je größer die Zahl der Ionen ist, die sich über die ersten Stellen verteilt haben.

genügend groß, um die Rotation nicht zu hindern; die umringenden Na-Ionen
in den anliegenden Basisebenen müssen jedoch ein wenig fortgerückt werden
(Abb. 128).

Eine Anzahl primärer Alkylammoniumhalogenide krystallisiert bei Zimmertemperatur tetragonal; es ergibt sich, daß dabei das lang gestreckte Kation auf
einer vierzähligen Achse liegt. Nun hatte
man bei allen übrigen aliphatischen
Ketten (Paraffinen, Fettsäuren) gefunden, daß der Tetraederwinkel der Kohlenstoffbindungen im Krystall erhalten bleibt
und die Ketten zickzackartig gebaut sind.
Die im Falle der Alkylammoniumhalogenide geforderte tetragonale Symmetrie
der Ketten ist jedoch mit einem solchen
Bau, der nur eine zweizählige Schraubenachse und keine vierzählige Achse
aufweist, unvereinbar (Abb. 129 a).
Eine linear gebaute Kohlenstoffkette
(Abb. 129 b), die der Symmetrie genügen

Abb. 128. Lage des Na-Ions in der
NaNO₃-Struktur.

würde, ist unannehmbar: Der Bindungswinkel der C-Atome würde 180° betragen statt des Tetraederwinkels von 109°; der C—C-Abstand in der Kette
wäre abnorm klein, der in der Querrichtung zur Verfügung stehende Raum für
eine solche Kette viel zu groß. Eine höchst befriedigende Lösung aller dieser
Schwierigkeiten gibt die Annahme, daß
die Zickzackkette um ihre Achse rotiert

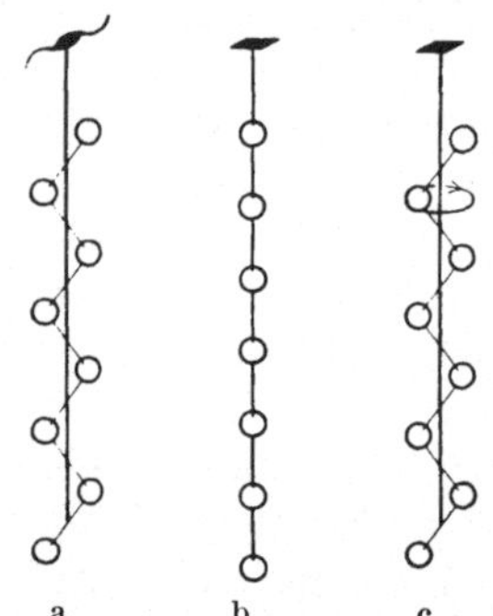

a   b   c
Abb. 129 a bis c. a Zickzack-Kette; b lineare Kette;
c rotierende Zickzack-Kette; b und c sind mit
tetragonaler Symmetrie vereinbar.

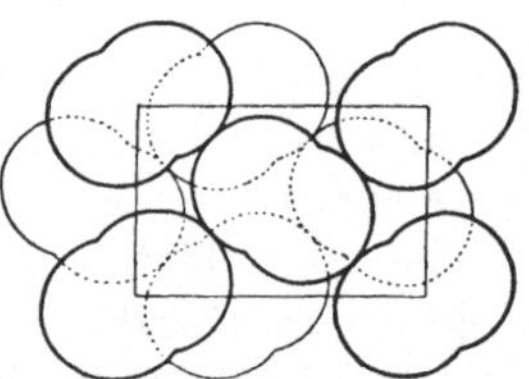

Abb. 130. Packung von Paraffinketten.
(W. L. BRAGG: The Crystalline State I. London
1933.)

(Abb. 129 c). Bei niedriger Temperatur treten Modifikationen geringerer Symmetrie auf, in denen die Rotationen offenbar aufgehört haben.

Die Paraffine krystallisieren, wie wir im Kap. 8 eingehend erörtern werden,
in einer langgestreckten Zelle, deren Querschnitt senkrecht zu der Richtung
der Zickzackketten in Abb. 130 dargestellt ist. Aus der Röntgenanalyse und
der thermischen Ausdehnung geht hervor, daß das Verhältnis der Abmessungen
dieses Querschnitts bei Annäherung an den Schmelzpunkt sich immer mehr
dem Wert $\sqrt{3} : 1$ nähert, der zu einer dichten Packung langer Moleküle mit kreis-
förmigem Querschnitt gehören würde; gerade unter dem Schmelzpunkt hat
sich diese Umwandlung nach hexagonaler Symmetrie bei einigen Paraffinen
tatsächlich vollzogen. Zweifellos äußert sich hier das Oscillieren der Ketten
um ihre Längsachse, das schließlich in eine rotierende Bewegung übergeht.

Atomgruppen, die angenähert Kugelsymmetrie haben, werden unter Umständen um drei Achsen rotieren können. Aus Symmetrieüberlegungen wird dies u. a. bei der Umwandlung, die Methan bei ungefähr 20° K zeigt, angenommen; ferner bei den Umwandlungen der Ammoniumhalogenide bei einigen zehn Graden unter 0° und bei einigen Umwandlungen des NH_4NO_3, wo Rotationen um verschiedene Achsen des NH_4^+- und des NO_3^--Ions nacheinander auftreten sollten. Die Alkaliperchlorate und Fluoborate gehen bei hoher Temperatur aus einer rhombischen Struktur in den Steinsalztypus über; auch röntgenographisch konnte geschlossen werden, daß der Übergang in einen regelmäßigeren Bau durch eine Rotation der ClO_4- bzw. BF_4-Ionen gedeutet werden kann.

Literatur [1].

6 A. Einteilung der Gitter.

EWALD, P. P. u. C. HERMANN: Strukturbericht (Erg.-Bde d. Z. Kristallogr.), ferner LANDOLT-BÖRNSTEIN: 2. u. 3. Erg.-Bd. Berlin 1931, 1935. — MATHIEU, M.: In Tables annuelles de constantes et données numériques. Paris (erscheint jährlich). — WYCKOFF, R. W. G.: The Structure of Crystals, 2. Aufl. New York 1931. Suppl. 1935. — Internat. Critical Tables. Vol. 1. New York 1926. — Vgl. auch LAUE, M. v. u. R. v. MISES: Stereoskopbilder von Kristallgittern I und II. Berlin 1926; 1936. — Stereoscopic Photographs of Crystal Structures. London: Adam Hilger.

6 B. Ionen- (Atom-) Abstände.

GOLDSCHMIDT, V. M.: Geochemische Verteilungsgesetze der Elemente, I—IX. Oslo 1923—1939; Kristallographie und Stereochemie in FREUDENBERG, K.: Stereochemie. Leipzig u. Wien 1932; Kristallchemie im Handwörterbuch der Naturwissenschaften. Jena 1934. — GRIMM, H. G. u. H. WOLFF: Atombau und Chemie (Atomchemie). Handbuch der Physik, Bd. XXIV/2, 2. Aufl. 1933. — ARKEL, A. E. VAN u. J. H. DE BOER: Chemische Bindung als Elektrostatische Erscheinung. Leipzig 1931.

71. BARLOW, W. u. W. J. POPE: J. chem. Soc. London. **89**, 1675 (1906). — BRAGG, W. L.: Philos. Mag. J. Sci. **40**, 169 (1920). — WASASTJERNA, J. A.: Soc. Sci. Fenn., Comment. physic.-math. **38** (1923). — PAULING, L.: J. Amer. chem. Soc. **49**, 765 (1927). — ZACHARIASEN, W.: Z. Kristallogr. **80**, 137 (1931). — JENSEN, H., G. MEYER-GOSSLER u. H. ROHDE: Z. Physik **110**, 277 (1938).

73. PAULING, L. u. M. HUGGINS: Z. Kristallogr. **87**, 205 (1934).

74. HÄGG, G.: Z. physik. Chem. Abt. B **12**, 33 (1931).

6 C. Physikalische Eigenschaften und Strukturmodell.

SMEKAL, A.: Strukturempfindliche Eigenschaften der Kristalle. Handbuch der Physik, Bd. XXIV/2, 2. Aufl. 1933.

76. BOAS, W. u. E. SCHMID: Kristallplastizität. Berlin 1935. — ELAM, C. F.: Distortion of Metal Crystals. Oxford 1935. — BERNAL, J. D.: The Properties of Real Crystals. Ann. Rep. Progr. Chem. **32**, 189 (1935).

77. GOLDSCHMIDT, V. M.: Geochemische Verteilungsgesetze, VIII; Z. techn. Physik. **8**, 251 (1927).

78. BORN, M. u. M. GOEPPERT-MAYER: Dynamische Gittertheorie der Kristalle. Handbuch der Physik, Bd. XXIV/2, 2. Aufl., S. 770—787. 1933. — BRAGG, W. L.: Proc. Roy. Soc., London, Ser. A, **105**, 370 (1924); **106**, 346 (1924). — HYLLERAAS, E.: Z. Physik **44**, 871 (1927).

79. BURGERS, W. G.: Verformter Zustand, Erholung und Rekristallisation. Handbuch der Metallphysik, Bd. III. Leipzig 1940. — BERNAL, J. D.: The Properties of Real Crystals. Ann. Rep. Progr. Chem. **32**, 189 (1935).

6 D. Isomorphie, isomorphe Vertretung und strukturelle Unordnung.

GOLDSCHMIDT, V. M.: Geochemische Verteilungsgesetze, VII u. VIII. — GRIMM, H. G. u. H. WOLFF: Atombau und Chemie (Atomchemie). Handbuch der Physik, Bd. XXIV/2, 2. Aufl. 1933.

---

[1] Die vorangestellten halbfetten Ziffern beziehen sich auf die Gliederung des Kapitels.

83. DEHLINGER, U.: Handbuch der Metallphysik, Bd. I. Leipzig 1935; Erg. exakt. Naturwiss. **10**, 325 (1931). — LAVES, F.: Naturwiss. **27**, 65 (1939). — WEIBKE, F.: Z. Elektrochem. angew. physik. Chem. **44**, 209, 263 (1938). — ZINTL, E. u. Mitarbeit.: Mitteilungen über Metalle und Legierungen in Z. physik. Chem., Z. anorg. allg. Chem., Z. Elektrochem. angew. physik. Chem. ab 1931.

83, 84. HUME-ROTHERY, W.: The Structure of Metals and Alloys. London 1936.

83, 84, 85. BERNAL, J. D.: Crystal Physics. Ann. Rep. Progr. Chem. **32**, 181 (1935).

84. MOTT, N. F. u. H. JONES: The Theory of the Properties of Metals and Alloys. Oxford 1936.

85. STROCK, L. W.: Z. physik. Chem., Abt. B **25**, 441 (1934). — KETELAAR, J. A. A.: Z. physikal. Chem., Abt. B **26**, 327 (1934).

86. HASSEL, O.: Kristallchemie, Kap. 16. Dresden 1934.

Siebentes Kapitel.

Einige Gruppen von anorganischen Verbindungen.

A. Die Krystallstrukturen der Dihalogenide.

Wir wollen jetzt am Beispiel der Dihalogenide eingehender erörtern, wie der Strukturtypus bei Ionenkrystallen, außer durch die relativen Zahlen der verschiedenen Bausteine, d. h. durch die chemische Zusammensetzung, durch das *Größenverhältnis* der Ionen und ihre *Polarisierbarkeit* bestimmt wird (Grundgesetz der Krystallchemie von V. M. GOLDSCHMIDT).

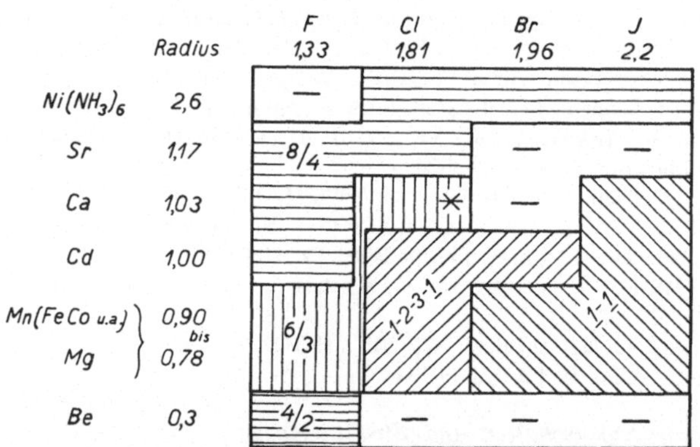

Abb. 131. Schema der Strukturtypen der Dihalogenide. Oben links Koordinationsgitter mit den Koordinationszahlen von Kation und Anion; unten rechts die Schichtenstrukturen, deren Schichtenfolge angegeben ist.

Die Mannigfaltigkeit dieser Strukturen überblickt man im Schema der Abb. 131, das den Strukturtypus in seiner Abhängigkeit vom Größenverhältnis Kation zu Anion und von der Polarisierbarkeit des Halogens zeigt.

87. Koordinationsstrukturen. Bei geringer Polarisierbarkeit der Ionen bilden sich die reinen Koordinationsstrukturen, in denen infolge der COULOMBschen Kräfte die positiven Ionen von negativen Ionen umringt sind und umgekehrt. Unter den Dihalogeniden findet man diese Strukturen vornehmlich bei den Fluoriden. Man unterscheidet drei Typen, je nachdem das Kation von acht, sechs oder vier Anionen umgeben ist (Abb. 132). Das Radienverhältnis von Kation zu Anion bestimmt diese Koordinationszahl. Ordnet man die Dihalogenide nach abnehmender Größe des Kations (Abb. 131), so findet der Übergang von den Koordinationszahlen acht/vier auf sechs/drei zwischen den Fluoriden des Cadmiums und des Mangans statt, für die das Radienverhältnis Kation/Anion 1,00/1,33 = 0,75 bzw. 0,90/1,33 = 0,68 beträgt. Dieselbe Grenze berechnet man nach einfacher geometrischer Überlegung:

Die Abb. 133a zeigt, bei welchem Radienverhältnis acht Kugeln B, die eine Kugel A umringen, bei abnehmender Größe von A sich zu berühren anfangen.

In der Nähe dieses Verhältnisses erwarten wir somit den Umschlag des Strukturtyps: Nimmt das Radienverhältnis bis unter die berechnete Grenze ab, so würde in der Achterkoordination der energetisch geforderte Kontakt zwischen Anion und Kation verlorengehen.

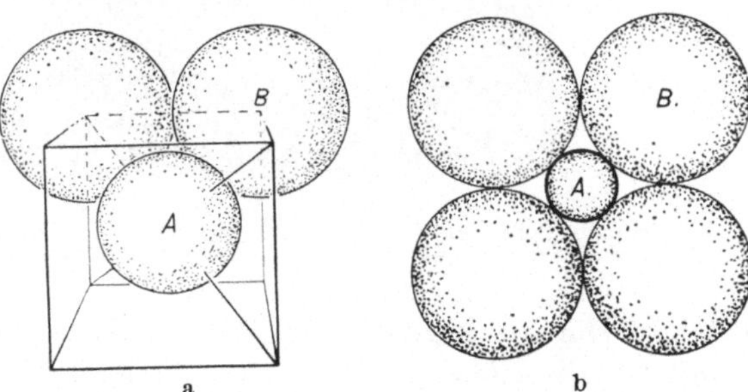

Abb. 132 a bis c. Koordinationsgitter der Dihalogenide. a Flußspattypus, Koordinationszahlen 8/4; b „Rutiltypus" (6/3); c „Cristobalittypus" (4/2).

Geht man zu noch kleineren Kationen über, so wird eine Viererkoordination die Sechserkoordination verdrängen (berechnete Grenze 0,41, Abb. 133 b). Berylliumfluorid ist aber das einzige Fluorid mit hinlänglich kleinem Kation ($r_{Be}/r_F = 0,34/1,33 = 0,26$).

Der große Einfluß der räumlichen Verhältnisse auf die Krystallstruktur tritt in solchen Beispielen deutlich hervor.

88. Schichtenstrukturen.

Die Mehrzahl der Chloride und Bromide (Cd, Mn, Fe, Zn, Co, Ni, Mg) und fast alle Jodide krystallisieren in Schichtengittern, in denen das stark polarisierbare Anion polar umgeben ist (67).

CdCl$_2$ - Typ und PbJ$_2$ - Typ. Die am häufigsten vorkommenden Strukturen sind der CdCl$_2$- und der PbJ$_2$-Typ (Abb. 134 und 103). Man kann sie beide aufgebaut denken aus Einzelschichten Halogen-Metall-Halogen, B—A—B, in denen die Kationen sich derartig mit sechs Anionen

Abb. 133 a u. b. a Das A-Ion ist von acht sich berührenden B-Ionen umgeben. Würfelkante $2\,r_B$. Halbe Würfeldiagonale $r_B\sqrt{3}$, auch gleich $r_A + r_B$:

$$r_A + r_B = r_B\sqrt{3}; \quad r_A/r_B = \sqrt{3} - 1 = 0{,}73.$$

b Das A-Ion ist von sechs in den Ecken eines Oktaeders befindlichen sich berührenden B-Ionen umgeben. Kante des eingezeichneten quadratischen Querschnitts $= 2\,r_B$. Halbe Diagonale gleich $r_B\sqrt{2}$, auch gleich $r_A + r_B$:

$$r_A + r_B = r_B\sqrt{2}; \quad r_A/r_B = \sqrt{2} - 1 = 0{,}41.$$

umgeben haben, daß letztere eine dichte Packung bilden (B—A—B ist angeordnet wie 1—2—3 aus Abb. 105, oben).

Die Strukturen von $CdCl_2$ und PbJ_2 unterscheiden sich in der Art, in welcher diese B—A—B-Schichten aufeinander gelegt sind: In beiden Fällen schmiegen sich die Halogenatome der anschließenden Schicht in die Mulden der vorhergehenden; es gibt jedoch zwei Möglichkeiten für diese Schichtungsweise. In der PbJ_2-Struktur (Abb. 134b, Abb. 103) liegen die Metallionen der aufeinanderfolgenden Schichten B—A—B gerade übereinander, in $CdCl_2$ (Abb. 134a)

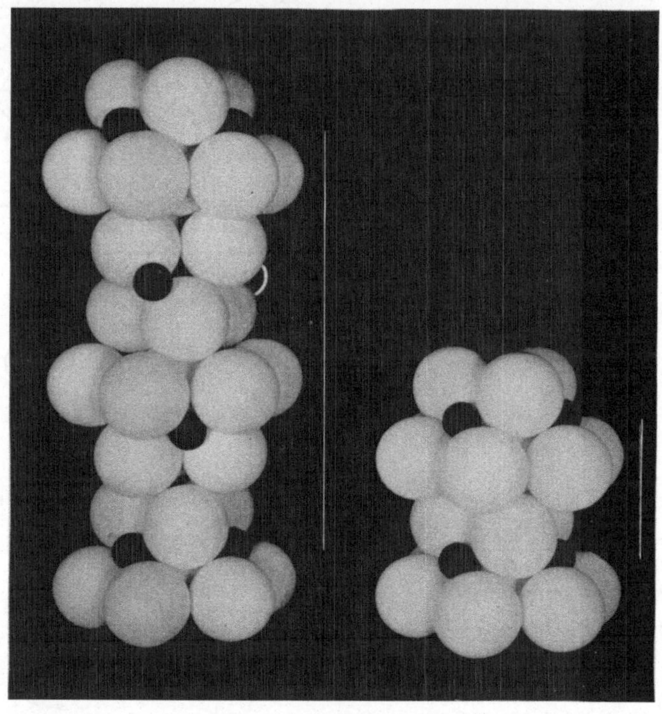

a   b

Abb. 134 a u. b. Schichtenstrukturen. a $CdCl_2$-Typus. b PbJ_2-Typus. Die eingezeichneten Geraden geben die Höhen der Elementarzellen (3 bzw. 1 Schicht), an.

dagegen sind sie gegeneinander verschoben. Die Elementarzelle des PbJ_2 hat somit nur die Höhe einer Schicht, die des $CdCl_2$ die Höhe dreier Schichten.

Wie man aus der Verbreitung der Kationen ersieht, wird in der $CdCl_2$-Struktur der COULOMBschen Abstoßung besser Genüge geleistet. Dazu unterscheiden sich (s. Abb. 134) die Konfigurationen der Kationen um ein Anion in den beiden Strukturen: In beiden hat ein Anion drei Kationen seiner eigenen Schicht als direkte Nachbarn; von den Kationen der nächsten Schicht liegt — auf größerem Abstand — in der $CdCl_2$-Struktur eins gerade über dem Anion. Diese Anordnung ergibt sich als etwas ungünstiger für die Polarisationsenergie — geringere Feldstärke — als die der PbJ_2-Struktur: Der $CdCl_2$-Typ ist günstiger in Hinsicht auf die COULOMBsche Energie, der PbJ_2-Typ in Hinsicht auf die Polarisationsenergie[1].

---

[1] Einen Übergang zwischen diesen zwei Typen trifft man in der *Zwei*schichtenstruktur des Cd(OH)Cl an (Abb. 134 c); wie man sieht, haben hier die Cl-Ionen an der einen Seite

Stabilitätsgrenzen. Beim Übergang von einer Koordinationsstruktur auf die $CdCl_2$-, und weiter auf die PbJ_2-Struktur sehen wir also das allmähliche Hervortreten des Polarisationseinflusses. Dies erklärt das Vorkommen der Koordinationsstrukturen bei allen Fluoriden, des $CdCl_2$-Typs hauptsächlich bei den Chloriden, des PbJ_2-Typs bei den Bromiden und Jodiden.

Der Einfluß des Kationenradius, den wir schon bei den Fluoriden verfolgten, ist auch im Umschlag der Gitterstrukturen in den übrigen Spalten der Abb. 131 ersichtlich: Von kleinem Kationenradius ausgehend, findet man in der Reihe der Chloride die $CdCl_2$-Struktur, bis diese beim Ca zugunsten einer Koordinationsstruktur zurücktritt (nämlich einer deformierten Rutilstruktur mit Koordinations-

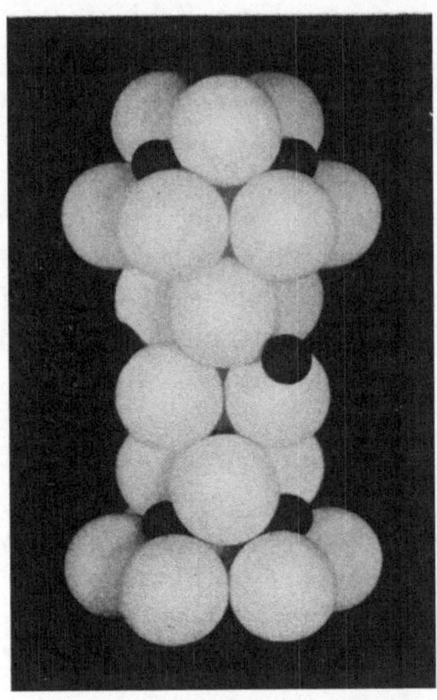

Abb. 134c. Zweischichtengitter des CdJ_2.

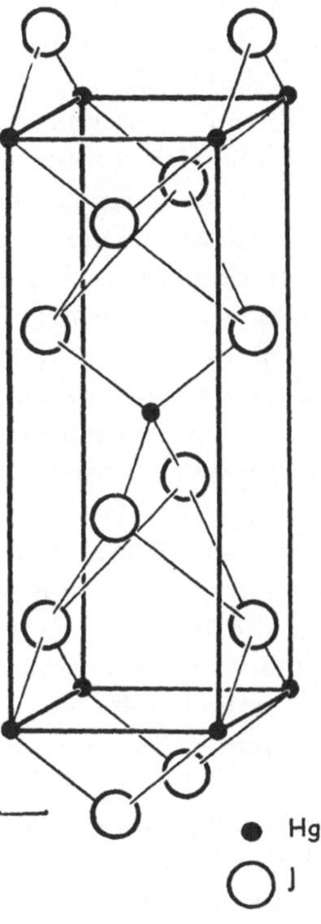

Abb. 135. Elementarzelle des tetragonalen HgJ_2.

zahl sechs) — weiterhin geht dann die Koordinationszahl beim größeren Sr wieder von sechs in acht über (Flußspattypus). Bei den Bromiden sieht man, wiederum zu größeren Kationen fortschreitend, beim Cd den $CdCl_2$-Typ an die Stelle des PbJ_2-Typs treten; bei sehr großem Kationenradius (Ammoniakate) findet man die Koordinationsstruktur, natürlich die mit großer Koordinationszahl. Dieser Einfluß der Kationengröße ist verständlich: Je größer das Kation, um so schwächer tritt die Polarisationsenergie neben der COULOMBschen auf (letztere ist der ersten Potenz des Abstandes proportional,

der Schicht eine Umringung wie bei der $CdCl_2$-Struktur, während die stark polaren OH-Ionen an der anderen Seite der Schicht die Koordination des Einschichtentyps aufweisen. Auch CdJ_2 hat diese Zweischichtenstruktur. Man findet somit bei den Cd-Halogeniden die ganze Reihe der Schichtengitter. Nach der Koordinationsstruktur des Fluorids (Flußspattypus) erscheinen nacheinander mit wachsender Polarisierbarkeit des Anions: Die Dreischichtenstruktur beim Chlorid und Bromid, das Zweischichtengitter beim Jodid, die Einschichtenstruktur beim Hydroxyd, während bei einer unstabilen Form des $CdBr_2$ eine interessante Mischung dieser Schichtungsarten gefunden wurde, die wir im Anhang 7 besprechen werden.

die erste dem Produkt aus Feldstärke und induziertem Dipol, somit der vierten Potenz des Abstandes). Da sich also die Polarisationsenergie bei größerem Kation weniger geltend macht, so wird bei wachsendem Kation bei einem bestimmten Radius die Grenze erreicht, wo in der Konkurrenz der beiden Strukturen diejenige zurücktritt, die ihre größere Stabilität der Polarisation verdankt. Sodann schlägt, wie gesagt, die Struktur in den nebenliegenden Typ um, in welchem die Polarisation weniger hervortritt.

HgJ_2-Typus. Die oben besprochenen Schichtenstrukturen waren aus hexagonalen Schichten aufgebaut, in denen dem Metallion die Koordinationszahl sechs zukam. Man wird fragen, ob auch Schichtengitter vorkommen, in denen das Kation nicht von sechs, sondern von vier oder acht Kationen umgeben ist. Eine solche Schichtenstruktur mit Koordinationszahl vier des Kations ist im tetragonalen roten HgJ_2 realisiert (Abb. 135), wo sie wegen des kleinen Radienverhältnisses Kation/Anion erwartet werden konnte. Eine Schichtenstruktur mit Koordinationszahl acht, die gleichfalls konstruierbar wäre, ist jedoch unwahrscheinlich: Die von großen Kationen — denen diese hohe Koordinationszahl zukommt — erzeugte deformierende Feldstärke ist nur gering und dadurch verschwindet der Vorteil einer Schichtenstruktur. Diese hypothetische Schichtenstruktur mit Koordinationszahl acht wurde denn auch nicht gefunden.

Übergangsstrukturen. Weniger einfache und unsymmetrischere Strukturen treten an den Grenzen der Haupttypen auf. Wenn z. B. das Radienverhältnis Kation/Anion den Wert zu unterschreiten beginnt, bei dem das Kation sich gerade noch mit sechs oder acht Anionen umhüllen kann, so kann es sich, ehe die Struktur sich mit der kleineren Koordinationszahl begnügt, in weniger einfacher Weise mit einigen Ionen in kleinerem und einer Anzahl in größerem Abstand umgeben.

Ein Beispiel zeigte schon das deformierte Rutilgitter des $CaCl_2$. Weiter wurde in $PbBr_2$, $PbCl_2$, $SrBr_2$ und der Tieftemperaturmodifikation des PbF_2 eine Struktur mit Neunerkoordination des Kations gefunden; in dieser Struktur spielt auch die Polarisation des Pb-Ions eine Rolle (vgl. Fußnote [1], S. 111; Pb ist, wie Tl, für ein Kation stark polarisierbar).

89. Molekülgitter. Bei den Quecksilberhalogeniden findet man das Quecksilberion in $HgCl_2$ und $HgBr_2$ von acht bzw. sechs Halogenen umgeben, und zwar liegen zwei derselben dem Quecksilber so viel näher als die anderen, daß man von Gruppen (Molekülen) $HgCl_2$ bzw. $HgBr_2$ sprechen muß. — Diese Molekülbildung wird auf spezifische Art durch die Elektronenstruktur des Quecksilberions veranlaßt sein.

Die Strukturen des $HgCl_2$ und des $HgBr_2$ sind einander sehr ähnlich im Hinblick auf die Gruppierung der Atome in den Spiegelebenen (Vorderflächen der Abb. 136a und b). Diese Ebenen sind jedoch bei $HgCl_2$ derart hintereinander geschaltet, daß die Höhen der Quecksilberatome alternieren, während sie im Bromid alle gleich sind. Beim weniger polarisierbaren Chlor überwiegen also die COULOMBschen Kräfte (Verbreitung der Quecksilberionen), in der $HgBr_2$-Struktur überwiegt die Polarisation des Halogens (Schichtengitter): Die größere Polarisierbarkeit des Broms erklärt somit wieder den Unterschied im Aufbau der beiden Molekülstrukturen, ganz wie bei den Ionengittern unseres Schemas der Unterschied zwischen den Schichtengittern der Chloride und Bromide gedeutet wurde.

Es liegt noch nahe, die $HgBr_2$- mit der HgJ_2-Struktur zu vergleichen, mit Rücksicht auf die bekannte Dimorphie des HgJ_2. Die rote Modifikation besitzt HgJ_2-Struktur, die gelbe über $127°$ stabile hat $HgBr_2$-Struktur. Wir haben hier ein Beispiel der Gesetzmäßigkeit, daß eine Strukturänderung, die an einer Stabilitätsgrenze bei chemischer Substitution stattfindet (Chemotropie), auch oft von einer Änderung der Umstände (Temperatur) hervorgerufen wird (Thermotropie). Polymorphie ist also an der Grenze verschiedener Strukturtypen

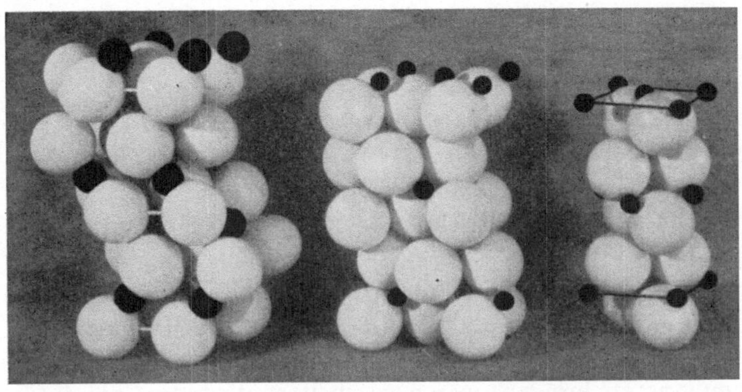

a   b   c

Abb. 136a bis c. a $HgCl_2$. b $HgBr_2$. c HgJ_2. Man beachte die Molekülbildung in a und b, weiter auch den Schichtenaufbau in b und in c gegenüber der Verbreitung der Kationen in a.

zu erwarten. Die Umwandlung von rotem in gelbes Quecksilberjodid kann in struktureller Hinsicht leicht vor sich gehen: Nur eine kleine Verschiebung der Quecksilberionen findet dabei statt.

90. Weitere Beispiele. a) **Verbindungen AB_2.** Die Strukturtypen des Schemas Abb. 131 findet man wiederum keinesfalls ausschließlich bei den Dihalogeniden; dies geht schon aus den Namen Rutiltypus (TiO_2) und Cristobalittypus (SiO_2) in Abb. 132 hervor. Den Flußspattypus z. B. findet man außer bei den besprochenen Difluoriden auch bei einer Reihe von Dioxyden mit dem erforderlichen Radienverhältnis Metall/Sauerstoffion (ZrO_2); auch Li_2O zeigt diese Struktur, jedoch mit Umkehr der Kationen- und Anionenstellen (im Einklang mit dem Atomverhältnis); Mg_2Pb ist ein Beispiel dieser Struktur in der Reihe der intermetallischen Verbindungen. Beim Übergang von ZrO_2 auf ZrS_2 oder $ZrSe_2$ begegnet man wieder dem Schichtengitter des PbJ_2-Typs, im Einklang mit der größeren Polarisierbarkeit des Anions.

Andererseits gibt es bei den Nichthalogeniden noch einige Strukturtypen AB_2, denen wir in der vorangehenden Aufzählung nicht begegneten. Von diesen erwähnten wir schon die Pyritstruktur, Fußnote [1], S. 119, deren Aufbau aus Fe-Atomen und S_2-Komplexen einen Übergang zwischen den besprochenen Anordnungen einzelner Ionen einerseits und den Molekülgittern — CO_2, Hg-Halogenide — andererseits darstellt.

b) **Typen ABX_3.** In analoger Weise wie bei den Verbindungen AB_2 kann man auch bei einigen anderen Gruppen einen Überblick über ihre Strukturen aus der Art der Atombindung, der Größe und der Polarisierbarkeit der Teilchen gewinnen. Dies ist z. B. der Fall bei den Verbindungen ABX_3, unter denen

$NaNO_3$, KNO_3, $NaBrO_3$, $KBrO_3$, $MgSiO_3$, $MgTiO_3$, $CaTiO_3$ alle verschiedenen Gitterbau aufweisen. In diesen Verbindungen erheben sowohl die positiven A-Ionen als auch die B-Ionen Anspruch auf eine passende Umringung durch negative Ionen X: An erster Stelle wird sich das hochgeladene B-Ion mit der größtmöglichen Zahl von X (Sauerstoffionen) umgeben, also seiner Größe nach mit drei — entweder in ebener (NO_3) oder in pyramidaler Anordnung (BrO_3) — mit vier (im Silicat) oder mit sechs Sauerstoffionen (Titanat). Bei der Vierer- und Sechserkoordination erfordert die chemische Zusammensetzung, daß die X-Polyeder um jedes B-Ion gemeinschaftliche Ecken haben müssen, wie man aus den Abb. 138 und 114 ersieht.

Das große Ion A hat sodann in diesen Verbindungen für Sauerstoff die Koordinationszahlen 6, 9 oder 12. Die oben genannten Gittertypen entstehen durch Kombinieren dieser verschiedenen Umringungen des B- und A-Ions.

B. Die Krystallstrukturen der Silicate.

Bis vor gut etwa 10 Jahren war es noch nicht gelungen, das Chaos der chemischen Zusammensetzung der Silicate, derjenigen Mineralgruppe, an denen die Mineralogen und Geologen so besonders interessiert sind, zu entwirren. Alle Versuche, ihre chemische Zusammensetzung mit ihren Krystalleigenschaften in Zusammenhang zu bringen, waren gescheitert, trotzdem die natürliche Einteilung in einige Hauptgruppen von stark ausgeprägtem Charakter bei den Silicaten aus den physikalischen Eigenschaften klar hervortritt.

Die Röntgenanalyse hat nun einen ihrer größten Triumphe in der Aufklärung der Silicatchemie gefeiert (93), indem sie die Gesetze der Atomanordnung für die Silicate auffand (92).

Man fängt heute auch schon an, auf Grund der Kenntnis der Atompackungen zu übersehen, welche Minerale unter gegebenen Umständen gebildet werden: Das Schema der magmatischen Differentiation wird im Lichte der modernen Krystallographie klar (96).

91. Die natürliche Klassifizierung der Silicate. In der *natürlichen Einteilung* nach Eigenschaften faßt man z. B. die Glimmer zusammen, die alle eine auffallend leichte *Spaltbarkeit parallel zu einer Fläche* zeigen und eine ausgesprochen pseudohexagonale Symmetrie aufweisen (wir werden diese Gruppe im folgenden mit *C* bezeichnen); weiter die Silicate, die — wie Asbest — leicht in Fasern spalten (Gruppe *B*); dann unter den Silicaten mit nicht so stark ausgesprochener Spaltung die spezifisch *schweren Minerale* (Gruppe *A*) wie Olivin und Granat, und die *leichten* (Gruppe *D*) der Endkrystallisation des Magmas, unter denen an erster Stelle die Feldspate und Quarz stehen.

Was andererseits die *chemische Klassifikation* anbetrifft, so kam man nicht weiter als bis zur Einführung einer großen Zahl von — teilweise hypothetischen — Kieselsäuren, von denen die Silicate abgeleitet werden könnten: *Orthosilicate*, abgeleitet von der hypothetischen Orthokieselsäure H_4SiO_4; *Metasilicate* von H_2SiO_3 abgeleitet, welchen sich die *Di-, Tri- usw. Silicate* anschließen, jedes mit einem eigenen Mengenverhältnis vom basischen zum sauren Oxyd (Säurereste: Si_2O_5, Si_2O_9, Si_3O_8 ...) usw.

Man hatte keinen Zusammenhang zwischen den Arten dieser Säureradikale und den oben genannten natürlichen Klassen aufgefunden:

A der *schweren* Silicate ohne besonders bevorzugte Spaltung.
B der Silicate mit ausgeprägter *Faser*-Spaltung.
C der Silicate mit ausgeprägter *Blatt*-Spaltung.
D der *leichten* Silicate ohne besonders bevorzugte Spaltung.

Dies geht aus der Tabelle 1 hervor, in der die alte Formulierung der Zusammensetzung in Spalte 3 angegeben ist.

Tabelle 1.

	Natürliche Familie	Chemische Formel[1]		Typus
		alt	neu	
Natürliche Gruppe der Glimmer:				
Muscovit	C	$H_2KAl_3(SiO_4)_3$	$(OH)_2KAl_2^6(Si_3Al^4O_{10})$	Si_2O_5
Margarit	C	$H_2CaAl_4(SiO_6)_2$	$(OH)_2CaAl_2^6(Si_2Al_2^4O_{10})$	
Petalit	C	$LiAl(Si_2O_5)_2$	$LiAl^6(Si_2O_5)_2$	
Talk	C	$H_2Mg_3(SiO_3)_4$	$(OH)_2Mg_3(Si_2O_5)_2$	
Kaolin	C	$H_4Al_2Si_2O_9$	$(OH)_4Al_2^6(Si_2O_5)$	
Natürliche Gruppe der Feldspate:				
Na-Feldspat	D	$NaAlSi_3O_8$	$Na(Si_3Al^4O_8)$	SiO_2
Ca-Feldspat	D	$CaAl_2(SiO_4)_2$	$Ca(Si_2Al_2^4O_8)$	
Leucit	D	$KAl(SiO_3)_2$	$K(Si_2Al^4O_6)$	
Chemische Gruppe der Orthosilicate:				
Granat	A	$Ca_3Al_2(SiO_4)_3$	$Ca_3Al_2^6(SiO_4)_3$	SiO_4
Muscovit	C	$H_2KAl_3(SiO_4)_3$	$(OH)_2KAl_2^6(Si_3Al^4O_{10})$	Si_2O_5
Anorthit	D	$CaAl_2(SiO_4)_2$	$Ca(Si_2Al_2^4O_8)$	SiO_2
Chemische Gruppe der Metasilicate:				
Diopsid (Faserspalter)	B	$CaMg(SiO_3)_2$	$CaMg(SiO_3)_2$	SiO_3
Talk (Glimmer)	C	$H_2Mg_3(SiO_3)_4$	$(OH)_2Mg_3(Si_2O_5)_2$	Si_2O_5
Leucit (Feldspat)	D	$KAl(SiO_3)_2$	$K(Si_2Al^4O_6)$	SiO_2

Keine Übereinstimmung zwischen der natürlichen Mineralklasse (Spalte 2) und der alten Formulierung der chemischen Zusammensetzung der Spalte 3.
Dagegen bringt die *neue* Formulierung der Spalte 4:
alle Minerale der Familie *A* unter den Säureresttypus SiO_4 (isolierte Tetraeder),
alle Minerale der Familie *B* unter den Typus SiO_3 (Tetraederketten),
alle Minerale der Familie *C* unter den Typus Si_2O_5 (Tetraederschichten),
alle Minerale der Familie *D* unter den Typus SiO_2 (räumliche Tetraedergerüste).

Wir sehen dort als Beispiele zunächst einige glimmerartige Minerale; in den zahlreichen Säureresten (man findet angegeben SiO_4, SiO_6, Si_2O_5, SiO_3, Si_2O_9), sucht man umsonst irgend einen dem Glimmercharakter entsprechenden Verband. Ähnlich steht es bei den Feldspaten — in der Spalte 3 treten ein Tri-, ein Ortho- und ein Metasilicat auf —, während doch gerade die beiden ersten, der Na- und Ca-Feldspat, zusammengehören: Diese bilden eine kontinuierliche Reihe von Mischkrystallen (die Reihe der Plagioklase, welche die wichtigsten gesteinsbildenden Minerale sind) trotz des anscheinend erheblichen Unterschieds in der Zusammensetzung der Spalte 3. Andererseits findet man in der

---

[1] Hier sind nur die „normalen" Zusammensetzungen angegeben: Die tatsächlich sich vorfindenden Zusammensetzungen unterscheiden sich von den angegebenen, da die Ionen teilweise isomorph vertreten sein können (vgl. Tabelle 2, S. 156).

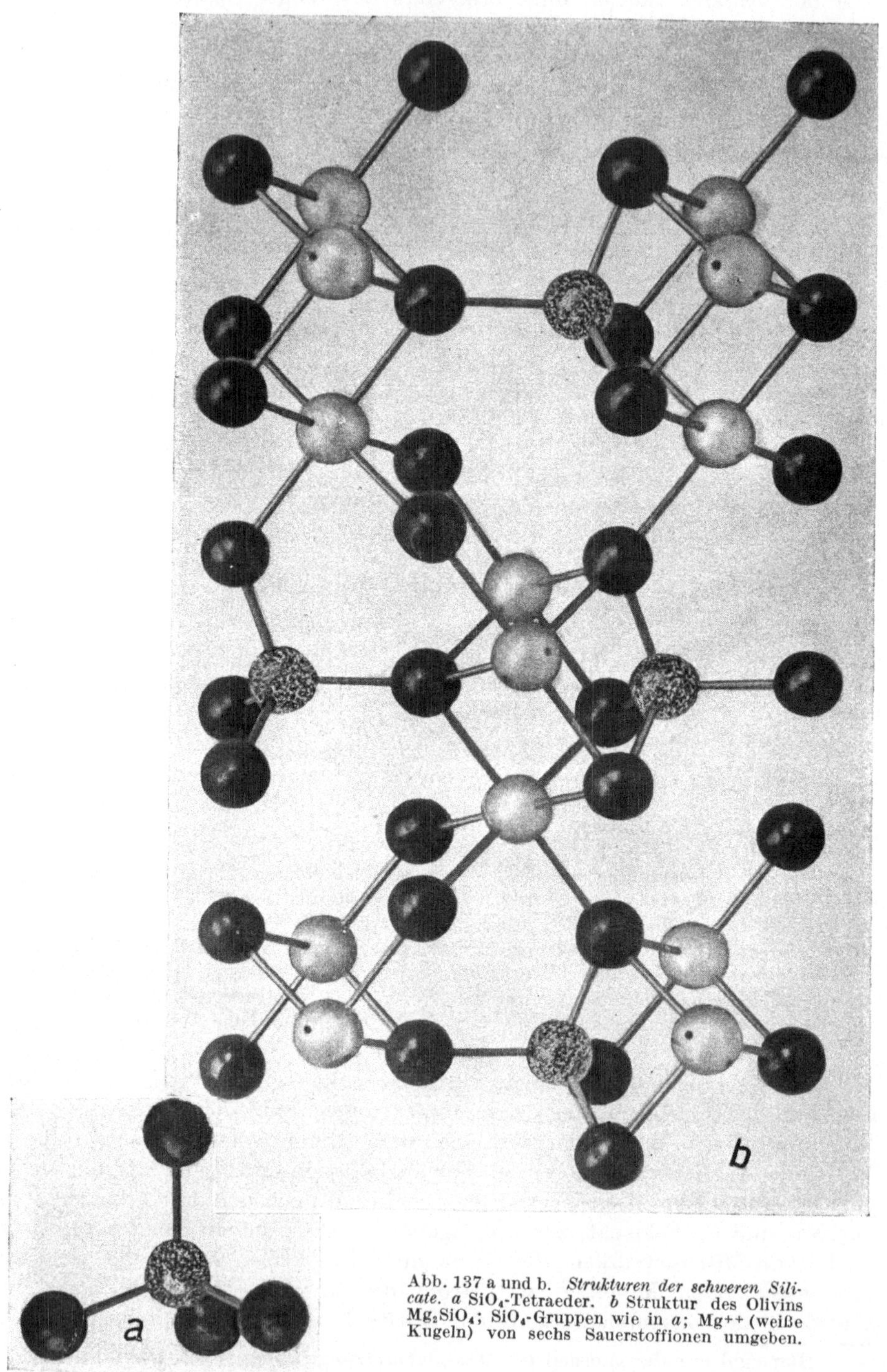

Abb. 137 a und b. *Strukturen der schweren Silicate.* a SiO$_4$-Tetraeder. b Struktur des Olivins Mg$_2$SiO$_4$; SiO$_4$-Gruppen wie in a; Mg^{++} (weiße Kugeln) von sechs Sauerstoffionen umgeben.

Tabelle unter der alten Formulierung „Orthosilicate" allerhand natürliche Gruppen, ebenso auch bei den „Metasilicaten". Es leuchtet ein, daß die Unlöslichkeit der Silicate die Chemie verhinderte, die wahre Art der aufbauenden Ionen kennenzulernen.

92. Ergebnisse der Röntgenanalyse. Die Röntgenanalyse hat die Ähnlichkeit des Atomaufbaues für die Minerale einer natürlichen Gruppe gezeigt.

Gruppe A. Ein Beispiel bildet Olivin Mg_2SiO_4. Der Krystall stellt eine Packung von vierwertig negativen SiO_4-Ionen und positiven Metallionen dar; die positiven Ionen sind von negativen umgeben und umgekehrt, ganz ähnlich wie in den Krystallgittern von Na^+Cl^-, $Ca^{++}CO_3^{--}$ u. a. Im SiO_4-Ion ist Silicium

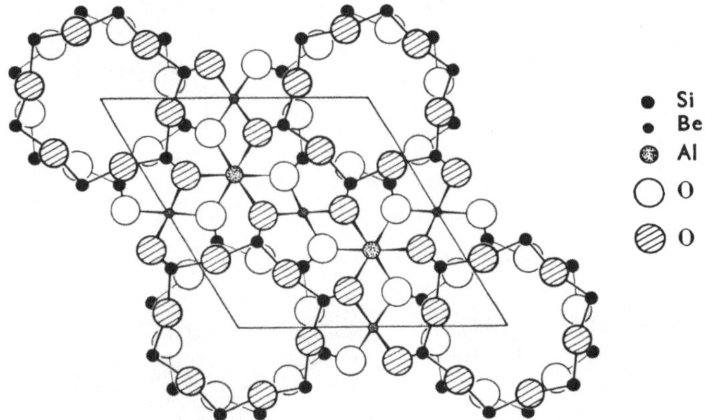

Abb. 137 c. Struktur des Berylls $Be_3Al_2Si_6O_{18}'$. $(SiO_3)_6$-Ringe — in der Abbildung zwei übereinander — sind durch Be^4 und Al^6 verkittet. (W. L. BRAGG: Atomic Structure of Minerals. Ithaca 1937.)

tetraedrisch von vier Sauerstoffatomen umringt. In Abb. 137 a findet man das SiO_4-Ion abgebildet, in Abb. 137 b die Packung dieser Ionen und der Metallionen im Olivingitter[1].

Gruppe B. Bei den Silicaten mit Faserspaltung, wie $MgSiO_3$ (Enstatit), verdanken wir der Röntgenanalyse ein unerwartetes und sehr wichtiges Ergebnis: Man hat hier nicht einen der Gruppe A analogen Aufbau aus diskreten Anionen — SiO_3-Ionen — und Metallionen. Dagegen findet man auch hier, wie überhaupt in *sämtlichen* Silicatstrukturen, Si in *Vierer*koordination von den Sauerstoffatomen umgeben. Diese Sauerstofftetraeder im Metasilicat hängen in der aus Abb. 138 a ersichtlichen Weise zusammen. Aufeinanderfolgende Tetraeder haben ein Sauerstoffatom (Tetraederecke) *gemeinsam*, und zwar gehören zwei O-Atome einer jeden SiO_4-Gruppe Nachbartetraedern an, wodurch also unendliche Ketten entstehen. Die chemische Zusammensetzung dieser Kette von SiO_4-Tetraedern entspricht der Formel SiO_3: Jedes Si-Atom hat ja zwei Sauer-

---

[1] In einigen wenigen Fällen findet man den Zusammenhang von zwei, drei, vier oder sechs Tetraedern zu isolierten Gruppen von der Zusammensetzung Si_2O_7, Si_3O_9, Si_4O_{12} bzw. Si_6O_{18}, die im Gitter durch Metallionen zusammengehalten sind. Die zuletzt genannten Sechserringe findet man im Beryll $Be_3Al_2Si_6O_{18}$, dessen Struktur in Abb. 137 c abgebildet ist. Die von diesen Sechserringen gebildeten geräumigen Kanäle bieten den Raum für die großen Alkaliionen und Wassermoleküle (auch Heliumatome), die man immer im Beryll enthalten findet.

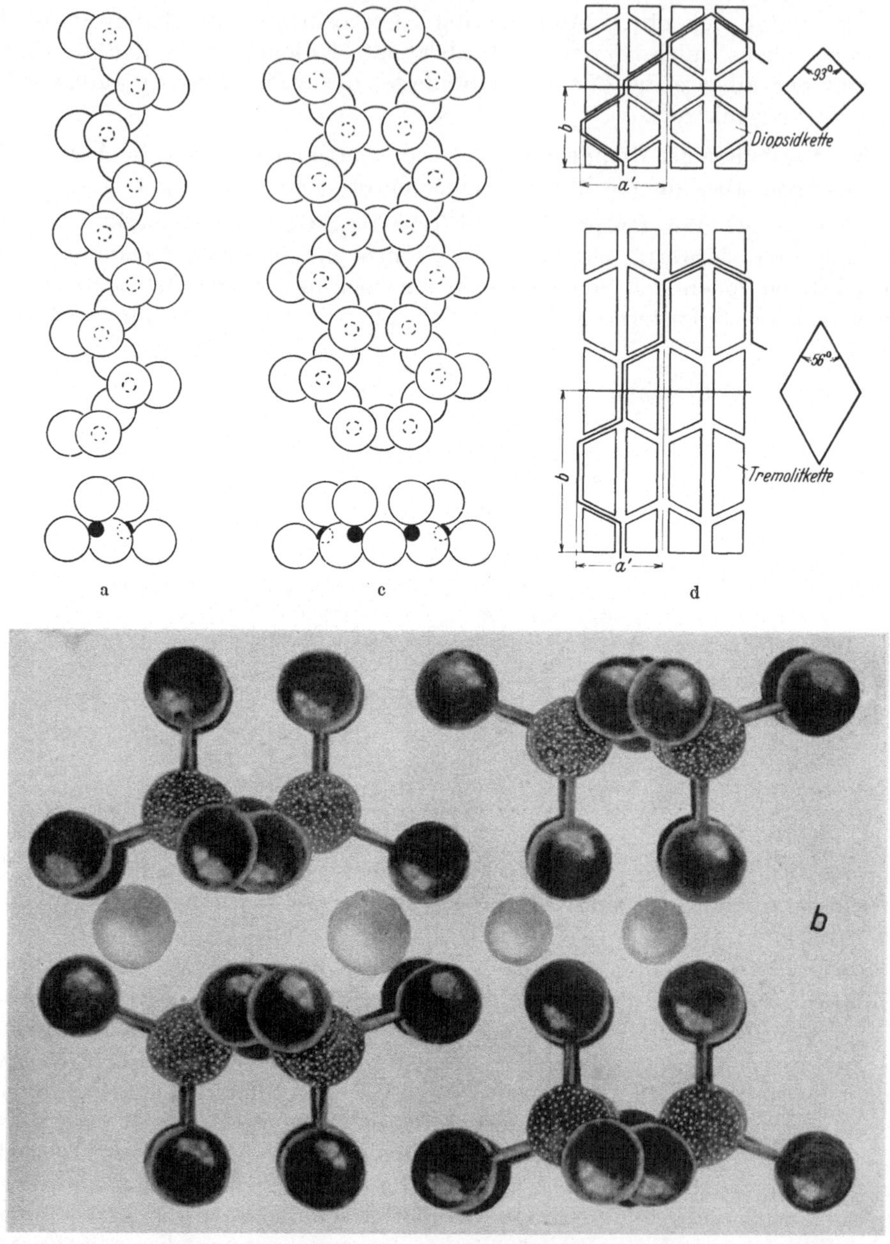

Abb. 138 a bis d. *Strukturen der Faserspalter.* a Tetraeder, verbunden zu Ketten der Zusammensetzung SiO_3, von der Seite und in der Längsrichtung gesehen. b Struktur des Diopsid $CaMg(SiO_3)_2$. Ketten in der Längsrichtung gesehen wie in a unten; große Metallionen Ca; kleine Mg. c Doppelkette. d Spaltung in den Faserstrukturen. Die Ketten wie in a und c unten gesehen, sind schematisch angegeben. Pyroxen: Spaltungswinkel 93°. Amphibol: Spaltungswinkel 56°. [Abb. d aus: B. F. WARREN: Z. Kristallogr. 72, 42 (1929).]

stoffatome für sich, während die zwei übrigen mit einem anderen Si-Atom geteilt werden: $SiO_{2+2\cdot 1/2} = SiO_3$ (Einzelketten: Pyroxene).

Die unendlich langen Säurerestketten, die man hier an Stelle der isolierten Säurerestgruppen findet, sind jetzt wiederum durch die positiven Metallionen

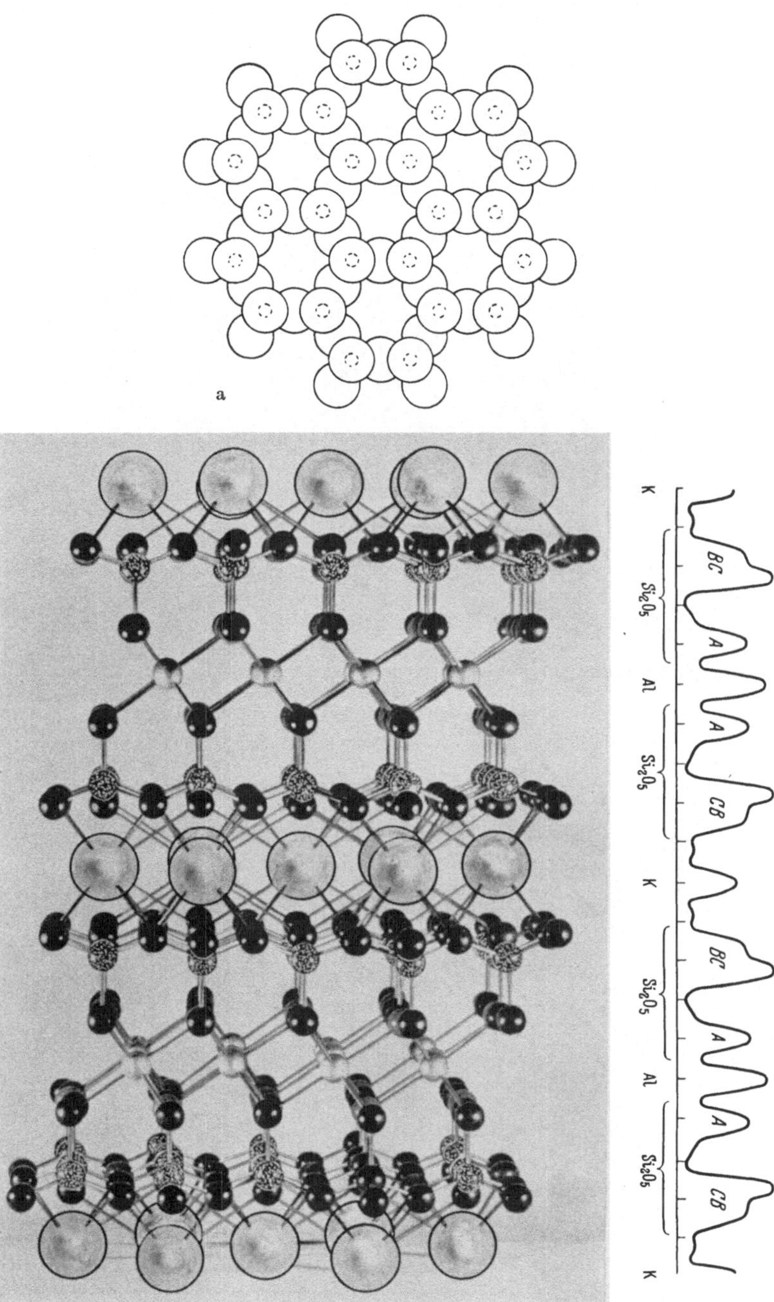

Abb. 139 a u. b. *Strukturen der Blattspalter.* a Tetraeder verbunden zu einer Platte der Zusammensetzung Si_2O_5. b Glimmer; Platten $(Si, Al)_2O_5$, an der einen Seite durch Al^6, an der anderen durch K verkittet.

im Krystallgitter aneinander gebunden (Abb. 138 b). In allen Silicaten mit Faserspaltung hat die Röntgenanalyse diese ununterbrochenen, sich in der Faserrichtung erstreckenden Tetraederketten aufgefunden. Offenbar werden beim Spalten die starken Bindungen zwischen Si und O nicht durchbrochen.

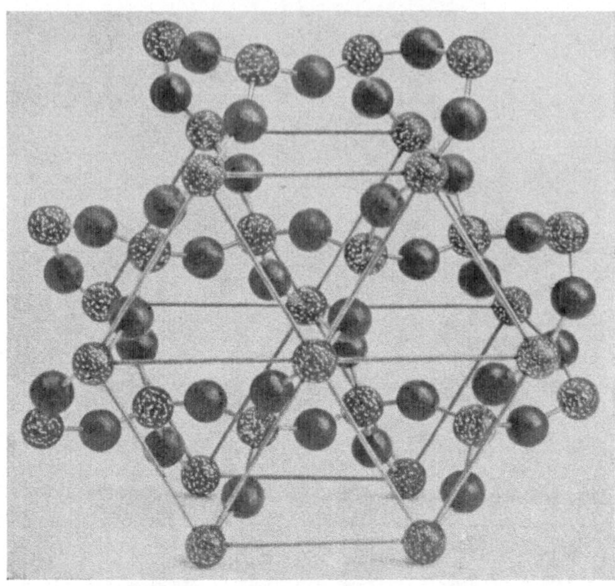

Abb. 140a. Struktur von Quarz. SiO_4-Tetraeder verbunden zu einem Raumgitter der Zusammensetzung SiO_2.

Abb. 140c. Struktur des Edingtonits $BaAl_2Si_3O_{10} \cdot 4\,H_2O$. Helle Kugeln: Sauerstoff, in dessen Tetraedern man die kleinen Si (bzw. Al) erblickt. Kanäle senkrecht zur Zeichnungsebene, in denen sich Ba-Ionen (dunkelste Kugeln) umschlossen von Wassermolekülen (etwas helleren Kugeln) befinden.

Abb. 140a bis c.

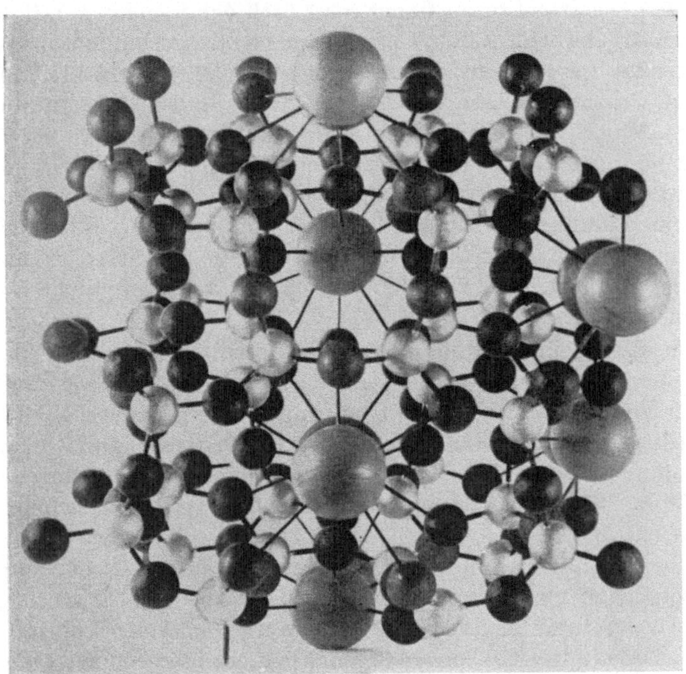

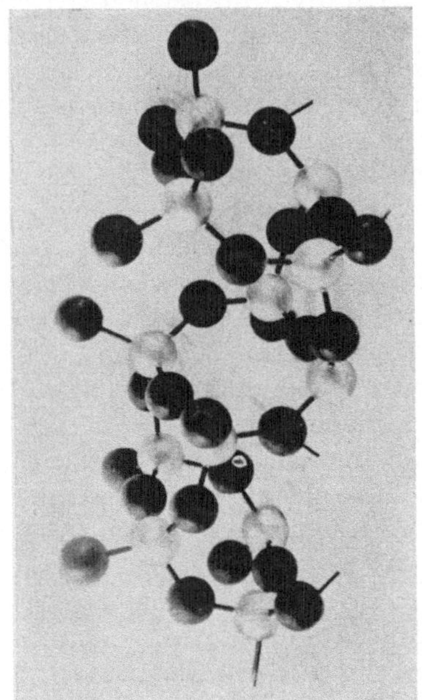
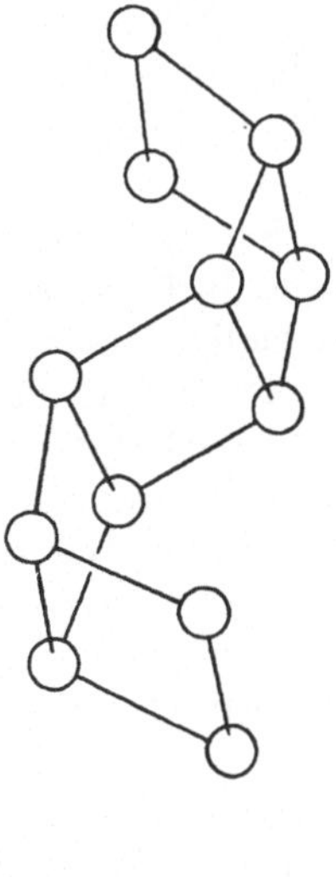

Abb. 140 b. Oben: Struktur von Orthoklas $KAlSi_3O_8$. Unten links: Eine aus dem Gitter herausgehobene Spaltungssäule. Unten rechts: Dieselbe, schematisch gezeichnet.

Strukturen der leichten Silicate.

Unter den Faserstrukturen findet man auch den folgenden Fall, bei dem zwei Ketten nach Art der Abb. 138a zu einer Doppelkette verbunden sind (Abb. 138c). Diese Doppelketten von der Zusammensetzung $(Si_4O_{11})^{6-}$ sind dann durch die Metallionen verkittet. Diese Struktur findet man bei den Amphibolen, z. B. Tremolit $Ca_2Mg_5(Si_4O_{11})_2(OH)_2$. Aus dieser Struktur ist leicht zu ersehen, daß diese Verbindungen im Gegensatz zu den Pyroxenen OH-Gruppen enthalten können („wasserhaltig" sind), denn die Sechserringe der Doppelketten (Abb. 138c) besitzen leere Räume, in denen ein OH Platz finden kann. Man ersieht aus den Strukturen, wie schematisch in Abb. 138d erläutert, auch den bekannten Unterschied im Spaltungswinkel zwischen Pyroxenen und Amphibolen: Er beträgt bei ersteren 93°, bei letzteren 56°.

Gruppe C. In einem glimmerartigen Mineral, z. B. in LiAl $(Si_2O_5)_2$, findet man röntgenanalytisch Schichten von netzartig verknüpften Tetraedern, in denen jeder SiO_4-Tetraeder mit drei umringenden zusammenhängt (Abb. 139a). Diese Schichten, die man sich auch entstanden denken kann aus einer wiederholten Zusammenfügung von Pyroxenketten, werden wieder durch Metallionen verkittet (Abb. 139b). Die Zusammensetzung einer solchen Schicht ergibt sich (Abb. 139a) zu $SiO_{1+3 \cdot 1/2} = Si_2O_5$.

In den hexagonalen Si_2O_5-Schichten findet man den Grund zur bekannten pseudo-hexagonalen Symmetrie der Glimmer. Die großen chemischen Bindungskräfte zwischen Si und O in den Si_2O_5-Ebenen und andererseits die schwache Kation-Sauerstoffbindung zwischen den Schichten, erklären die blätterige Spaltung.

Gruppe D. Wenn man die 0-, 1- und 2-dimensionalen Zusammenhänge der SiO_4-Tetraeder aus A, B und C bis in drei Dimensionen fortsetzt, so kommt man zum Bauprinzip, das den verschiedenen SiO_2-Modifikationen, dem trigonalen Quarz, dem kubischen Cristobalit und dem hexagonalen Tridymit zugrunde liegt. Hier hängt Si über *jedes* seiner O-Atome mit einem anderen Si zusammen (Abb. 140a). Zusammensetzung $SiO_{4 \cdot 1/2} = SiO_2$. Spaltbarkeit tritt in diesem dreidimensionalen Tetraedergerüst nicht auf.

Einen Aufbau der $SiO_{4/2}$-Tetraeder zu einem dreidimensionalen Gitter findet man auch bei den Feldspaten[1]. Das SiO_2-Gerüst weicht aber beträchtlich von dem der SiO_2-Modifikationen ab: Man findet hier aus vier Tetraedern gebildete Ringe, die zu Säulen aneinander gereiht sind (Abb. 140b). Diese Säulen, die die Richtung der Schnittlinie der Spaltflächen (010) und (001), d. h. der a-Achse haben, werden beim Spalten nicht durchbrochen (natürlich aber eine Anzahl von Si-O-Bindungen *zwischen* diesen Säulen).

Auch die Zeolithe sind auf einem dreidimensionalen Tetraedergerüst aufgebaut. Man kann hier wiederum die Tetraeder zu Viererringen zusammenfassen, die, zu Ketten verbunden, geräumige Kanäle einschließen (Abb. 140c). Diese offenen Kanäle sind für diese Klasse von Verbindungen charakteristisch: An ihren Wänden sind die großen Kationen, Wassermoleküle u. ä. schwach gebunden. Die bekannte Wirkung der Permutite als Enthärtungsmittel beruht auf der leichten Auswechselbarkeit der in dieser Weise gebundenen Kationen.

Die Möglichkeit einer einfachen Haupteinteilung der Silicate beruht auf dem Umstand, daß die Typen sich nicht kombinieren: Es gibt z. B. keine Silicate, die gleichzeitig isolierte SiO_4-Gruppen und SiO_3-Ketten enthalten.

---

[1] Wie das Vorkommen eines solchen Gerüsts mit der chemischen Zusammensetzung der Feldspate in Einklang zu bringen ist, soll im folgenden Paragraph erörtert werden.

93. Das Versagen der chemischen Einteilung. Man wird sich fragen, warum denn nicht die Klassifikation nach den natürlichen Gruppen A, B, C und D ohne weiteres auf eine chemische nach den Säureresten SiO_4, SiO_3 (bzw. Si_4O_{11}), Si_2O_5 und SiO_2 hinausläuft? Die Antwort lautet, daß ein solcher Parallelismus im Grunde tatsächlich vorliegt, jedoch versteckt hinter zwei bei der Interpretation der chemischen Formeln zu beachtenden Komplikationen:

1. Es zeigt sich, daß in den Tetraedern, nach deren Verkettungsarten unsere Einteilung erfolgt, mitunter *Aluminium*, dessen Radienquotient mit Sauerstoff in der Nähe des Übergangswertes zwischen Vierer- und Sechserkoordination liegt, teilweise *die Siliciumatome in Viererkoordination ersetzt.*

Diese Substitution von Si durch Al kann das Si : O-Verhältnis von Krystallen, die in ihrem Bau — und damit in ihren Eigenschaften — vollkommen analog sind, und damit ihre chemischen Formeln gänzlich verändern. Betrachten wir das klassische Beispiel der Feldspate in der Tabelle 1. Sie alle haben Strukturen, denen der Bautypus D — das dreidimensionale Tetraedergerüst — zugrunde liegt. In $NaAlSi_3O_8$ hat nun in einem solchen Gerüst Al ein Viertel der Si-Stellen in den Sauerstofftetraedern eingenommen; die Na-Ionen, deren Einführung den bei dieser Substitution entstehenden Ladungsüberschuß kompensiert, befinden sich in den inneren Hohlräumen des $(Si, Al)O_2$-Netzwerkes (Abb. 140b). Von $NaAlSi_3O_8$ ausgehend, ist ein weiterer Ersatz von Si^{++++} durch Al^{+++} möglich, verbunden mit einer Substitution von Na^+ durch Ca^{++} zur Kompensierung der Ladungsänderung. Im kontinuierlichen Übergang vom Na-Feldspat $NaAlSi_3O_8$ zum Ca-Feldspat $CaAl_2Si_2O_8$ sieht man, wie diese Substitution sich allmählich vollzieht. Dies ist die Erklärung der Isomorphie beider Feldspate, die lange so verwunderlich war[1].

Man kann in den Formeln der Feldspate den Bautypus auf bequeme Weise dadurch andeuten, daß man dem Al die Koordinationszahl 4 als oberen Index hinzufügt: $NaAl^4Si_3O_8$, $CaAl_2^4Si_2O_8$; hiermit wird also angegeben, daß Al am Tetraedergerüst beteiligt ist. Man liest daraus ab: $(Al^4 + Si) : O = 4 : 8 = 1 : 2$, also „$SiO_2$"-Typus ($D$).

Man wird am besten dem Ca-Feldspat $Ca(Al_2^4Si_2O_8)$ die Bezeichnung Orthosilicat auch in der chemischen Nomenklatur vorenthalten und diese für die Silicate mit isolierten SiO_4-Gruppen reservieren.

Das dritte in der Tabelle bei der Feldspatgruppe angegebene Mineral, der Feldspatvertreter Leucit, $KAl(SiO_3)_2$, hat gleichfalls ein dreidimensionales Tetraedergerüst, seine Formulierung lautet also $K(Al^4Si_2O_6)$, in der $(Al^4 + Si) : O = 3 : 6 = 1 : 2$. Diese Verbindung wird man dann besser nicht ein Metasilicat nennen, sondern diesen Namen für die Silicate mit $(Al, Si)O_3$-Ketten reservieren.

Wenn keine Strukturbestimmung vorliegt, ist es bei der Interpretierung einer gegebenen Silicatformel unsicher, ob Al dem Tetraederbau angehört oder nicht; denn Al kann auch außerhalb der Tetraeder die Säurereste als Kation verkitten. Granat z. B. $Ca_3Al_2^6(SiO_4)_3$ ist ein wahres Orthosilicat: Negative SiO_4-Ionen und positive Ca- und Al-Ionen umringen sich gegenseitig. Al ist hier von *sechs* Sauerstoffatomen umgeben. Das Auftreten des Aluminiums im Gitter in diesen beiden Funktionen (Al^4 bzw. Al^6) ist dem bekannten amphoteren Charakter des Aluminiums in der Lösung analog.

---

[1] Die isomorphe Vertretung NaSi→CaAl hat TSCHERMAK schon im Jahre 1869 vermutet.

2. Die zweite Komplikation, die in der empirischen Formel die Zusammensetzung des Si—O-Tetraederbaus verschleiert (Tabelle 1), betrifft die Zählung der Sauerstoffatome. Mitunter sind OH-Gruppen in der Struktur vorhanden — ein Beispiel wurde schon im Tremolit erwähnt —. Diese sind nicht an Silicium gebunden (basische OH-Gruppen); der Sauerstoff dieser Gruppen gehört also nicht dem Tetraederbau an und man hat bei der Interpretation der Formel diesen Teil des Sauerstoffs abzutrennen, bevor das unserer Einteilung zugrunde liegende Si—O-Verhältnis des Tetraedergerüstes aufgefunden wird.

Eine Zweideutigkeit in der Interpretation der chemischen Formeln bringt dies nicht mit sich, weil man niemals[1] OH an Si gebunden findet: *Jedes H-Atom weist ein Sauerstoffatom auf, das am Tetraederbau nicht beteiligt ist.*

Die unter 1 und 2 aufgeführten Sätze bewähren sich als die Zauberformeln beim Bestreben, die chemischen Zusammensetzungen mit den Krystalleigenschaften in Einklang zu bringen. Man findet dies für die Beispiele der Tabelle 1 in der Spalte 4 vollbracht, wo nunmehr die neue Formulierung mit der Klassifikation der Spalte 2 übereinstimmt.

94. Eigenschaften und Strukturmodell der Glimmer.

Wir erörtern den Bau der Glimmer etwas ausführlicher um darzulegen, wie offenbar bei diesen Mineralen die chemische Zusammensetzung mit den physikalischen Eigenschaften zusammenhängt.

Alle Glimmer bauen sich auf, wie aus ihrer Röntgenanalyse hervorgeht, aus den Si_2O_5-Schichten der Abb. 139 a, die auch durch die dunklen Kugeln der

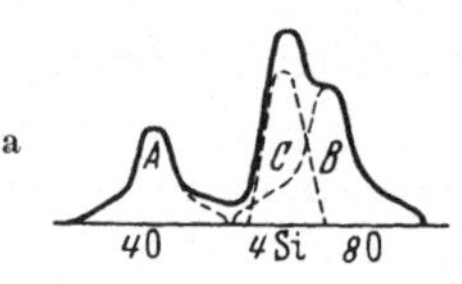

Abb. 142 dargestellt werden. An einer solchen Schicht erkennt man die Seite A, die Ebene der Tetraederspitzen und die Seite B, die Ebene der Tetraederbasisflächen. Die Si_2O_5-Schichten

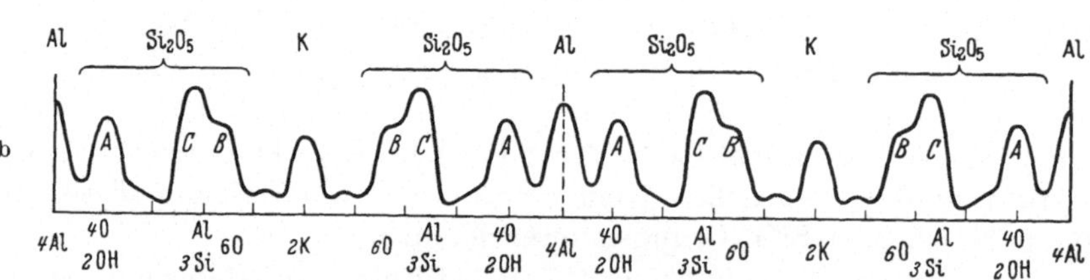

Abb. 141 a u. b. a Theoretische Kurve der Elektronendichte in der einzelnen Si_2O_5-Schicht. b Periodische Elektronendichte zwischen den Spaltebenen des Muscovits. [Nach W. W. JACKSON u. J. WEST: Z. Kristallogr. **76**, 211 (1930).]

folgen nun derart aufeinander, daß angrenzende Schichten einander ihre gleichartigen Seiten zuwenden ($AB \ldots BA \ldots AB \ldots BA \ldots$ usw.).

Diese im Aufbau der meisten Glimmer wichtige Einzelheit ersieht man aus der Abb. 141 b, die die röntgenanalytisch bestimmte Elektronendichte als Funktion des Abstandes von der Spaltfläche darstellt. Wir wollen erst überlegen, wie sich hier eine Schicht der in Abb. 139 a angegebenen Struktur äußert. Man findet dies in Abb. 141 a dargestellt; der Gipfel C entspricht der Ebene der Si-Atome, A der Ebene der Sauerstoffatome der Tetraederspitze, B der Ebene der anderthalbmal zahlreicheren Tetraederbasisecken. Der Abstand AC beträgt $3 BC$. Weil die Anzahl der Elektronen für Si^{++++} (Al^{+++}) zehn und für O^{--}

---

[1] Ein Ausnahmefall würde im Mineral Halloysit vorliegen.

gleichfalls zehn beträgt, werden sich die Flächeninhalte der Gipfel A, C und B ungefähr verhalten wie $10:10:15$. Wenn man noch dazu bedenkt, daß die Elektronensphäre des O^{--}-Ions — der kleineren Kernladung wegen — eine größere Ausdehnung aufweisen wird als die des Si-Ions, so bekommt man für die Elektronen der Si_2O_5-Schicht die Komponenten und die Resultante der Abb. 141 a.

Dieses Motiv, vor allem die zwei einander teilweise überlagernden Schichten B und C, erkennt man sofort in der experimentellen Kurve der Abb. 141 b. Man sieht, wie die aufeinanderfolgenden Si_2O_5-Schichten die gleichartigen Seiten einander zukehren. Im Gegensatz zu der Abb. 141 a sind aber die Gipfel A und B von gleicher Höhe, die Ebenen A und B sind also gleich dicht belegt: In fast allen, den sogenannten „wasserhaltigen" Glimmern sind die Leerstellen in der Ebene der Tetraederspitzen von OH-Ionen eingenommen, die gleiche Größe haben wie die O-Ionen (weiße Kugeln in Abb. 142). Die Gesamtbelegung der A-Ebenen stellt dann eine dichte Packung dar. Diese Füllung entspricht einer OH-Gruppe je Si_2O_5 (denn je Si-Sechserring befinden sich $\frac{6}{3}$ Si und 1 OH). Dies stimmt genau mit der gefundenen Zusammensetzung von Margarit, Muscovit, Talk u. a. überein (s. Tabelle 1).

Abb. 142. Die durch OH-Gruppen (kleine helle Kugeln) ausgefüllten Ebenen A der Tetraedergipfel einer Si_2O_5-Schicht; die Tetraederbasisebenen B sind im Glimmer durch große Kationen (große weiße Kugeln) verbunden.

Verkittung der A-Ebenen und der B-Ebenen. Die Anordnung der Sauerstoffatome in A ist von der in B verschieden. In A findet man (vgl. Abb. 142), wie oben schon erwähnt, eine gleichmäßige Verteilung; in B dagegen größere Zwischenräume um die Mittelpunkte der Tetraedersechserringe (Abb. 139a). Aufeinanderfolgende A-Schichten werden von kleinen Kationen (Mg, Al^6) in der Weise aneinander gebunden[1], wie man es bei den Oxyden dieser Metalle antrifft: Die Kationen liegen in den Lücken zwischen den Sauerstoffebenen A, die nach dem Bauprinzip der dichten Sauerstoffpackung übereinander geschichtet sind. Aufeinanderfolgende Ebenen B sind derartig superponiert, daß die offenen Stellen der Sauerstoffbelegung sich gerade gegenüberliegen. So werden Räume gebildet, die dem großen Alkali- oder Erdalkaliion angepaßt sind[2]. Man liest

---

[1] Aus Abb. 141 b ersieht man, daß experimentell ein kleinerer Abstand zwischen den A-Ebenen gefunden wird als zwischen den B-Ebenen; dies entspricht der Lagerung der kleinen Kationen zwischen den A-Ebenen.

[2] Es bedarf kaum näherer Erklärung, warum im Glimmerbau keine „weitere" Substitution des Wasserstoffs durch Kalium stattfinden kann, was früher für das „Hydrosalz" verwunderlich schien. Man beachte nur, welchen Raum der Wasserstoff in der Struktur beansprucht und welchen das Kalium: das OH-Ion hat die gleiche Größe wie das O-Ion, das hinzugekommene stark deformierende H^+-Ion dringt tief in die Elektronensphäre des Sauerstoffions ein und beteiligt sich, wie wir sahen, an der dichten Sauerstoffpackung der A-Ebene. Ein isomorpher Ersatz des H^+-Ions durch K^+ wäre unter diesen Umständen räumlich absurd (ja, in fast jedem Krystallbau unmöglich).

wieder ab, daß eine K(Ca, Na)-Ebene zwischen den B-Ebenen von je zwei Si_2O_5-Schichten zum Atomverhältnis: 1 Kation je Si_4O_{10} führt.

In Glimmern, wie Talk $Mg_3(OH)_2(Si_2O_5)_2$ stehen sich die Sauerstoffebenen B ohne eine Zwischenebene mit verkittenden Kationen gegenüber. In anderen Glimmerarten ist K durch Ca ersetzt. In dem Maße als diese die Zwischenebenen bildenden Kationen höhere Ladung haben (keine Kationen$\rightarrow$ K$^+\rightarrow$ Ca^{++}) findet in den Tetraedern der Si_2O_5-Schicht die die Ladungsänderung kompensierende Substitution $Si^{++++}\rightarrow$ Al^{+++} statt. Entsprechend den Daten der Tabelle 1 wird für den K-Glimmer ein Verhältnis $K:Al^4 = 1:1$, für den Ca-Glimmer $Ca:Al^4 = 1:2$ gefordert, während sich in Talk und Kaolin kein Al^4 vorfindet.

In der Tabelle 2 findet man für eine Anzahl von Glimmerarten die Zusammensetzungen der verschiedenen Schichten durch Punkte getrennt. Wir bemerken, daß die A-Ebenen durch Al^6, Mg, Fe und Li verkittet sein können; das Li-Ion ist deswegen noch interessant, weil wir sehen, wie gänzlich verschieden im Glimmeraufbau die Rolle dieses kleinen Ions gegenüber den übrigen, sich zwischen die B-Ebenen einlagernden Alkaliionen ist. Die Mannigfaltigkeit

Tabelle 2. Zusammensetzung der wichtigsten Glimmerminerale.
(Nach MACHATSCHKI.)

$Al_2 \cdot (OH)_2Si_4O_{10}$ Pyrophyllit		$Mg_3 \cdot (OH)_2Si_4O_{10}$ Talk
$Al_2 \cdot (OH)_2Si_3Al^4O_{10} \cdot K$ Muscovit	$(Al, Mg, Fe)_{2-3} \cdot (OH)_2(Si, Al^4)_4O_{10} \cdot K$ Biotit	$Mg_3 \cdot (OH)_2 \cdot$ $Si_3Al^4O_{10} \cdot K$ Phlogopit
$(Al, Li)_{2-3} \cdot (OH)_2(Si, Al^4)_4O_{10} \cdot K$ Lepidolit	$(Al, Mg, Fe, Li)_{2-3} \cdot (OH)_2(Si, Al^4)_4O_{10} \cdot K$ Zinnwaldit	
$Al_2 \cdot (OH)_2Si_3Al^4O_{10} \cdot Na$ Paragonit	$(Al, Mg, Fe)_{2-3} \cdot (OH)_2(Si, Al^4)_4O_{10} \cdot Na, Ca$ Natronkalkbiotit	
$Al_2 \cdot (OH)_2Si_2Al_2^4O_{10} \cdot Ca$ Margarit	$(Al, Mg)_{2-3} \cdot (OH)_2(Si, Al^4)_4O_{10} \cdot Ca$ Clintonit, Xanthophyllit, Brandisit	

Anordnung: Von oben nach unten nach der Art der großen, die B-Seiten der Schichten verkittenden Ionen. Von links nach rechts: Ersatz der Al-Verkittung der A-Seiten durch Mg.

bei den Glimmerarten ist noch größer — vgl. den Übergang von der linken Seite der Tabelle nach der rechten — weil, wie schon beim Kaliglimmer erwähnt wurde, in der Verkittungsebene zwischen den A-Seiten der Schichten zwei Al^6 durch drei Mg ersetzt sein können. Die Anzahl dieser Ionen ist festgelegt durch die Bedingung der Elektroneutralität des Krystalls — 3 Mg^{++} (2 Al^{+++}) je $Si_4O_{10}(OH)_2^{6-}$ — die beim Mg-Glimmer auf eine volle Belegung der Ebene herauskommt.

Somit sind nunmehr alle charakteristischen Atomverhältnisse eines Glimmers aus seinem Bauprinzip erklärt.

Zum Schluß wollen wir noch versuchen, für einige Glimmer die leichte Spaltbarkeit und die Elastizität der Blättchen aus der Atompackung abzuleiten.

Die Spaltbarkeit und die Biegsamkeit eines Glimmers sind von der Art der Verkittung der Schichten an der B-Seite abhängig. Sind dort, wie beim Talk, keine Kationen zwischengelagert, so ist die Spaltung am leichtesten, die Blättchen sind sehr biegsam. Diesen Arten schließen sich die Chlorite an (Abb. 143), in denen eine Magnesium- (Aluminium-) Hydroxydschicht zwischen den talkähnlichen Schichten eingeschaltet ist, ebenso auch Montmorillonit mit Wassermolekülen zwischen den Talkschichten. Im Muscovit findet man K-Ionen zwischen den Schichten; die Spaltbarkeit ist hier geringer, die Blättchen sind elastisch, weil die Schichten nicht mehr frei übereinander abgleiten können. Befinden sich zweiwertige Ca-Ionen zwischen den Schichten, so ist die Spaltbarkeit noch

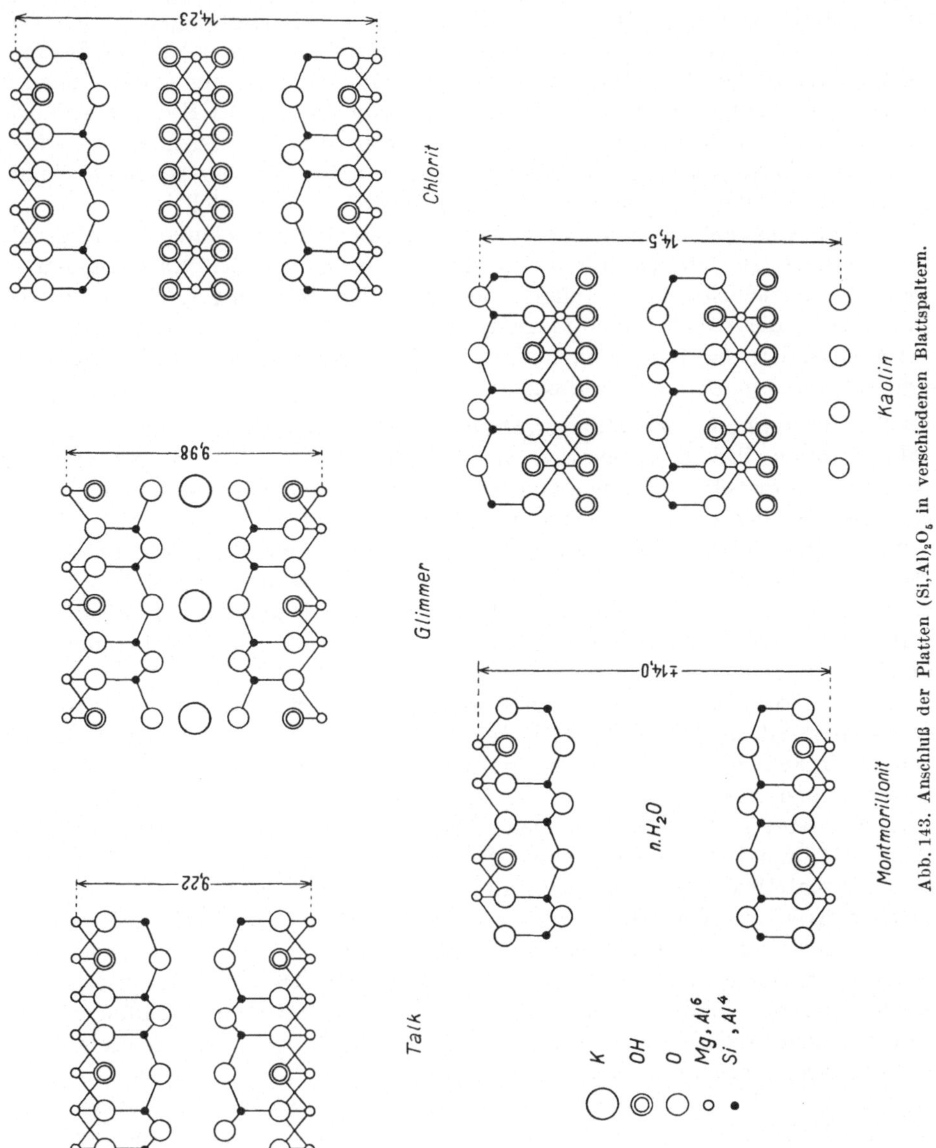

Abb. 143. Anschluß der Platten $(Si, Al)_2 O_5$ in verschiedenen Blattspaltern.

geringer geworden; dazu sind die Schichten jetzt spröde, indem der Zusammenhang in der $(Al, Si)_2 O_5$-Schicht durch die Substitution $Si^{++++} \rightarrow K^+ Al^{+++} \rightarrow$ $\rightarrow Ca^{++}(Al^{+++})_2$ geschwächt ist (Bindung Al—O schwächer als Si—O).

Trotz der komplizierten chemischen Zusammensetzung der Glimmer hat die Röntgenanalyse für diese Minerale eine auffallend einfache Packung ergeben.

Mit einiger Übertreibung könnte man sagen: Nimmt man Kugeln, die alle in einem Glimmer enthaltenen Atome darstellen — jede dieser Atomkugeln mit geeignetem, dem Ionenradius proportioniertem Radius —, so kann man, darauf achtend, daß die elektrostatische Energie möglichst klein werde, zum Aufbau der Struktur fortschreiten. Zunächst wird das kleine H^+-Ion in die Sauerstoffsphäre eindringen und OH^--Ionen bilden; Si^{++++}-Ionen umgeben sich mit möglichst vielen (vier) doppelt geladenen Sauerstoffionen unter Bildung hexagonaler Schichten der Zusammensetzung Si_2O_5. Durch Verkittung solcher negativ geladener Schichten durch passende Ionen gelangt man zu der Krystallstruktur, wie sie PAULING tatsächlich für die Glimmer in dieser Weise abgeleitet hat. Man kann daraufhin einige Krystalleigenschaften (spezifisches Gewicht, Spaltbarkeit, Elastizität, Doppelbrechung) aus dem Strukturmodell ablesen.

In Abb. 143 sind die wichtigsten Typen der Schichtenpackungen dargestellt. Im Gegensatz zu den erwähnten Anordnungen kehren in den Kaolinmineralen alle Tetraederschichten ihre Spitzen nach derselben Richtung. Bei allen diesen Mineralen ist die Atomlage röntgenanalytisch nicht in allen Einzelheiten bestimmt worden, sondern hauptsächlich nur die Schichtenfolge aus der Zellenhöhe und den Intensitäten der Basisreflexionen.

95. Bestimmung der Silicatstrukturen.   Die Zahl der krystallographisch unbestimmten Parameter beträgt in den Silicatstrukturen bis zu etwa 60 (s. Tabelle 3). Selbstverständlich sind in diesen Fällen auch nichtröntgenanalytische Hinweise bei der Strukturbestimmung benutzt worden. Die Erforschung der Struktur der Silicate stellt eine imponierende zusammenhängende Reihe von Strukturbestimmungen dar, die zum größten Teil aus der BRAGGschen Schule hervorgegangen ist. Von den einfachen Strukturen zu den schwierigen fortschreitend wird jeweils die bisher erworbene Kenntnis der Bauprinzipien verwendet.

Sauerstoffionen in dichtester Kugelpackung. Das zuerst in Angriff genommene Silicat, Olivin Mg_2SiO_4, beruht in seiner Struktur auf einer dichten Sauerstoffpackung, in der Si die tetraedrisch koordinierten Räume, Mg die oktaedrischen einnimmt.

Diese Sauerstoffpackung fanden BRAGG und seine Mitarbeiter zunächst beim BeO (den Einfluß des leichten Berylliums kann man in erster Näherung im Beugungseffekt vernachlässigen) und ebenfalls beim Korund Al_2O_3; zu dem gleichen Ergebnis gelangten sie dann beim Spinell Al_2MgO_4 und nachher beim Olivin. Die Sauerstoffpackung, in der das Muster der positiven Ionen eingelagert ist, hat an sich eine kleine Periode, deren Ablenkungswinkel für die dichte Packung charakteristisch sind[1]. Die eingeschalteten Metallionen verursachen neue Ablenkungsrichtungen bei kleineren Winkeln, die für die größere Periode ihrer Anordnung charakteristisch sind.

Die dichte Sauerstoffpackung ist nicht nur aus der Röntgenperiode oder dem Molekularvolumen[2] der Verbindung direkt abzulesen, sondern auch aus dem hohen Wert des Brechungsindex. Es haben z. B. BeO, Al_2O_3 und Cyanit ungefähr gleich großen Brechungsindex. Beim Einführen von etwas größeren Kationen dehnt sich das Gitter ein wenig aus, was qualitativ auch aus dem kleineren

---

[1] In der nichtdeformierten kubischen Packung von O^{--}-Ionen vom Radius 1,35 Å beträgt $a = 3,82$ Å, in der hexagonalen $a = 2,70$ Å, $c = 4,41$ Å.

[2] 8,45 cm³ pro Grammatom Sauerstoff bei dichter Kugelpackung mit $\varrho_{0^{--}} = 1,35$ Å.

Tabelle 3.

			Krystallographisch unbestimmte Parameter	
Granat	$Ca_3Al_2^6(SiO_4)_3$ $n* = 8$	kubisch	$O(3)$	3
Analcim	$NaAl^4Si_2O_6 \cdot H_2O$ $n = 16$	kubisch	$Si,Al(1) + O(3)$	4
Olivin	Mg_2SiO_4 $n = 4$	rhombisch	$Mg(0+2) + Si(2) + O(2+2+3)$	11
Phenakit	Be_2SiO_4 $n = 6$	hexagonal	$Be(3+3) + Si(3) + O(4\times3)$	21
Cyanit	$Al_2^6SiO_5$ $n = 4$	triklin $7,09\times7,72\times5,56$ $\alpha = 90°\,5'$	$Al(4\times3) + Si(2\times3) + O(30)$	48
Staurolit	$Fe(OH)_2Al_4^6Si_2O_{10}$ $n = 4$	rhombisch $16,52\times7,82\times5,61$ $\left(3\times5,4\times\dfrac{2\times5,4}{\sqrt{2}}\times5,4\right)$	$Fe(1) + Al(1+2) + Si(2) + O(11)$	17
Diopsid	$CaMg(SiO_3)_2$ $n = 4$	monoklin $9,71\times8,89\times5,24$ $\beta = 74°\,10'$	$Ca(1) + Mg(1) + Si(3) + O(3\times3)$ in 010-Projektion $Si(2) + O(5)$	14
Tremolit	$(OH)_2Ca_2Mg_5(Si_4O_{11})_2$	monoklin $9,78\times17,8\times5,26$ $\beta = 73°\,58'$		28
Antho-phyllit	$(OH)_2Mg_7(Si_4O_{11})_2$	rhombisch $18,52\times18,04\times5,27$		61
Glimmer				> 30
Orthoklas	$KAl^4Si_3O_8$ $n = 8$	monoklin $13,2\times12,9\times8,4$		20
Albit	$NaAl^4Si_3O_8$	triklin		39

* Anzahl Moleküle in der Elementarzelle.

Brechungsindex ersichtlich wird (Olivin, Monticellit). Quantitativ werden diese Änderungen unter anderem durch die (rechnerisch unzugängliche) Abhängigkeit der Sauerstoffrefraktion von den benachbarten Kationen kompliziert.

	Mol-Volumen in cm³ je Grammatom Sauerstoff	Brechungs-index
BeO	8,36	1,73
Korund, Al_2O_3	8,50	1,77
Cyanit, Al_2SiO_5 . . .	9,05	1,72
Olivin, Mg_2SiO_4 . . .	11,02	1,65
Monticellit, $MgCaSiO_4$	12,87	1,66

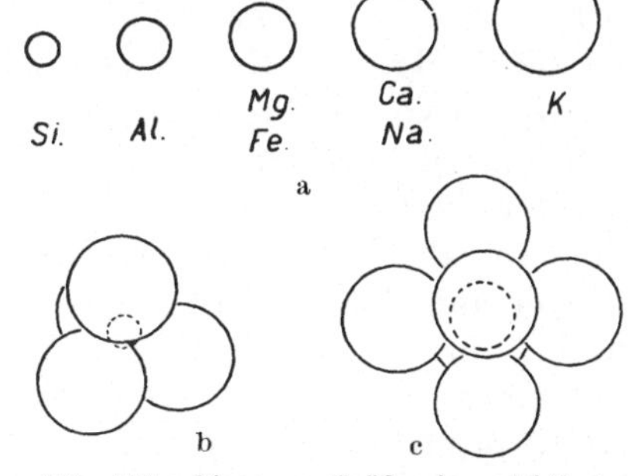

Abb. 144a bis c. a Größe der wichtigsten in den Silicaten vorkommenden Kationen. b Sauerstofftetraeder um Si. c Sauerstoffoktaeder um Mg oder Fe.

Ob ein Ion in einer dichten Sauerstoffpackung die tetraedrisch oder aber die oktaedrisch umringten Räume besetzen wird, ist vom Radienverhältnis Kation/Sauerstoffion abhängig. Aus den in Abb. 144 oder 109 angegebenen

Ionengrößen ersieht man leicht, daß ein Sauerstofftetraeder ungefähr einem Si^{++++}-, Al^{+++}- (oder auch Be^{++}-) Ion Raum bietet, ein Mg- oder Fe-Ion dagegen kann erst ein Sauerstoff*oktaeder* fassen. Größere Kationen können überhaupt nicht in eine dichte Sauerstoffpackung eingelagert werden; sie erfordern Strukturen mit größerer Koordinationszahl.

Abmessungen der SiO_4-Gruppe. Die in einfachen Strukturen ermittelten Abmessungen der SiO_4-Gruppe können in verwickelten Fällen übernommen werden. Dies reduziert in hohem Maße die Zahl der zu bestimmenden Atomparameter: Die SiO_4-Gruppe erfordert die Bestimmung von $5 \times 3 = 15$ Koordinaten, während bei der Verwendung ihrer Abmessungen nur die Schwerpunktslage (3 Parameter) und die Orientierung (3 Parameter) der Gruppen als Unbekannte in die Strukturbestimmung eingehen. So konnte die Struktur des *Phenakits* Be_2SiO_4 trotz ihrer 21 Parameter ermittelt werden (vgl. Tabelle 3). Die Streuung der leichten Be-Ionen wird anfänglich vernachlässigt (Reduktion der Parameterzahl von 21 auf 15), die Abmessungen der SiO_4-Gruppe werden vorausgesetzt (weitere Reduktion auf 6). Die Einordnung der SiO_4-Tetraeder wird durch den Umstand erleichtert, daß die Basisreflexionen nach höheren Ordnungen einen regelmäßigen Intensitätsabfall aufweisen („normal decline"): Dies beweist, daß sämtliche Atome *in* den Basisebenen angeordnet

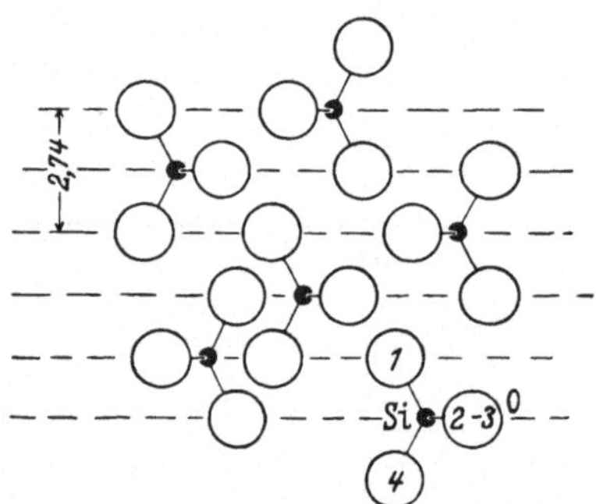

Abb. 145. Lagen der SiO_4-Gruppen im Phenakit Be_2SiO_4. Die gestrichelten Linien deuten (0001)-Ebenen an.

sind. Der doppelte Netzebenenabstand, 2,74 Å, stimmt nun gerade mit dem Abstand zweier Sauerstoffionen eines Tetraeders überein, folglich fällt eine Symmetrieebene des Tetraeders mit der Basisfläche zusammen (Abb. 145). Jetzt ist die Anzahl der Parameter auf 3 reduziert: zwei für die Lage der Tetraedermitte und einer für den Azimut des Tetraeders um die Normale dieser Ebene. Diese drei Parameter konnten aus den Röntgenintensitäten bestimmt werden, die Berylliumionen sind in den verbleibenden Tetraedermitten der Sauerstoffpackung eingelagert.

Aufbau aus isolierten Tetraedern, Tetraederketten, -schichten oder -netzen. Eine wichtige Etappe in der Reihe dieser Strukturbestimmungen war die Analyse des Diopsids (BRAGG 1928), eine sorgfältige Strukturbestimmung auf Grund von rein röntgenographischen Daten trotz ihrer 14 Parameter (wobei allerdings die Verhältnisse insofern günstig lagen, als die Parameter weitgehend getrennt bestimmt werden konnten; quantitative Intensitätsmessungen; zweidimensionale FOURIER-Analysen). Hier wurde die Kettenbildung der SiO_4-Tetraeder aufgeklärt. Eine räumliche Verkettung war etwas früher beim Ultramarin, einem Zeolith, festgestellt worden (JAEGER). *Die Voraussetzung, daß sich immer $(Si, Al)O_4$-Tetraeder am Aufbau der Silicate beteiligen, die in den natürlichen Gruppen B, C und D in Ketten, Schichten und Raumnetzen zusammenhängen, ist der wichtigste Ausgangspunkt beim Ermitteln der Strukturen.*

PAULINGsche Regeln. Bei Strukturen mit vielen Parametern geben mitunter die PAULINGschen Regeln einen Hinweis für die Anordnung der Ionen. Nach diesen Regeln, 48, kann man die Kompensation der „elektrostatischen Valenzen" (Ladung des Ions dividiert durch Koordinationszahl) in Rechnung stellen. In den Sauerstofftetraedern um Si^{++++} ist jedes Sauerstoffion an Si gebunden mit $\frac{4}{4} = 1$ elektrostatischen Valenz. Die verbleibende Ladung des O^{--}-Ions kann nun in verschiedenen Weisen kompensiert werden: Gehört das Sauerstoffion einem zweiten Si^{++++} an, so sind seine 2 Valenzen verbraucht: Das Sauerstoffion kann an höchstens 2 Si^{++++} gebunden sein (Quarz). Ist ein Sauerstoffion an ein Si gebunden und daneben z. B. an Mg^{++}, so werden 3 Mg-Ionen die vom Si nicht verbrauchte Ladung 1 kompensieren. Denn Mg ist von 6 Sauerstoffionen umringt, jede elektrostatische Bindung Mg—O gilt also gleich $\frac{2}{6} = \frac{1}{3}$. Diese Umringung von O mit einem Si und 3 Mg findet man in Mg_2SiO_4 (Olivin, Abb. 137 b).

Die Tatsache, daß zwei SiO_4-Tetraeder niemals mehr als *ein* Sauerstoffion gemeinsam haben — Zusammenhang der Tetraeder mit gemeinsamer Ecke, nie mit gemeinsamer Kante oder Fläche — wird von einer anderen Regel von PAULING erfaßt; in der starken gegenseitigen Abstoßung der zentralen Ionen findet man die Erklärung dieser Regel.

Spaltung. In wenigen Fällen hat die Spaltung den richtigen Weg zur Kenntnis der Struktur gezeigt. Wird die chemische Formel von Chrysotil $H_4Mg_3Si_2O_9$ vorschriftsmäßig angeordnet: $Mg_3Si_2O_5(OH)_4$, so sehen wir den Typus Si_2O_5 hervortreten, wir erwarten also eine Schichtenstruktur. Die Substanz ist jedoch faserig: WARREN und BRAGG schreiben deshalb $2\,H_4Mg_3Si_2O_9 = (OH)_6Mg_6Si_4O_{11} \cdot H_2O$; in dieser Formulierung[1] weist die Gruppe Si_4O_{11} auf die Faserspaltung mit Doppelketten hin. — Man entnimmt aus diesem Beispiel, daß man sich *nicht immer* allen Wasserstoff in der Form OH vorstellen soll. — Auch die Abmessungen der Zelle ähneln denen des Amphibols. Von diesen Hinweisen ausgehend wurde die Struktur festgelegt.

Zusammenhang mit anderen Strukturen. Die Strukturen von Cyanit und Staurolith sind verwandt: Man findet die Krystalle gesetzmäßig verwachsen; dies deutet auf eine gleiche Struktur der Grenzflächen hin. In Übereinstimmung hiermit findet man für zwei Zellenabmessungen der beiden Minerale die gleichen Werte (Tabelle 3). Die Struktur des höher symmetrischen (rhombischen) Staurolith war schon aufgeklärt. — Was die Sauerstoffpackung betrifft, so zeigen die Zellenabmessungen in Tabelle 3 den Zusammenhang mit einer kubischen dichten Packung, in der die Flächendiagonale 5,4 Å, die Kante $\frac{5,4}{\sqrt{2}}$ Å beträgt; es stellt sich heraus, daß zwei Achsen der Zelle des Stauroliths längs dieser Diagonalrichtungen und die dritte entlang der Kante liegen. — Man fand hier einen Aufbau aus abwechselnden Schichten $Fe(OH)_2$ und $2\,Al_2SiO_5$. Die Struktur des triklinen Cyanits mit 48 Parametern konnte nun abgeleitet werden — oder vielmehr, eine frühere Strukturbestimmung verbessert werden — indem man die Al_2SiO_5-Schichten der Staurolithstruktur aneinander fügte.

Man sieht ferner aus der Tabelle 3, wie beim Übergang von Diopsid auf Tremolit, sodann auf Anthophyllit jedes Mal zwei Zelldimensionen praktisch unverändert bleiben, während die dritte sich verdoppelt. Dabei folgt aus den Raumgruppen, daß jedes Mal senkrecht zur letzten Richtung eine Symmetrieebene

---

[1] Die Wände der Spaltebenen der Abb. 138 d sind in diesem Fall mit OH-Gruppen besetzt; zwischen diesen Ebenen ist also der Zusammenhang sehr schwach. Dies erklärt den im Vergleich mit den sonstigen Amphibolen viel schwächeren Zusammenhang des Chrysotils, aus dem der Hauptbestandteil des Handelsasbests besteht.

in der Struktur hinzukommt. Durch die Annahme, daß diese die Verdoppelung hervorruft, konnten die Strukturen auseinander abgeleitet werden, wobei man für Anthophyllit trotz der 61 krystallographisch unbestimmten Parameter zur endgültigen Struktur gelangte.

96. Einfluß von Größe und Ladung der Ionen bei der Erstarrung des Magmas. Nach einer Abschätzung hat die Erdrinde bis zu einer Dicke von rund 1000 km die folgende Zusammensetzung:

47% Sauerstoff	3,5% Calcium
28% Silicium	2,8% Natrium
8% Aluminium	2,6% Kalium
5% Eisen	2% Magnesium.

Betrachtet man die beiden zuerst genannten Bestandteile, die zusammen schon 75% der Masse bilden, so sieht man, daß die Silicate den Hauptbestandteil der gesteinsbildenden Minerale ausmachen.

In dem noch flüssigen Magma stellen wir uns ein Gewirr von $(Si, Al)O_4$-Tetraedern — die kleinen, hochgeladenen Si- und Al-Ionen haben die Sauerstoffionen an sich gezogen — isoliert und in deformierten Bruchstücken von Ketten, Platten und Netzen vor; da das Atomverhältnis $Si:O$ im Mittel $1:3$ beträgt, müssen die Tetraeder wenigstens teilweise zusammenhängen. Es werden nun die Metallionen, die im Magma nach oben stehender Tabelle hauptsächlich aus Mg, Fe, Ca, Na und K bestehen[1], diese Si—O-Bruchstücke beim Erstarren verkitten.

Dabei werden die kleinen, höherwertigen Ionen (Mg, Fe) sich vor allem der hochgeladenen Gruppen (SiO_4^{4-}, SiO_3^{2-}) bemächtigen und diese dicht zusammenpacken. Das Umgekehrte gilt für die größeren Ionen mit geringer Wertigkeit: Ein Orthosilicat mit von vielen Sauerstoffionen umschlossenen K-Ionen ist nicht realisierbar, da ein K nur einen sehr kleinen Teil von jeder elektrostatischen O-Valenz kompensieren kann; die Kompensierung der Sauerstoffladungen muß also zum größten Teil von den Si-Ionen besorgt werden, was zu häufigerer Verknüpfung der Tetraeder führt.

Wir übersehen also auf Grund von Krystallstruktur und Ionengröße, daß eine Reaktion wie K-Orthosilicat $+$ Mg-Feldspat[2] $\rightarrow$ Mg-Orthosilicat $+$ K-Feldspat mit einer erheblichen Energieabnahme verbunden sein würde; dies erklärt, daß die Substanzen aus dem rechten Glied der Reaktionsgleichung tatsächlich vorkommen, während die im linken Glied nicht bestehen.

Allgemein gilt: *Je größer und niedriger geladen das Kation, desto weiter liegt sein Silicattyp in der Reihe A bis D von* **92** *nach unten verschoben*; in dieser Reihe nimmt ja die Ladung pro Sauerstoffion des SiO-Gerüsts ab:

$$SiO_4^{4-} \ \ldots \ldots \ldots \ldots \ 1 \text{ Ladung je O-Ion}$$
$$SiO_3^{2-} \ \ldots \ldots \ldots \ldots \ \tfrac{2}{3} \text{ Ladung je O-Ion}$$
$$Si_2O_5^{2-}\!-\!(SiAl)O_5^{3-} \ \ldots \ldots \ \tfrac{2}{5} \text{ bis } \tfrac{3}{5} \text{ Ladung je O-Ion}$$
$$SiO_2\!-\!(SiAl)O_4^{-} \ \ldots \ldots \ 0 \text{ bis } \tfrac{1}{4} \text{ Ladung je O-Ion}$$

Ordnet man die Silicate der Erdrinde nach dieser Reihenfolge der Säurereste, so ergibt sich tatsächlich zugleich eine Abstufung der Kationengrößen:

$$Mg_2SiO_4\!-\!CaMg(SiO_3)_2, \ Ca_2Mg_5(Si_4O_{11})_2(OH)_2\!-\!Al_2^6(OH)_2(Si_3Al^4O_{10})K\!-\!KAl^4Si_3O_8.$$

| Olivin | Diopsid | Tremolit | Muskovit | Orthoklas. |

---

[1] Wir nehmen Al^6 nicht unter diese Kationen auf, da das Aluminium in den bei der Differenzierung des Magmas primär entstehenden Mineralen hauptsächlich als Al^4 vorkommt.

[2] Eine derartige Verbindung würde sich übrigens schon spontan umgruppieren.

Eine Verfeinerung dieser groben Einteilung trägt noch der *Konfiguration* der freien Sauerstoffladungen im Tetraederbau Rechnung: Die Si_2O_5-Schicht der Glimmer trägt an der *B*-Seite eine vollkommen kompensierte Ladung, an der *A*-Seite eine stark unterkompensierte. Dementsprechend enthalten die Glimmer sowohl die kleinen als auch die großen Kationen.

97. Verbreitung der Elemente. Wir betrachteten das Schicksal der Metalle, die im Magma in großen Mengen vorkommen und die den Krystallisationsverlauf bestimmen. Was geschieht aber mit den in geringen Mengen vorhandenen Elementen?

Nach der Abschätzung der chemischen Zusammensetzung der Erdrinde ist Vanadium häufiger als Kupfer, viel häufiger als Blei, und kommt tausende Male häufiger vor als Silber und Gold; trotz dieser riesigen Mengen werden viele dieses Element, das heute für die Legierungstechnik des Eisens von großer Wichtigkeit ist, wohl nie gesehen haben. Vanadium ist ein Beispiel eines Metalls, das in sehr geringer Konzentration *überall verbreitet*, in den Mineralen gelöst, vorkommt; einen Gegensatz hierzu bilden Elemente, die sich trotz ihrer geringen Gesamtmenge in eigenen Mineralen konzentrieren oder, wie die Edelmetalle, gediegen vorkommen und dadurch makroskopisch gefunden werden.

Entscheidend für dieses oder jenes Verhalten ist unter anderem wieder die

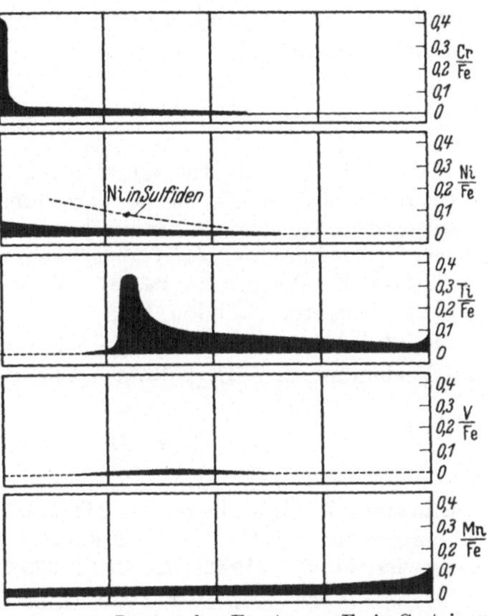

Abb. 146. Isomorpher Ersatz von Fe in Gesteinen durch verwandte Metalle. Aufgetragen ist der Verlauf des Mengenverhältnisses mit fortschreitender Krystallisation. [V. M. GOLDSCHMIDT: Stahl u. Eisen **49**, 601 (1929).]

Größe des Metallions. Hat ein Ion fast genau dieselbe Größe wie eines der Ionen der Bodenminerale, wie V^{+++} im Vergleich zu Fe^{+++}, oder Ga^{+++} im Vergleich zu Al^{+++}, so wird es dieses Ion überall bis zu einem geringen Betrag isomorph ersetzen; „paßt" es jedoch nicht in eins der Minerale der Hauptkrystallisation hinein, so wird es nicht in dieser Weise eingefangen („getarnt"), sondern es kommt zu einer *eigenen* Krystallisation aus der Restlösung (wie das kleine Be, die großen vierwertigen radioaktiven Ionen, die schwer ionisierbaren Atome der Edelmetalle u. ä.).

Daß z. B. Gallium in beträchtlichen Mengen vorkommt, wurde erst gefunden, nachdem man, angesichts der Übereinstimmung im Ionenradius mit Aluminium, in der letzten Zeit die Aluminiumminerale sorgfältig auf ihren Galliumgehalt untersucht hat; in Tabellen der Zusammensetzung der Erdrinde, die mehr als zehn Jahre alt sind, findet man es denn auch nicht angegeben, während es nach späteren Untersuchungen seiner Häufigkeit nach in der Nähe des Mo oder Zn eingereiht werden soll.

Nicht nur diese großen Kontraste im Lebenslauf wurden von V. M. GOLDSCHMIDT im Lichte des Einflusses der Ionengrößen gedeutet; aus kleinen Radienunterschieden wußte er in einigen Fällen charakteristische Unterschiede zu erklären. Zum Beispiel wird Eisen von Nickel isomorph ersetzt, ebenfalls, wenn auch weniger leicht, von Mangan. Nun findet man (Abb. 146), daß das Atomverhältnis Ni^{++}/Fe^{++} bei fortschreitender Krystallisation des Magmas abnimmt, dagegen Mn^{++}/Fe^{++} zunimmt. Im Vergleich zum Eisenion bemächtigt sich das Nickelion also der hochgeladenen Säurereste ein wenig schneller, dagegen hat das Mangan eine etwas geringere Kittkraft als das Eisen. Aus dem Schaubild der Ionengrößen Abb. 109 ist ersichtlich, daß $r_{Ni^{++}} < r_{Fe^{++}} < r_{Mn^{++}}$. Ein Unterschied im Ionenradius von nur einigen Prozenten ist hier möglicherweise für eine charakteristische Divergenz des Lebenslaufs verantwortlich.

Literatur[1].

EVANS, R. L.: An Introduction to Crystal Chemistry. Cambridge 1939. — GOLD-SCHMIDT, V. M.: Geochemische Verteilungsgesetze der Elemente, I—IX; Grundlagen der quantitativen Geochemie. Fortschritte Mineral., Kristallogr., Petrogr. **17**, 112 (1933); ferner Geochemie im Handwörterbuch der Naturwissenschaften. Jena 1934. — MA-CHATSCHKI, F.: Naturwiss. **26**, 67, 86 (1938); **27**, 670, 685 (1939). — STILLWELL, C. W.: Crystal Chemistry. London 1938.

90. ZACHARIASEN, W.: Untersuchungen über die Kristallstruktur von Sesquioxyden und Verbindungen ABX_3, Norske Vid. Selsk. Skr., Math.-Naturwiss. Kl. 1928, No 4.

7 B. Die Krystallstrukturen der Silicate.

BRAGG, W. L.: The Atomic Structure of Minerals. Ithaca, N.-J. 1937. — The Structure of Silicates. Z. Kristallogr. **74**, 237 (1930). — GOLDSCHMIDT, V. M.: Geochemische Verteilungsgesetze. VIII. — SCHIEBOLD, E.: Kristallstruktur der Silikate. Erg. exakt. Naturwiss. **11**, 352 (1932); **12**, 219 (1933).

91, 92. MACHATSCHKI, F.: Zbl. Mineral., Geol., Paläont., Abt. A **97** (1927).

95. PAULING, L.: J. Amer. Chem. Soc. **51**, 1010 (1929).

96, 97. GOLDSCHMIDT, V. M.: l. c.

Achtes Kapitel.

Organische Verbindungen.

A. Übersicht und vollständige Strukturbestimmungen.

Wie wir in den vorangehenden Kapiteln sahen, hat die Röntgenanalyse zu vollkommen neuen Anschauungen über den Aufbau der anorganischen Verbindungen geführt: Sie erforschte die Größen der Ionen und zeigte deren Einfluß auf den Krystall- und Molekülbau. Vergleicht man diese Ergebnisse mit denjenigen der Röntgenanalyse in der organischen Chemie, so findet man, daß hier im wesentlichen die Molekülmodelle, die die organischen Chemiker schon aus dem chemischen Verhalten herzuleiten verstanden hatten, bestätigt wurden.

Eine organische Substanz ist durch ihre empirische Formel nicht vollständig gekennzeichnet. Man muß weiter gehen und untersuchen, in welcher Reihen-

---

[1] Die vorangestellten halbfetten Ziffern beziehen sich auf die Gliederung des Kapitels.

folge die Atome aneinander gebunden sind (Isomerie). Es war das geniale Verdienst von VAN 'THOFF und KÉKULÉ, daß sie erkannten, daß es bei organischen Verbindungen möglich und wichtig ist, die Anordnung der Atome näher zu betrachten, wenn man den Zusammenhang zwischen Zusammensetzung und Eigenschaften erforschen will: Die ganze gewaltige Entwicklung der organischen Chemie gründet sich darauf. Hier war für die Röntgenanalyse, die die Atomlage unmittelbar ausmißt, viel weniger zu entdecken als in der anorganischen Chemie. Das tetraedrische Kohlenstoffatom, das regelmäßige Sechseck des Benzolrings, wurden bei direkter Ausmessung wiedergefunden, so wie man sie schon kannte. —

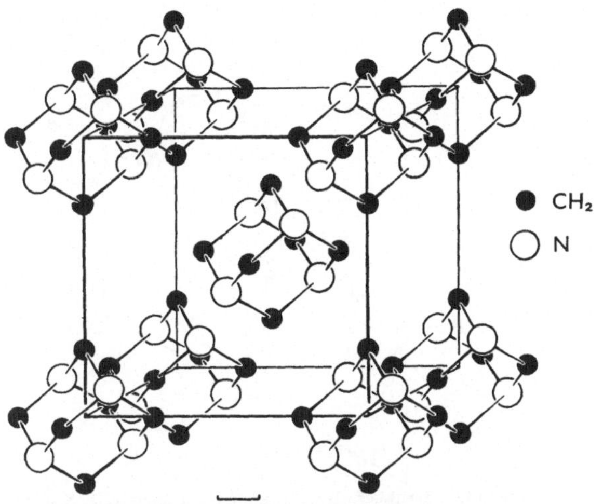

Abb. 147. Elementarzelle von Hexamethylentetramin $C_6H_{12}N_4$. — Ein Vergleich mit Abb. 104c zeigt ähnlichen Molekülbau wie beim As_4O_6, jedoch hier in einem innenzentrierten an Stelle eines flächenzentrierten Gitters.

98. Untersuchte Strukturen.

Genau analysiert sind, außer einigen einfachen aliphatischen Verbindungen, wie unter anderem Harnstoff (Abb. 104 d) und Hexamethylentetramin (Abb. 147), vor allem eine Anzahl *aromatischer Verbindungen*: Naphthalin, Anthracen (Abb. 74), Resorcin, p-Dinitrobenzol, Hexamethyl- und Hexachlorbenzol (Abb. 73 und 81) u. ä. Die Analyse dieser Strukturen, in denen die ebenen Moleküle übereinander geschichtet sind, ist viel übersichtlicher als die Analyse von Molekülgittern, in denen die Moleküle in einer der Kugelpackung ähnlichen Weise angeordnet sind: In keiner Projektion findet man im letzten Falle die Moleküle getrennt. Auffallend ist in dieser Hinsicht der Gegensatz einerseits zwi-

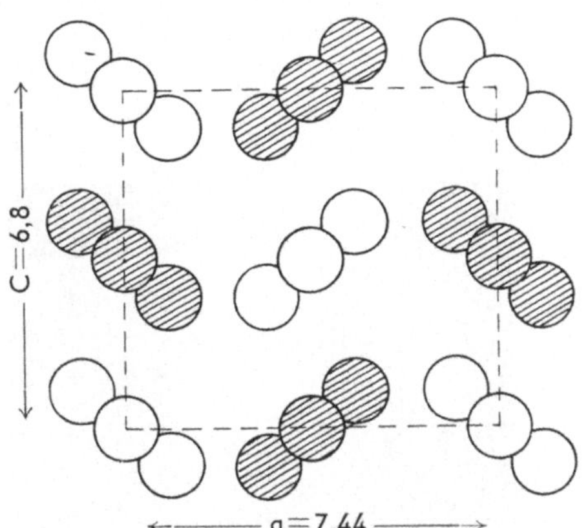

Abb. 148. Packung der Moleküle im Benzol. Die schraffierten Moleküle liegen ¹/₂ Zellhöhe über den nichtschraffierten.

schen der vollständigen Strukturbestimmung des Phthalocyaninkrystalls (Abb. 82) und andererseits der Strukturanalyse z. B. des Glycerins, die noch nicht gelungen ist. Ebenso auffallend, wenn auch weniger ausgesprochen, ist die Tatsache, daß die Strukturbestimmungen des Naphthalins und des Anthracens der des Benzols (Anordnung in Abb. 148) um mehrere Jahre vorangegangen sind.

Auch die Analyse der einfachen *Zucker* ist schwierig und der Erfolg hier noch nicht groß: Die Moleküle werden von den OH-Gruppen in unübersichtlicher

Weise zusammengekittet. Dabei bleiben die Zelldimensionen bei Einführung neuer Gruppen selten auch nur teilweise unverändert; ist dies jedoch der Fall, so erhält man eine ungefähre Auskunft über die Lage der Substituenten: So wurde in einer ganzen Reihe von Zuckern immer der Abstand 4,5 Å gefunden, der der Dicke des Pyranoseringes, und zwar in *flacher*, also nicht spannungsfreier Konfiguration entsprechen würde.

Die Ergebnisse bei *Kettenstrukturen*, bei denen schon unvollständige Bestimmungen einen Einblick in die charakteristischen Eigenschaften ihres palisadenartigen Aufbaus gestatten, werden in einer folgenden Abteilung dieses Kapitels besprochen.

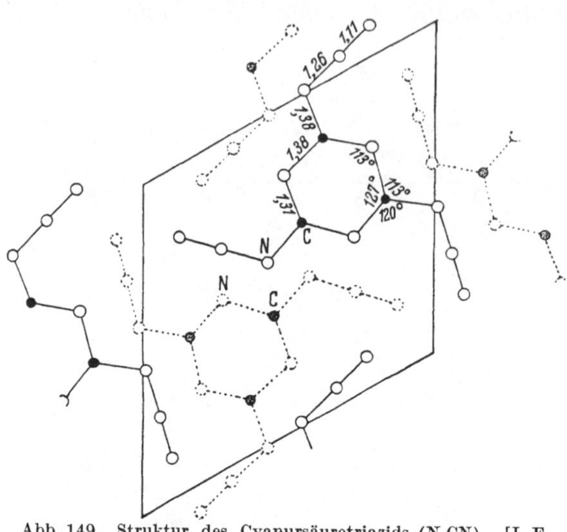

Abb. 149. Struktur des Cyanursäuretriazids $(N_3CN)_3$. [I. E. KNAGGS: Proc. Roy. Soc., London Ser. A, **150**, 576 (1935).]

Wie bemerkt, ist das Ergebnis der Röntgenanalyse hier nur selten ein unerwartetes. Ein neuer Fund lag dagegen z. B. beim spinnenförmigen Molekülmodell des Cyanursäuretriazids $(N_3CN)_3$, ein C—N-Sechsring mit heraus-

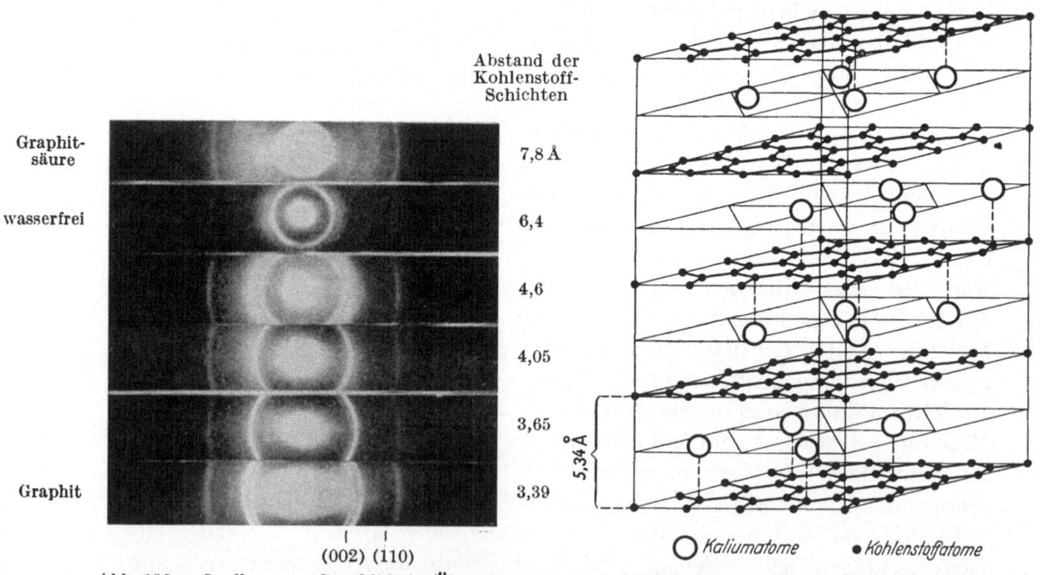

Abb. 150a. Quellung von Graphit beim Übergang in Graphitsäure; der Abbeugungswinkel von 110 bleibt konstant, der von 002 nimmt ab. [U. HOFMANN u. A. FRENZEL: Z. Elektrochem. **37**, 613 (1931).]

Abb. 150b. Graphitkalium, C_8K. Lage der aufgenommenen Atome zwischen den Graphitebenen. [U. HOFMANN: Erg. exakt. Naturwiss., **18**, 231 (1939).]

ragenden linearen Triazidgruppen (Abb. 149) vor; aus dem Modell geht der zerbrechliche Bau dieser explosiven Verbindung deutlich hervor. Ein zweites Beispiel liefern die merkwürdigen Verbindungen, die aus Graphit bei der Aufnahme von

Sauerstoff, Wasser, Kalium, Fluor, Schwefel, SO_4 u.ä. entstehen. Röntgenogramme, z. B. der Umwandlung Graphit $\rightarrow$ Graphitsäure (Abb. 150a), zeigen, daß dabei die Prismenreflexionen, z. B. 110, ihre Ablenkungswinkel beibehalten, während die Basisreflexionen, z. B. 002, sich verschieben: Der Abstand *in* den Kohlenstoffschichten bleibt unverändert, während der Abstand *zwischen* den Schichten sich vergrößert, und zwar bis auf einige Male der ursprünglichen Größe. Die Fremdbestandteile lagern sich zwischen den unveränderten Schichten ein (Abb. 150b).

Meistens liegt jedoch der wichtigste Beitrag der Röntgenanalyse in der Präzisierung der Molekülmodelle, besonders in der genauen Bestimmung der interatomaren Abstände, deren theoretische Interpretierung in letzter Zeit Interesse erregt.

99. Atomabstände. Während alle *intra*molekularen Abstände zwischen C, N, O ungefähr 1,2 bis 1,6 Å betragen, ergeben sich die *inter*molekularen Abstände als viel größer, nämlich zu 3 bis 4 Å; eine Auflösung des Moleküls im Gitterverband wie bei den Ionengittern findet also bei den organischen Verbindungen nicht statt.

Der Abstand zwischen zwei Atomen in einem Molekül wird in erster Stelle durch die Art der Bindung zwischen den betreffenden Atomen bestimmt. Die für Einzel-, Doppel- und dreifache Bindung charakteristischen Abstände findet man z. B. bei den Paraffinen (1,54 Å), beim Äthylen (1,33 Å) und beim Acetylen (1,20 Å). Man findet diese Abstände jedoch, wie die folgende Tabelle S. 168 zeigt, keineswegs unverändert überall dort, wo die gewöhnliche Strukturformel ein-, zwei- bzw. dreifach gebundene C-Atome erwarten läßt. Im Butadien $CH_2 = CH—CH = CH_2$ z. B. beträgt der Abstand zwischen den einfach gebundenen C-Atomen nur 1,46 Å statt 1,54 Å; die doppelt gebundenen C-Atome stehen in der nahezu normalen Entfernung von 1,34 Å.

Beim Benzol (s. Hexamethylbenzol in der Tabelle) findet man nicht abwechselnd Abstände von 1,33 und 1,54 Å, wie nach der Kékulé-Formel erwartet werden sollte, sondern die Anordnung eines regelmäßigen Sechsecks mit der Kantenlänge von 1,39 Å, also einen zwischen ein- und zweifacher Bindung liegenden Wert. Offenbar kann in diesen Fällen die Art der Bindung nicht als von den zwei betreffenden Atomen allein bestimmt angesehen werden, sondern es muß vielmehr das ganze System von Bindungsarten im Gesamtmolekül in Betracht gezogen werden. Die Wellenmechanik gestattet uns einen Einblick in diesen gegenseitigen Einfluß der Bindungen. Sie zeigt, daß die Elektronenverteilung in einer Verbindung, für welche man mehrere Strukturformeln aufstellen kann, zwischen den von den einzelnen Strukturformeln dargestellten Elektronenverteilungen liegt[1]. Diese Erscheinung, Mesomerie oder Resonanz genannt, tritt am stärksten in den Fällen auf, wo die möglichen Strukturen sich in ihrer Energie wenig unterscheiden. Man deutet z. B. das Ergebnis beim Benzol so, daß die Elektronenverteilung hier gerade zwischen den beiden, den zwei

gleich energetischen Kékulé-Formeln ⬡ und ⬡ entsprechenden Verteilungen

liegt. Nach der Lewisschen Anschauung häufen sich im Kékulé-Zustand abwechselnd zwei und vier Elektronen zwischen den Atomen an; der symmetrische

---

[1] Man kann sich die den einzelnen Strukturformeln entsprechenden Elektronenverteilungen nach dem Lewisschen Schema so vorstellen, daß für jeden Bindungsstrich je ein Elektron der gebundenen Atome sich zu einem Paar zwischen diesen Atomen vereinigen.

Zustand, bei dem sich zwischen jedem Atompaar 3 Elektronen befinden („$\frac{3}{2}$ Bindung") ergibt sich bei Berechnung als energetisch günstiger. In den gefundenen gleichen Abständen von 1,39 Å Länge äußert sich diese gleichmäßige Verteilung.

Betrachten wir beim Butadien die Formeln:

$$\underset{\text{I.}}{H_2C=\overset{\overset{\displaystyle H}{|}}{C}-\overset{\overset{\displaystyle H}{|}}{C}=CH_2} \quad \text{und} \quad \underset{\text{II.}}{H_2\overset{\overset{\displaystyle H}{|}}{C}-\overset{\overset{\displaystyle H}{|}}{C}=\overset{\overset{\displaystyle H}{|}}{C}-\overset{\overset{\displaystyle H}{|}}{C}H_2}.$$

Da die Formel II mit ihren freien Valenzen eine viel höhere Energie hat als I, tritt Mesomerie hier in viel beschränkterem Maße auf. Die Elektronenstruktur ist zwar etwas nach einem Zwischenzustand verschoben, doch liegt sie, wie man berechnet, dem Zustand der chemisch gebräuchlichen, energetisch niedrigeren Formel I nahe. In Übereinstimmung damit schließen sich die Atomabstände der Formel I an, die kleine Elektronenverschiebung findet man in der Verkürzung der Einzelbindung wieder. Die Länge der Doppelbindung ist weniger empfindlich.

Tabelle.

Abstände zwischen verschiedenartig gebundenen Kohlenstoffatomen[1].

		Å
C—C	Diamant, Pentaerythrit, Bernsteinsäure, aliphatische Kohlenwasserstoffe (einfache Bindung)	1,50—1,54
H_5C_6—C_6H_5	Diphenyl	1,48
=C—C=	Butadien[2]	1,46
=C—C_6H_5	Stilben	1,44—1,45
C—C	Graphit	1,42
C—C	Anthracen, Naphthalin	1,41
≡C—C_6H_5	Tolan (Diphenylacetylen)	1,40
C—C	Hexamethylbenzol	1,39
C—C	Diacetylen[2], Diphenyldiacetylen	1,36—1,39
C=C	Stilben, Butadien[2]	1,33—1,35
C=C	Äthylen[3] (Doppelbindung)	1,33
C≡C	Acetylen[3], Tolan, Diphenyldiacetylen (3fache Bindung)	1,20

Die Tabelle zeigt, daß alle möglichen Abstände zwischen 1,54 und 1,20 Å als Folge von Resonanz verschiedenen Grades gefunden sind. Der Abstand 1,42 Å im Graphit bedarf noch einer näheren Betrachtung. Man muß sich vorstellen, daß *zwischen* den einzelnen Schichten der Abb. 106 nur VAN DER WAALSsche Anziehungskräfte wirken (Entfernung zwischen den Schichten 3,4 Å, sehr leichte Spaltbarkeit); der Zusammenhang *in* den Schichten wird durch Valenzkräfte besorgt. Man betrachtet also eine ganze Graphitschicht als ein großes Molekül, ein System von vielen kondensierten Benzolringen. Es ist klar, daß in einem solchen Molekül sehr viele gleichwertige Strukturformeln aufgestellt werden könnten (die Anzahl der möglichen KÉKULÉ-Formeln ist 2 für Benzol, 3 für Naphthalin, 4 für Anthracen). In dem tatsächlich eintretenden Zwischenzustand zwischen diesen Strukturformeln werden die vier bindenden Elektronen eines jeden Kohlenstoffatoms sich gleichmäßig über die drei Bindungen verteilen („$\frac{4}{3}$-Bindung"). Naphthalin, Anthracen, Chrysen usw. bilden einen Übergang von Benzol zu Graphit.

---

[1] Diese Abstände sind mit Ausnahme der aus dem Bandenspektrum bestimmten nicht genauer als bis auf 0,02 bis 0,03 Å.

[2] Bestimmt aus Elektronenbeugung am Gas.

[3] Bestimmt aus dem Bandenspektrum.

Wenn man also zur ersten Orientierung Diamant als Prototyp der aliphatischen Verbindungen (tetraedrisch gerichtete Valenzen mit charakteristischem Bindungsabstand 1,54 Å) und Graphit als Prototyp der aromatischen Verbindungen (trigonal gerichtete Valenzen mit charakteristischem Bindungsabstand 1,42 Å) betrachten kann, so beachte man doch die feineren Unterschiede in jeder Gruppe, die als durch Mesomerie veranlaßt gedeutet werden können.

Auch in dem Sechzehnring von abwechselnd C- und N-Atomen im Phthalocyaninmolekül werden alle Abstände gleich groß gefunden (Abb. 151): Es bildet sich also kein bestimmtes System von Einzel- und Doppelbindungen aus; aber auch hier ergeben sich die Bindungen hinsichtlich ihres Charakters — Elektronenverteilung, Atomabstand — als gleichwertig und zwischen Einzel- und Doppelbindung liegend. Dies steht mit dem „aromatischen", stabilen Charakter des Phthalocyanins und der verwandten Porphyrinderivate (Chlorophyll und Blutfarbstoffe) im Einklang. Diese große Stabilität eines Sechzehnringes (!) hatte Verwunderung und einiges Mißtrauen gegen die angegebene Struktur erregt, sie wurde jedoch durch die Fourieranalyse (56) in direktester Weise bestätigt.

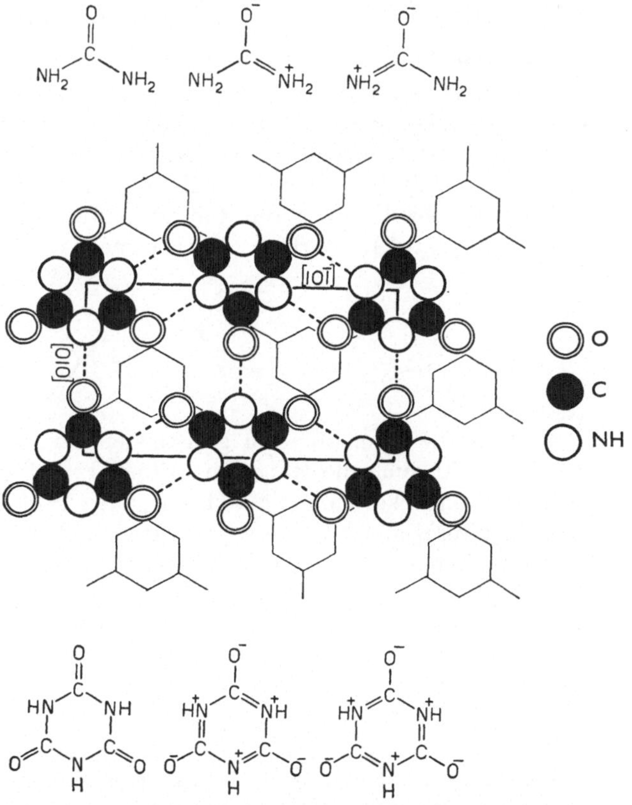

Der C—N-Abstand im Phthalocyaninring wurde zu 1,34 Å bestimmt. Der Abstand bei Einzelbindung beträgt 1,42 Å (aus Hexamethylentetramin). Die Verkürzung des Abstandes bei Resonanz mit der Doppelbindung ist also auch hier ersichtlich. Auch im Harnstoff ist der C—N-Abstand von 1,37 Å vielleicht etwas kleiner, als die Übereinstimmung mit der Einzelbindung fordert; dagegen ist der Abstand zwischen Kohlenstoff und Sauerstoff in diesem Molekül ein wenig größer als der für den normalen C=O-Abstand angegebene Wert. Diese Abweichungen von den normalen

Abb. 151. Atomabstände im Phthalocyaninmolekül. (J. M. ROBERTSON: zit. S. 89, Abb. 82).

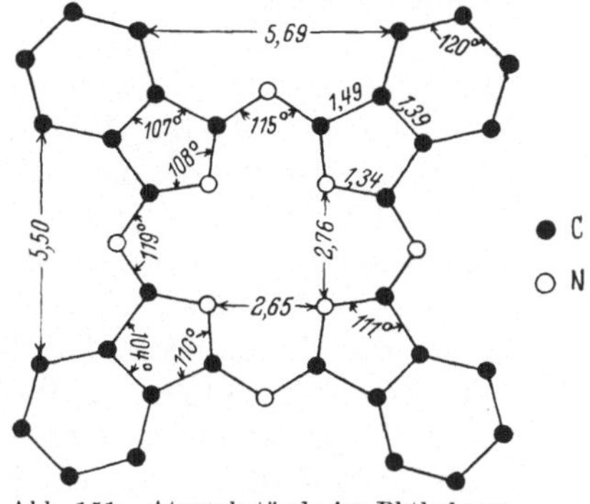

Abb. 152. Obere Reihe: Bindungsformen des Harnstoffs. Mitte: Krystallstruktur der Cyanursäure (CONH)₃. [E. H. WIEBENGA u. N. F. MOERMAN: Z. Kristallogr. 99, 217 (1938).] Unten: Bindungsformen der Cyanursäure.

C—N- und C=O-Abständen kann man durch Resonanz zwischen der gewohnten Konfiguration und polaren Formen deuten, bei denen ein Elektron vom Stickstoff auf eines der Sauerstoffatome unter Umklappen der Doppelbindung übergesprungen ist (Abb. 152, oben).

Für Cyanursäure fand sich eine Struktur mit ebenen Sechsringen, die in Spaltebenen liegen (Abb. 152, Mitte). Auch hier sind die Abstände C—N kleiner als normal; dies deutet darauf hin, daß der Bindungszustand im Molekül ein Gemisch der drei, dem Harnstoff analogen Möglichkeiten der Abb. 152 unten ist[1]. Inwieweit aus solchen kleinen Schwankungen in den Atomabständen, die erst bei den genauen Strukturbestimmungen der letzten Jahre gefunden wurden, auf Einzelheiten der Bindungsart geschlossen werden kann, ist einstweilen schwer zu sagen. Selbstverständlich werden die Atomabstände auch von den übrigen an das C-Atom gebundenen Gruppen beeinflußt werden, obwohl sich dieser Einfluß in manchen Fällen als schwach ergab. Außerdem ist es noch fraglich, welche Genauigkeit man den Ergebnissen der FOURIER-Analyse zutrauen kann. ROBERTSON, der selbst zu diesem schwierigen Gebiete glänzende Beiträge geliefert hat, gibt denn auch die Warnung: "We must, of course be cautious to accept too fine detail in the picture. If the experimental measurements were made more accurate, and if still weaker reflections were included in the (FOURIER) series, would the result persist?". ROBERTSON antwortet auf diese Frage: „Probably it would, because it seems large enough to be real."

100. Molekülform und Resonanz. Die Röntgenanalyse zeigt, daß die Moleküle des Dibenzyls sowie die des Stilbens ein Symmetriezentrum haben: In beiden Verbindungen liegen also die Benzolringe zueinander parallel. Die Verbindungen unterscheiden sich jedoch in der Orientierung der Benzolringe zu der Verbindungslinie —CH$_2$—CH$_2$— bzw. —CH=CH—; bei Stilben ist das ganze Molekül eben, im Dibenzyl stehen die Benzolringe ungefähr senkrecht zu der Ebene der Kette C$_{arom.}$—CH$_2$—CH$_2$—C$_{arom.}$ (Formel I). Im Dibenzyl liegt also offenbar

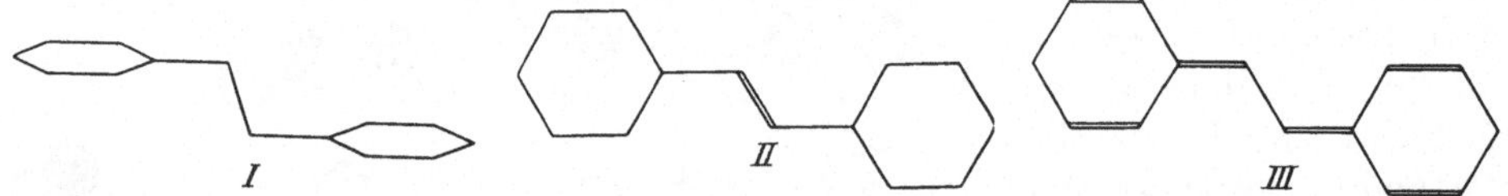

I   II   III

die Packung der Moleküle am günstigsten für die Formel I. Warum nehmen nun aber nicht auch die Ringe im Stilbenkrystall diese Lage ein? Dazu würde die freie Drehbarkeit um die Achse C$_{arom}$—CH die Möglichkeit eröffnen. Dies wurde in interessanter Weise so gedeutet, daß die Elektronenkonfiguration des Stilbens zwischen derjenigen der Formeln II und III liegt; in diesem Resonanz-

---

[1] Aus dem Strukturmodell der Abb. 152 sind die Zusammenhänge zwischen Anisotropie der Gitterbindungsstärke und der Lichtausbreitung in treffender Weise ersichtlich: Zwischen den sich in horizontaler Richtung folgenden Molekülen gibt es *zwei* O···N-Bindungen (Abstand O—N = 2,8 Å); in vertikaler Richtung gibt es zwischen aufeinander folgenden Molekülen *eine* solche Bindung; die intermolekularen Abstände zwischen anliegenden Spaltebenen sind die größeren (Abstand O—N = 3,2 Å). Man erwartet also, daß die Struktur in der horizontalen Richtung am stärksten zusammenhängt, am schwächsten zwischen aufeinanderfolgenden Schichten. Dies erklärt die erwähnte Blattspaltung und die Faserspaltung nach [10$\bar{1}$]. Im Einklang mit unseren Betrachtungen in **78** ist die Geschwindigkeit des in letzter Richtung schwingenden Lichtes am kleinsten, die Schwingung senkrecht zu den Spaltebenen die schnellere.

zustand hat *jede* Bindung der Zickzackkette teilweise Doppelbindungscharakter: Die der Doppelbindung eigene Starrheit der Bindungsrichtungen legt die flache Form des Moleküls fest.

B. Lange Ketten.

Bei Paraffinen, Fettsäuren u. a. wurden durch die Röntgenanalyse die gestreckten Kohlenstoffketten bestätigt, die man schon auf Grund der Versuche über Filmbildung von z. B. Fettsäuren auf einer Wasseroberfläche angenommen hatte. Vollständige Strukturbestimmungen, die auch den Bau der Endgruppen genau festlegen, sind hier, außer bei den ersten Gliedern, noch nicht ausgeführt worden, jedoch wurden für viele Glieder der verschiedenen homologen Reihen die

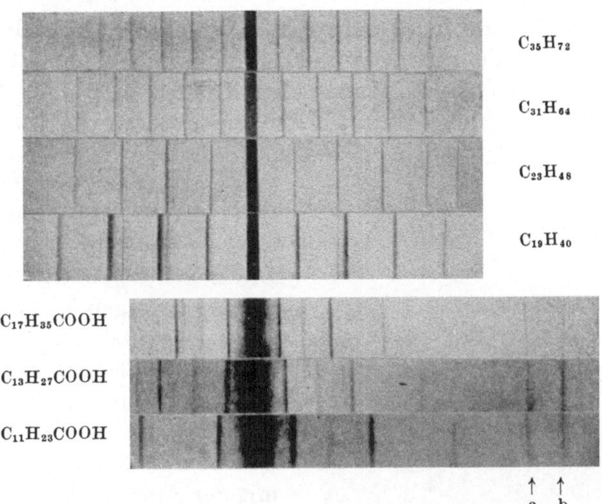

Abb. 153. BRAGG-Aufnahmen von auf Glas orientierten Paraffinen und Fettsäuren. Die Ablenkungswinkel nehmen mit abnehmender Kettenlänge regelmäßig zu. Die diffusen Linien *a* und *b* haben bei allen Präparaten dieselbe Lage. Die Fettsäure C$_{17}$H$_{35}$COOH hat ungefähr doppelt so großen Netzebenenabstand wie das Paraffin C$_{19}$H$_{40}$. (W. L. BRAGG: The crystalline State I. London 1933.)

Zelldimensionen bestimmt, aus denen die Lage und die Länge des Moleküls ermittelt werden konnten; mittels roher Intensitätsbetrachtungen bestimmte man die Verteilung der streuenden Dichte entlang der Kettenrichtung des Moleküls; schließlich wurden einige wenige Verbindungen (das Paraffin C$_{29}$H$_{60}$ und die Laurinsäure) als Einkrystall genauer analysiert. Neben der Bestimmung der Moleküllänge und der Stelle der schweren Gruppen im Molekül, sind in dieser Gruppe insbesondere die physikalisch-chemischen Anwendungen der Röntgenuntersuchung wichtig, wie das Studium der Orientierungserscheinungen in Filmen (die u. a. den Schmierungsvorgang beherrschen) und die Deutung der Erscheinung, daß die Eigenschaften in einigen homologen Reihen mit gerader bzw. ungerader Anzahl Kohlenstoffatome sich abwechselnd ändern.

101. Zellenabmessungen und Orientierung. Die Abb. 153 zeigt Aufnahmen von einigen Paraffinen und Fettsäuren nach der BRAGGschen Methode. Die betreffenden Präparate wurden erhalten durch Erstarrenlassen von geschmolzenem Paraffin oder Fettsäure auf einem Objektglas als orientierende Unterlage. Bei der Mehrzahl der Krystallblättchen stellt sich dabei eine bestimmte Netzebene parallel zur Unterlage: Dies geht aus dem Auftreten von Reflexionen an diesen Netzebenen hervor, die man erhält, wenn man das Präparat, von der Stellung des streifenden Einfalls ausgehend, im Röntgenbündel dreht. Man sieht diese Reflexionen von wachsender Ordnung zu beiden Seiten des unabgelenkten Bündels. Die betreffenden Ablenkungswinkel nehmen mit wachsender Anzahl der Kohlenstoffatome ab. So wurde bei Paraffinen bzw. bei Alkoholen gefunden:

	d_3			d_3
$C_{11}H_{24}$	15,9 Å		$C_{13}H_{27}OH$	36,9 Å
$C_{15}H_{32}$	21,0 Å		$C_{15}H_{31}OH$	42,1 Å
$C_{17}H_{36}$	23,6 Å		$C_{17}H_{35}OH$	47,1 Å
$C_{19}H_{40}$	26,2 Å			
$C_{21}H_{44}$	28,7 Å			
$C_{23}H_{48}$	31,0 Å			

In einer homologen Reihe kann man diese Netzebenenabstände als Funktion der Anzahl von C-Atomen auftragen und dann ein unbekanntes Glied der Reihe mit Hilfe seines gemessenen d_3-Wertes identifizieren (s. jedoch **108**).

Außer den Reflexionen an diesen Netzebenen zeigen die Diagramme einige Reflexionen anderer Art, die in Abb. 153 mit a und b angegeben sind; im Gegensatz zu den eben besprochenen ändern sich deren Abbeugungswinkel mit wachsender Zahl der C-Atome nicht. Die zugehörigen Gitterkonstanten d_1 und d_2 betragen nur einige wenige Å.

Wir schließen also auf eine lang gedehnte Zelle (meist monoklin, mitunter rhombisch), deren Querschnitt für die verschiedenen Ketten annähernd gleich ist und deren Länge mit der Anzahl der Kohlenstoffatome zunimmt. Diese Zellendimensionen weisen auf eine Packung von *gestreckten* Kohlenstoffketten hin. Für den Querschnitt einer solchen Kette findet man immer ungefähr 20 Å², welcher Wert auch aus den bekannten Filmbildungsversuchen von Fettsäure auf Wasser abgeleitet wird.

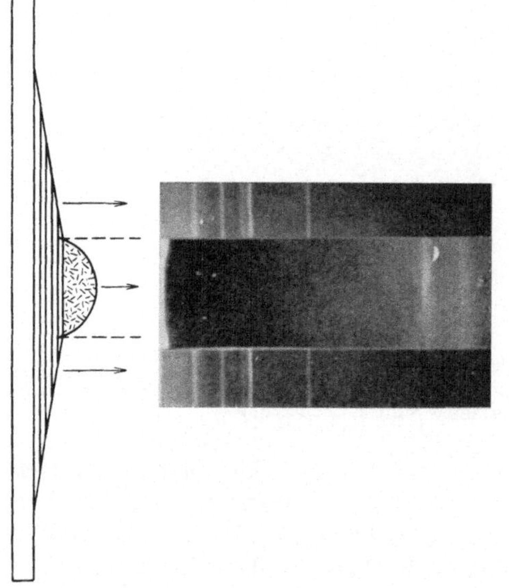

Abb. 154. Palmitinsäure auf Glas erstarrt. Links: Querschnitt durch das Präparat. Die Beugungsbilder der dünnen Schichten sind gleich denen der Abb. 153; im Diagramm der dickeren Schicht äußern sich nur die kurzen Netzebenenabstände. [Nach J. J. TRILLAT: Ann. de physique [10] **6**, 5 (1926).]

Das Auftreten der Reflexionen a und b in den Diagrammen zeigt, daß nicht in *allen* Krystalliten des Präparats die Netzebene d_3 parallel zur Unterlage orientiert war. Bei zunehmender Dicke des Präparats treten die zu den kurzen Abständen gehörigen diffusen Linien deutlicher hervor, während die d_3 entsprechenden Linien schwächer werden. Schmilzt man eine kleine Menge Palmitinsäure auf Glas, so beobachtet man beim Abkühlen, daß sich eine sehr dünne durchsichtige Schicht bildet, auf der eine gewisse Menge geschmolzener Säure schwimmt. Letztere zieht sich allmählich zu einem Tropfen zusammen. Röntgenaufnahmen zeigen nun, daß die dünne Schicht scharfe, der großen Gitterkonstante entsprechende Beugungslinien aufweist, der Tropfen aber nur die diffusen

Linien *a* und *b*. In den unteren Schichten sind die Moleküle also mehr oder weniger senkrecht zur Unterlage orientiert, in den höheren liegen sie parallel zu dieser. Abb. 154 zeigt links einen Querschnitt durch das Präparat, rechts die beobachteten Spektren.

102. Paraffine. Der Netzebenenabstand d_3 nimmt bei den Paraffinen im Mittel um 1,27 Å pro Kohlenstoffatom zu. Diese Zunahme des Abstands finden wir wieder, wenn wir eine Zickzackkette annehmen, die senkrecht zu der Netzebene steht und in der die Kohlenstoffbindungen die Länge 1,54 Å haben und den Tetraederwinkel 109°28' einschließen, wie im Diamant.

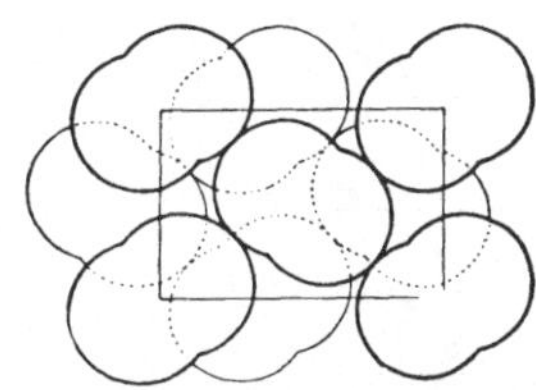

Abb. 155 gibt die Struktur der Paraffine schematisch in einer Projektion parallel zur Kettenrichtung wieder. Man sieht, daß die Moleküle zweier aufeinanderfolgender Schichten (in der Zeichnung ausgezogen bzw. punktiert gezeichnet) wie bei einer hexagonalen dichten Packung (von stäbchenförmigen Molekülen) angeordnet sind.

Abb. 155. Basisprojektion eines Paraffins. (A. MÜLLER: zit. S. 136, Abb. 130.)

103. Einbasische Fettsäuren: polare Moleküle liegen Kopf an Kopf. Bei den Fettsäuren oder Alkoholen (s. Tabelle in **101**) findet man, daß die große Netzebenenperiode beim Übergang auf das nächst höhere Glied der Reihe mit 2,1 bis 2,4 Å zunimmt statt mit dem oben genannten Werte 1,3 Å. Daß bei gleicher Anzahl von Kohlenstoffatomen der Netzebenenabstand einer Fettsäure fast doppelt so groß ist, wie der eines Paraffins, ersieht man sofort aus der Abb. 153,

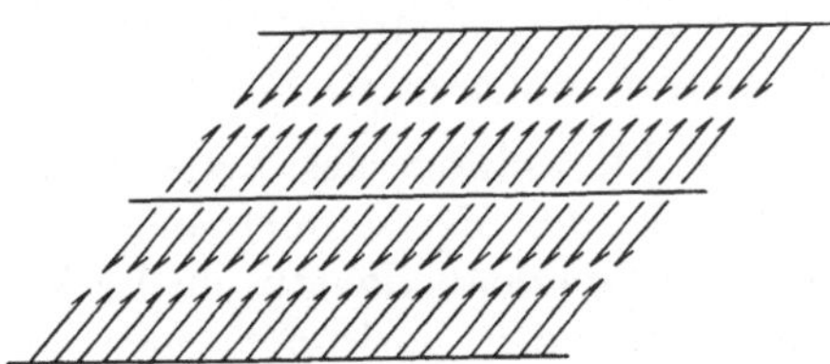

Abb. 156a. Schichtung der einbasischen Fettsäuremoleküle, schematisch dargestellt.

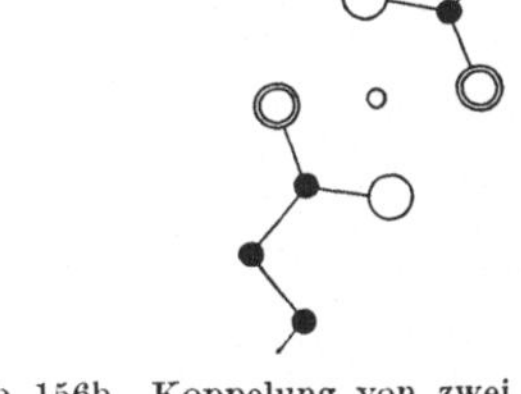

Abb. 156b. Koppelung von zwei polaren Gruppen durch ein Symmetriezentrum.

in der man die Ablenkungswinkel bei $C_{17}H_{35}COOH$ fast zweimal kleiner findet als beim Paraffin $C_{19}H_{40}$. Dies deutet darauf hin, daß in diesen Verbindungen immer zwei Moleküle „Kopf an Kopf" liegen (Abb. 156a): Das Streuvermögen ist dann in den COOH-Doppelschichten, die eine volle Zellenlänge (zwei Moleküle) voneinander entfernt sind, verstärkt. Daß man für die Längenzunahme pro C einen kleineren als den doppelten normalen Betrag findet, läßt sich aus der schiefen Stellung des Fettsäuremoleküls zu der Basisebene erklären.

Das Aneinanderschließen der polaren Gruppen ist ohne weiteres verständlich: Der positiv geladene Teil der einen Gruppe wird sich dabei an den negativen der benachbarten legen. Man findet die angrenzenden Moleküle denn auch durch ein Symmetriezentrum verknüpft, das ein solcher Anschluß mit sich bringt (Abb. 156b).

104. Alternierende Zellenlängen der zweibasischen Fettsäuren. Die Zellenlänge der zweibasischen Fettsäuren beträgt zwei Moleküllängen bei denen mit ungerader Zahl der C-Atome, eine Moleküllänge bei denen mit gerader Zahl.

Dies wird erklärt durch die Koppelung benachbarter Moleküle durch ein Symmetriezentrum, wenn wir den Zickzackbau der Kohlenstoffketten mit in Betracht ziehen. Die Abb. 157a und b zeigen, wie sich die Moleküle mit ungeradem bzw. geradem n (n = Anzahl der C-Atome) aneinanderreihen. Dieses Alternieren in Anordnung der Ketten mit gerader bzw. ungerader Anzahl der Kohlenstoffatome erklärt gewissermaßen die bisher schwer erklärbaren wechselnden Änderungen in den Eigenschaften dieser Verbindungen. Aus Abb. 157 ersieht man z. B., daß bei den ungeraden Gliedern die Kettenrichtung der Zellenkante parallel ist; bei den geraden Gliedern schließen die beiden Richtungen einen Winkel $\Delta\beta$ ein, der mit zunehmender Anzahl von Kohlenstoffatomen abnimmt: Bei den ungeraden Gliedern ist der Achsenwinkel konstant, bei den geraden konvergiert dieser mit wachsendem n zum Wert der ungeraden Glieder, geradeso, wie dies aus Winkelmessungen bekannt war.

Bei der Deutung der abwechselnden Änderung der Eigenschaften wie Verbrennungswärme, Schmelzwärme, Schmelzpunkt, Löslichkeit usw., die mit der *Energie* der Anordnung zusammenhängen, wird man die Art des Anschlusses der Molekülenden näher betrachten müssen; man hat diese noch nicht eingehend untersucht.

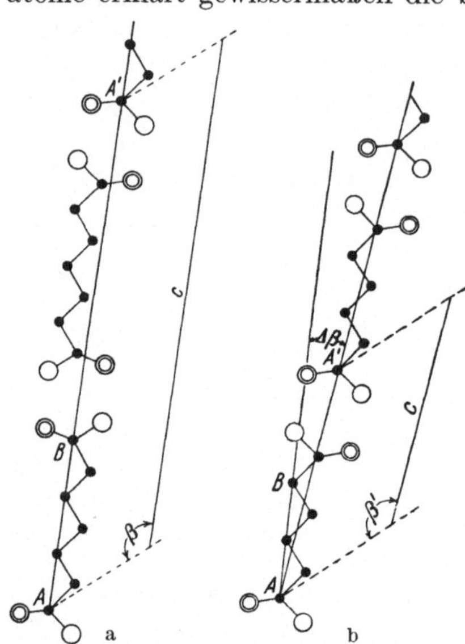

Abb. 157a u. b. Alternieren des Krystallwinkels β in der Reihe der zweibasischen Fettsäuren. a n = ungerade. Die Elementarperiode in der Kettenrichtung umfaßt *zwei* Moleküle. Achsenrichtung AA' = Kettenrichtung AB Krystallwinkel β konstant. b n = gerade. Die Elementarperiode in der Kettenrichtung beträgt *eine* Moleküllänge. Achsenrichtung AA' fällt nicht mit Kettenrichtung AB zusammen. Der Winkel zwischen AA' und AB nimmt mit zunehmender Kettenlänge ab.

105. Die Intensitäten der Fettsäurediffraktionen.

Bei den Fettsäuren zeigen sich interessante Gesetzmäßigkeiten im Verlauf der Intensitäten der Basisreflexionen: In Abb. 153 unten sind, wie ersichtlich, die Reflexionen der ersten Ordnung stark, der zweiten schwach, der dritten stark usw. Der umgekehrte Fall, starke gerade Ordnungen und schwache ungerade, ist geläufiger. Letzterer tritt nämlich dann auf, wenn in einem Netz ein zweites die Periode halbiert: Dann verstärken sich die Beiträge von dem Anfange bzw. der Mitte der Periode bei den geraden, während sie sich bei den ungeraden Ordnungen abschwächen. Wir zeigen jetzt, daß die Intensitätsfolge in den Diagrammen der Abb. 153 unten charakteristisch für lange Moleküle ist, die „Kopf an Kopf" liegen wie in der Abb. 156a. In der Dichte, die praktisch kontinuierlich und gleichmäßig über die Kohlenstoffkette verteilt ist, findet man dann

1. Stellen größerer Dichte an den Orten der relativ schweren Carboxylgruppen.

2. Stellen kleinerer Dichte zwischen den CH_3-Endgruppen, weil diese in einer Entfernung von ungefähr 3,5 Å liegen und das Streuvermögen dort am geringsten ist.

Für die Röntgendiffraktion können die Fettsäuren also näherungsweise betrachtet werden als zusammengesetzt aus einem homogenen Milieu (den CH_2-Gruppen), unterbrochen durch COOH-Schichten mit einem Überschuß an Elektronendichte und, halbwegs zwischen diesen Schichten, mit Dichtedefekt (Abb. 158). Zur Ermittlung des totalen Diffraktionseffektes kann man zunächst den Beitrag der homogenen Verteilung berechnen und dann die Beiträge der

Überschüsse und Defekte addieren. Der erste Streueffekt ist Null (s. S. 83); der Beitrag eines Defekts muß, wie in der Fußnote [1], S. 82 besprochen, wie der eines gleich großen Überschusses in Rechnung gesetzt werden, jedoch mit entgegengesetztem Vorzeichen. In den geraden Ordnungen beträgt der Gangunterschied zwischen COOH- und CH_3- Schichten eine ganze Anzahl von Wellenlängen: Die Interferenz der Überschüsse

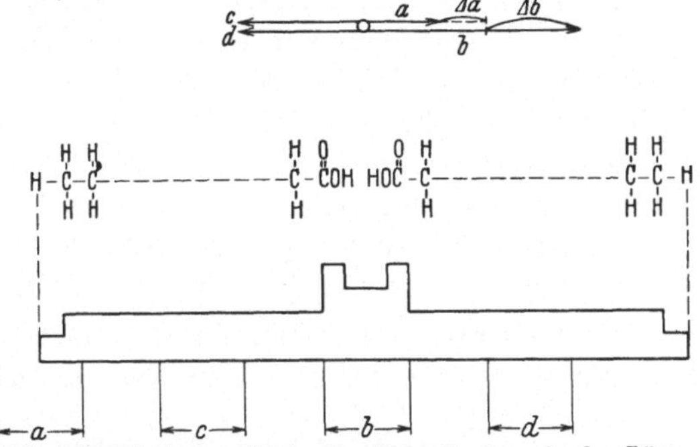

Abb. 158. Elektronendichte der Palmitinsäure in der Längsrichtung der Zelle, berechnet aus den Röntgenintensitäten. [J. A. PRINS: Physica, Ned. Tijdschr. voor Natuurk. 6, 305 (1926).]

und der Defekte hat eine Schwächung zur Folge. In den ungeraden Ordnungen gibt auch der Gangunterschied eine Phasendifferenz π: es folgt somit Verstärkung.

Man wird dieses Operieren mit Dichteüberschuß und Defekt vielleicht etwas formal finden und der Meinung sein, daß bei einer Reflexion von gerader Ordnung die Elektronen der CH_3-Gruppen, wenn sie auch wenig zahlreich sind, doch mit den COOH-Elektronen in Phase streuen, so daß eine „Schwächung" unerklärlich sei. Man hat dann aber den kontinuierlichen Untergrund der Elektronenverteilung außer acht gelassen. Für die Reflexion zweiter Ordnung z. B. gelangt man erst dann zum richtigen Ergebnis, wenn man in dieser Betrachtungsweise auch die Streifen der kontinuierlichen Verteilung bei $\frac{1}{4}$ und $\frac{3}{4}$ der Periode in Rechnung zieht: Das Vektordiagramm Abb. 158 oben zeigt, daß die vier

Streifen a, b, c und d sich bei gleicher Dichte aufheben, bei Überschuß Δb in b und Defekt Δa in a resultiert ein Vektor $\Delta b - \Delta a$.

106. Auch die CH_2-Periode äußert sich in den Röntgenintensitäten.

In 105 wurde das Streuvermögen der CH_2-Kette als homogen über die

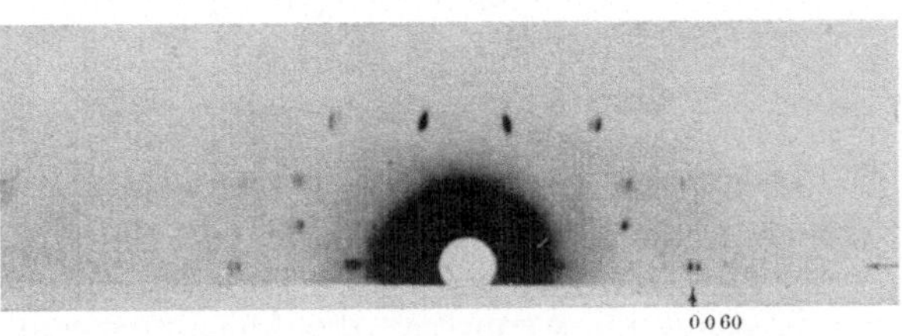

Abb. 159. Drehdiagramm von $C_{29}H_{60}$ um die a-Achse. [A. MÜLLER: Proc. Roy. Soc., London Ser. A, 120, 437 (1928).]

Länge verteilt betrachtet. Die Verteilung in diskreten CH_2-Gruppen macht sich jedoch an einigen Stellen im Beugungsbild deutlich bemerkbar, nämlich wenn bei einer Reflexion alle CH_2-Gruppen zusammen wirken: Es resultiert dann eine sehr starke Reflexion. So sieht man in der Abb. 159 auf dem Äquator die Basisreflexionen 0060 und 0062 hervortreten. Es liegen zwei Moleküle $C_{29}H_{60}$, also 58 CH_2-Gruppen, entlang der Zellenkante: Wegen der größeren Entfernung zwischen den Endgruppen ist die Gesamtlänge der Zellenkante etwas größer als 58mal die CH_2-Periode. Diese Periode ist nun kein rationeller Bruchteil der Zellenlänge, so daß die CH_2-Gruppen in keiner Ordnung *genau* phasengleich streuen: In der Reflexion 0060 ist die Phasendifferenz zwischen benachbarten CH_2-Gruppen ganz wenig kleiner als 2π, bei 0062 ein wenig größer.

Genau genommen umfaßt die Periode der Zickzackkette /\\/\\/\\ *zwei* CH_2-Gruppen. Nur im soeben erwähnten Fall, bei den Basisreflexionen der Paraffine, deren Ketten senkrecht zur Basisebene liegen, hat die Dichteperiode die Höhe einer CH_2-Gruppe. Bei schiefer Stellung der Ketten — sowie auch bei den Reflexionen *hkl* der Paraffine — findet man tatsächlich die $(CH_2)_2$-Periode in den Intensitäten.

Bei der Beugung von Elektronenstrahlen an monomolekularen Schichten bildet diese $(CH_2)_2$-Periode die einzige Periodizität in der Kettenrichtung und bestimmt hier somit die Abbeugungs*richtungen*.

107. Ketone; röntgenanalytische Ortsbestimmung der CO-Gruppe. Abb. 160 zeigt die Basisreflexionen einiger Ketone mit normalen Alkylgruppen. Einer

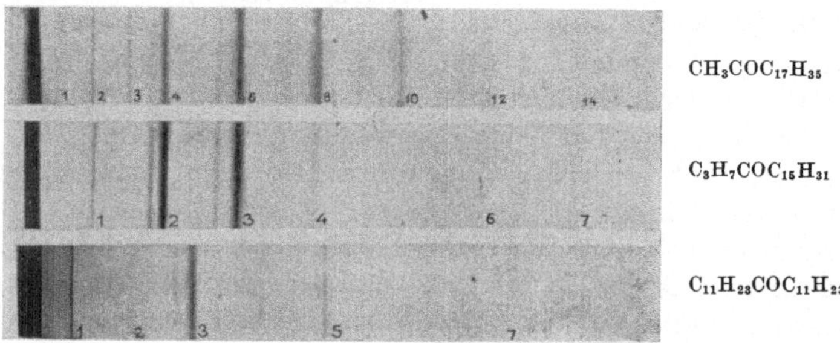

Abb. 160. Reflexionen an auf einer Unterlage orientierten Ketonen. [W. B. SAVILLE u. G. SHEARER: J. chem. Soc. London **127**, 591 (1925).]

größeren Anzahl C-Atome entsprechen wiederum kleinere Ablenkungswinkel; weil die Zellenlänge der *Gesamt*zahl der C-Atome proportional ist, haben die Ketone die Gestalt

$$C_nH_{2n+1} \cdot CO \cdot C_mH_{2m+1} \quad \text{und nicht} \quad \begin{array}{c} C_nH_{2n+1} \\ | \\ CO \\ | \\ C_mH_{2m+1} \end{array}$$

Die Identitätsperioden betragen hier *eine* Moleküllänge; nur bei den Methylketonen zeigen die Netzebenenabstände, daß die Periode zwei Moleküle umfaßt. In der Abb. 160 liest man diese Periodenverdoppelung bei gleicher Gesamtzahl der C-Atome ab, wenn man die Ablenkungswinkel des ersten und des zweiten Diagramms vergleicht; nur wenn die polare CO-Gruppe dem Kettenende möglichst nahe liegt (in den Methylketonen) reihen sich die Moleküle offenbar Kopf an Kopf an. Die Stelle der CO-Gruppen hat weiter einen großen Einfluß auf die Intensitäten. In den Ketonen mit der CO-Gruppe in der Mitte — unteres Diagramm — finden wir dieselbe Intensitätsfolge wie bei den Fettsäuren (gerade Ordnungen sind schwach): Hier gibt es ebenfalls abwechselnd äquidistante Schichten mit Dichteüberschuß (CO-Gruppe) und Dichtedefekt (Strecke zwischen den CH_3-Endgruppen). Das zweite Diagramm der Abb. 160 zeigt eine schwache Reflexion 005; in dieser Ordnung streuen also Dichteüberschuß und -defekt phasengleich: Der Abstand zwischen diesen beiden Stellen beträgt also $\frac{1}{5}$ der Periode; somit ist die Lage des CO im Molekül festgelegt. Es ist hier also auf röntgenanalytischem Wege möglich, in einem unbekannten Keton aus den Basisreflexionen sowohl die Gesamtzahl der C-Atome zu bestimmen (aus der Identitätsperiode) wie die Stelle der Carbonylgruppe (aus dem Verlauf der Intensitäten).

108. Einfluß von Polymorphie und von der Vorbehandlung auf d_3. Bei einer solchen Bestimmung der Anzahl C-Atome aus dem Netzebenenabstand d_3 — s. auch S. 172 — muß man jedoch darauf achten, daß in diesen homologen Reihen oft Polymorphie auftritt: Bei Stearinsäure wurden z. B. Modifikationen gefunden mit Netzebenenabständen von 44,0, 39,9 und 46,6 Å. Die verschiedenen Modifikationen werden sich in der Neigung der Kette gegen die Basisebene unterscheiden.

Auch die Vorbehandlung hat einen, wenn auch geringen Einfluß auf die Gitterkonstante. Die nachfolgenden gemessenen Abstände geben davon ein Beispiel:

$$d_3 \text{ eines Präparates } C_{24}H_{50},$$

auf Glas geschmolzen   33,4 Å,

durch Druck auf Glas orientiert   32,7 Å,

aus alkoholischer Lösung krystallisiert 33,1$_5$ Å.

109. Orientierung von Fettsäureschichten auf Eisen. Zum Schluß eine praktische Anwendung: Röntgenanalytisch wurde untersucht, wie sich Schmiermittel auf einer reibenden Metalloberfläche orientieren. Fettsäure orientiert sich auf unpoliertem Eisen wie auf Glas, somit mit der Basisebene parallel zur Unterlage. Die Wirkung des Schmiermittels beruht auf der äußerst leichten Gleitung zwischen den CH_3-Ebenen in diesen orientierten Schichten. Auf poliertem Eisen richtet sich die Fettsäure jedoch nicht, wie aus dem Fehlen der Basisreflexionen in einer BRAGG-Aufnahme ersichtlich ist. Weil es sich bei aneinanderreibenden Metall-

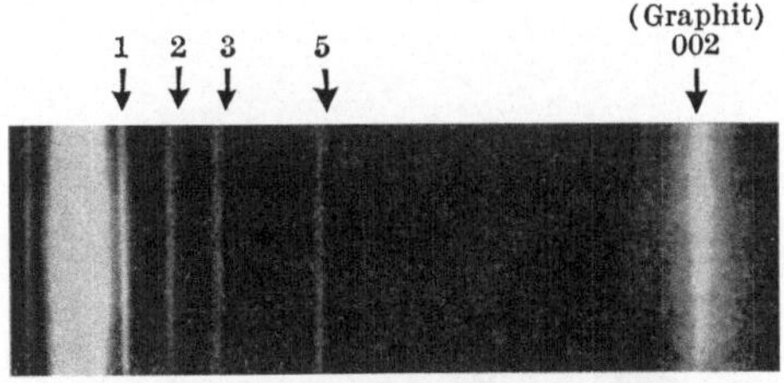

Abb. 161. Reflexionsaufnahme von Stearinsäure auf poliertem, mit einer Graphitschicht bedecktem Eisen. [J. J. TRILLAT u. R. FRITZ: J. Chim. physique **34**, 136 (1937).]

teilen immer um poliertes Eisen handelt, ist es wichtig zu erforschen, unter welchen Umständen das Schmiermittel sich auch hier richten kann. Abb. 161 zeigt die BRAGG-Aufnahme von poliertem, mit einer Schicht von Fettsäure und Graphit bedecktem Eisen: In Graphit orientiert sich die Basisebene parallel zu der Eisenoberfläche, die Fettsäure kann sich offenbar auf dieser Graphitunterlage richten.

C. Hochmolekulare Verbindungen.

Bei organischen Faserstoffen wie Cellulose, Kautschuk, Haar (Wolle), Seide, den synthetischen Polyoxymethylenen, hat man mit Hilfe von chemischen und räumlichen Überlegungen die Interpretierung der Röntgenogramme bis zu einem Strukturbild mehr oder weniger weit durchführen können; über die Struktur von Substanzen wie Stärke, Agar und Gummi arabicum weiß man dagegen noch fast nichts. Wir wollen hauptsächlich die Strukturbestimmung der Cellulose besprechen; die von dieser Substanz erhaltenen Aufnahmen sind, wie die des gedehnten Kautschuks, besser als die Diagramme von anderen Faserstoffen. Bei der Erörterung, wie MEYER und MARK zu einer detaillierten Struktur gelangten, zeigen sich die Möglichkeiten und Unsicherheiten einer solchen Analyse einer hochmolekularen Verbindung: Sogar bei Cellulose ist die vorgeschlagene Struktur noch nicht allgemein anerkannt.

110. Struktur der Cellulose. Bestimmung der Zellengröße. Abb. 162 zeigt das Röntgenogramm einer Ramiefaser, senkrecht zu der Faserrichtung

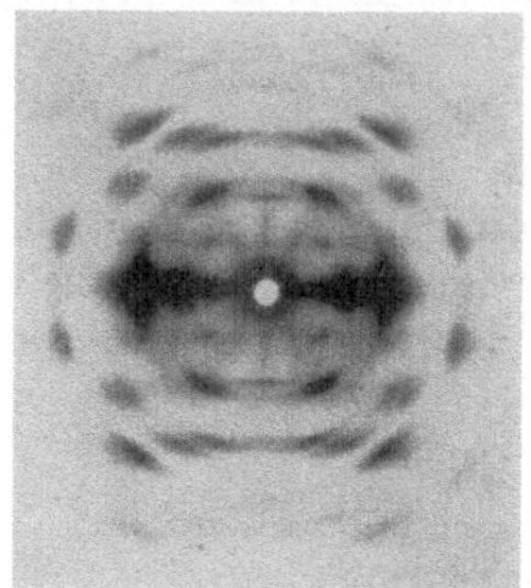

durchstrahlt. Es entsteht, wie man sieht, ein Diagramm, das wie ein Drehdiagramm aussieht; da die Faser dieses Diagramm gibt, ohne daß sie um ihre Längsachse gedreht wird (Faserdiagramm), enthält das Faserbündel offenbar *nebeneinander* alle möglichen Orientierungen, die ein Einkrystall beim Drehkrystallverfahren *nach*einander durchläuft (Abb. 163a). Alle Krystallite in der Faser sind also mit derselben krystallographischen Richtung parallel zur Faserrichtung orientiert.

Der Schichtliniencharakter des Diagramms ist gut ausgebildet; da außerdem der Abstand zwischen den Schichtlinien ziemlich groß ist, ist man berechtigt, die Faserrichtung als eine der Zellenkanten zu betrachten. Aus der Schichtlinienhöhe berechnet man [vgl. Gl. (5) **20**] eine Periode von 10,3 Å in der Faserrichtung. *Diese Periode ist die einzige Zellenabmessung, die man direkt, ohne Annahmen, aus dem Diagramm entnehmen kann.* Wie wir sehen werden, spielt sie beim Einordnen der Glucosereste in die Zelle eine wichtige Rolle.

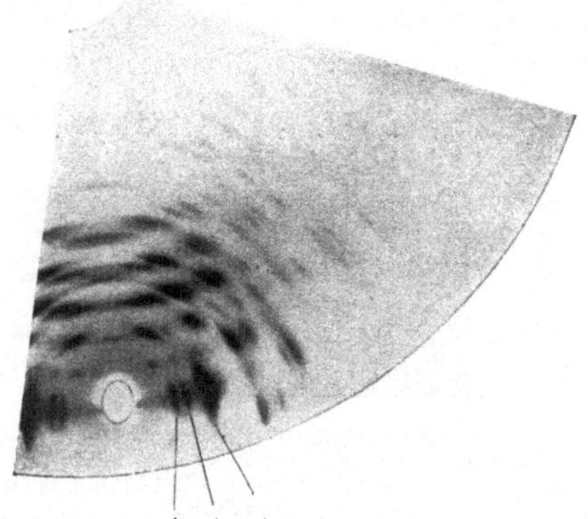

Abb. 162. Röntgenogramm einer senkrecht durchstrahlten Ramiefaser. Oberes Diagramm auf einer ebenen Platte aufgenommen. [W. T. ASTBURY: Ann. Rep. Progr. Chem. **28**, 322 (1931).] Unteres Diagramm in kegelförmiger Kammer aufgenommen, in der die höheren Schichtlinien stärker abgebildet werden. [E. SAUTER: Z. physikal. Chem. B **35**, 83 (1937).]

Die Interferenzflecke auf dem Äquator sind hier viel weniger scharf begrenzt als bei einem guten Krystall (unvollkommene Äquidistanz der Zellen) und weniger zahlreich (schneller Intensitätsabfall); die Linienverbreiterung setzt die Zuverlässigkeit einer Indizierung herab. Makroskopisch ist nicht einmal das Krystallsystem bekannt. Man hat nun zunächst versucht, unter Zugrundelegung einer rhombischen Struktur, die starken Äquatorreflexionen einfachen Prismenebenen zuzuschreiben und dementsprechend eine quadratische Form [**17**, Gl. (4)] zu finden, die alle Reflexionen umfaßt. Dabei konnte die Reflexion A_2, nahe bei A_1 (Abb. 162) nicht untergebracht werden. Um diese Reflexionen indizieren zu können, war man genötigt, den Winkel zwischen der a- und der c-Achse auf nicht genau 90° anzusetzen, damit man die beiden benachbarten Reflexionen A_1 und A_2 als 101 bzw. 10$\bar{1}$ interpretieren könnte [Faserrichtung: Ortho-(b)-Achse]. Man setzte eine monokline Form für $\sin^2\theta$ an, die alle Reflexionen — ungefähr zwanzig — umfaßte. Die so erhaltene Indizierung ist jedoch nicht die einzig mögliche. Bei einem Einkrystall würde man jetzt die Azimutbeziehungen der reflektierenden Ebenen nachprüfen durch Bestimmung ihrer Reflexionsstellung (20); in einem Faserpräparat, wo die Krystallite regellos um die Faserachse orientiert sind (Abb. 163a), ist dies nicht möglich.

Durch Verwendung von *höherorientierten Präparaten* versuchte man, diese Schwierigkeit zu umgehen; durch Deformation (Dehnen, Walzen) von dazu geeigneten Präparaten kann erreicht werden, daß die Krystalle sich auch in einer zweiten Richtung orientieren. Aus der Faserstruktur, deren Querschnitt Abb. 163a schematisch zeigt, erhält man einen Zustand wie in Abb. 163b, eine „Folienstruktur", in der die Krystallite innerhalb weiter Fehlergrenzen parallel orientiert sind, so daß das ganze einem Mosaikkrystall ähnelt.

Ein solches Präparat von gerecktem Tunicin gibt bei Durchstrahlung in verschiedenen Richtungen Röntgenogramme, aus denen geschlossen werden kann, daß sich die Krystallite im großen und ganzen, wie in der Abb. 164 angegeben, orientieren: Die stallite im großen und ganzen, wie in der Abb. 164 angegeben, orientieren: Die

Abb. 163a u. b. Orientierung der Kristallite um die Faserachse. Querschnitt senkrecht zur Faserrichtung. a ungedehnt, b in der Faserrichtung gedehnt. [K. H. MEYER u. H. MARK: Aufbau der hochpolymeren Naturstoffe. Leipzig 1930.)

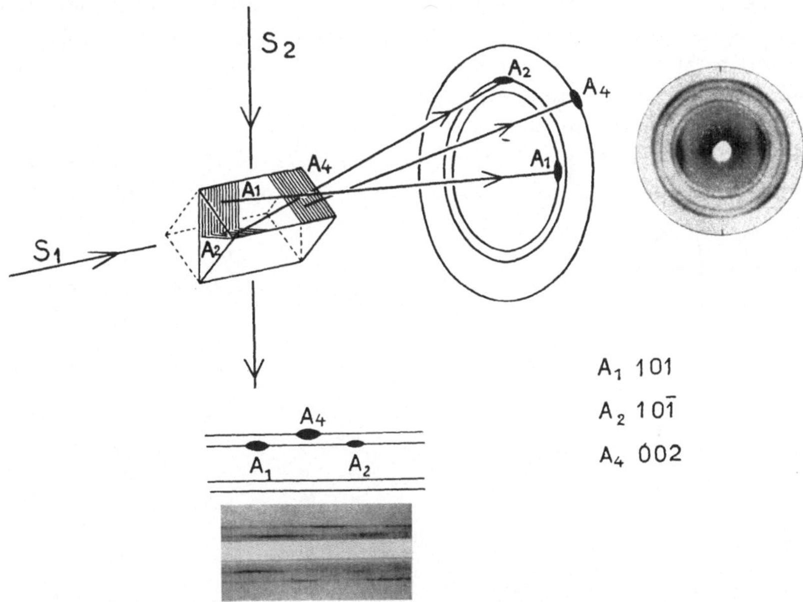

Abb. 164. Aufnahmen von gedehntem Tunicin. Das Blättchen (parallel zur Zeichnungsebene) gibt bei Bestrahlung in der Dehnungsrichtung S_1 das Diagramm rechts (auch schematisch gezeichnet). Hieraus ergibt sich: *b*-Achse in Dehnungsrichtung, A_1 in der Blättchenebene, Azimutbeziehung A_1, A_2 und A_4 wie in der Zeichnung angegeben. Unten: WEISSENBERG-Diagramm bei Durchstrahlung senkrecht zur *b*-Achse unter Drehung um diese Achse. [H. MARK u. G. VON SUSICH: Z. physikal. Chem. B 4, 431 (1929).]

Reflexionsebene A_1 liegt in der Blättchenebene und die *b*-Achse in der Dehnungsrichtung. Bei Durchstrahlung nach dieser Richtung (S_1 der Abb. 164) erhält man das Diagramm der Abb. 164 rechts, in der A_1 und A_2 eine Azimutdifferenz von ungefähr 90° aufweisen, während der Azimut von A_4

zwischen denen von A_1 und A_2 liegt. Dieser Azimutverband entspricht der Situationszeichnung und bestätigt die gegebene Indizierung[1]

$$A_1 \; 101; \qquad A_2 \; 10\bar{1}; \qquad A_4 \; 002.$$

Zum Verständnis, wie diese Ablenkungen entstehen, bedenke man, daß die Fehlorientierung so stark ist, daß die Netzebenen, die im Idealfall der Abb. 164 streifend bestrahlt werden, in einer genügenden Anzahl von Krystalliten mit dem einfallenden Bündel den für die betrachteten Reflexionen erforderlichen kleinen Glanzwinkel einschließen.

Fallen die Strahlen in der Richtung S_2 ein, so schließen die drei betrachteten Netzebenen mit der Einfallsrichtung gänzlich verschiedene Winkel ein: Sie reflektieren *nach*einander, wenn man das Präparat um die Dehnungsrichtung (b-Achse) dreht. Eine WEISSENBERG-Aufnahme, bei der der Film während der Exposition verschoben wird, zeigt (Abb. 164 unten), wie zunächst A_1, dann A_4 und schließlich A_2 — durch ihre Abbeugungswinkel identifiziert — zur Reflexion kommen: Dies bestätigt die angegebene Azimutbeziehung der Ebenen (aus der Ausbreitung der Flecke in horizontaler Richtung ist übrigens ersichtlich, wie stark die Schwankungen in der Orientierung jeder dieser Netzebenen noch waren!).

Diese Azimutbeziehung ist von großer Wichtigkeit für die Bestimmung der Zellengröße; es gibt Aufnahmen, die auf eine andere Azimutbeziehung der betrachteten Netzebenen hinweisen, so daß sogar über die Indizierung der Reflexionen noch Meinungsverschiedenheit besteht: Möglicherweise waren jedoch die bei den letztgenannten Aufnahmen verwendeten Präparate ungenügend orientiert (Bakteriencellulose).

Vier Glucosereste pro Zelle; aneinandergereihte Cellobioseketten. Aus der Dichte der Cellulose wurde sodann gefunden, daß die auf der Länge der b-Achse und der angegebenen Indizierung der ersten Äquatorreflexionen beruhende Zelle vier $C_6H_{10}O_5$-Gruppen enthält. Diese geringe Zahl erschien anfänglich befremdend, weil sie schwerlich mit dem chemischen Verhalten der Cellulose in Einklang zu bringen war. Das chemische Verhalten führte nämlich zu der Annahme, daß sehr viele Glucosereste zu einem

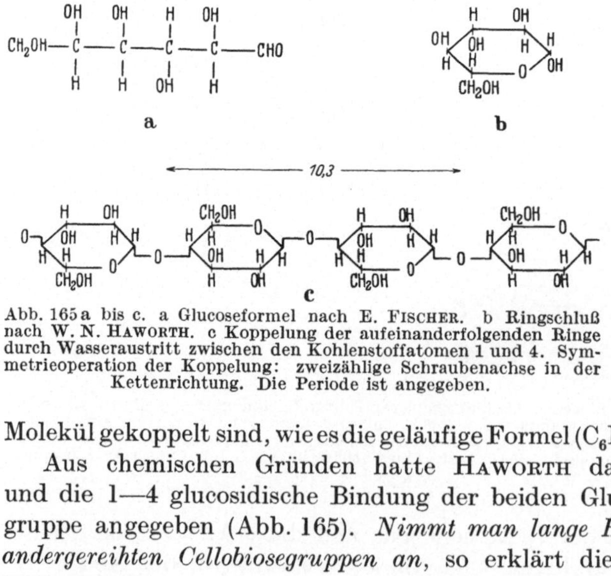

Abb. 165 a bis c. a Glucoseformel nach E. FISCHER. b Ringschluß nach W. N. HAWORTH. c Koppelung der aufeinanderfolgenden Ringe durch Wasseraustritt zwischen den Kohlenstoffatomen 1 und 4. Symmetrieoperation der Koppelung: zweizählige Schraubenachse in der Kettenrichtung. Die Periode ist angegeben.

Molekül gekoppelt sind, wie es die geläufige Formel $(C_6H_{10}O_5)_n$ zum Ausdruck bringt.

Aus chemischen Gründen hatte HAWORTH das Ringmodell der Glucose und die 1—4 glucosidische Bindung der beiden Glucosereste in der Cellobiosegruppe angegeben (Abb. 165). *Nimmt man lange Hauptvalenzketten von aneinandergereihten Cellobiosegruppen an*, so erklärt dies die Konstanz der Faser-

---

[1] Die Reflexion A_4 tritt nicht nur rechts oben, sondern auch links oben im Diagramm Abb. 164 rechts auf; dies findet seine Erklärung in dem Umstand, daß neben der bezeichneten Krystallstellung eine gleichwertige, in der Blättchenebene gespiegelte, vorkommt.

periode bei vielen chemischen und physikalischen Änderungen der Cellulose. *Es ergab sich nun, daß die Faserperiode — 10,3 Å — genau mit der aus den Atomabständen berechneten Länge einer solchen Cellobiosegruppe übereinstimmt.* Abb. 165c zeigt, wie in diesen langen Ketten von gekoppelten Glucoseresten die kleine Röntgenperiode mit einer großen Länge des Fasermoleküls in derselben Richtung zusammengeht (genau wie bei den SiO_3-Ketten in Kap. 7 B).

Bau der Zelle. Zunächst ergab sich, daß das BRAVAIS-Gitter primitiv ist und Schraubenachsen enthält. Letzteres geht aus der Auslöschung der Reflexionen $0k0$ mit ungeradem k hervor[1]; in **35** zeigten wir, daß diese Bedingung das Kriterium für eine zweizählige Schraubenachse parallel zur b-Achse mit der Translation $\frac{1}{2} b$ ist.

Es gibt eine einzige monokline primitive Raumgruppe ohne Symmetrieebene — Cellulose ist optisch aktiv — die Schraubenachsen enthält, und zwar C_2^2—$P2_1$. Diese Achsen liegen dabei in der Zelle, wie in Abb. 166 angegeben. Wie erwähnt, legen MEYER und MARK auf Grund von räumlichen und chemischen

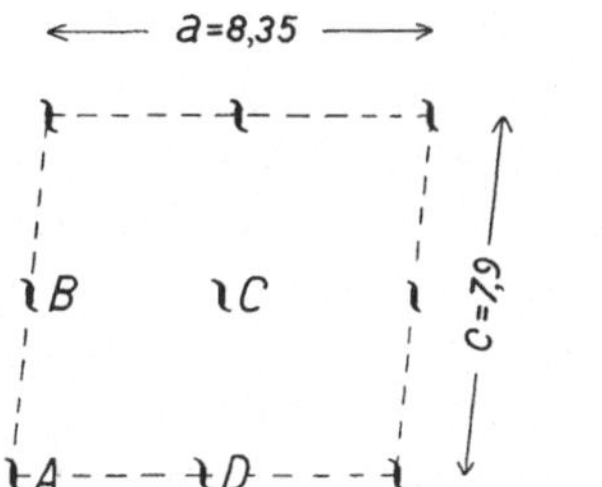

Abb. 166. Die Durchstoßpunkte der vier unabhängigen Schraubenachsen [010] in der Raumgruppe $P2_1$.

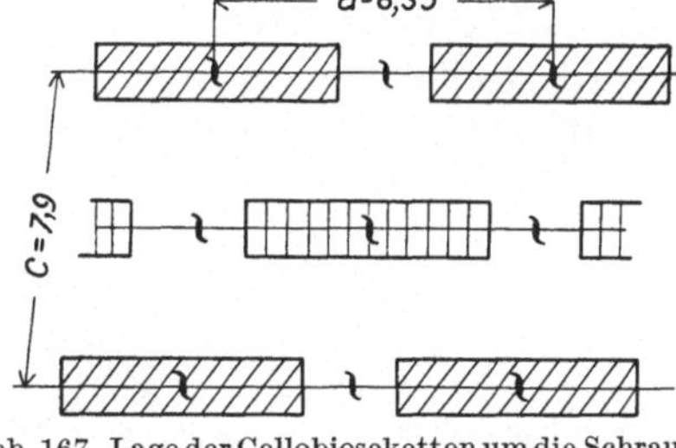

Abb. 167. Lage der Cellobioseketten um die Schraubenachsen. [K. H. MEYER u. H. MARK: Ber. 61, 593 (1928).]

Überlegungen die Cellobioseketten des in Abb. 165c angegebenen Baus entlang den Schraubenachsen. Die vier Glucosereste pro Zelle führen also zu zwei Ketten pro Zelle. Es muß also nur noch festgelegt werden:

1. Welche der Schraubenachsen B, C oder D neben A von einer Kette besetzt ist.

2. Wie die Glucoseringe den beiden Achsen entlang angeordnet sind, a) im Hinblick auf den Azimut um die Schraubenachse, b) im Hinblick auf die Höhe eines gewissen Atoms über der Basisebene (010) der Zelle. Da die Lage des Koordinatenanfangs in der b-Richtung willkürlich ist, ist nur der Höhen*unterschied* beider Ketten (Differenz y der b-Koordinaten korrespondierender Atome) wesentlich.

Die Reflexionen $h0l$ mit ungeradem $h + l$ fehlen. Dies fordert in der Projektion auf die 010-Ebene (Abb. 167) eine angenäherte Translation um $\frac{1}{2}a + \frac{1}{2}c$. Also:

Zu 1. Die Ketten projizieren sich in A und C.

Zu 2. Sie haben gleichen Azimut.

Der Wert des Parameters y geht dann aus folgender Überlegung hervor:

---

[1] Diese Auslöschungsbedingung ist nicht aus dem Diagramm um [010] zu entnehmen, weil hier das Auftreten von Reflexionen an der horizontalen (010)-Ebene geometrisch unmöglich ist (wenigstens bei Fasern, die keine Knickstellen aufweisen; solche Fasern kommen jedoch fast nie vor; dies bringt eine neue Unsicherheit für die Indizierung mit sich). Diese Reflexionen erhielt man durch Schrägstellung der Faserrichtung gegenüber dem einfallenden Bündel.

Die parallelen Cellobioseketten kommen durch Translationen $\frac{1}{2}a + yb + \frac{1}{2}c$ miteinander zur Deckung. Sie liefern also Beiträge S_1 und S_2 zum Strukturfaktor, die gleich groß sind, jedoch eine Phasendifferenz φ aufweisen. Diese Phasendifferenz, der Translation $\frac{1}{2}a + yb + \frac{1}{2}c$ entsprechend, beträgt $\frac{1}{2}(h + l) + yk$ Perioden. Addiert man die Schwingungsamplituden, wie in Abb. 55a, so ergibt sich:

$$S^2 = 2\,S_1^2\,(1 + \cos\varphi).$$

Ohne Rücksicht auf die Streuung einer Kette zu nehmen, kann man jetzt schließen, daß eine stark beobachtete Reflexion (mit großem S) mit einer Gegenwirkung der beiden Ketten unverträglich ist ($1 + \cos\varphi$ nicht zu klein).

040 stark fordert $1 + \cos 4\,y$ groß,
021 stark fordert $1 - \cos 2\,y$ groß.

Aus ähnlichen Daten konnte man y auf einen Wert zwischen 0,27 und 0,28 einschränken.

Der Azimut der Ketten geht aus den geraden Reflexionen $00l$ hervor:
002 sehr stark,
004 mäßig stark (trotz relativ großem Ablenkungswinkel).

Dies fordert eine Konzentration der Mehrzahl der Atome nahe um die Ebenen $(001)_0$ und $(001)_{1/2}$, die Ebene der Glucoseringe ist also zur Ebene (001) annähernd parallel (Abb. 167). Bei dieser Lage ist die Dichteverteilung nach Schichten parallel zu der (100)-Ebene ziemlich kontinuierlich, wie dies auch durch die Intensitäten: 200 fehlt, 400 schwach, bestätigt wird.

Die Struktur, zu der man in der Weise geführt wurde, ist in Abb. 168 abgebildet. Auf Grund dieses Modells wurden die Intensitäten der ungefähr 25 Interferenzen des Diagramms Abb. 162 und der etwa 50 zwischenliegenden fehlenden Reflexionen berechnet; der Vergleich derselben mit den beobachteten Intensitäten ergibt eine mäßige Beweiskraft für das Modell. Abb. 168 zeigt die fortlaufenden Molekülketten —

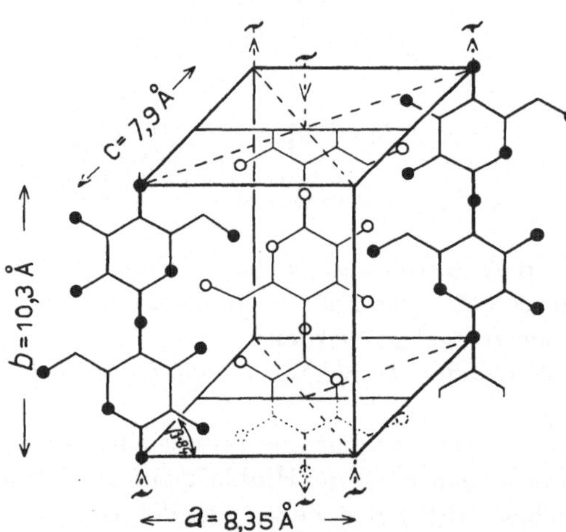

Abb. 168. Modell der Cellulose. [K. H. Meyer u. L. Misch: Helv. chim. Acta **20**, 232 (1937).]

die in größeren Abständen möglicherweise durch Molekülenden unregelmäßig unterbrochen sind — in denen die Bindung durch Hauptvalenzen vermittelt wird, im Gegensatz zu der Bindung zwischen den Ketten.

Unsicherheiten in der Strukturbestimmung. Neben der Indizierung ist das Fehlen der ungeraden Reflexionen $0k0$ ein Punkt von großer Wichtigkeit bei der Aufstellung der Struktur. Noch immer wird diese Auslöschung angezweifelt; (050) soll schwach beobachtet sein: In diesem Fall wäre keine exakte Schraubensymmetrie in der Struktur vorhanden, sondern nur eine angenäherte Periodizität $\frac{1}{2}b$ in der Dichteverteilung zwischen den Netzebenen (010).

Auch falls die Existenz der Schraubenachse feststeht, ist damit die Schraubensymmetrie der Cellobiose*ketten* an sich röntgenanalytisch noch nicht bewiesen, weil die Schraubenoperation auch *zwischen* den Ketten wirksam sein könnte, bei beliebigem Bau der Kette.

Hinsichtlich der oben beschriebenen parallelen Lage der beiden Cellobioseketten kann man noch zwei Fälle unterscheiden, nämlich diejenige mit gleichgerichteter und mit entgegengesetzt gerichteter polarer Cellobiosegruppe in A bzw. C; die oben genannte „Translation" $\frac{1}{2}a + \frac{1}{2}c + yb$ gilt nur im ersten Falle exakt. Diese zunächst angenommene Anordnung — in der man in der Polarität der Faserrichtung „das Wachstum erblickt" — wurde zugunsten der zweiten verlassen, und zwar zufolge der Beobachtung, daß Cellulosehydrat aus Kunstseide identisch ist mit Cellulosehydrat, wie man es durch Einwirken von KOH auf Ramiefasern (die dabei ihren Bau beibehalten) erhält: Es ist nicht anzunehmen, daß während der Koagulation der Ketten zu Kunstseide diese sich erst alle in gleichem Sinne richten würden. Übrigens sind die beiden Modelle nur in Einzelheiten voneinander verschieden — die obige Besprechung der Intensitäten bezog sich auf gleiche Stellung, Abb. 168 gibt das Modell mit entgegengesetzt gerichteten Ketten.

Das Modell der Abb. 168 hat annähernd eine Gleitspiegelebene senkrecht zur Kette mit einer Translation $\frac{1}{2}(a+c)$; hätten A und C genau das gleiche Azimut, so wäre die Gleitspiegelebene vorhanden und optische Aktivität wäre ausgeschlossen. Letztere wurde oben der Bestimmung der Raumgruppe zugrunde gelegt; die experimentellen Daten sind aber nicht überzeugend. Hätte man das Vorhandensein einer Spiegelebene nicht von vornherein ausgeschlossen, so hätte man in dem Fehlen der Reflexionen $h0l$ mit ungeradem $h+l$ einen Hinweis sehen können auf das Vorhandensein der Gleitspiegelebene (010). Diese hätte dann sofort zu gleichem Azimut und entgegengesetzter Richtung der Ketten A und C geführt.

111. Proteine und andere hochmolekulare Verbindungen. Zu der Deutung der — meist viel weniger schönen — Röntgenogramme der Proteine hat ASTBURY viel beigetragen. Man kann sie in fibrilläre und globulare Proteine unterteilen. Chemische Erfahrung hatte schon zu der Annahme von Polypeptidketten aus α-Aminosäuren geführt.

Fibrilläre Proteine. Die Deutung der Faserdiagramme stützt sich wieder hauptsächlich auf die Übereinstimmung zwischen dem unmittelbar dem Diagramm entnommenen Wert der Ele-

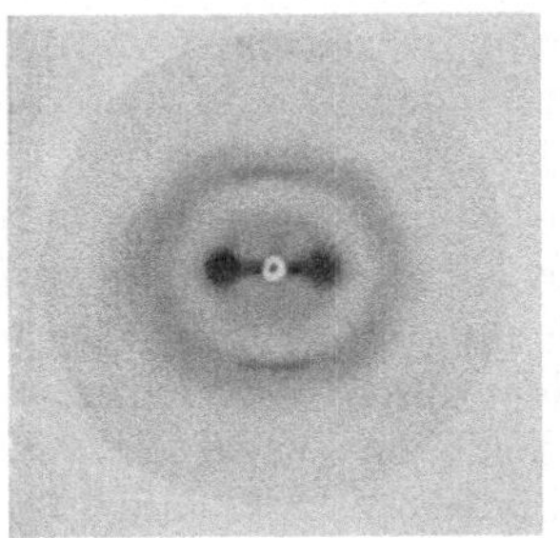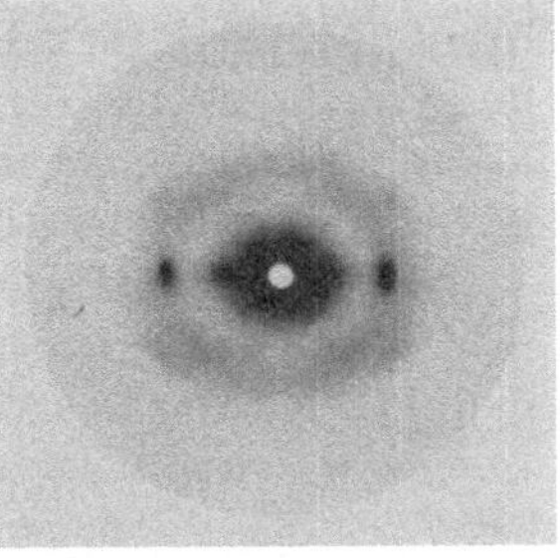

a   b
Abb. 169a u. b. Faserdiagramme des Keratins. a Ungedehnt (α-Form); b in gedehntem Zustand (β). [W. T. ASTBURY: Ann. Rep. Progr. Chem. 28, 322 (1931).]

mentarperiode in der Faserrichtung und dem Wert, der im Molekülmodell aus den Atomabständen berechnet wird. So fand ASTBURY, daß die Ketten in zwei Formen, sowohl zusammengefaltet wie auch gedehnt, vorkommen können. Die Diagramme der Abb. 169a und b zeigen, daß beim Dehnen von Haar die Kettenperiode größer, der Zellenquerschnitt kleiner wird: Die Schichtlinienhöhe nimmt beim Übergang $a \to b$ ab, während die Äquatorreflexion sich nach außen verschiebt; ASTBURY deutet diese Änderung durch die in Abb. 170 dargestellte Umwandlung; die aus dem Röntgendiagramm bestimmte Faserperiode beträgt 5,1 Å in der ungedehnten und ungefähr 7 Å in der gedehnten Form; zumindestens letzterer Wert ist mit dem Molekülmodell in gutem Einklang. Bei der Dehnung nimmt die Länge des Haars bis zu 100% zu; auch dies sieht man in der Abb. 170, deren Einzelheiten jedoch keineswegs als röntgenographisch gesichert betrachtet werden können, erklärt (5,1 $\to$ 10,2 Å).

Die parallelen Hauptvalenzketten sollen, wie aus Abb. 170c ersichtlich, in Ebenen angeordnet sein, in denen die CO- und NH-Gruppe angrenzender Ketten

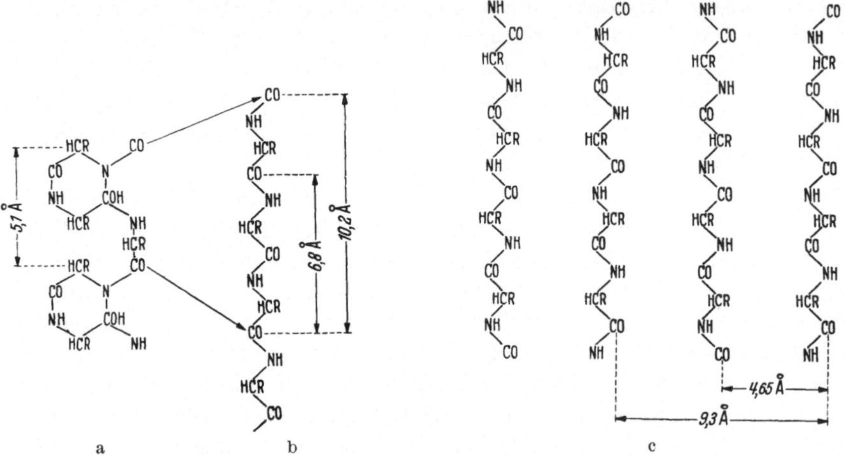

a   b   c

Abb. 170a bis c. Polypeptidkette a in ungedehntem, b in gedehntem Zustand (die Elementarperiode ist angegeben); c Anschluß der Polypeptidketten in β-Keratin.

einander gegenüberliegen. Der Zusammenhang aufeinanderfolgender Ebenen soll durch die — polaren — Endgruppen der Seitenketten R, die man sich senkrecht zur Zeichnungsebene denkt, vermittelt werden. Wird das Haar im gedehnten Zustand mit Dampf behandelt, so hydrolysieren sich die Querverbindungen, die Seitenketten binden sich in anderer Weise und die Dehnung ist nach dem Trocknen bleibend („Dauerwellen"). Der Dehnungsmechanismus ist hier also mit einer „Entfaltung" der Elementarbausteine der Kette verknüpft.

Nach der Dehnung des Keratins ähnelt das Röntgenogramm demjenigen des Seidenfibroins (man messe die Abstände der Interferenzpunkte in der Abb. 169b und 171 nach). Das Seidenfibroin ist nur im ungefalteten Zustand bekannt. Dementsprechend kann Seide nur wenig gedehnt werden; die Dehnung vollzieht sich hier durch gegenseitige Verschiebung der Faser, wobei sich das Röntgenogramm nicht ändert.

Bei den fibrillären Proteinen wurden Reflexionen, die auf eine Überstruktur von sehr großer Periode in der Faserrichtung (wenigstens 330 Å) hinweisen, gefunden. Diese Periode soll die Moleküllänge angeben.

Globulare Proteine. Bei den globularen Proteinen wie Pepsin, Hämoglobin und Insulin, die als Einkrystalle untersucht werden konnten, fand man keine Ketten, sondern runde Moleküle, beim Insulin z. B. mit einem Durchmesser von ungefähr 40 Å und einem Molekulargewicht von $\pm$ 37000; letztere Zahl stimmt mit den Ergebnissen der Ultrazentrifugenmessungen überein.

Außerhalb der Mutterlauge denaturieren einige der globularen Proteine, das Röntgenogramm zeigt dabei einen Übergang zum fibrillären Bau. Offenbar ist dieser Übergang von einer nur geringfügigen Änderung in der Koppelung der Bausteine der Abb. 170a begleitet.

Kautschuk. Bei einigen Substanzen nimmt man ineinander verwirrte Ketten an. So z. B. beim Kautschuk, der ein Diagramm mit wenigen diffusen Ringen liefert, wie ein amorpher Körper (Abb. 172a). Bei der Dehnung strecken und orientieren sich die Isoprenketten: Das Röntgenbild zeigt in zunehmender

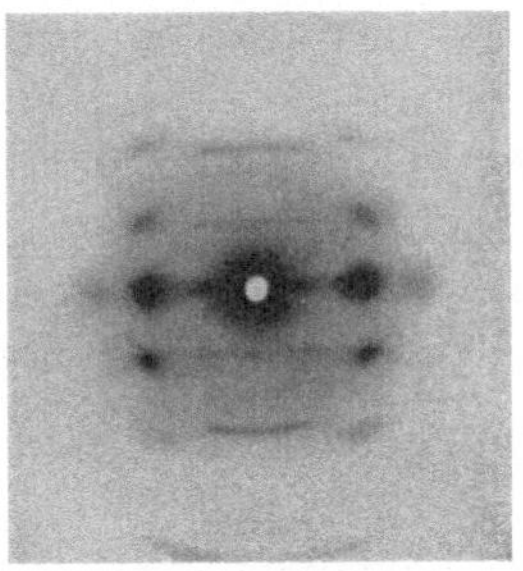

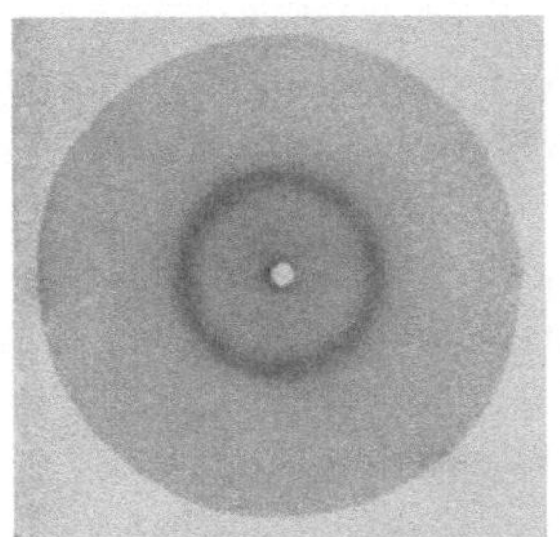

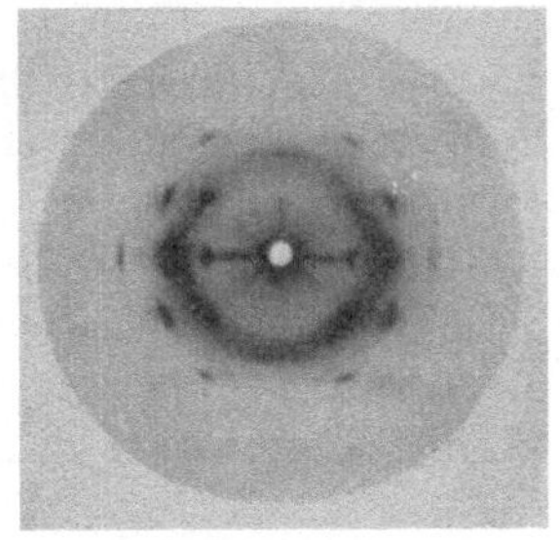

Abb. 171. Faserdiagramm des Fibroins. (W. T. Astbury: zit. S. 183, Abb. 169.)

a b

Abb. 172a u. b. Röntgenogramme des Kautschuks a ungedehnt, b gedehnt. (Zit. S. 183, Abb. 169.)

Intensität das Diagramm einer Faserstruktur, analog den sonstigen Faserstoffen (Abb. 172b). — Sogar beim amorphen plastischen Schwefel werden, wie schon erwähnt, Ketten von S-Atomen gefunden, die sich gleichfalls bei Dehnung strecken.

Literatur [1].

Mark, H. u. F. Schossberger: Die Kristallstrukturbestimmung organischer Verbindungen. Erg. exakt. Naturwiss. **16**, 183 (1937). — Meyer, K. H. u. H. Mark: Der Aufbau der hochpolymeren organischen Naturstoffe, 2. Aufl. Leipzig 1940. — Giacomello, G.: Le analisi Patterson e Fourier applicate allo studio della costituzione delle sostanze organiche complesse. Comm. Pontif. Acad. Sci., **2**, 411 (1938).

8 A. Übersicht und vollständige Strukturbestimmungen.

Crowfoot, D. M. and E. G. Cox: Molecular Structures. Ann. Rep. Progr. Chem. **32**, 223 (1935); **33**, 214 (1936); **34**, 176 (1937); **35**, 194 (1938). — Robertson, J. M.: Chem. Rev. **16**, 417 (1935); Ann. Rep. Progr. Chem. **36**, 175 (1939).

8 B. Lange Ketten.

Bernal, J. D.: Crystal Structure of Complex Organic Compounds. Manchester 1932.
101, 102. Müller, A.: Proc. Roy. Soc. London, Ser. A **127**, 417 (1930).
101, 103. Trillat, J. J.: Metallwirtsch., **9**, 1023 (1930).
104. Müller, A.: Proc. Roy. Soc. London, Ser. A **124**, 317 (1929).
109. Trillat, J. J.: Metallwirtsch. **7**, 101 (1928).

8 C. Hochmolekulare Verbindungen.

110. Cox, E. G.: Ann. Rep. Progr. Chem. **34**, 189 (1937).
111. Astbury, W. T.: Proteins. Ann. Rep. Progr. Chem. **35**, 198 (1938); Kolloid-Z. **83**, 130 (1938). — Bragg, W. L., J. D. Bernal u. J. M. Robertson: Nature **143**, 73, 74, 75 (1939). — Crowfoot, D. M.: Proc. Roy. Soc. London, Ser. A **164**, 580 (1938). — Jordan, P.: Naturwiss. **28**, 69 (1940). — Katz, J. R.: Kolloid-Z. **36**, 30 (1925). — The Svedberg u. a.: Diskussion über Proteine. Proc. Roy. Soc. London, Ser. A **170**, 40 (1939).

[1] Die vorangestellten halbfetten Ziffern beziehen sich auf die Gliederung des Kapitels.

32 Krystallklassen.

112. Ableitung der 32 Krystallklassen. In der Abb. 175 sind die allgemeinen Formen $\{hkl\}$ der verschiedenen Krystallklassen in stereographischer Projektion dargestellt.

Man erhält die stereographische Projektion einer Fläche (Abb. 173) in folgender Weise: Zunächst gibt man ihre Lage durch den Schnittpunkt A ihrer Normale — von O aus gezogen — mit einer Einheitskugel um O als Mittelpunkt an.

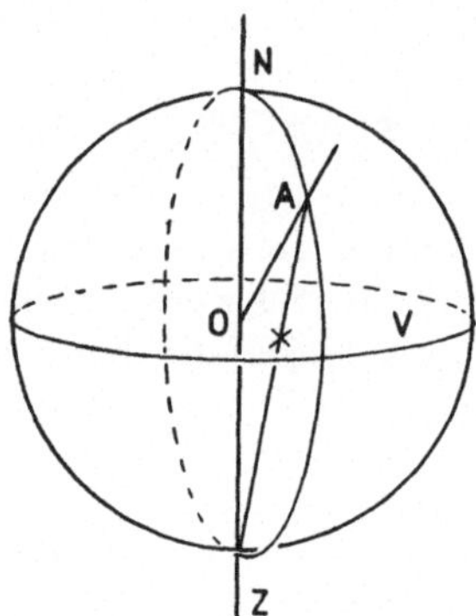

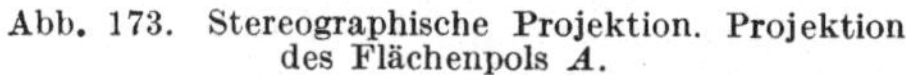

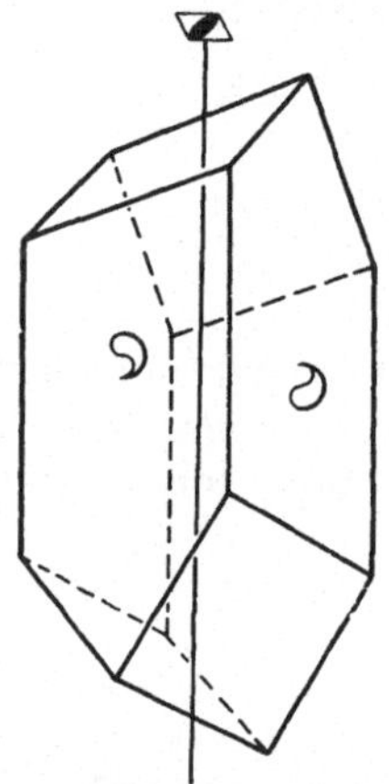

Abb. 173. Stereographische Projektion. Projektion des Flächenpols A.

Abb. 174. Krystallform mit vierzähliger Inversionsachse $\bar{4}$; schematische Ätzfiguren auf den Prismenflächen.

Sodann projiziert man diesen Schnittpunkt auf eine Ebene durch O (Äquatorebene), indem man A mit einem Pol dieser Ebene auf der Kugel verbindet: Der Schnittpunkt der Verbindungsgeraden mit der Projektionsebene ist die Abbildung der Krystallebene. Und zwar verbindet man A mit dem Südpol Z, wenn A auf der nördlichen Hemisphäre liegt, sonst mit dem Nordpol N; im ersteren Fall gibt man die Projektion der Ebene mit $\times$, im letzten mit $\bigcirc$ an.

Symmetrieebenen gibt man nicht durch die Projektion ihres Flächenpols, sondern durch die Projektion des vollständigen Schnittkreises der Ebene mit der Kugel an; diese Projektion wird ausgezogen gezeichnet. Zonenachsen bringt man durch O an und bildet ihre Durchstichpunkte mit der Kugel gerade wie die Pole der Ebenen ab.

Die Anordnung der Abb. 175 ist derart, daß sie die Krystallklassen bequem übersehen läßt und die Überzeugung erweckt, daß alle bei einem Krystall möglichen Symmetriekombinationen aufgenommen sind. Bei der Abzählung machen wir zunächst eine Einteilung, indem wir die Fälle, in denen mehrere mehr als zweizählige Achsen auftreten, vorläufig außer acht lassen (vgl. S. 6); es wird sich zeigen, daß sich dann die Klassen der Abb. 175, ausgenommen die der unteren Reihe, ergeben.

Wir zählten schon in **10** die Symmetrieelemente auf, deren mögliche Kombinationen wir erforschen: Es sind die Achsen ein-[1], zwei-, drei-, vier- oder sechszähliger Symmetrie, die Symmetrieebene und das Zentrum der Symmetrie. Dabei haben wir noch ein Symmetrieelement übersehen, nämlich dasjenige,

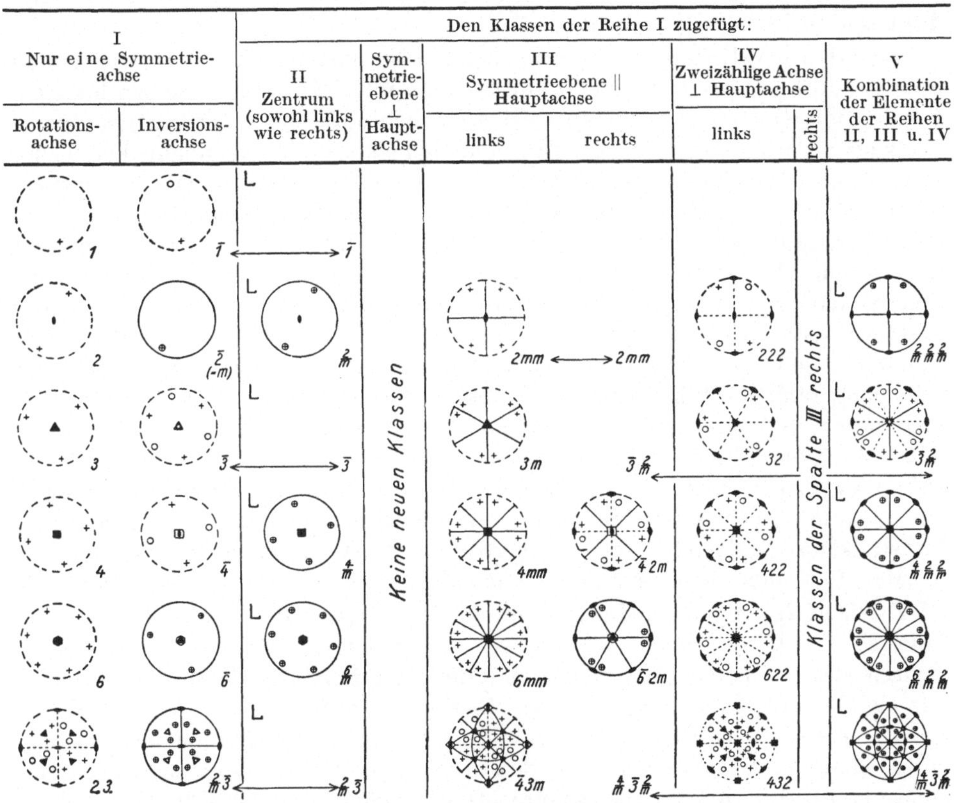

I Nur eine Symmetrieachse		II Zentrum (sowohl links wie rechts)	Symmetrieebene ⊥ Hauptachse	III Symmetrieebene ‖ Hauptachse		IV Zweizählige Achse ⊥ Hauptachse		V Kombination der Elemente der Reihen II, III u. IV
Rotationsachse	Inversionsachse			links	rechts	links	rechts	

Abb. 175. Die 32 Krystallklassen.

das dem in der Abb. 174 abgebildeten Krystallmodell zukommt. Die diese Flächenkombination erzeugende Symmetrieoperation, die, wie aus der Abb. 174 erhellt, nicht durch eine Kombination der schon genannten Operationen ersetzt werden kann, ist eine Drehung über einen Winkel von 360°/4 um eine Achse, gleichzeitig verknüpft mit einer Inversion. Nur bei einigen wenigen künstlichen Krystallen hat man diese Symmetrie feststellen können; dennoch muß diese sogenannte *vierzählige Achse zusammengesetzter Symmetrie* (oder Inversionsachse) zweifellos in unserer Aufzählung mitberücksichtigt werden, weil diese Symmetrie sich als eine in einem Punktgitter mögliche ergibt, somit ebenfalls bei der *Makro*symmetrie zu erwarten ist.

---

[1] Einer einzähligen Symmetrieachse (identische Lage nach einer Drehung um 360°) kommt keine Bedeutung zu. Es ist somit nur eine formale Einteilungsweise, wenn man die Klasse ohne jegliches Symmetrieelement als diejenige mit nur einer einzähligen Symmetrieachse einordnet.

Der vollständigen Systematik wegen ist in unserem System der Begriff der Inversionsachse auch auf ein-, zwei-, drei- und sechszählige Achsen übertragen worden (Spalte 1 rechts), obwohl die Operationen dieser Achsen — Rotation um die Achse um $360°/n$, verbunden mit einer Inversion — durch die Operationen anderer Symmetrieelemente ersetzt werden können, und zwar — siehe 1. Spalte der Abb. 175 — durch die eines Zentrums, einer Spiegelebene, einer dreizähligen Achse nebst einem Zentrum, einer dreizähligen Achse nebst einer dazu senkrechten Spiegelebene.

Es ist lediglich eine Symmetrieachse vorhanden. In der ersten Spalte — die untere Reihe bleibt einstweilen außer Betracht — haben links die Klassen mit einer einzigen Rotationsachse, rechts die mit einer einzigen Inversionsachse Platz gefunden, und zwar mit den verschiedenen Möglichkeiten der Ein-, Zwei-, Drei-, Vier- und Sechszähligkeit. — Man beachte, daß die Klassen, die lediglich ein Zentrum bzw. eine Spiegelebene besitzen, hier schon auftreten.

Den Klassen der Spalte 1 werden jetzt, gesondert und in Kombination, die in Betracht kommenden Symmetrieelemente beigefügt: Ein Zentrum, eine Spiegelebene und eine zweizählige Achse; die beiden letzten Elemente entweder senkrecht oder parallel zu der Achse der Spalte 1. Diese Beschränkung der Stellungen geht im Falle der Zufügung dieser Elemente zu den Klassen mit einer mehrzähligen Achse aus dem Wunsche hervor, diese letztere nicht zu vervielfältigen, im Falle der Zufügung zu einer zweizähligen aus dem Umstand, daß eine Symmetrieebene (bzw. zweizählige Achse) unter einem Winkel von $180°/n$ angebracht dazu führt, daß diese Achse sich n-fach vermehrt und somit eine n-zählige Achse senkrecht zu der vervielfältigten entsteht; die resultierende Krystallklasse findet sich aber in der Rubrik dieser mehrzähligen Achse.

Man fügt jetzt nacheinander die erwähnten Symmetrieelemente hinzu:

Die Zufügung eines Zentrums zu den Klassen der Spalte 1 — sowohl links als rechts — erzeugt die Klassen der Spalte 2. Bei den geradzähligen Achsen entsteht dabei aus der Klasse mit der Rotationsachse dieselbe neue Klasse wie aus der mit der Inversionsachse. Das ist wiederum ein Beispiel dafür, daß Kombinationen verschiedener Symmetrieelemente bisweilen andere hervorrufen können. So erzeugen von den drei Elementen: Zentrum, zweizählige Achse und die zu dieser Achse senkrechte Spiegelebene, je zwei das dritte Symmetrieelement. In der Spalte 1 war nun schon bei den Elementen der Reihen 1 und 3 ein Zentrum vorhanden, es ergibt sich somit in der Spalte 2 keine neue Klasse.

Die Zufügung einer zu den Achsen der Spalte 1 senkrecht stehenden Symmetrieebene erzeugt *keine neuen* Kombinationen. Denn bei den *gerad*zähligen Achsen entsteht eine Kombination, die entsprechend der am Ende des vorhergehenden Absatzes angegebenen Regel mit der durch die Hinzufügung eines Zentrums entstandenen übereinstimmt; dagegen ergibt die Hinzufügung zu einer *drei*zähligen Rotations- bzw. Inversionsachse die beiden Kombinationen, welche schon neben der hexagonalen Achse (in der Spalte 1 rechts und in Spalte 2) tabelliert wurden.

Bei Hinzufügung einer zu den Achsen der Spalte 1 parallelen Spiegelebene, wird letztere, der Zähligkeit der Achse entsprechend, vervielfältigt, und es entstehen die Klassen der Spalte 3. Wenn man dabei von einer Inversionsachse ausgeht, entstehen, wie man der Spalte 3 rechts entnimmt, Kombinationen, welche gleichfalls zweizählige auf der Hauptachse senkrecht stehende Achsen enthalten.

Bei Hinzufügung einer zu den Achsen der Spalte 1 senkrechten zweizähligen Achse, wird letztere der Zähligkeit der Hauptachse entsprechend vervielfältigt, und es entstehen die Klassen der Spalte 4 aus den Klassen mit einer Rotationsachse, während die Klassen mit Inversionsachse dabei wieder zu den Kombinationen der Spalte 3 zurückführen.

Die Hinzufügung einer zu den Achsen der Spalte 1 parallelen zweizähligen Achse führt nicht zu neuen Klassen. Denn die *gerad*zähligen Rotationsachsen sowie die vierzählige Inversionsachse, welche ebenfalls eine zweizählige Achse umfaßt, bleiben dabei unverändert; die *ungerad*zähligen Achsen erhöhen sich zu geradzähligen, die Inversionsachsen, mit Ausnahme der oben erwähnten vierzähligen, führen zu den Klassen der Spalte 2.

Die Hinzufügung einer Kombination von zwei der bei den Spalten 2, 3 und 4 gesondert hinzugefügten Symmetrieelementen (Zentrum, parallele Spiegelebene, senkrechte zweizählige Achse), erzeugt nach der Regel, daß zwei dieser Elemente das dritte ergeben, in jeder Zeile nur eine einzige Kombination, diejenige der Spalte 5. Beim trigonalen System enthält die Klasse der Spalte 3 rechts alle drei erwähnten Symmetrieelemente, so daß sich hier in der Spalte 5 keine neue Klasse ergibt.

Es ist mehr als eine mehrzählige Achse vorhanden. Es bleibt nunmehr noch übrig, die Klassen mit mehreren mehr als zweizähligen Achsen zu untersuchen. Es ergibt sich, daß hier lediglich solche Kombinationen möglich sind, welche vier — tetraedrisch angeordnete — dreizählige Achsen aufweisen. In der Kombination dieser vier dreizähligen Achsen (Spalte 1, letzte Zeile; kubisches System) können wir wiederum nacheinander Spiegelebenen und zweizählige Achsen aufnehmen, und zwar nur in solcher Weise, daß das System der dreizähligen Achsen mit sich selbst zur Deckung gebracht wird; d. h. entweder die Spiegelebene *m* halbiert den Winkel jedes Paares der dreizähligen Achsen (Spalte 1 rechts, letzte Zeile), oder *m* enthält zwei dieser dreizähligen Achsen und halbiert den Winkel zwischen den beiden anderen (Spalte 3 links); weiter können noch zweizählige Achsen den Winkel zwischen den trigonalen Achsen halbieren (Spalte 4 links), und schließlich ist eine Kombination der erwähnten Zufügungen möglich (Spalte 5).

113. Klassensymbole nach Hermann-Mauguin. Eine Symmetrieebene wird durch *m* angedeutet, eine Rotationsachse durch eine der Zähligkeit entsprechende Zahl (z. B. bezeichnet 4 eine vierzählige Achse). Eine Inversionsachse wird durch eine der Zähligkeit entsprechenden Zahl mit einem darüberliegenden Strich gekennzeichnet ($\bar{3}$ bedeutet eine dreizählige Inversionsachse).

Man führt nacheinander die Achsen und Spiegelebenen auf, wobei man aus der Reihenfolge derselben die Richtungen der Achsen und der Spiegelebenennormalen abliest. Man wählt diese Reihenfolge für die verschiedenen Krystallsysteme wie die untenstehende Tabelle es angibt.

Krystallsystem	Richtungen, auf welche sich die Symbole beziehen:		
	erstes Symbol	zweites Symbol	drittes Symbol
Monoklin	Orthoachse	—	—
Rhombisch	*a*-Achse	*b*-Achse	*c*-Achse
Tetragonal, Trigonal, Hexagonal.	kristallographische Hauptachse	kristallographische Nebenachse	kristallographische Zwischenachse
Regulär	[100]	[111]	[011]

Die Formel $\bar{4}2m$ (s. Abb. 175) bezieht sich z. B. auf eine tetragonale Klasse: Sie gibt eine vierzählige (Inversions-) Achse an, während das System nicht das kubische ist (man erkennt die Formeln des kubischen Systems an der Ziffer 3 (dreizählige Achse) an der zweiten Stelle). Außer dem Vorhandensein dieser vierzähligen Achse (krystallographische Hauptachse) liest man aus der Formel ab: Zweizählige Achsen in der Richtung der krystallographischen Nebenachsen (senkrecht zur Hauptachse) und Symmetrieebenen, deren Normalen den Winkel zwischen den krystallographischen Nebenachsen halbieren. Beziehen sich eine Achse und eine Spiegelebene auf die gleiche Richtung, so schreibt man die beiden Symbole an ihre Stelle, scheidet sie aber durch einen horizontalen (oder schiefen) Strich, z. B. $\dfrac{2}{m}\,\dfrac{2}{m}\,\dfrac{2}{m}$ oder $2/m\,2/m\,2/m$.

Symbole und Namen der 32 Kristallklassen.

| System | Klasse | | | |
| | Symbole | | | Name nach GROTH |
	SCHOENFLIES	Vollständig	Gekürzt	
Triklin	C_1	1	1	Triklin pedial
	$C_i,\ (S_2)$	$\bar{1}$	$\bar{1}$	Triklin pinakoidal
Monoklin	$C_s,\ (C_{1h})$	$m\ (=\bar{2})$	m	Monoklin domatisch
	C_2	2	2	Monoklin sphenoidisch
	C_{2h}	$2/m$	$2/m$	Monoklin prismatisch
Rhombisch	C_{2c}	$2\,m\,m$	$m\,m$	Rhombisch pyramidal
	$D_2,\ (V)$	$2\,2\,2$	$2\,2\,2$	Rhombisch disphenoidisch
	$D_{2h},\ (V_h)$	$2/m\,2/m\,2/m$	$m\,m\,m$	Rhombisch dipyramidal
Tetragonal	S_4	$\bar{4}$	$\bar{4}$	Tetragonal disphenoidisch
	C_4	4	4	Tetragonal pyramidal
	C_{4h}	$4/m$	$4/m$	Tetragonal dipyramidal
	$D_{2d},\ (V_d)$	$\bar{4}\,2\,m$	$\bar{4}\,2\,m$	Tetragonal skalenoedrisch
	C_{4c}	$4\,m\,m$	$4\,m\,m$	Ditetragonal pyramidal
	D_4	$4\,2\,2$	$4\,2$	Tetragonal trapezoedrisch
	D_{4h}	$4/m\,2/m\,2/m$	$4/m\,m\,m$	Ditetragonal dipyramidal
Rhomboedrisch (Trigonal)	C_3	3	3	Trigonal pyramidal
	$C_{3i},\ (S_6)$	$\bar{3}$	$\bar{3}$	Rhomboedrisch
	C_{3c}	$3\,m$	$3\,m$	Ditrigonal pyramidal
	D_3	$3\,2$	$3\,2$	Trigonal trapezoedrisch
	D_{3d}	$\bar{3}\,2/m$	$\bar{3}\,m$	Ditrigonal skalenoedrisch
Hexagonal	C_{3h}	6	$\bar{6}$	Trigonal dipyramidal
	C_6	6	6	Hexagonal pyramidal
	C_{6h}	$6/m$	$6/m$	Hexagonal dipyramidal
	D_{3h}	$\bar{6}\,2\,m$	$\bar{6}\,2\,m$	Ditrigonal dipyramidal
	C_{6c}	$6\,m\,m$	$6\,m\,m$	Dihexagonal pyramidal
	D_6	$6\,2\,2$	$6\,2$	Hexagonal trapezoedrisch
	D_{6h}	$6/m\,2/m\,2/m$	$6/m\,m\,m$	Dihexagonal dipyramidal
Kubisch (Regulär)	T	$2\,3$	$2\,3$	Tetraedrisch-pentagondodekaedrisch
	T_h	$2/m\,\bar{3}$	$m\,3$	Dyakisdodekaedrisch
	T_d	$\bar{4}\,3\,m$	$\bar{4}\,3\,m$	Hexakistetraedrisch
	O	$4\,3\,2$	$4\,3$	Pentagonikositetraedrisch
	O_h	$4/m\,\bar{3}\,2/m$	$m\,3\,m$	Hexakisoktaedrisch

Literatur.

Vgl. die mineralogisch-kristallographischen Lehrbücher, z. B. Raaz-Tertsch: Geometrische Kristallographie und Kristalloptik. Wien 1939.

Ewald, P. P.: Handbuch der Physik, Bd. XXIV/2, 2. Aufl., Ziff. 4 u. 5. 1933. — Niggli, P.: Handbuch der Experimentalphysik, Bd. VII/1. 1928. — Rinne, F.: Zur Nomenklatur der 32 Kristallklassen. Abh. math.-physischen Kl. sächs. Akad. Wiss. Leipzig 1929.

Anhang 2.
230 Raumgruppen.

114. Bezeichnung. Bei der früher üblichen Schoenfliesschen Bezeichnung erhielt jede Krystallklasse ein Symbol, die Raumgruppen gleicher Klasse unterschieden sich nur durch einen neutralen Zahlenindex: In dieser Formulierung erkennt man nicht ohne weiteres die Gleitkomponenten der Spiegelebenen und -Achsen. Die neue Nomenklatur dagegen ermöglicht dies: Nach ihr sind die Symbole der Raumgruppen in analoger Weise wie bei den Krystallklassen aus den Symbolen der vorhandenen Symmetrieelemente zusammengesetzt. Dabei werden jetzt auch Gleitspiegelebenen und Schraubenachsen als solche angedeutet, und zwar mit den nachfolgenden Symbolen.

Gleitspiegelebenen:

Symbol	Betrag der Translation	Richtung der Translation	Symbol	Betrag der Translation	Richtung der Translation
a	$\frac{1}{2}$ Gitterabmessung	a-Achse	n	$\frac{1}{2}$ Gitterabmessung	Flächendiagonale
b	$\frac{1}{2}$,,	b-Achse	d	$\frac{1}{4}$,,	Flächendiagonale
c	$\frac{1}{2}$,,	c-Achse			

Schraubenachsen: Eine Zahl (entsprechend der Zähligkeit) mit einem Index stellt eine Schraubenachse dar, z. B. 6_1. Der Index dividiert durch die Zähligkeit gibt die Translation an (im Falle 6_1 beträgt die Translation der sechszähligen Schraubenachse $\frac{1}{6}$ der Gitterabmessung).

Zur Aufstellung der Raumgruppenformel fängt man mit einem großen Buchstaben an, der den Charakter des Bravais-Gitters angibt (Abb. 6), das der Raumgruppe zugrunde liegt (s. Tabelle).

Symbol	Die Zelle des Raumgitters ist:
P	Primitiv (nur die Ecken belegt)
F	Flächenzentriert
A, B oder C	Nur die bc-, die ca- oder die ab-Ebene ist zentriert
R	Rhomboedrisch
I	Innenzentriert

Ein Beispiel der Aufstellung einer Raumgruppenformel auf dieser Grundlage findet man in der Fußnote [1], S. 67.

115. Tabellierung der Raumgruppen. In der Übersicht der 230 Raumgruppen (Tabelle 1) gibt die erste Spalte die Schoenfliessche Bezeichnung; die zweite bzw. dritte Spalte die vollständige, bzw. gekürzte internationale Nomenklatur an. In einer Raumgruppe findet man die zugehörige Krystallklasse der Tabelle in **113** auf folgende Weise: Bei der Schoenfliesschen *Nomenklatur*, indem man die Nummer (den Index rechts oben) fortläßt;

bei der *internationalen Nomenklatur* durch Fortlassen des Buchstabens, der den Bravais-Typ angibt, der Unterscheidung zwischen den verschiedenen Spiegelebenenarten m, a, b, c, d, n, indem man diese alle mit m andeutet und des Translationsindex bei den Schraubenachsen.

Tabelle 1. Die 230 Raumgruppen[1].

SCHOEN-FLIES	Vollständig	Gekürzt
C_1^1	$P\,1$	
C_i^1	$P\,\bar1$	
C_s^1	$P\,m$	
C_s^2	$P\,c$	
C_s^3	$C\,m$	
C_s^4	$C\,c$	
C_2^1	$P\,2$	
C_2^2	$P\,2_1$	
C_2^3	$C\,2$	
C_{2h}^1	$P\dfrac{2}{m}$	
C_{2h}^2	$P\dfrac{2_1}{m}$	
C_{2h}^3	$C\dfrac{2}{m}$	
C_{2h}^4	$P\dfrac{2}{c}$	
C_{2h}^5	$P\dfrac{2_1}{c}$	
C_{2h}^6	$C\dfrac{2}{c}$	
C_{2v}^1	$P\,m\,m\,2$	$P\,m\,m$
C_{2v}^2	$P\,m\,c\,2_1$	$P\,m\,c$
C_{2v}^3	$P\,c\,c\,2$	$P\,c\,c$
C_{2v}^4	$P\,m\,a\,2$	$P\,m\,a$
C_{2v}^5	$P\,c\,a\,2_1$	$P\,c\,a$
C_{2v}^6	$P\,n\,c\,2$	$P\,n\,c$
C_{2v}^7	$P\,m\,n\,2_1$	$P\,m\,n$
C_{2v}^8	$P\,b\,a\,2$	$P\,b\,a$
C_{2v}^9	$P\,n\,a\,2_1$	$P\,n\,a$
C_{2v}^{10}	$P\,n\,n\,2$	$P\,n\,n$
C_{2v}^{11}	$C\,m\,m\,2$	$C\,m\,m$
C_{2v}^{12}	$C\,m\,c\,2_1$	$C\,m\,c$
C_{2v}^{13}	$C\,c\,c\,2$	$C\,c\,c$
C_{2v}^{14}	$A\,m\,m\,2$	$A\,m\,m$
C_{2v}^{15}	$A\,b\,m\,2$	$A\,b\,m$
C_{2v}^{16}	$A\,m\,a\,2$	$A\,m\,a$
C_{2v}^{17}	$A\,b\,a\,2$	$A\,b\,a$
C_{2v}^{18}	$F\,m\,m\,2$	$F\,m\,m$
C_{2v}^{19}	$F\,d\,d\,2$	$F\,d\,d$
C_{2v}^{20}	$I\,m\,m\,2$	$I\,m\,m$
C_{2v}^{21}	$I\,b\,a\,2$	$I\,b\,a$
C_{2v}^{22}	$I\,m\,a\,2$	$I\,m\,a$

SCHOEN-FLIES	Vollständig	Gekürzt
D_2^1	$P\,2\,2\,2$	
D_2^2	$P\,2\,2\,2_1$	
D_2^3	$P\,2_1\,2_1\,2$	
D_2^4	$P\,2_1\,2_1\,2_1$	
D_2^5	$C\,2\,2\,2_1$	
D_2^6	$C\,2\,2\,2$	
D_2^7	$F\,2\,2\,2$	
D_2^8	$I\,2\,2\,2$	
D_2^9	$I\,2_1\,2_1\,2_1$	
D_{2h}^1	$P\dfrac{2}{m}\dfrac{2}{m}\dfrac{2}{m}$	$P\,m\,m\,m$
D_{2h}^2	$P\dfrac{2}{n}\dfrac{2}{n}\dfrac{2}{n}$	$P\,n\,n\,n$
D_{2h}^3	$P\dfrac{2}{c}\dfrac{2}{c}\dfrac{2}{m}$	$P\,c\,c\,m$
D_{2h}^4	$P\dfrac{2}{b}\dfrac{2}{a}\dfrac{2}{n}$	$P\,b\,a\,n$
D_{2h}^5	$P\dfrac{2_1}{m}\dfrac{2}{m}\dfrac{2}{a}$	$P\,m\,m\,a$
D_{2h}^6	$P\dfrac{2}{n}\dfrac{2_1}{n}\dfrac{2}{a}$	$P\,n\,n\,a$
D_{2h}^7	$P\dfrac{2}{m}\dfrac{2}{n}\dfrac{2_1}{a}$	$P\,m\,n\,a$
D_{2h}^8	$P\dfrac{2_1}{c}\dfrac{2}{c}\dfrac{2}{a}$	$P\,c\,c\,a$
D_{2h}^9	$P\dfrac{2_1}{b}\dfrac{2_1}{a}\dfrac{2}{m}$	$P\,b\,a\,m$
D_{2h}^{10}	$P\dfrac{2_1}{c}\dfrac{2_1}{c}\dfrac{2}{n}$	$P\,c\,c\,n$
D_{2h}^{11}	$P\dfrac{2}{b}\dfrac{2_1}{c}\dfrac{2_1}{m}$	$P\,b\,c\,m$
D_{2h}^{12}	$P\dfrac{2_1}{n}\dfrac{2_1}{n}\dfrac{2}{m}$	$P\,n\,n\,m$
D_{2h}^{13}	$P\dfrac{2_1}{m}\dfrac{2_1}{m}\dfrac{2}{n}$	$P\,m\,m\,n$
D_{2h}^{14}	$P\dfrac{2_1}{b}\dfrac{2}{c}\dfrac{2_1}{n}$	$P\,b\,c\,n$
D_{2h}^{15}	$P\dfrac{2_1}{b}\dfrac{2_1}{c}\dfrac{2_1}{a}$	$P\,b\,c\,a$
D_{2h}^{16}	$P\dfrac{2_1}{n}\dfrac{2_1}{m}\dfrac{2_1}{a}$	$P\,n\,m\,a$
D_{2h}^{17}	$C\dfrac{2}{m}\dfrac{2}{c}\dfrac{2_1}{m}$	$C\,m\,c\,m$
D_{2h}^{18}	$C\dfrac{2}{m}\dfrac{2}{c}\dfrac{2_1}{a}$	$C\,m\,c\,a$

SCHOEN-FLIES	Vollständig	Gekürzt
D_{2h}^{19}	$C\dfrac{2}{m}\dfrac{2}{m}\dfrac{2}{m}$	$C\,m\,m\,m$
D_{2h}^{20}	$C\dfrac{2}{c}\dfrac{2}{c}\dfrac{2}{m}$	$C\,c\,c\,m$
D_{2h}^{21}	$C\dfrac{2}{m}\dfrac{2}{m}\dfrac{2}{a}$	$C\,m\,m\,a$
D_{2h}^{22}	$C\dfrac{2}{c}\dfrac{2}{c}\dfrac{2}{a}$	$C\,c\,c\,a$
D_{2h}^{23}	$F\dfrac{2}{m}\dfrac{2}{m}\dfrac{2}{m}$	$F\,m\,m\,m$
D_{2h}^{24}	$F\dfrac{2}{d}\dfrac{2}{d}\dfrac{2}{d}$	$F\,d\,d\,d$
D_{2h}^{25}	$I\dfrac{2}{m}\dfrac{2}{m}\dfrac{2}{m}$	$I\,m\,m\,m$
D_{2h}^{26}	$I\dfrac{2}{b}\dfrac{2}{a}\dfrac{2}{m}$	$I\,b\,a\,m$
D_{2h}^{27}	$I\dfrac{2_1}{b}\dfrac{2_1}{c}\dfrac{2_1}{a}$	$I\,b\,c\,a$
D_{2h}^{28}	$I\dfrac{2_1}{m}\dfrac{2_1}{m}\dfrac{2_1}{a}$	$I\,m\,m\,a$
S_4^1	$P\,\bar4$	
S_4^2	$I\,\bar4$	
C_4^1	$P\,4$	
C_4^2	$P\,4_1$	
C_4^3	$P\,4_2$	
C_4^4	$P\,4_3$	
C_4^5	$I\,4$	
C_4^6	$I\,4_1$	
C_{4h}^1	$P\dfrac{4}{m}$	
C_{4h}^2	$P\dfrac{4_2}{m}$	
C_{4h}^3	$P\dfrac{4}{n}$	
C_{4h}^4	$P\dfrac{4_2}{n}$	
C_{4h}^5	$I\dfrac{4}{m}$	
C_{4h}^6	$I\dfrac{4_1}{a}$	
D_{2d}^1	$P\,\bar4\,2\,m$	
D_{2d}^2	$P\,\bar4\,2\,c$	
D_{2d}^3	$P\,\bar4\,2_1\,m$	

[1] Man könnte bei der Bezeichnung der trigonalen, tetragonalen und hexagonalen Raumgruppen die Rolle der Neben- und Zwischenachsen wechseln, also (s. Abb. 175) die Nebenachsen entweder parallel oder senkrecht zu den zweizähligen Achsen, bzw. Spiegelebenen wählen. In der Tabelle ist die Wahl immer derart getroffen, daß die kleinste Elementarzelle resultiert.

(Tabelle 1. Fortsetzung.)

SCHOEN-FLIES	Vollständig	Gekürzt
D_{2d}^4	$P\bar{4}2_1c$	
D_{2d}^5	$P\bar{4}m2$	
D_{2d}^6	$P\bar{4}c2$	
D_{2d}^7	$P\bar{4}b2$	
D_{2d}^8	$P\bar{4}n2$	
D_{2d}^9	$I\bar{4}m2$	
D_{2d}^{10}	$I\bar{4}c2$	
D_{2d}^{11}	$I\bar{4}2m$	
D_{2d}^{12}	$I\bar{4}2d$	
C_{4v}^1	$P4mm$	$P4mm$
C_{4v}^2	$P4bm$	$P4bm$
C_{4v}^3	$P4_2cm$	$P4cm$
C_{4v}^4	$P4_2nm$	$P4nm$
C_{4v}^5	$P4cc$	$P4cc$
C_{4v}^6	$P4nc$	$P4nc$
C_{4v}^7	$P4_2mc$	$P4mc$
C_{4v}^8	$P4_2bc$	$P4bc$
C_{4v}^9	$I4mm$	$I4mm$
C_{4v}^{10}	$I4cm$	$I4cm$
C_{4v}^{11}	$I4_1md$	$I4md$
C_{4v}^{12}	$I4_1cd$	$I4cd$
D_4^1	$P422$	$P42$
D_4^2	$P42_12$	$P42_1$
D_4^3	$P4_122$	$P4_12$
D_4^4	$P4_12_12$	$P4_12_1$
D_4^5	$P4_222$	$P4_22$
D_4^6	$P4_22_12$	$P4_22_1$
D_4^7	$P4_322$	$P4_32$
D_4^8	$P4_32_12$	$P4_32_1$
D_4^9	$I422$	$I42$
D_4^{10}	$I4_122$	$I4_12$
D_{4h}^1	$P\dfrac{4}{m}\dfrac{2}{m}\dfrac{2}{m}$	$P\dfrac{4}{m}mm$
D_{4h}^2	$P\dfrac{4}{m}\dfrac{2}{c}\dfrac{2}{c}$	$P\dfrac{4}{m}cc$
D_{4h}^3	$P\dfrac{4}{n}\dfrac{2}{b}\dfrac{2}{m}$	$P\dfrac{4}{n}bm$
D_{4h}^4	$P\dfrac{4}{n}\dfrac{2}{n}\dfrac{2}{c}$	$P\dfrac{4}{n}nc$
D_{4h}^5	$P\dfrac{4}{m}\dfrac{2_1}{b}\dfrac{2}{m}$	$P\dfrac{4}{m}bm$
D_{4h}^6	$P\dfrac{4}{m}\dfrac{2_1}{n}\dfrac{2}{c}$	$P\dfrac{4}{m}nc$
D_{4h}^7	$P\dfrac{4}{n}\dfrac{2_1}{m}\dfrac{2}{m}$	$P\dfrac{4}{n}mm$
D_{4h}^8	$P\dfrac{4}{n}\dfrac{2_1}{c}\dfrac{2}{c}$	$P\dfrac{4}{n}cc$
D_{4h}^9	$P\dfrac{4_2}{m}\dfrac{2}{m}\dfrac{2}{c}$	$P\dfrac{4}{m}mc$

SCHOEN-FLIES	Vollständig	Gekürzt
D_{4h}^{10}	$P\dfrac{4_2}{m}\dfrac{2}{c}\dfrac{2}{m}$	$P\dfrac{4}{m}cm$
D_{4h}^{11}	$P\dfrac{4_2}{n}\dfrac{2}{b}\dfrac{2}{c}$	$P\dfrac{4}{n}bc$
D_{4h}^{12}	$P\dfrac{4_2}{n}\dfrac{2}{n}\dfrac{2}{m}$	$P\dfrac{4}{n}nm$
D_{4h}^{13}	$P\dfrac{4_2}{m}\dfrac{2_1}{b}\dfrac{2}{c}$	$P\dfrac{4}{m}bc$
D_{4h}^{14}	$P\dfrac{4_2}{m}\dfrac{2_1}{n}\dfrac{2}{m}$	$P\dfrac{4}{m}nm$
D_{4h}^{15}	$P\dfrac{4_2}{n}\dfrac{2_1}{m}\dfrac{2}{c}$	$P\dfrac{4}{n}mc$
D_{4h}^{16}	$P\dfrac{4_2}{n}\dfrac{2_1}{c}\dfrac{2}{m}$	$P\dfrac{4}{n}cm$
D_{4h}^{17}	$I\dfrac{4}{m}\dfrac{2}{m}\dfrac{2}{m}$	$I\dfrac{4}{m}mm$
D_{4h}^{18}	$I\dfrac{4}{m}\dfrac{2}{c}\dfrac{2}{m}$	$I\dfrac{4}{m}cm$
D_{4h}^{19}	$I\dfrac{4_1}{a}\dfrac{2}{m}\dfrac{2}{d}$	$I\dfrac{4}{a}md$
D_{4h}^{20}	$I\dfrac{4_1}{a}\dfrac{2}{c}\dfrac{2}{d}$	$I\dfrac{4}{a}cd$
C_3^1	$C3$	
C_3^2	$C3_1$	
C_3^3	$C3_2$	
C_3^4	$R3$	
C_{3i}^1	$C\bar{3}$	
C_{3i}^2	$R\bar{3}$	
C_{3v}^1	$C3m1$	$C3m$
C_{3v}^2	$C31m$	$C31m$
C_{3v}^3	$C3c1$	$C3c$
C_{3v}^4	$C31c$	$C31c$
C_{3v}^5	$R3m$	
C_3^6	$R3c$	
D_3^1	$C312$	$C312$
D_3^2	$C321$	$C32$
D_3^3	$C3_112$	$C3_112$
D_3^4	$C3_121$	$C3_12$
D_3^5	$C3_212$	$C3_212$
D_3^6	$C3_221$	$C3_22$
D_3^7	$R32$	
D_{3d}^1	$C\bar{3}1\dfrac{2}{m}$	$C\bar{3}1m$
D_{3d}^2	$C\bar{3}1\dfrac{2}{c}$	$C\bar{3}1c$
D_{3d}^3	$C\bar{3}\dfrac{2}{m}1$	$C\bar{3}m$

SCHOEN-FLIES	Vollständig	Gekürzt
D_{3d}^4	$C\bar{3}\dfrac{2}{c}1$	$C\bar{3}c$
D_{3d}^5	$R\bar{3}\dfrac{2}{m}$	$R\bar{3}m$
D_{3d}^6	$R\bar{3}\dfrac{2}{c}$	$R\bar{3}c$
C_{3h}^1	$C\bar{6}$	
C_6^1	$C6$	
C_6^2	$C6_1$	
C_6^3	$C6_5$	
C_6^4	$C6_2$	
C_6^5	$C6_4$	
C_6^6	$C6_3$	
C_{6h}^1	$C\dfrac{6}{m}$	
C_{6h}^2	$C\dfrac{6_3}{m}$	
D_{3h}^1	$C\bar{6}m2$	$C\bar{6}m$
D_{3h}^2	$C\bar{6}c2$	$C\bar{6}c$
D_{3h}^3	$C\bar{6}2m$	$C\bar{6}2m$
D_{3h}^4	$C\bar{6}2c$	$C\bar{6}2c$
C_{6v}^1	$C6mm$	$C6mm$
C_{6v}^2	$C6cc$	$C6cc$
C_{6v}^3	$C6_3cm$	$C6cm$
C_{6v}^4	$C6_3mc$	$C6mc$
D_6^1	$C622$	$C62$
D_6^2	$C6_122$	$C6_12$
D_6^3	$C6_522$	$C6_52$
D_6^4	$C6_222$	$C6_22$
D_6^5	$C6_422$	$C6_42$
D_6^6	$C6_322$	$C6_32$
D_{6h}^1	$C\dfrac{6}{m}\dfrac{2}{m}\dfrac{2}{m}$	$C\dfrac{6}{m}mm$
D_{6h}^2	$C\dfrac{6}{m}\dfrac{2}{c}\dfrac{2}{c}$	$C\dfrac{6}{m}cc$
D_{6h}^3	$C\dfrac{6_3}{m}\dfrac{2}{c}\dfrac{2}{m}$	$C\dfrac{6}{m}cm$
D_{6h}^4	$C\dfrac{6_3}{m}\dfrac{2}{m}\dfrac{2}{c}$	$C\dfrac{6}{m}mc$
T^1	$P23$	
T^2	$F23$	
T^3	$I23$	
T^4	$P2_13$	
T^5	$I2_13$	

Bijvoet-Kolkmeijer-MacGillavry.

Tabelle 1. (Fortsetzung.)

SCHOENFLIES	Vollständig	Gekürzt	SCHOENFLIES	Vollständig	Gekürzt	SCHOENFLIES	Vollständig	Gekürzt
T_h^1	$P\,\frac{2}{m}\,\bar{3}$	$P\,m\,3$	T_d^3	$I\,\bar{4}\,3\,m$		O_h^3	$P\,\frac{4_2}{m}\,\bar{3}\,\frac{2}{n}$	$P\,m\,3\,n$
T_h^2	$P\,\frac{2}{n}\,\bar{3}$	$P\,n\,3$	T_d^4	$P\,\bar{4}\,3\,n$		O_h^4	$P\,\frac{4_2}{n}\,\bar{3}\,\frac{2}{m}$	$P\,n\,3\,m$
T_h^3	$F\,\frac{2}{m}\,\bar{3}$	$F\,m\,3$	T_d^5	$F\,\bar{4}\,3\,c$		O_h^5	$F\,\frac{4}{m}\,\bar{3}\,\frac{2}{m}$	$F\,m\,3\,m$
T_h^4	$F\,\frac{2}{d}\,\bar{3}$	$F\,d\,3$	T_d^6	$I\,\bar{4}\,3\,d$		O_h^6	$F\,\frac{4}{m}\,\bar{3}\,\frac{2}{c}$	$F\,m\,3\,c$
T_h^5	$I\,\frac{2}{m}\,\bar{3}$	$I\,m\,3$	O^1	$P\,4\,3\,2$	$P\,4\,3$	O_h^7	$F\,\frac{4_1}{d}\,\bar{3}\,\frac{2}{m}$	$F\,d\,3\,m$
T_h^6	$P\,\frac{2_1}{a}\,\bar{3}$	$P\,a\,3$	O^2	$P\,4_2\,3\,2$	$P\,4_2\,3$	O_h^8	$F\,\frac{4_1}{d}\,\bar{3}\,\frac{2}{c}$	$F\,d\,3\,c$
T_h^7	$I\,\frac{2_1}{a}\,\bar{3}$	$I\,a\,3$	O^3	$F\,4\,3\,2$	$F\,4\,3$	O_h^9	$I\,\frac{4}{m}\,\bar{3}\,\frac{2}{m}$	$I\,m\,3\,m$
			O^4	$F\,4_1\,3\,2$	$F\,4_1\,3$	O_h^{10}	$I\,\frac{4_1}{a}\,\bar{3}\,\frac{2}{d}$	$I\,a\,3\,d$
T_d^1	$P\,\bar{4}\,3\,m$		O^5	$I\,4\,3\,2$	$I\,4\,3$			
T_d^2	$F\,\bar{4}\,3\,m$		O^6	$P\,4_3\,3\,2$	$P\,4_3\,3$			
			O^7	$P\,4_1\,3\,2$	$P\,4_1\,3$			
			O^8	$I\,4_1\,3\,2$	$I\,4_1\,3$			
			O_h^1	$P\,\frac{4}{m}\,\bar{3}\,\frac{2}{m}$	$P\,m\,3\,m$			
			O_h^2	$P\,\frac{4}{n}\,\bar{3}\,\frac{2}{n}$	$P\,n\,3\,n$			

Literatur.

EWALD, P. P.: Handbuch der Physik, Bd. XXIV/2, 2. Aufl., Ziff. 6—9. Berlin 1933. NIGGLI, P.: Handbuch der Experimentalphysik, Bd. VII/1. Leipzig 1928; Geometrische Kristallographie des Diskontinuums. Berlin 1919. — SCHIEBOLD, E.: Über eine neue Herleitung und Nomenklatur der 230 kristallographischen Raumgruppen. Abh. math.-physischen Kl. sächs. Akad. Wiss. Leipzig 1929. (Mit Atlas der 230 Raumgruppenprojektionen.) — ASTBURY, W. T. and K. YARDLEY:Tabulated Data for the Examination of the 230 Space-Groups by homogeneous X-Rays. Philos. Trans. Roy. Soc. London, Ser. A **224**, 221 (1924). — HERMANN, C.: Zur systematischen Strukturtheorie. I. Eine neue Raumgruppensymbolik. Z. Kristallogr. **68**, 257 (1928); II. Ableitung der 230 Raumgruppen aus ihren Kennvektoren. Z. Kristallogr. **69**, 226 (1928); III. Ketten und Netzgruppen. Z. Kristallogr. **69**, 250 (1928); IV. Untergruppen. Z. Kristallogr. **69**, 533 (1929). — LAVES, F.: Die Bauzusammenhänge innerhalb der Kristallstrukturen. I und II. Z. Kristallogr. **73**, 202 (1930). — MAUGUIN, CH.: Sur le symbolisme des groupes de répétition ou de symétrie des assemblages cristallins. Z. Kristallogr. **76**, 542 (1931). — HERMANN, C.: Bemerkung zu der vorstehenden Arbeit. Z. Kristallogr. **76**, 559 (1931).

Anhang 3.

Ableitung einiger Formeln.

116. Berechnung des Netzebenenabstandes im rhombischen System. Wir wollen hier den in **17** gegebenen Ausdruck

$$d_{hkl} = \frac{1}{\sqrt{(h/a)^2 + (k/b)^2 + (l/c)^2}}$$

ableiten. Der gegenseitige Abstand der Netzebenen der Schar hkl ist (vgl. Abb. 17) gleich dem Lot d aus dem Koordinatenanfang auf die Gitterebene mit den Achsenabschnitten a/h, b/k, c/l. Man bezeichne diese Abschnitte mit p, q und r. Nennt man die Winkel, die das Lot mit den drei Achsen einschließt, α, β und γ, so gilt:

$$\cos\alpha = d/p; \quad \cos\beta = d/q; \quad \cos\gamma = d/r.$$

Es besteht aber zwischen den drei Winkeln α, β, γ, die eine Richtung mit den drei unter sich senkrechten Achsen einschließen, die Beziehung

$$\cos^2\alpha + \cos^2\beta + \cos^2\gamma = 1.$$

Durch Kombination mit oben stehenden Gleichungen erhält man

$$d^2 = \frac{1}{(1/p)^2 + (1/q)^2 + (1/r)^2}.$$

Nach Ersatz von p, q, r durch ihre Werte findet man die obige Formel wieder.

117. Ableitung der Beziehung zwischen den Beugungswinkeln und den Zellenkonstanten Gl. (4) 17, auf Grundlage der Laueschen Beugungsbedingungen.
Wir gehen aus von

$$(1) \qquad \begin{cases} a\,(\cos\alpha - \cos\alpha_0) = h_1\lambda \\ b\,(\cos\beta - \cos\beta_0) = h_2\lambda \\ c\,(\cos\gamma - \cos\gamma_0) = h_3\lambda \end{cases}$$

und führen den Beugungswinkel wie folgt ein: Nach Division der Gl. (1) durch a, b bzw. c, Quadrieren und Addieren erhält man:

$$(2) \qquad \begin{aligned} &(\cos^2\alpha + \cos^2\beta + \cos^2\gamma) + (\cos^2\alpha_0 + \cos^2\beta_0 + \cos^2\gamma_0) - \\ &- 2(\cos\alpha\,\cos\alpha_0 + \cos\beta\,\cos\beta_0 + \cos\gamma\,\cos\gamma_0) = \\ &= \lambda^2\{(h_1/a)^2 + (h_2/b)^2 + (h_3/c)^2\}. \end{aligned}$$

In unserem rechteckigen Koordinatensystem gilt:

$$\begin{aligned} \cos^2\alpha + \cos^2\beta + \cos^2\gamma &= 1 \\ \cos^2\alpha_0 + \cos^2\beta_0 + \cos^2\gamma_0 &= 1 \\ \cos\alpha\,\cos\alpha_0 + \cos\beta\,\cos\beta_0 + \cos\gamma\,\cos\gamma_0 &= \cos 2\,\theta, \end{aligned}$$

wo 2θ den Abbeugungswinkel, den Winkel zwischen den Richtungen (α, β, γ) und $(\alpha_0, \beta_0, \gamma_0)$[1] angibt. Nach Substitution in (2) erhält man:

$$2 - 2\cos 2\theta = 4\sin^2\theta = \lambda^2\{(h_1/a)^2 + (h_2/b)^2 + (h_3/c)^2\}.$$

118. Komplexe Schreibweise. Man kann die Vektoren beim Zusammensetzen von Schwingungen der Abb. 55a mit den Größen F und den Phasen φ mittels der komplexen Schreibweise

$$F\,e^{i\varphi} = F\cos\varphi + i\,F\sin\varphi$$

andeuten. Damit beabsichtigt man nur, die beiden Komponenten getrennt anzugeben, und zwar im reellen bzw. imaginären Teil. Durch diese Schreibweise vereinfachen sich Formulierung und Rechnung. Man erhält bei dieser Formulierung die Intensität, proportional zu F^2, durch die Multiplikation des Amplitudenvektors mit der konjugiert komplexen Größe: $F e^{i\varphi} \cdot F e^{-i\varphi} = F^2$.

Die sich ergebende Zellendiffraktion hat den Wert:

$$(1) \qquad S_{hkl} = \sum_i F_i e^{2\pi i(\varrho_i h + \sigma_i k + \tau_i l)},$$

die Intensität:

$$(2) \qquad I_{hkl} = \sum_i F_i e^{2\pi i(\varrho_i h + \sigma_i k + \tau_i l)} \cdot \sum_i F_i e^{-2\pi i(\varrho_i h + \sigma_i k + \tau_i l)}$$

---

[1] Daß der cos des Winkels zwischen den Richtungen (α, β, γ) und $(\alpha_0, \beta_0, \gamma_0)$ gleich $\cos\alpha\,\cos\alpha_0 + \cos\beta\,\cos\beta_0 + \cos\gamma\,\cos\gamma_0$ ist, sieht man ein, wenn man die Einheitsstrecke in der Richtung (α, β, γ) auf die Richtung $(\alpha_0, \beta_0, \gamma_0)$ projiziert, einmal direkt und einmal über die drei Komponenten $\cos\alpha$, $\cos\beta$ und $\cos\gamma$.

Am Beispiel des K_2PtCl_6 möge gezeigt werden, wie man die komplexe Form des Strukturfaktors verwendet. K_2PtCl_6 krystallisiert in einem kubisch-flächen-zentrierten Gitter mit vier Molekülen pro Zelle in der folgenden Atomanordnung (s. Abb. 100d):

$$
\begin{array}{llllll}
4\ \text{Pt in:} & 000 & 0\tfrac{1}{2}\tfrac{1}{2} & \tfrac{1}{2}0\tfrac{1}{2} & \tfrac{1}{2}\tfrac{1}{2}0 \\[4pt]
8\ \text{K in:} & \tfrac{1}{4}\tfrac{1}{4}\tfrac{1}{4} & \tfrac{1}{4}\tfrac{3}{4}\tfrac{3}{4} & \tfrac{3}{4}\tfrac{1}{4}\tfrac{3}{4} & \tfrac{3}{4}\tfrac{3}{4}\tfrac{1}{4} \\[4pt]
& \tfrac{3}{4}\tfrac{3}{4}\tfrac{3}{4} & \tfrac{3}{4}\tfrac{1}{4}\tfrac{1}{4} & \tfrac{1}{4}\tfrac{3}{4}\tfrac{1}{4} & \tfrac{1}{4}\tfrac{1}{4}\tfrac{3}{4} \\[4pt]
24\ \text{Cl in:} & x00 & x\tfrac{1}{2}\tfrac{1}{2} & \tfrac{1}{2}+x,\,0,\,\tfrac{1}{2} & \tfrac{1}{2}+x,\,\tfrac{1}{2},\,0 \\[4pt]
& \bar{x}00 & \bar{x}\tfrac{1}{2}\tfrac{1}{2} & \tfrac{1}{2}-x,\,0,\,\tfrac{1}{2} & \tfrac{1}{2}-x,\,\tfrac{1}{2},\,0 \\[4pt]
& 0x0 & 0,\,\tfrac{1}{2}+x,\,\tfrac{1}{2} & \tfrac{1}{2}x\tfrac{1}{2} & \tfrac{1}{2},\,\tfrac{1}{2}+x,\,0 \\[4pt]
& 0\bar{x}0 & 0,\,\tfrac{1}{2}-x,\,\tfrac{1}{2} & \tfrac{1}{2}\bar{x}\tfrac{1}{2} & \tfrac{1}{2},\,\tfrac{1}{2}-x,\,0 \\[4pt]
& 00x & 0,\,\tfrac{1}{2},\,\tfrac{1}{2}+x & \tfrac{1}{2},\,0,\,\tfrac{1}{2}+x & \tfrac{1}{2}\tfrac{1}{2}x \\[4pt]
& 00\bar{x} & 0,\,\tfrac{1}{2},\,\tfrac{1}{2}-x & \tfrac{1}{2},\,0,\,\tfrac{1}{2}-x & \tfrac{1}{2}\tfrac{1}{2}\bar{x}
\end{array}
$$

Durch Einsetzen dieser Koordinaten in die Gl. (1) erhält man:

$$S_{hkl} = S_{\text{Pt}} + S_{\text{K}} + S_{\text{Cl}} =$$

$$
= F_{\text{Pt}}\left(1 + e^{2\pi i\frac{k+l}{2}} + e^{2\pi i\frac{l+h}{2}} + e^{2\pi i\frac{h+k}{2}}\right) + F_{\text{K}}\left(e^{2\pi i\frac{h+k+l}{4}} + e^{2\pi i\frac{h+3k+3l}{4}} + \right.
$$

$$
+ e^{2\pi i\frac{3h+k+3l}{4}} + e^{2\pi i\frac{3h+3k+l}{4}} + e^{2\pi i\frac{3h+3k+3l}{4}} + e^{2\pi i\frac{3h+k+l}{4}} +
$$

$$
\left. + e^{2\pi i\frac{h+3k+l}{4}} + e^{2\pi i\frac{h+k+3l}{4}}\right) + F_{\text{Cl}}\left[e^{2\pi i h x} + e^{2\pi i\left(hx+\frac{k+l}{2}\right)} + \right.
$$

$$
+ e^{2\pi i\left(hx+\frac{l+h}{2}\right)} + e^{2\pi i\left(hx+\frac{h+k}{2}\right)} + e^{2\pi i\cdot -hx} + e^{2\pi i\left(-hx+\frac{k+l}{2}\right)} +
$$

$$
+ e^{2\pi i\left(-hx+\frac{l+h}{2}\right)} + e^{2\pi i\left(-hx+\frac{h+k}{2}\right)} + e^{2\pi i k x} + e^{2\pi i\left(kx+\frac{k+l}{2}\right)} +
$$

$$
+ e^{2\pi i\left(kx+\frac{l+h}{2}\right)} + e^{2\pi i\left(kx+\frac{h+k}{2}\right)} + e^{2\pi i\cdot -kx} + e^{2\pi i\left(-kx+\frac{k+l}{2}\right)} +
$$

$$
+ e^{2\pi i\left(-kx+\frac{l+h}{2}\right)} + e^{2\pi i\left(-kx+\frac{h+k}{2}\right)} + e^{2\pi i l x} + e^{2\pi i\left(lx+\frac{k+l}{2}\right)} +
$$

$$
+ e^{2\pi i\left(lx+\frac{l+h}{2}\right)} + e^{2\pi i\left(lx+\frac{h+k}{2}\right)} + e^{2\pi i\cdot -lx} + e^{2\pi i\left(-lx+\frac{k+l}{2}\right)} +
$$

$$
\left. + e^{2\pi i\left(-lx+\frac{l+h}{2}\right)} + e^{2\pi i\left(-lx+\frac{h+k}{2}\right)}\right].
$$

Die drei Glieder enthalten einen gemeinsamen Faktor, den wir herausheben:

$$
S = \left(1 + e^{2\pi i\frac{k+l}{2}} + e^{2\pi i\frac{l+h}{2}} + e^{2\pi i\frac{h+k}{2}}\right)\left[F_{\text{Pt}} + F_{\text{K}}\,e^{2\pi i\frac{h+k+l}{4}}\left(1 + e^{2\pi i\frac{h+k+l}{2}}\right) + \right.
$$

$$
\left. + F_{\text{Cl}}\left(e^{2\pi i h x} + e^{2\pi i\cdot -hx} + e^{2\pi i k x} + e^{2\pi i\cdot -kx} + e^{2\pi i l x} + e^{2\pi i\cdot -lx}\right)\right].
$$

Der erste Faktor rechts gibt die allgemeine Auslöschungsbedingung: Er wird für „gemischte" Indices gleich Null, da in diesem Fall je zwei Glieder $+1$, die zwei anderen -1 ergeben; für ungemischte Indices (h, k, l alle gerade oder alle ungerade) erhält der Faktor den Wert 4.

Weiter ist aus der Formel ersichtlich, daß S_{K} gleich Null wird, wenn h, k und l ungerade sind[1]. Die Reflexionen mit geraden hkl lassen sich noch in

---

[1] Dies kann man auch sofort aus der Anordnung sehen: Die Kaliumionen liegen in den Ecken eines einfachen kubischen Gitters mit der Zellenkante gleich der halben Elementarperiode des Gesamtgitters.

zwei Gruppen einteilen, je nachdem $h+k+l=4n$ oder $h+k+l=4n+2$ ist (es ergibt sich aus der Formel, daß die Gesamtamplitude der K-Ionen im ersten Fall die gleiche Phase hat wie S_{Pt}, im zweiten Falle entgegengesetzte Phase). Schließlich läßt sich das Glied S_{Cl} noch etwas vereinfachen: Es enthält in Übereinstimmung mit der Zentrosymmetrie der Anordnung (s. **33**) zu jedem Beitrag e^{iA} ein Glied e^{-iA}, die man zu $2\cos A$ zusammenfassen kann.

Man erhält also:

$h\,k\,l$ „gemischt" $\qquad S=0.$

h, k und l ungerade $S=4F_{\mathrm{Pt}}+8\,F_{\mathrm{Cl}}\,(\cos h\,x+\cos k\,x+\cos l\,x).$

$h+k+l=4n$ $\qquad S=4F_{\mathrm{Pt}}+8F_{\mathrm{K}}+8F_{\mathrm{Cl}}\,(\cos h\,x+\cos k\,x+\cos l\,x).$

$h+k+l=4n+2$ $\quad S=4F_{\mathrm{Pt}}-8F_{\mathrm{K}}+8F_{\mathrm{Cl}}\,(\cos h\,x+\cos k\,x+\cos l\,x).$

119. Zonenbeziehung. Zu einer Zone gehören diejenigen Ebenen, deren Schnittlinien einander parallel sind. Die Richtung dieser Geraden — eine Gitterreihe — ist die Zonenachse der Zone. Man bezeichnet dieselbe durch drei Indices $[uvw]$; dies bedeutet, daß für ihre Richtung gilt:

$$x:y:z=ua:vb:wc$$

wo $a:b:c$ das Achsenverhältnis des eventuell triklinen Krystalls angibt. Die Normalen der zu einer Zone gehörenden Ebenen liegen in einer Ebene (Zonenkreis) senkrecht zur Zonenachse. Überlegen wir, welcher Bedingung eine zur Zone $[uvw]$ gehörige Ebene unterliegt:

Die Ebene $(h\,k\,l)$ schneidet von den Achsen Strecken ab, welche sich wie $a/h:b/k:c/l$ verhalten. Somit lautet die Gleichung einer Ebene, die parallel zu der erwähnten durch den Koordinatenanfang gelegt wird,

$$(1)\qquad \frac{h\,x}{a}+\frac{k\,y}{b}+\frac{l z}{c}=0.$$

Die Achse $[uvw]$ liegt in dieser Ebene $(h\,k\,l)$, wenn die Koordinaten ihrer Punkte der Gl. (1) genügen. Die Substitution ergibt

$$(2)\qquad h\,u+k\,v+l w=0$$

als Bedingung für die Tatsache, daß $(h\,k\,l)$ zu der Zone $[uvw]$ gehört.

Das Auffinden der Zonenachse bei zwei Netzebenen. Zwei Ebenen bestimmen eine Zone: Aus den beiden Beziehungen

$$h_1 u+k_1 v+l_1 w=0$$
$$h_2 u+k_2 v+l_2 w=0$$

erhält man die Zonenrichtung

$$(3)\qquad u:v:w=\begin{vmatrix} k_1 & l_1 \\ k_2 & l_2 \end{vmatrix}:\begin{vmatrix} l_1 & h_1 \\ l_2 & h_2 \end{vmatrix}:\begin{vmatrix} h_1 & k_1 \\ h_2 & k_2 \end{vmatrix}$$

Das Auffinden der Ebene, welche zu zwei Zonenachsen gehört. Zwei Zonen bestimmen eine Ebene, nämlich diejenige, die zu beiden Zonenachsen parallel ist. Hier gelten die Beziehungen:

$$h\,u_1+k\,v_1+l w_1=0$$
$$h\,u_2+k\,v_2+l w_2=0$$

Hieraus ergibt sich:

$$(4)\qquad h:k:l=\begin{vmatrix} v_1 & w_1 \\ v_2 & w_2 \end{vmatrix}:\begin{vmatrix} w_1 & u_1 \\ w_2 & u_2 \end{vmatrix}:\begin{vmatrix} u_1 & v_1 \\ u_2 & v_2 \end{vmatrix}$$

Anhang 4.

A. Auswertung des Laue-Diagramms von NaCl.

Die Abb. 180 zeigt im Kreise das Laue-Diagramm eines in der Richtung einer vierzähligen Achse (z-Achse) durchstrahlten NaCl-Krystalls. Zur Indizierung der Reflexionen verwendet man am besten die sogenannte gnomonische Projektion.

120. Indizierung der Reflexionsebenen in der gnomonischen Projektion. Bei der gnomonischen Projektion bildet man Ebenen V ab durch den Durchstichpunkt ihrer durch einen festen Punkt O gehenden Normalen in einer Projektionsebene, die man senkrecht zur Durchstrahlungsrichtung wählt (Abb. 176). Man identifiziert dabei zweckmäßig O mit dem Ort des Krystalls und ON mit der Entfernung D zwischen Krystall und photographischer Platte, so daß die Projektionsebene mit der Ebene des Laue-Diagramms zusammenfällt (und gleichfalls die Mitte N der Projektion mit dem Durchstoßpunkt des Primärstrahles). Zunächst konstruiert man im Diagramm für jeden Reflexionspunkt R den betreffenden Durchstichpunkt P der Normalen: R und P haben gleichen Azimut um ON (beide liegen ja in der Einfallsebene $OPNR$ des Bündels). Auf der Geraden RNP

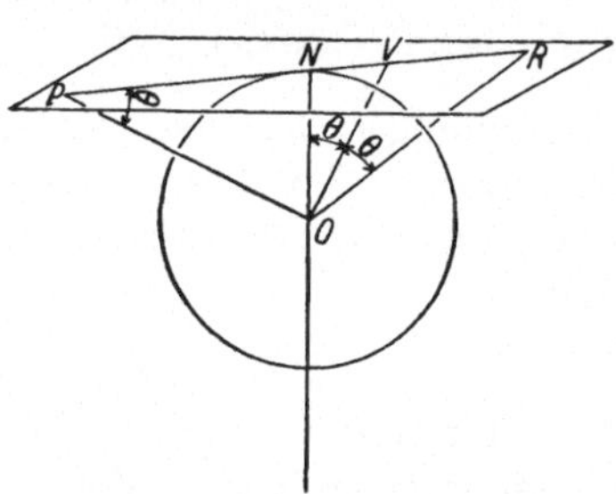

Abb. 176. Zusammenhang zwischen dem Reflexionspunkt R und seiner gnomonischen Projektion P. ON ist die Richtung des einfallenden Bündels, OV der Schnitt der reflektierenden Ebene mit dem Meridiandurchschnitt.

könnte man die Lage von P durch eine Konstruktion im Meridiandurchschnitt finden (Abb. 176: OP senkrecht auf OV, den Durchschnitt mit der Netzebene, der den Winkel NOR halbiert), oder algebraisch aus dem gemessenen Wert $NR = D\,\mathrm{tg}\,2\theta$. — Zweckmäßigerweise benutzt man hierzu ein Lineal, auf dem man zu beiden Seiten eines Nullpunktes die zusammengehörigen Werte von $D\,\mathrm{tg}\,2\theta$ und $D\,\mathrm{cotg}\,\theta$ durch Striche aufträgt; dann erfordert die Konstruktion von P zum zugehörigen R nichts als das Anlegen dieses Lineals an NR, das Ablesen von R und das Einzeichnen des zugehörigen Punktes P.

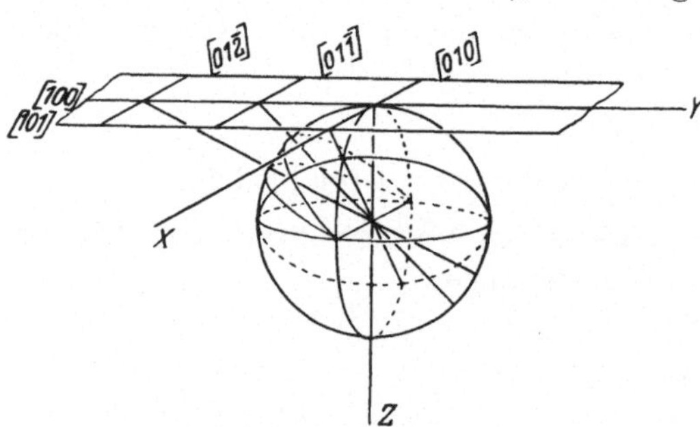

Abb. 177. Flächenzonen in gnomonischer Projektion.

Auf diese Weise entsteht die gnomonische Projektion Abb. 180 beim dort abgebildeten Diagramm. In der gnomonischen Projektion liegen tautozonale Ebenen in einer Geraden (nämlich der Schnittlinie der Projektionsebene mit der Ebene der betreffenden Normalen, Abb. 177). Man sieht diese zonale Beziehung bei den eingezeichneten Ebenen der Abb. 180; ihre Übersichtlichkeit ist einer der Vorteile der gnomonischen Projektion.

Ein weiterer Vorteil liegt in der einfachen Ermittlung der Millerschen Indices. — Man bedenke, daß es sich bis jetzt, wo nur mit Reflexionsrichtungen und Stellungen von Ebenen operiert wird, noch um nichts spezifisch Röntgenanalytisches handelt; deshalb treten hier nicht v. LAUESche Indices und Ordnungen der Reflexionen, sondern nur die MILLERschen Indices wie bei der optischen Messung mittels des Goniometers auf[1]. — In der Abb. 178 sind im Azimut der

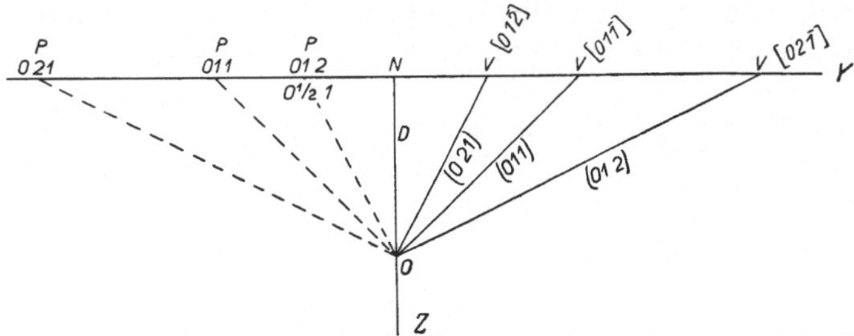

Abb. 178. [Im Meridiandurchschnitt ONY haben die gnomonischen Projektionen P der Flächen (0k1) äquidistante Lagen.

Y-Achse die Achsenabschnitte $N V$ für die Ebenen (011), (021) usw. angegeben, wie auch ihre gnomonischen Projektionen P_{011}, P_{021} ..., deren Abstände PN sich als umgekehrt proportional zu den Achsenabschnitten $N V$ der Ebenen ergeben. Somit sind die Punkte P äquidistant. Das gleiche gilt selbstverständlich im Azimut der X-Achse für die Ebenen (101), (201) ... Weiter gibt die zur X-Achse parallele Gerade durch P_{011} die Zone an, die [011] als Zonenachse hat (s. die Abb. 178 und 179), die entsprechende Gerade durch P_{021} die Zone [012]. Demgemäß bildet eine Schar von zur Y-Achse parallelen Geraden die Zonen [10$\bar1$], [10$\bar2$] usw. ab. Jetzt wollen wir die Indices der Ebene bestimmen, deren Projektion im Schnittpunkt der Geraden durch P_{0k1} und P_{h01} liegt. Diese Ebene gehört nach dem vorher Gesagten zu den Zonen [01$\bar k$] und [10$\bar h$] und ist mithin[2] die Ebene ($hk1$): Wir schließen,

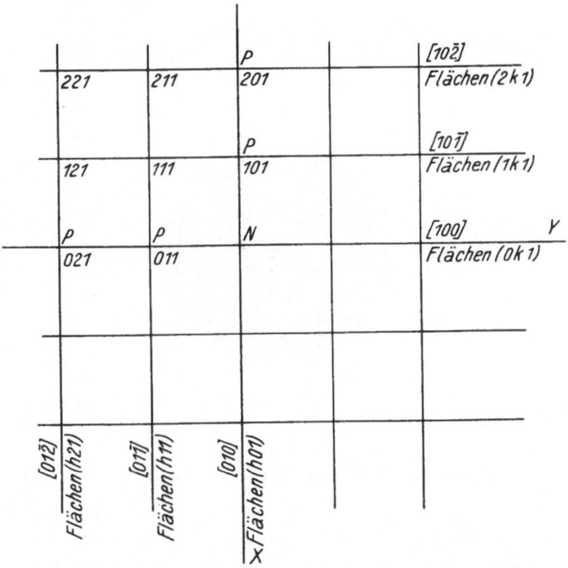

Abb. 179. Ablesung der Flächenindices im quadratischen Gitter der gnomonischen Projektion.

daß die Indices hk einer Ebene einfach den Koordinaten in der gnomonischen Projektion gleich sind, wenn man den Index l gleich 1 wählt. Dabei gilt bei unserem kubischen Krystall als Einheit der Achsenabschnitte der Abstand D zwischen Krystall und Platte[3].

---

[1] In diesem Anhang unterscheiden wir wiederum die MILLERschen Indices $h\,k\,l$ von den v. LAUEschen $h_1\,h_2\,h_3$.

[2] Nach der Gl. (4) **119**.

[3] Man sieht mit Hilfe einer Zeichnung, wie der der Abb. 178 leicht ein, daß man im Falle ungleicher Achsen im Verhältnis $NP_{101} : NP_{011} : D$ das Verhältnis der reziproken Achsen wiederfindet.

Ebenen, deren Indices auf $l = 1$ reduziert Bruchzahlen sind, findet man in den Ecken der Unterteilung des Vierecksystems. Das bei der Projektion $P_{0\,1/_2\,1}$ in der Abb. 178 abgelesene Triplett z. B. bringt man durch Multiplikation auf die übliche Benennung 012. Ob nun aber die betreffende Reflexion 012, 024 oder noch höherer Ordnung war, ist die röntgenanalytische Frage, welcher wir jetzt näher treten müssen.

Feststellung der Reflexionsordnungen. Für eine Reflexion, die man als zu der reflektierenden Ebene mit den Millerschen Indices $h\,k\,l$ zugehörig

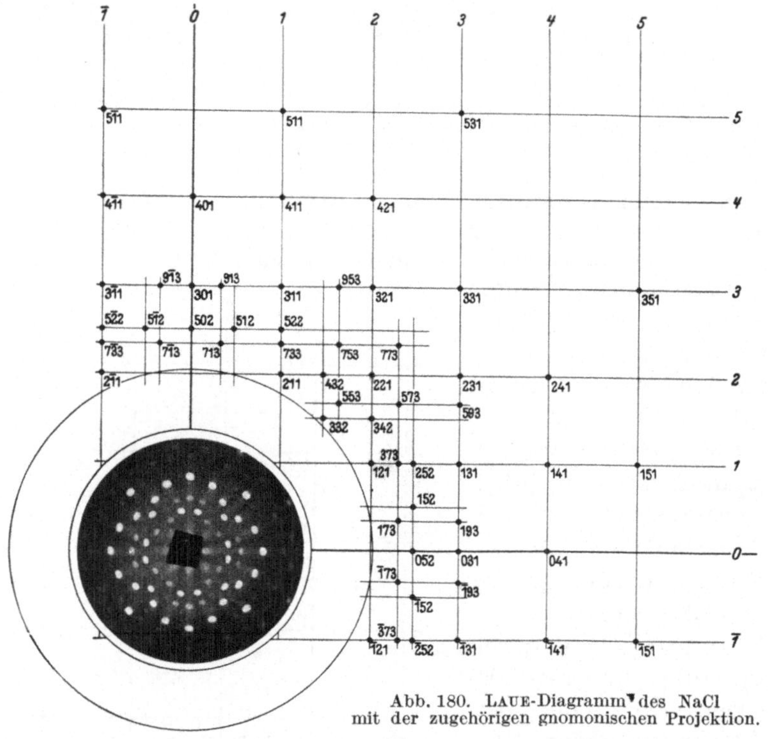

Abb. 180. Laue-Diagramm des NaCl mit der zugehörigen gnomonischen Projektion.

identifiziert hat, sind in der Braggschen Beugungsbedingung

$$(1) \qquad 2d \sin \theta = n\lambda$$

weder n noch λ noch auch, bei unbekannter Krystallstruktur, d bekannt. Wir wollen diese Sachlage nicht weiter analysieren, weil sich das monochromatische Drehkrystallverfahren weit besser zur Ausmessung unbekannter Zellen eignet. Dagegen wollen wir in unserem Falle des NaCl, die Reflexionsebenenstatistik aus den vielen Reflexionen des Laue-Diagramms ableiten, indem wir die Zellenabmessungen als bekannt voraussetzen.

Für die Reflexion kennen wir nun in (1) d und $\sin \theta$[1], somit kann n berechnet werden:

$$(2) \qquad n\lambda = 2d \sin \theta = 2\,\frac{a}{\sqrt{h^2 + k^2 + l^2}} \cdot \frac{l}{\sqrt{h^2 + k^2 + l^2}} = 2a\,\frac{l}{h^2 + k^2 + l^2}\,.$$

____

[1] Der zu jeder Ebene (hkl) gehörige $\sin \theta$ berechnet sich wie folgt: Der Winkel zwischen der Normalen und der Z-Achse ist gleich $90° - \theta$ (s. Abb. 176); dann ist

$$\cos(90 - \theta) = \frac{l}{\sqrt{h^2 + k^2 + l^2}} = \sin \theta\,.$$

Das rechte Glied von (2) ergibt so für jede Reflexion das Produkt von Ordnung und wirksamer Wellenlänge (zweite Spalte der Tabelle 1). Zur Ermittlung der Ordnung, in der die Netzebene tatsächlich reflektierte, erwäge man beim Probieren wachsender Werte von n (Spalten 3 und 4), daß λ einen gewissen Wert nicht unterschreiten darf, nämlich den Minimalwert der im einfallenden Bündel vorhandenen Wellenlängen, in unserem Falle 0,27 Å. Man berechnet diese Wellenlänge aus der an das Röntgenrohr angelegten Spannung (etwa 40 kV) nach der Gl. $V = \dfrac{12{,}34}{\lambda}$ (s. Fußnote [1], S. 30).

Tabelle 1. Einige Reflexionen des LAUE-Diagramms des NaCl mit den zugehörigen Werten von $n\,\lambda$, möglichen Werten von n und LAUESchen Indices. Minimale Wellenlänge 0,27 Å.

MILLERsche Indices	$\dfrac{2\,a\,l}{h^2 + k^2 + l^2} = n\,\lambda$	n	LAUESche Indices
041	0,67	1, 2	041, 082
131	1,02	1, 2, 3, (4)	131, 262, 393 (4 12 4)
151	0,41	1	151
432	0,77	1, 2, (3)	432, 864 (12 9 6)

Man kann diese Bestimmung von $\lambda_{\text{min.}}$ mit Hilfe einer geeigneten Reflexion, deren Ordnung eindeutig bestimmt ist (wie 151 der Tabelle), noch genauer durchführen. Dies gelingt

1. indem man die Röhrenspannung ein wenig abnehmen läßt, bis die Reflexion gerade verschwindet; in diesem Moment läßt sich die minimale Wellenlänge aus (2) berechnen;

2. indem man den Krystall ein wenig schief stellt. Dann differieren nämlich die θ-Werte der Reflexionen mit gleichen absoluten Werten von $h\,k\,l$ ein wenig, somit auch ihre Wellenlängen. Es kann dabei vorkommen, daß einige Reflexionen einer solchen Gruppe verschwinden. In diesem Falle liegt λ_{min} mithin innerhalb des Bereiches der bei diesen Reflexionen aktiven Wellenlängen.

Man tabelliert sodann die fehlenden Reflexionen. Wenn nur *eine* Ordnung für eine beobachtete Reflexion in Betracht kommt, ist ihr Vorhandensein festgestellt; ergaben sich mehrere Ordnungen als möglich, so läßt sich nicht entscheiden, welche von ihnen vorhanden sind.

Bevor man aber den Schluß ziehen darf, daß eine bestimmte Reflexion ausgelöscht ist, soll man nicht nur untersuchen,

a) ob die für die Reflexion benötigte Wellenlänge im Bündel vorkommt, sondern auch

b) ob das reflektierte Bündel auch innerhalb der Grenzen der photographischen Platte fallen würde.

121. Indexfeld. Man übersieht diese Bedingungen am bequemsten systematisch im sogenannten Indexfeld, dessen Anwendung zu gleicher Zeit in eleganter Weise die Berechnungen der vorangehenden Tabelle ersetzt:

a) Die Bedingung für λ_{min} lautet:

$$2\,\frac{a}{\sqrt{h_1^2 + h_2^2 + h_3^2}} \cdot \sin\theta = \lambda_{\text{wirksam}} > \lambda_{\text{min.}}\,.$$

Mit $\sin\theta = \dfrac{h_3}{\sqrt{h_1^2 + h_2^2 + h_3^2}}$ ergibt dies

$$\frac{h_3}{h_1^2 + h_2^2 + h_3^2} > \frac{\lambda_{\text{min.}}}{2\,a}\,.$$

Man kann dieses Glied zahlenmäßig angeben; hier beträgt es $\dfrac{0{,}27}{2\times 5{,}63}=0{,}024$.

Mit den Koordinaten des Indexfeldes $x=h_3$ und $y=h_1^2+h_2^2$, lautet die Gleichung der Grenzkurve (einer Parabel) dann:

(a) $$\frac{x}{y+x^2}=0{,}024\,.$$

Man trägt einige Koordinatenpaare auf und zeichnet die Kurve (Abb. 181, Kurve a).

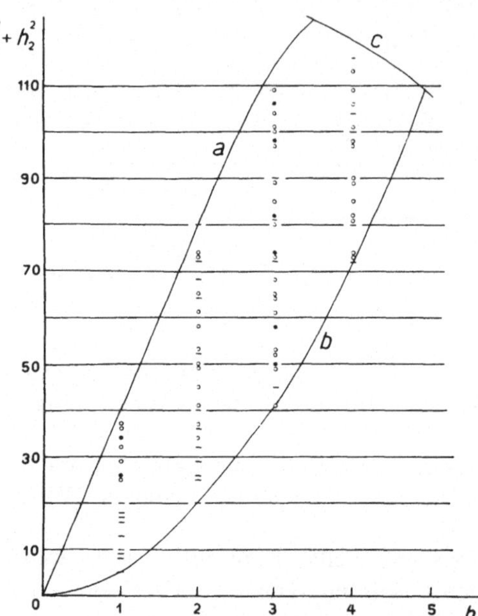

Abb. 181. Das Indexfeld. *a* Begrenzung durch λ min. *b* Begrenzung durch die Abmessungen der photographischen Platte. *c* Begrenzung durch den allgemeinen Abfall der Reflexionsintensitäten. o zeigt eine fehlende Reflexion an. — zeigt eine möglicherweise vorhandene Reflexion an. • zeigt eine vorhandene Reflexion an.

b) Ist r der Radius der photographischen Platte, so gilt an ihrer Grenze:

$$\operatorname{tg} 2\theta_{\text{Grenze}}=r/D\,,\quad\text{im gegebenen Fall}$$
$$\operatorname{tg} 2\theta_{\text{Grenze}}=\frac{4{,}1}{5{,}0}\,,$$

mithin

$$\operatorname{tg}\theta=\frac{h_3}{\sqrt{h_1^2+h_2^2}}<0{,}36\,.$$

Somit ist die Grenzlinie im Indexfeld

(b) $$x^2/y=0{,}36^2=0{,}13$$

wiederum eine Parabel durch den Koordinatenanfang. Man zeichnet sie in der Abbildung ein (Kurve b).

c) Der Abfall des Streuvermögens und die Wärmebewegung [vgl. die Fußnote S. 56 und die Gl. (3) S. 59] setzen für $\sin\theta/\lambda$, also für die Werte von $(h_1^2+h_2^2+h_3^2)$ eine obere Grenze, außerhalb der keine Interferenzen zu erwarten sind. Im Indexfeld ergibt dies die Parabel

(c) $$y+x^2=C$$

(der Wert von C ist nicht von vornherein bekannt).

Man trägt jetzt für die verschiedenen Ordnungen der Reflexionen jeder Netzebene die zugehörigen Werte von h_3 und $h_1^2+h_2^2$ auf, wobei der betreffende Punkt innerhalb des von den Kurven a, b und c eingeschlossenen Teils der Ebene (des Indexfeldes) liegen soll. In der Abb. 181 sind diejenigen Reflexionen, deren Vorhandensein eindeutig feststeht (weil sie nur in *einer* Ordnung innerhalb des Indexfeldes fallen), mit einem Punkt angegeben. Ein Strich entspricht einer LAUE-Interferenz, die durch mehr als eine Ordnung hervorgerufen sein kann. Mit einem Kreis im Indexfeld (bei den *möglichen* Werten von $y=h_1^2+h_2^2$) deuten wir fehlende Reflexionen an. Man liest aus der Statistik der Abb. 180 ab, daß beim NaCl die Ebenen mit gemischten Indices fehlen.

B. Auswertung eines Pulverdiagramms.

122a. Das Pulverdiagramm des NaCl. Die Berechnung dieses Diagramms, das man in der Abb. 52 1,135mal vergrößert abgebildet findet, behandelten wir in **32** und **46**. Die folgende Tabelle zeigt die übliche Art der Tabellierung:

R, der Radius der Kamera ist 2,87 cm.

λ, die Wellenlänge der verwendeten CuKα-Strahlung beträgt 1,54 Å.

Erläuterung der Spalten:

I. Halber Abstand der zusammengehörigen Linien auf beiden Seiten des Primärstrahls.

II. sst = sehr stark, st = stark, m = mittel, s = schwach, ss = sehr schwach.

I	II	III	IV	V	VI	VII	VIII	IX	X	XI	XII	XIII	XIV	XV
Ablesung in cm	Geschätzte Intensität	Korrektion (+ 0,8%)	Stäbchendickekorrektion in cm	Korrigierter Abstand	$10^3 \sin^2\theta$ beobachtet	Σh^2	$h\,k\,l$	$10^3 \sin^2\theta$ berechnet	*	F_{Na}	F_{Cl}	S	S^2	vS^2
1,39	ss	0,01	0,04	1,36	55	3	111	56	8	8,8	13,0	4,2	18	1
1,61	st	0,01	0,04	1,58	74	4	200	75	6	8,6	12,6	21,2	450	27
2,29	sst	0,02	0,03	2,28	150	8	220	149	12	7,5	10,4	17,9	320	37
2,70	ss	0,02	0,03	2,69	205	11	311	205	24	6,7	9,3	2,6	7	2
2,83	st	0,02	0,03	2,82	223	12	222	224	8	6,6	9,2	15,8	250	20
3,31	m	0,03	0,03	3,31	298	16	400	298	6	5,8	8,5	14,4	205	12
3,66	ss	0,03	0,03	3,66	356	19	331	354	24	5,4	8,2	2,8	8	2
3,76	sst	0,03	0,02	3,77	374	20	420	373	24	5,3	8,0	13,4	180	43
4,20	st	0,03	0,02	4,21	449	24	422	447	24	4,7	7,7	12,4	155	37
4,51	ss	0,04	0,02	4,53	505	27	{333 511}	503	{8 24}	4,5	7,6	3,1	10	3
5,03	m	0,04	0,02	5,05	595	32	440	597	12	4,1	7,2	11,3	130	16
5,37	ss	0,04	0,01	5,40	654	35	531	653	48	3,9	7,1	3,2	10	5
5,49	st	0,04	0,01	5,52	674	36	{600 442}	671	{6 24}	3,8	7,0	10,8	120	36
5,94	st	0,05	0,01	5,98	747	40	620	746	24	3,6	6,9	10,5	110	26
6,31	ss	0,05	0,01	6,35	801	43	533	802	24	3,4	6,8	3,4	12	3
6,46	sst	0,05	0,01	6,50	821	44	622	820	24	3,3	6,6	9,9	100	24
7,06	m	0,06	—	7,12	896	48	444	895	8	3,1	6,4	9,5	90	7
7,65	m	0,06	—	7,71	951	51	{711 551}	951	{24 24}	3,0	6,3	3,3	11	5
7,94	st	0,06	—	8,00	970	52	640	970	24	3,0	6,3	9,3	85	20

III. Korrektion für Filmdicke: Der Radius der Kamera betrug 2,87 cm, der tatsächliche Radius war 2,84₇ cm; eine Korrektur um 0,8% führt den Radius auf den Normalwert zurück.

IV. Bei den der Abb. 63c zugrunde liegenden Umständen (merkliche Absorption, parallele Strahlung) ist die äußere Linienkante um r cm verschoben, wenn der Stäbchendurchmesser $2\,r$ cm beträgt; für die Innenseite beträgt diese Abweichung $r \cos 2\theta$); die Stäbchendickekorrektion ist somit $\frac{1}{2} r (1 + \cos 2\theta)$. Der Stäbchendurchmesser war 0,08 cm.

V. $V = I + III - IV$.

VI. Umrechnung aus V mittels $2\pi R$ cm $= 360°$ (oder mit Hilfe von Tabellen).

VII. Der gemeinsame Faktor ergibt sich zu $A = 18,6_5 \cdot 10^{-3}$; daraus ergibt sich (46) für die Zellkante $a = 5,63$ Å; für die Anzahl Moleküle pro Zelle $n = 4$.

VIII. Ebenen mit gemischten Indices erweisen sich als fehlend.

IX. Zur Prüfung der in die Formel für $\sin^2\theta$ eingehenden Konstante

$$A = \frac{\sin^2\theta}{\Sigma h^2}$$ [s. 17, Gl. (4a)] berechnet man für jede Reflexion $\sin^2\theta$ und vergleicht

diesen Wert mit dem beobachteten. Dieses Verfahren ist übersichtlicher als die Berechnung und der Vergleich der A-Werte für jede Linie. Denn bei den höheren Σh^2-Werten entspricht eine unzulässig große Abweichung im $\sin^2 \theta$ einem leidlich passenden Wert von $\dfrac{\sin^2 \theta}{\Sigma h^2}$.

X. $\nu = $ Flächenzahl.

XI. und XII. Die Streuvermögen des Na und des Cl sind den internationalen Tabellen entnommen.

XIII. $S = F_{Cl} + F_{Na}$ für geradzahlige Indices.

$S = F_{Cl} - F_{Na}$ für ungeradzahlige Indices.

XV. νS^2 gibt die ohne Berücksichtigung der kontinuierlichen Faktoren berechnete Intensität an.

122b. Indizierung der $\sin^2\theta$-Werte eines Pulverdiagramms, wenn die Formel für $\sin^2\theta$ zwei Konstanten aufweist. Kommt in der gesuchten Formel für $\sin^2\theta$ mehr als ein unbekannter Koeffizient vor (wenn der Krystall nicht kubisch ist), so kann man versuchen, diese Formel trotz der damit verbundenen Unsicherheit lediglich aus den Daten eines Pulverdiagramms abzuleiten: Oft wird eine zu untersuchende Substanz ja nur als Pulver zur Verfügung stehen. Hat die Formel zwei Konstanten — tetragonales, hexagonales oder rhomboedrisches System (17) — so besteht dabei noch Aussicht auf Erfolg.

Man kann durch reines Probieren versuchen, die Indicesbeziehung in den beobachteten $\sin^2\theta$-Werten aufzudecken. Dabei bemüht man sich zunächst, eine bessere Übersicht über die $\sin^2\theta$-Werte zu bekommen und dabei die Werte durch gegenseitiges Vergleichen festzulegen, indem man die Reflexionen verschiedener Ordnungen ein und derselben Netzebene zusammensucht ($\sin^2\theta$-Werte, welche sich wie $1:4:9:16$ usw. verhalten). Zu gleicher Zeit sucht man nach weiteren Zusammenhängen, die Fingerzeige für die Indizierung geben könnten. Nehmen wir einen hexagonalen Krystall als Beispiel:

$$(1) \qquad \sin^2\theta = A\,(h_1^2 + h_2^2 + h_1 h_2) + C h_3^2\,.$$

Angenommen, man stößt bei drei Reflexionen 1, 2 und 3 auf den Zusammenhang

$$\sin^2\theta_3 = \sin^2\theta_1 + \sin^2\theta_2\,,$$

so könnte dies ein Hinweis dafür sein, daß die eine der Reflexionen 1 und 2 eine Prisma-, die andere eine Basisreflexion ist, somit $hk0$ bzw. $00l$, denn in diesem Fall ist 3 die Reflexion hkl. Zeigen dagegen $\sin^2\theta_2$ und $\sin^2\theta_3$ überdies noch ein rationales Verhältnis, so kann dies andeuten, daß alle drei Reflexionen als Basis- oder als Prismenreflexionen zu interpretieren sind (z. B. als 003, 004 und 005 oder als 100, 020 und 120).

In dieser Weise versucht man, für die niedrigsten Reflexionen eine Indizierung zu finden, und sieht dann nach, ob die zugehörige $\sin^2\theta$-Formel die übrigen Reflexionen zu umfassen vermag.

Ein Verfahren, das die beiden Koeffizienten A und C in (1) zweckmäßig scheidet, ist das nachfolgende: Man schreibe (1) in logarithmischer Form an:

$$(2) \qquad \log \sin^2\theta = \log A + \log\left(h_1^2 + h_2^2 + h_1 h_2 + \frac{C}{A} h_3^2\right).$$

Die Unterschiede der $\log \sin^2\theta$-Werte hängen jetzt nur von einer Konstanten C/A ab [d. h. vom Achsenverhältnis c/a, denn nach 17, Fußnote [1] gilt $C/A = \frac{3}{4}\,(c^2/a^2)^{-1}$].

1. Man trägt nun den Wert des letzten Gliedes von (2) (Abszisse) als Funktion des Achsenverhältnisses (Ordinate) auf, und zwar konstruiert man eine

Kurve für jedes Indicestriplett 100, 110, 111 usw.; dieser Kurvensatz ist für die verschiedenen *hkl*-Werte in der Abb. 182 abgebildet[1].

2. Die experimentellen $\log \sin^2\theta$-Werte werden auf einen gesonderten Papierstreifen aufgetragen.

Man verschiebt nun den Streifen parallel zur Abszisse über das Feld 1, bis alle Punkte des Streifens auf solche der Kurven 1 treffen: Dann stimmen also

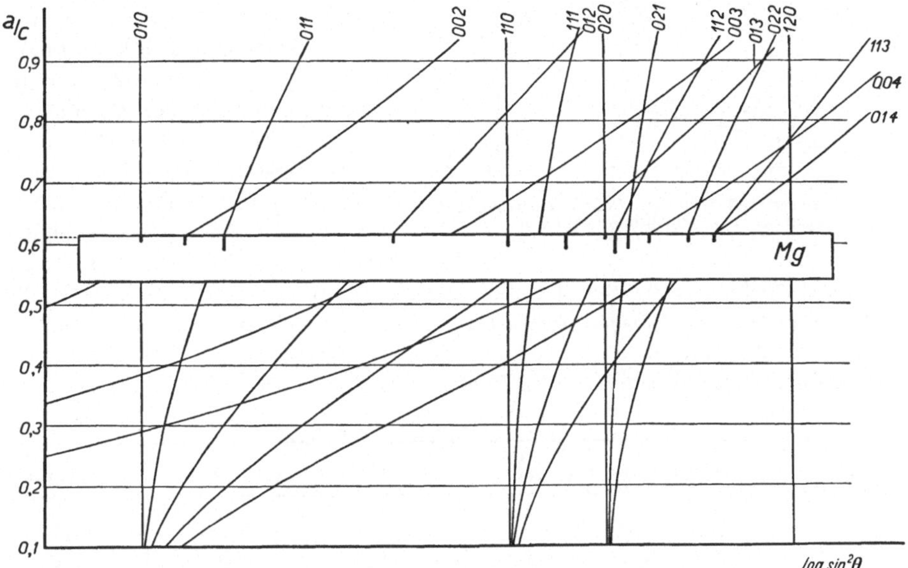

Abb. 182. Indizierung des Diagramms eines hexagonalen Krystallpulvers auf graphischem Weg (HULL-Methode).

die beobachteten und die berechneten $\sin^2\theta$-Werte überein. Für jeden beobachteten $\sin^2\theta$-Wert gibt die Indizierung der zugehörigen Kurve das LAUE-Triplett an, der Ordinatenwert der Streifenlage den *a/c*-Wert, der $\log \sin^2\theta$-Wert auf dem Streifen an der Stelle der Kurve für 100 gibt den $\log A$-Wert an.

Ist das Krystallsystem unbekannt, so kann man nacheinander den kubischen (tetragonal bei $c/a = 1$), den tetragonalen, den hexagonalen und den rhomboedrischen Zusammenhang der $\sin^2\theta$-Werte absuchen. Man vergesse dabei nicht, daß einer solchen Indizierung bei einer geringen Anzahl von Linien und geringer Genauigkeit nur ein geringer Wert beigelegt werden darf (im Gegensatz zu den Schlüssen, die Aufnahmen an orientierten Präparaten erlauben).

C. Berechnungen beim Drehdiagramm.

123. Die Indizierung. Die Berechnung der Periode in der Richtung der Drehachse geschieht an Hand der Gl. (5) in **20**. Die Umrechnung der Abstände auf dem Film auf $\sin^2\theta$-Werte gestaltet sich für den Äquator selbstverständlich ganz so,

---

[1] Das Kurvennetz der Abb. 182 ist — in größerer Skala gezeichnet — im Handel erhältlich; ebenfalls die analogen Netze für das tetragonale bzw. rhomboedrische System, für welche in Übereinstimmung mit den betreffenden $\sin^2\theta$-Formeln der S. 17 und 18

$$\log \left(h_1^2 + h_2^2 + \frac{C}{A} h_3^2 \right) \quad \text{bzw.} \quad \log \left\{ h_1^2 + h_2^2 + h_3^2 + \frac{C}{A} (h_2 h_3 + h_3 h_1 + h_1 h_2) \right\} \quad \text{aufgetragen ist.}$$

wie es in **122a** für das Pulverdiagramm angegeben ist. Für die auf den Schichtlinien liegenden Reflexionen hat man etwas mehr zu rechnen. Man benötigt dazu:

1. Den halben Abstand der zusammengehörigen Reflexionen auf der Schichtlinie. Man rechnet ihn auf den Azimut 2φ der Reflexionen (wie bei den Äquatorreflexionen, für die $\varphi = \theta$) um;

2. die Höhe p über dem Äquator, die man nach Gl. (6), **20**, auf den Schichtlinienwinkel μ umrechnet.

Der Ablenkungswinkel 2θ hängt sodann mit der Breite 2φ und mit μ zusammen nach der Formel[1]:

$$\cos 2\theta = \cos\mu \cos 2\varphi .$$

Unter Verwendung von $\cos 2\varphi = 1 - 2\sin^2\varphi$ nimmt diese Beziehung eine für die Berechnung geeignete Form an: $\sin^2\theta = \sin^2\varphi + (1 - \cos\mu) (\frac{1}{2} - \sin^2\varphi)$, wo das letzte Glied die „Korrektion" für die Schichtlinienhöhe angibt.

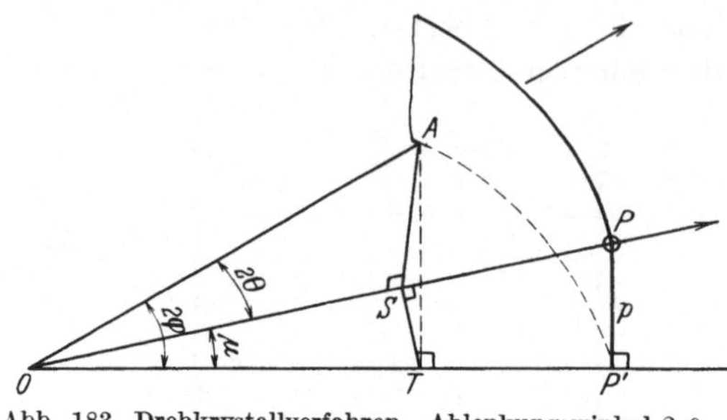
Abb. 183. Drehkrystallverfahren. Ablenkungswinkel $2\,\theta$, Azimut $2\,\varphi$ und Schichtlinienwinkel μ eines gebeugten Bündels.

Drehdiagramm von NaCl um [001]. Die Abb. 66 zeigt dieses 0,908 mal vergrößerte Diagramm.

R = Radius der Kamera = 2,47 cm.

λ = 1,54 Å.

Äquator	Ablesung in cm	$\sin^2\theta \cdot 10^3$ beobachtet	Σh^2	hkl	$\sin^2\theta \cdot 10^3$ berechnet
	1,38	76	4	200	75
	1,97	151	8	220	149
	2,85	298	16	400	298
	3,24	372	20	420	373
	4,34	593	32	440	597
	4,72	671	36	600	671
	5,12	742	40	620	746

	I	II	III	IV	V	VI	VII
	Ablesung in cm	$\sin^2\varphi \cdot 10^3$	$\beta\,(500 - \sin^2\varphi \cdot 10^3)$	$\sin^2\theta \cdot 10^3$ beobachtet	Σh^2	hkl	$\sin^2\theta \cdot 10^3$ berechnet
1. Schichtlinie	1,00	40	17	57	3	111	56
	2,24	193	12	205	11	311	205
	3,89	502	0	502	27	511	503
	4,67	658	— 6	652	35	531	653
2. Schichtlinie	1,44	82	66	148	8	202	149
	2,11	172	52	224	12	222	224
	3,10	345	25	370	20	402	373
	3,57	437	10	447	24	422	447
	4,88	697	—31	666	36	442	671
	5,38	786	—45	741	40	602	746
	6,00	879	—60	819	44	622	820

[1] Dies kann aus der Abb. 183 abgelesen werden: OA Richtung des unabgelenkten Primärstrahls, OP Abbeugungsrichtung, OAP' Äquator, PP' senkrecht zum Äquator, AST Flächenwinkel auf OP; es ergibt sich AT senkrecht zu OP':

$$\cos 2\theta = \frac{OS}{OA} = \frac{OT \cos\mu}{R} = \frac{R \cos 2\varphi \cos\mu}{R} = \cos 2\varphi \cos\mu .$$

Schichtlinienhöhen: 1. Schichtlinie $p = 0{,}70$ cm; 2. Schichtlinie $p =$ 1,58 cm. Aus (5) und (6) in **20** ergibt sich für die Identitätsperiode c in der Richtung der Drehachse

$$c = n\lambda \sqrt{1 + \frac{R^2}{p^2}}\,,$$

d. h. für die erste Schichtlinie: $c = 1{,}54 \sqrt{1 + \dfrac{2{,}47^2}{0{,}70^2}} = 5{,}65\ \text{Å}\,,$

für die zweite: $c = 2 \cdot 1{,}54 \sqrt{1 + \dfrac{2{,}47^2}{1{,}58^2}} = 5{,}70\ \text{Å}.$

Spalte I. Ablesung parallel zum Äquator.

Spalte II. Aus I berechnet, wie $10^3 \cdot \sin^2\theta$ auf dem Äquator.

Spalte III. $10^3 \cdot \sin^2\theta = 10^3 \cdot \sin^2\varphi + \beta\,(500 - 10^3 \cdot \sin^2\varphi)$, wo

$$\beta = 1 - \cos\mu = 1 - \frac{R}{\sqrt{R^2 + p^2}}\,,$$

d. h. $\beta = 0{,}038$ für die erste Schichtlinie,·

$\quad\ \ \beta = 0{,}158$ für die zweite Schichtlinie.

Literatur.

Internationale Tabellen zur Bestimmung von Kristallstrukturen. Berlin 1935. — Vgl. ferner die Tabellen von P. ROSBAUD in H. MARK: Verwendung der Röntgenstrahlen in Chemie und Technik. Leipzig 1926. — HALLA, F. u. H. MARK: Röntgenographische Untersuchung von Kristallen. Leipzig 1937. — SCHIEBOLD, E.: Die LAUE-Methode. Leipzig 1932.

Anhang 5.

Das reziproke Gitter.

124. Übersicht über die Beugungsbedingungen im reziproken Gitter. Eine Atomreihe als beugendes Objekt. Ob eine gegebene Situation den v. LAUEschen Bedingungen genügt, läßt sich in der in Abb. 184 angegebenen Konstruktion leicht über sehen. Man kann die Gl. (1), **14**, umformen in

$$\frac{\cos\alpha - \cos\alpha_0}{\lambda} = \frac{h}{a}\,.$$

Nun gebe in der Abb. 184 OX die Richtung der Atomreihe an. Man kann dann das linke Glied in nachfolgender Weise konstruieren: Das Glied $\cos\alpha/\lambda$, indem man einen Vektor der Länge $1/\lambda$ in der Richtung des abgelenkten Bündels — d. h. unter einem Winkel α mit OX — aufträgt, und diesen Vektor sodann auf OX projiziert; das Glied $-\cos\alpha_0/\lambda$, indem man einen Vektor der Länge $1/\lambda$ unter einem Winkel $180° + \alpha_0$ mit OX —

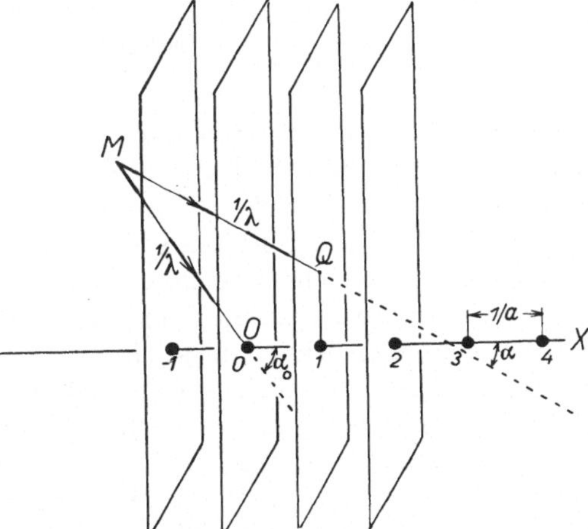

Abb. 184. Reziprokes Gitter einer Punktreihe. OM Richtung, entgegengesetzt zu der des einfallenden Bündels, MQ Richtung des gebeugten Bündels. Bedingung für die Abbeugung: Vektorende Q in einer reziproken Gitterebene.

d. h. in der Richtung, entgegengesetzt zu der des einfallenden Bündels — aufträgt und ihn dann ebenfalls auf OX projiziert.

Die Summe beider Projektionen stellt das linke Glied der Gleichung dar. Praktischer ist es, nicht die beiden Vektoren zu projizieren und die Projektionen zu addieren, sondern, wie es in Abb. 184 gezeichnet wurde, zunächst die beiden Vektoren zusammenzusetzen und erst dann ihre Resultante zu projizieren. Man führt somit die Konstruktion in folgender Weise aus: Vom Anfang O aus zieht man die Gerade OX in der Richtung der Atomreihe. Man zeichnet einen Vektor OM der Länge $1/\lambda$ in der zum einfallenden Bündel entgegengesetzten Richtung, sodann aus M einen Vektor MQ der Länge $1/\lambda$ in der Richtung der gebeugten Strahlung („Vorschrift zur Konstruktion von Q"). Ist dann Q' die Projektion von Q auf OX, so stellt OQ' das linke Glied der Gleichung dar.

Zeichnet man jetzt von O ausgehend auf der Geraden OX in Entfernungen $1/a$ Punkte gleicher Entfernung $1, 2, 3$ usw. ein, so erhält man das rechte Glied h/a für jeden beliebigen Wert von h. Fällt somit die Projektion Q' gerade in einen — den h-ten — dieser Punkte, so ist die Bedingung für Abbeugung (und zwar in h-ter Ordnung) erfüllt. Zur bequemeren Übersicht

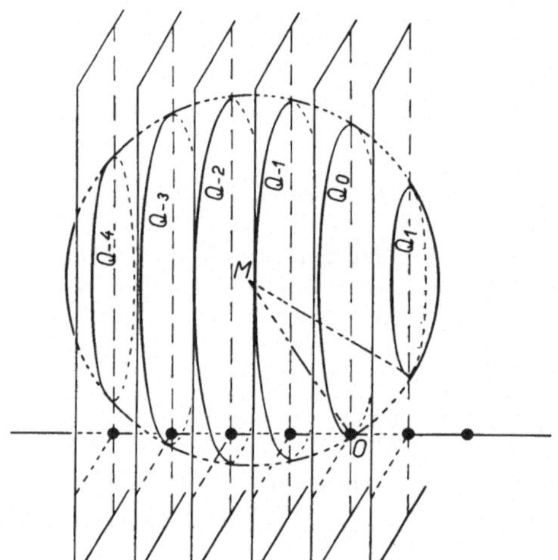

Abb. 185. Beugungskegel um die Punktreihe, konstruiert mit Hilfe des reziproken Gitters und der Ausbreitungskugel.

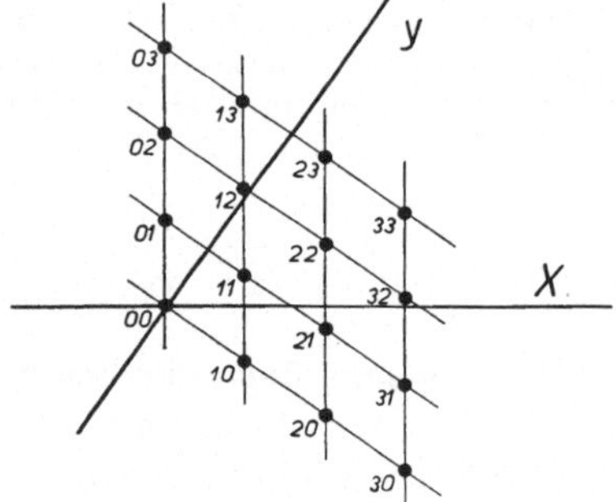

Abb. 186. Reziprokes Gitter einer Netzebene.

mehrerer Lagen (Werte von α, α_0 und λ) bringt man, statt jedesmal Q zu projizieren, in den Punkten $1, 2, 3$ usw. Ebenen senkrecht zu OX an. Liegt sodann Q in einer dieser Ebenen, so entspricht diese Lage der Abbeugungsbedingung.

Der Vorteil dieser Ebenenschar, die wir mit dem Namen *reziprokes Gitter der Atomreihe* bezeichnen wollen, zeigt sich schon, wenn wir sie dazu verwenden, um z. B. alle zu einem in Richtung und Wellenlänge gegebenen einfallenden Bündel gehörigen Ablenkungsrichtungen zu übersehen. Das einfallende Bündel bestimmt die Lage des Punktes M. Man will somit die Richtungen der Vektoren MQ übersehen, deren Länge $1/\lambda$ beträgt und deren Endpunkte Q in den Ebenen des reziproken Gitters liegen. Man legt dazu um den Punkt M eine Kugel mit dem Radius $1/\lambda$ (Abb. 185). Die Schnittpunkte (kreisförmige Schnittlinien) dieser Kugelfläche mit den Ebenen des reziproken Gitters sind die gewünschten Punkte Q. Somit liegen die abgebeugten Richtungen MQ offenbar auf Kegelflächen, welche die Richtung der Atomreihe zur Achse haben.

Zweidimensionales Gitter. Im Falle eines zweidimensionalen Gitters (Achsenrichtungen OX und OY, Gitterabstände a bzw. b) konstruieren wir in der angegebenen Weise das reziproke Gitter für jede der Atomreihen OX und

OY; dies ermöglicht es wieder, die Beugungsbedingung für jede dieser Punktreihen zu übersehen. Man konstruiert jetzt nach der Vorschrift den Punkt Q. Damit die Atome der X-Achse zusammenwirken, soll dann das Vektorende Q in einer der zu OX senkrechten Ebenen mit gegenseitigem Abstand $1/a$ liegen; zur gegenseitigen Verstärkung der Beiträge der Punkte der Y-Achse soll Q in einer der Ebenen, welche senkrecht zu OY in Abständen $1/b$ angebracht sind, liegen. Die beiden Beugungsbedingungen sind erfüllt, wenn Q in einer der Schnittlinien beider Scharen von Ebenen liegt. Das System dieser Geraden (in der Abb. 186 stehen diese Geraden senkrecht zur Zeichnungsebene in den von zwei Ordnungszahlen angegebenen Punkten) nennen wir das *reziproke Gitter des zweidimensionalen Beugungsgitters.*

Wir übersehen jetzt wiederum die Abbeugungsrichtungen bei einem einfallenden Bündel von gegebener Richtung und Wellenlänge. Diese Daten bestimmen wieder den Punkt M, um den wir eine Kugel mit dem Radius $1/\lambda$ schlagen. Die Schnittpunkte dieser Kugel mit der Schar der Geraden des reziproken Gitters geben die Punkte Q an, die die Abbeugungsrichtungen MQ festlegen. Man denke sich z. B. die Strahlung senkrecht zum Kreuzgitter der Abb. 186 einfallend. M liegt dann in der durch 00 senkrecht zur Zeichenebene gezogenen Geraden. Die Kugel schneidet somit die Geraden des reziproken Gitters im Punkte 00 und in Punkten ein wenig über 01, 11 usw. Verbindet man M mit diesen Schnittpunkten, so tritt das bekannte Beugungsmuster des Kreuzgitters (Abb. 89) zum Vorschein.

Dreidimensionales Gitter. Nunmehr konstruieren wir die drei Ebenenscharen senkrecht zu den Punktreihen OX, OY und OZ, welche die reziproken Gitter dieser Punktreihen angeben (Ebenenabstände $1/a$, $1/b$ bzw. $1/c$). Damit eine Abbeugung zustande kommt, soll der Endpunkt Q des nach der Vorschrift konstruierten Vektors OMQ in einer Ebene sowohl der ersten als auch der zweiten und der dritten Schar liegen; d. h. Q soll mit einem ihrer gemeinschaftlichen Schnittpunkte zusammenfallen. Die gesamten Schnittpunkte der drei Scharen von parallelen äquidistanten Ebenen bilden ein Raumgitter, *das reziproke Gitter des Krystallgitters.* Sind die Beugungsbedingungen erfüllt, so endet der Vektor OMQ in einem Punkte des reziproken Gitters.

Im reziproken Gitter steht jeder von O nach einem Gitterpunkt hkl ausgehender Vektor senkrecht zu der Netzebene (hkl) des Krystalls und hat einige (n) Male die Länge des reziproken Netzebenenabstandes. Zur leichten und schnellen Verifizierung dieser — übrigens rein geometrischen — Eigenschaft, könnten wir unsere

Abb. 187 a u. b. Bei der Reflexion ist die Netzebene MM' die Halbierungsebene des Winkels OMP.

Kenntnis verwerten, nach der der Endpunkt des Vektors OMQ mit einem Punkte des reziproken Gitters zusammenfällt, wenn die Abbeugungsbedingungen erfüllt sind: Es falle in der Abb. 187 Q mit einem Gitterpunkte P des reziproken Gitters zusammen. Wir können die Stellung der reflektierenden Ebene sofort angeben: Sie soll nämlich den Winkel zwischen den Richtungen des einfallenden (MO) und des gebeugten (MP) Bündels halbieren. Diese durch M gelegte Ebene halbiert somit OP und steht senkrecht zu dieser Geraden (weil das Dreieck OMP gleichschenkelig ist). Somit hat OP die Richtung der Normale auf einer Netzebene (der Reflexionsebene) des Krystalls. Für die Länge von OP ergibt sich aus dem Dreieck OMP:

$$OP = 2\,OM' = 2\,OM \sin OMM' = \frac{2}{\lambda} \sin \theta \,.$$

Für die betrachtete Reflexion gilt: $2\,d_{hkl} \sin \theta = n\,\lambda$, somit

$$OP = \frac{2}{\lambda} \sin \theta = n\,\frac{1}{d_{hkl}} \,,$$

wodurch der geforderte Beweis erbracht ist. Aus Abb. 184 ersieht man, daß der Satz auch dann gilt, wenn man die Rollen von Krystallgitter und reziprokem Gitter vertauscht.

125. Die Beugungsrichtungen bei den verschiedenen Aufnahmeverfahren. Wir wollen in **126** bis **128** an einigen Beispielen zeigen, wie vorteilhaft das reziproke Gitter bei gewissen Betrachtungen verwendet werden kann. Zunächst wollen wir aber noch einmal die Geometrie der Beugungsdiagramme bei den verschiedenen Aufnahmeverfahren mit Hilfe des reziproken Gitters ableiten.

1. Bei beliebiger Richtung des einfallenden Bündels und beliebiger Wellenlänge entsteht kein abgebeugtes Bündel. Das reziproke Gitter und der Vektor OM sind ja gegeben. Man schlägt im reziproken Gitter eine Kugel um M mit dem Radius $OM = 1/\lambda$, und sieht nach, wo diese Ausbreitungskugel auf einen Gitterpunkt trifft. Dies wird im allgemeinen nicht der Fall sein.

2a. BRAGGsches Verfahren. Man denke sich den Krystall bei feststehendem Primärbündel um eine Zonenachse gedreht. OM und die Ausbreitungskugel ändern sich nicht, das ganze reziproke Gitter dreht sich mit dem Krystall, und zwar um eine zur Rotationsachse parallele Achse durch O. Es ist in der Abb. 188 die Rotationsachse senkrecht zur Zeichnungsebene angenommen; in dieser Ebene liegt dann eine Netzebene des reziproken Gitters, weil ja die Netzebenen senkrecht zu den Punktreihen im Krystall liegen (s. Ende **124**). Die Punkte des reziproken Gitters beschreiben bei der Rotation Kreise um O (Abb. 188). Jedesmal wenn die Bahn eines solchen Gitterpunktes

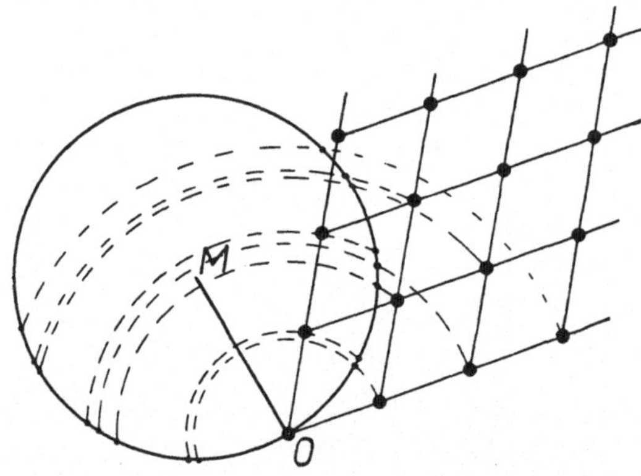

Abb. 188. BRAGG-Verfahren. Bei Drehung um eine zur Zeichnungsebene senkrechte Achse in O reflektiert ein Krystall jedesmal, wenn einer seiner reziproken Gitterpunkte die Oberfläche der Ausbreitungskugel durchsetzt.

durch die Oberfläche der Ausbreitungskugel geht, findet eine Reflexion statt. Man liest z. B. sofort aus der Abbildung ab, daß Reflexionen mit großen Netzebenenabständen d_{hkl} kleine Abbeugungswinkel aufweisen. Denn kleine Werte $1/d_{hkl}$ entsprechen Gitterpunkten nahe an O. Diese haben Durchgangspunkte Q der Kugelfläche, die ebenfalls nahe an O liegen; die Richtungen der gebeugten Bündel MQ sind somit hier nur wenig von denen des einfallenden Bündels MO verschieden.

2b. Drehdiagramme. Wir betrachten jetzt noch die abgebeugten Bündel, die nicht in der zur Zonenachse senkrecht stehenden Ebene (Äquator) liegen.

Bei diesen wirken die reziproken Gitterpunkte außerhalb der Zeichnungsebene mit. Ihre Schnittpunkte Q mit der Kugel liegen auf Parallelkreisen, deren Ebenen senkrecht zur Drehachse stehen. Es ergibt sich somit die schichtlinienartige Anordnung der Interferenzpunkte im Drehdiagramm.

Zur Indizierung von Schwenkdiagrammen bedient man sich zweckmäßig des reziproken Gitters: Die Konstruktion der Abb. 188 (und analog für die höheren Schichtlinien) ermöglicht sofort einen Überblick, welche Ebenen zur Reflexion gelangen können, wenn man den Krystall bei feststehender Ausbreitungskugel — Einfallsrichtung — über einen gewissen Winkelbereich dreht.

2c. SAUTER-Diagramm. Man entnimmt aus der Abb. 189 a und b, daß der Winkel $\Delta\varphi_s$ über welchen sich der Film, somit auch der mit ihm gekoppelte

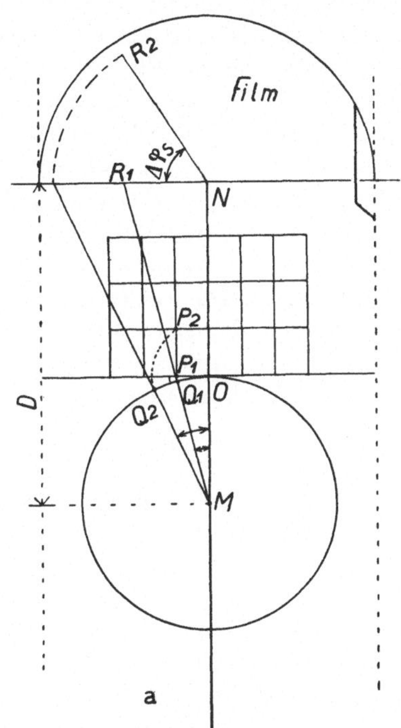

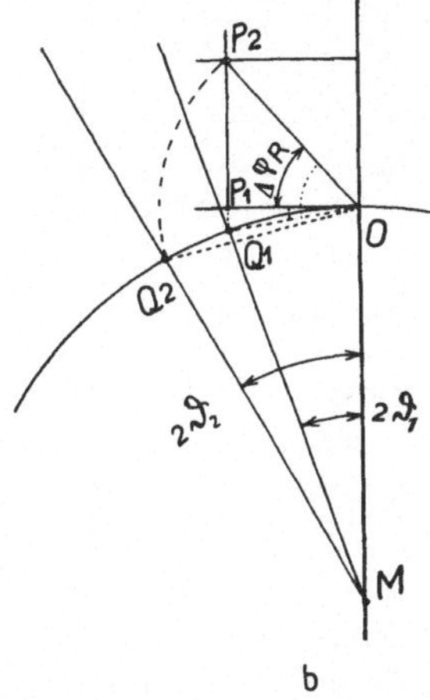

Abb. 189 a u. b. a SAUTER-Verfahren. Film NR senkrecht zur Äquatorebene, in der die Gitterpunkte P des reziproken Gitters liegen, deren Schnitt mit der Ausbreitungskugel M angegeben ist. Der Krystall rotiert um eine Achse durch O senkrecht zur Zeichnungsebene.

$$\Delta\varphi_S = \sphericalangle\, P_2OQ_2 - \sphericalangle\, P_1OQ_1 = \sphericalangle\, P_2OP_1 + \sphericalangle\, Q_1OQ_2 = \sphericalangle\, P_2OP_1 + \tfrac{1}{2}\,\mathrm{arc}\,Q_1Q_2 = \Delta\varphi_R + \theta_2 - \theta_1.$$

b Detail von a.

Krystall, zwischen zwei Reflexionen Q_1 und Q_2 dreht, gleich dem Winkel $\Delta\varphi_R$ zwischen den Netzebenennormalen OP_1 und OP_2 ist, vermehrt um den Winkel Q_1OQ_2; dabei ist der Winkel Q_1OQ_2 gleich der Hälfte (Abb. 189 b) des Winkels Q_1MQ_2 zwischen den abgelenkten Strahlen.

Die Lagen der Beugungspunkte des SAUTER-Diagramms sind, von einer gewissen Deformation abgesehen, mit den Lagen der zugehörigen Punkte des reziproken Gitters konform. Denn der Azimutunterschied ist in beiden Abbildungen (SAUTER-Diagramm und reziprokes Gitter) näherungsweise — bei Vernachlässigung des Unterschiedes der Glanzwinkel — der gleiche. Auch die Längen der Fahrstrahlen wachsen symbat an; je näher P an O, desto kleiner ist auch der Abstand des Reflexionspunktes von der Mitte des Films ($OP = 1/d \sim \sin\theta$; $NR = D\,\mathrm{tg}\,2\theta$, wobei D der Abstand zwischen Krystall und Film ist). Formt man das SAUTER-Diagramm um, indem man die Reflexionen einer jeden der durch die Mitte des Diagramms laufenden S-förmigen Linien im Azimut auf die Tangente an diese Kurve in N zurückbringt — denn für Punkte nahe an N ist $\theta \approx O$, somit $\Delta\varphi_S \approx \Delta\varphi_R$, Abb. 189 a und b; vgl. Abb. 26 — und zu gleicher Zeit die Fahrstrahlen im Verhältnis $\sin\theta/\mathrm{tg}\,2\theta$ vergrößert, so erhält man das reziproke Gitter der reflektierenden Zone. Das reziproke Gitter ist also zur Übersicht über ein SAUTER-Diagramm und zur Vermittlung des Übergangs von diesem Diagramm auf das Krystallgitter vorzüglich geeignet, weil es zu beiden in einfacher Beziehung steht.

3. Das Pulverdiagramm. Man gibt jetzt in der Abb. 188 bei feststehendem einfallendem Bündel — Vektor OM und Kugel M unveränderlich — dem reziproken Gitter alle möglichen Orientierungen. Dabei beschreibt jeder Gitterpunkt eine Kugelfläche mit O als Mittelpunkt. Die Schnitte dieser Kugeln mit der Ausbreitungskugel M sind Kreise um OM. Die zugehörigen Ablenkungsrichtungen MQ bilden Kegel um die Richtung des einfallenden Bündels (DEBYE - SCHERRER - Ringe); die Ablenkungswinkel wachsen wiederum mit zunehmender Entfernung des reziproken Gitterpunktes vom Anfang, d. h. mit abnehmendem d_{hkl}.

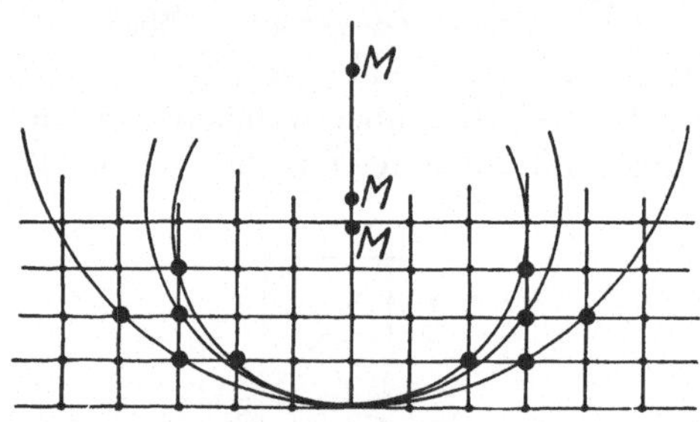

Abb. 190. LAUE-Verfahren. Reziprokes Gitter und Kontinuum von Ausbreitungskugeln für einen Wellenlängenbereich.

4. Das LAUE-Verfahren. Bei diesem ändert sich weder die Stellung des Gitters noch die Richtung des einfallenden Bündels. Weil „weißes" Röntgenlicht einfällt, in dem ein gewisser Wellenlängenbereich vorhanden ist, müssen wir eine Reihe von Ausbreitungskugeln konstruieren, jede mit dem Radius $1/\lambda$ (Abb. 190). In manchen dieser Kugelflächen können nun reziproke Gitterpunkte liegen. Die Verbindungslinie von M mit einem solchen Punkte gibt dann den Vektor $1/\lambda$ des reflektierten Bündels an.

126. Ableitung von Intensitätsfaktoren. Eine Abbeugung kommt nicht nur dann zustande, wenn die Beugungsbedingungen mit mathematischer Genauigkeit erfüllt sind. Denn bei äußerst kleinen Phasendifferenzen bleibt noch etwas von der resultierenden Welle übrig, und zwar in einem Betrage, der nur von dem Phasen*defekt* und nicht von den ganzen Anzahlen mal 2π (h, k oder l) abhängig ist, welche die genannte Phasendifferenz nebst dem Defekt umfaßt. Im reziproken Gitter heißt dies, daß auch dann, wenn das Vektorende Q nicht *in*, sondern sehr *nahe an* einem Gitterpunkte liegt, schon merkliche Abbeugung stattfindet, und zwar verhalten sich dabei die verschiedenen Gitterpunkte derart, daß gleiche Vektorabstände der betreffenden Gitterpunkte von Q gleichen Intensitäten entsprechen[1]. Man denkt sich somit bei Intensitätsbetrachtungen die Gitterpunkte P besser zu „Höfen" ausgeschmiert, deren Ausbreitung um jeden Gitterpunkt die gleiche ist.

Man denke sich nun den Krystallit durch die Reflexionsstellung gedreht, wobei das Bündel senkrecht zur Drehachse einfalle. Die Geschwindigkeit mit der ein

---

[1] Gehen wir zurück auf die Abb. 184, so kommt hier den zur Atomreihe senkrechten Ebenen eine gewisse Dicke zu. Liegt das Vektorende Q in einer solchen „Schicht", so ist der Phasendefekt noch genügend klein, um eine meßbare Intensität zu ergeben. Der Phasendefekt ist ja, wie aus der Besprechung der Abb. 184 hervorgeht, proportional dem Abstand zwischen Q und der Ebene. Je geringer die Anzahl der Atome auf der Reihe — bzw. im Krystall — ist, um so langsamer äußert sich der Defekt und um so breiter ist die Schicht bzw. der Hof.

reziproker Gitterpunkt mitsamt seinem Hofe die Ausbreitungskugelfläche durchsetzt, gibt an, wie schnell die aufeinanderfolgenden, durch die Lage von Q im Hof charakterisierten Stadien des Streuprozesses durchlaufen werden, somit also die Dauer des Streuprozesses; die totale integrierte Reflexionsintensität wird umgekehrt proportional zu dieser Geschwindigkeit sein.

Die erwähnte Durchsetzungsgeschwindigkeit ist für einen Punkt P (Abb. 191) gleich der zur Kugelfläche senkrechten Komponente seiner Geschwindigkeit v. Diese Komponente ist proportional zu v und zu $\cos(v, PM)$. Der erstgenannte Faktor v ist der Winkelgeschwindig-

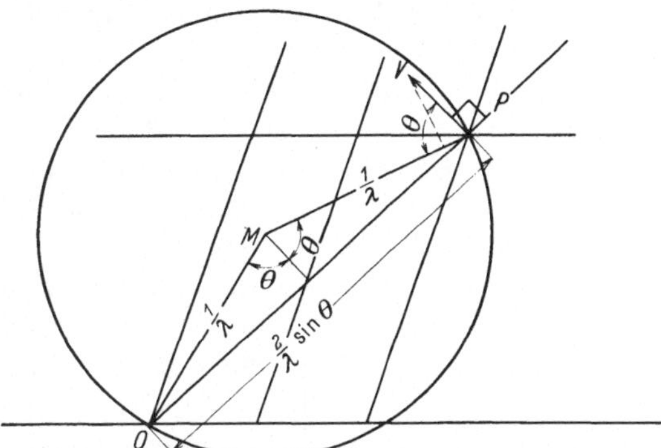

Abb. 191. Geschwindigkeit v, mit der ein reziproker Gitterpunkt P um die in O senkrecht zur Zeichnungsebene stehende Drehachse rotiert; die radiale Komponente von v ist die Geschwindigkeit, mit welcher der Gitterpunkt die Oberfläche der Ausbreitungskugel durchsetzt.

keit der Drehung und dem Abstande von P zur Drehachse, $OP = \dfrac{2}{\lambda}\sin\theta$, proportional. Weil der zweite Faktor $\cos(v, PM)$ gleich $\cos\theta$ ist, ergibt sich die Durchsetzungsgeschwindigkeit als proportional zu $\sin\theta\cos\theta$, somit die integrierte Intensität umgekehrt proportional zu diesem Wert. Dies ist eine elegante Ableitung eines kontinuierlichen Intensitätsfaktors (erwähnt in **38**).

127. Teilchenform und Linienverbreiterung. Die Tatsache, daß bei einem Pulver mit blattförmigen Kryställchen speziell die Basisreflexionen verbreitert sind (**25**), erfordert noch eine nähere Erläuterung. Denn auch für die übrigen (Prisma-) Reflexionen gilt, daß eine der drei LAUEschen Beugungsbedingungen unscharf geworden ist; dies muß in irgendeiner Weise die Schärfe der Bestimmung der Einfalls- und Ablenkungsrichtungen ungünstig beeinflussen.

Wir wollen den Sachverhalt an Hand des reziproken Gitters erörtern; die Punkte dieses Gitters bilden sich im Falle blattförmiger Krystalle mit einer kleinen Anzahl von (001)-Netzebenen zu in der [001]-Richtung gedehnten Ellipsoiden[1] um. Für die Reflexionen (001) und (200) z. B. ergeben sich die

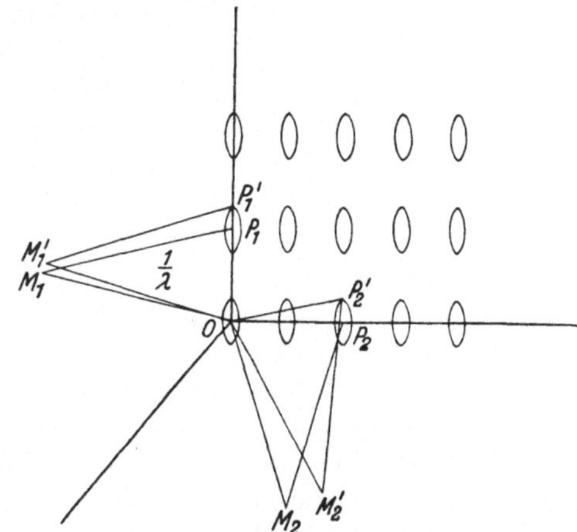

Abb. 192. Reziprokes Gitter eines blattförmigen Krystalls. Die Richtungen der einfallenden und der gebeugten Strahlen sind angegeben: OM_1P_1 bei der Reflexion an der Blättchenebene. OM_2P_2 bei der Reflexion an einer Prismenebene. $OM_1'P_1'$ und $OM_2'P_2'$ beziehen sich auf die Grenzen der Beugungsbereiche.

auf das Gitter bezogenen Orientierungen der Strahlenrichtungen aus den Lagen der Dreiecke OM_1P_1 und OM_2P_2 in der Abb. 192; und zwar gelten hier die Richtungen für die genaue Reflexionsstellung. Für die Richtungen der eben noch beobachtbaren Strahlen (der gebeugte Strahl trifft den Scheitel des Ellipsoids) gelten die Dreiecke $OM_1'P_1'$ bzw. $OM_2'P_2'$. Es ergibt sich, daß der Übergang

---

[1] Vgl. Fußnote in **126**, S. 212.

vom Dreieck OM_1P_1 auf $OM_1'P_1'$ eine Verlängerung der Basis hervorruft, dagegen der Übergang $OM_2P_2 \rightarrow OM_2'P_2'$ eine Drehung des Dreiecks. Der Spitzenwinkel, somit auch der Ablenkungswinkel, hat sich offenbar nur im ersteren Fall geändert. Aus der Abbildung ist weiter ersichtlich, daß in diesem Fall die Reflexionsbedingung: Einfallswinkel gleich Reflexionswinkel, erfüllt bleibt (die Bissectrix des Winkels $OM_1'P_1'$ bleibt senkrecht zur Ebenennormale). Dagegen ergibt sich bei den Prismenreflexionen, daß zwar die „reflektierende" Ebene einen Spielraum um die Bissectrix des Ablenkungswinkels haben kann (Abweichung vom Reflexionsgesetz), jedoch der Ablenkungswinkel ziemlich konstant bleibt. Also bleibt bei *Pulver*aufnahmen diese Reflexion scharf.

128. Das Beugungsbild von Elektronenstrahlen an einem Glimmerblatt. In **61** erläuterten wir, daß bei der Durchstrahlung eines Krystallgitters in einer Zonenrichtung mit monochromatischer Strahlung von sehr kurzer Wellenlänge (Elektronenstrahlung), ein Beugungsbild entsteht, daß im Bereiche der kleinen Ablenkungswinkel demjenigen eines zweidimensionalen Gitters gleich ist. Aus dem reziproken Gitter ist dies sofort ersichtlich: Ist die Einfallsrichtung eine Zonenachse, so steht sie senkrecht zu einer Ebene des reziproken Gitters (s. Ende **124**). Ist nun (Abb. 193) der Radius der Ausbreitungskugel sehr groß im Verhältnis zur Gitterkonstanten des reziproken Gitters, so fällt die Kugelfläche in einem Bereich um den Anfang des reziproken Gitters praktisch mit der berührenden Gitterebene zusammen. Hat überdies die durchsetzte Krystallschicht eine Dicke von nur wenigen Perioden, so stellen sich die Punkte des reziproken Gitters als Höfe dar, die in der Richtung der Blättchennormale eine größere Ausdehnung haben. Nun werden diese „Gitterstäbchen" in-

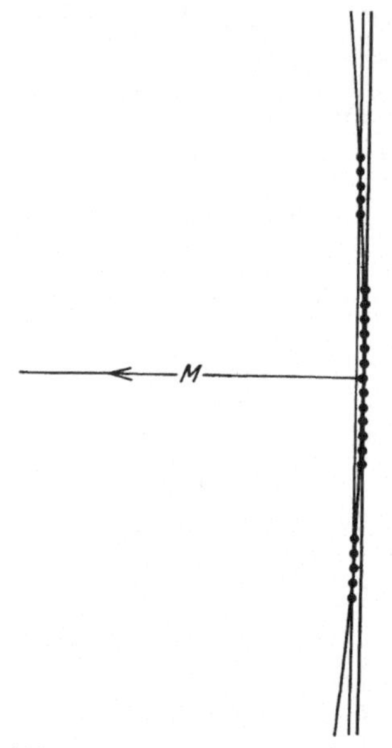

Abb. 193. Ausbreitungskugel und reziprokes Gitter bei einer Wellenlänge, die sehr klein ist im Verhältnis zu den Krystallgitterkonstanten. Durchstrahlung in einer Zonenrichtung. Verbindet man M mit den Gitterpunkten in der Kugeloberfläche, so bekommt man die Abbeugungsrichtungen der Abb. 87.

folge ihrer Form die immerhin nur wenig gekrümmte Oberfläche der Ausbreitungskugel noch in größerer Entfernung von der Mitte durchstechen. Alle diese Gitterpunkte P, die praktisch in der Kugelfläche liegen, ergeben die Beugungsrichtungen MP. Dank der kleinen Wellenlänge und der besonderen Durchstrahlungsrichtung ergibt sich so für die niedrigen Reflexionen das gleiche Beugungsdiagramm, wie man es für ein Kreuzgitter erwarten sollte, und zwar ist das Diagramm mit der berührenden Netzebene des reziproken Gitters identisch. Eine darauf folgende Netzebene durchschneidet die Kugel bei größeren Abbeugungswinkeln auch noch fast streifend; dies ergibt den breiten Ring der ersten Ordnung (Abb. 87).

Die Abb. 194 zeigt einen hübschen, von W. G. Burgers erdachten Demonstrationsapparat. Das reziproke Gitter rotiert um N. Die Ausbreitungs-„Ebene" ist durch eine aus dem Lichtkasten AC austretende Lichtebene D markiert. Die gemeinsamen und somit beleuchteten Punkte des reziproken Gitters und der Lichtebene zeigen das Beugungsbild. Die Abb. 195 stellt in a eine Elektronenbeugungsaufnahme und in b die optische Rekonstruktion des Beugungsbildes, wie man es mit dem Demonstrationsapparat erhält, dar.

Das reziproke Gitter ist bei der Interpretation der verwickelten Diagramme, die bei der Elektronenbeugung auftreten, ein fast unentbehrliches Hilfsmittel geworden.

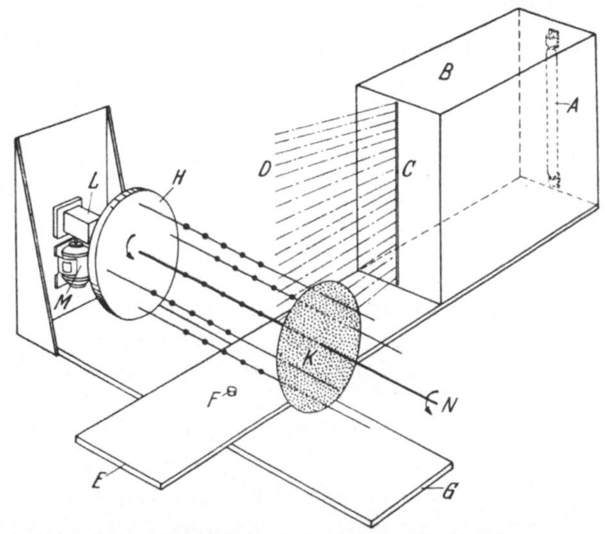

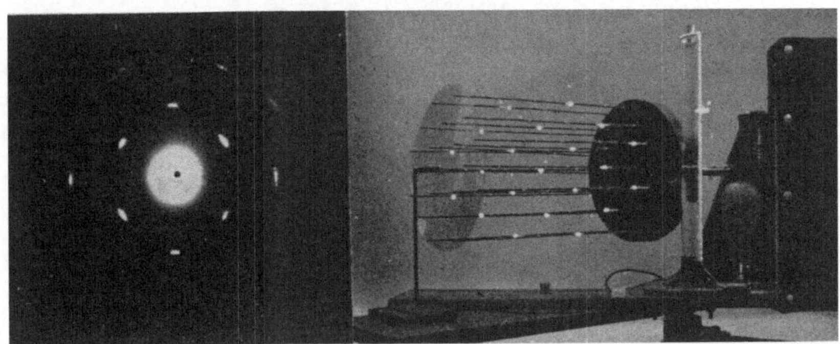

Abb. 194. Oben: Demonstrationsapparat für das Ablesen der Elektronendiagramme aus dem reziproken Gitter. Unten: links, Beugungsdiagramm; rechts, der Apparat konstruiert das Diagramm. [W. G. Burgers: Nederl. Tijdschr. Natuurk. 4, 33 (1937).]

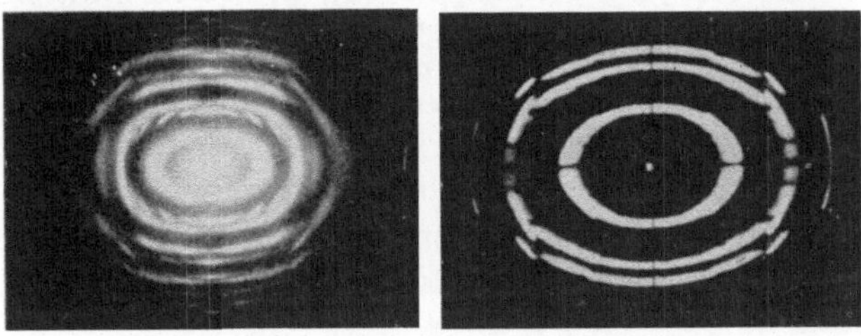

a   b

Abb. 195a u. b. a Elektronendiagramm von CdJ_2-Blättchen. b Demonstration desselben mit Hilfe des Apparates der Abb. 194. (Zit. ebenda.)

Literatur[1].

Ewald, P. P.: Handbuch der Physik, Bd. XXIII/2, 2. Aufl., S. 260. Berlin 1933.

125. Int. Tabellen, Kap. 12, Ziff. 4 und 6.

128. Burgers, W. G. u. J. A. Ploos van Amstel: Z. Kristallogr. 95, 54 (1936).

[1] Die vorangestellten halbfetten Ziffern beziehen sich auf die Gliederung des Kapitels.

Anhang 6.

Die Fourier- und die Patterson-Analyse.

129. Erweiterung der Fourier-Reihen auf zwei und drei Dimensionen. Wir sahen in **53**, daß in der Fourier-Zerlegung der Elektronendichte zwischen zwei Netzebenen

$$(1) \qquad \varrho = \sum_n A_n \cos 2\pi n \frac{z}{d}$$

die Koeffizienten

$$(2) \qquad A_n = \frac{2}{d} \int \varrho \cos 2\pi n \frac{z}{d}\, dz$$

sich aus dem Experiment ergeben: Das Integral des rechten Gliedes in (2) ist ja nichts anderes als der Strukturfaktor S_{00n} der Reflexion n-ter Ordnung an der betreffenden Netzebene; man findet denselben — bis auf das Vorzeichen — aus der Reflexionsintensität.

Ganz analog ist der Verlauf der Entwicklung und der Bestimmung der Elektronendichte in jedem Punkte der Zelle. Eine dreidimensionale, in a, b und c periodische Dichteverteilung läßt sich entwickeln nach

$$(3) \qquad \varrho_{xyz} = \sum_h \sum_k \sum_l A_{hkl} \cos 2\pi \left(h\frac{x}{a} + k\frac{y}{b} + l\frac{z}{c} \right).$$

Hier geben a, b und c die Elementarperioden an, die wir der Einfachheit halber als senkrecht zueinander voraussetzen. In (3) sind, wie in (1), keine Phasendifferenzen zwischen den Teilwellen aufgenommen, so daß $\varrho_{xyz} = \varrho_{\bar{x}\bar{y}\bar{z}}$ vorausgesetzt ist; wir nehmen also ein Symmetriezentrum an. Ist dies nicht der Fall, so steht die reine Röntgenanalyse genau wie bei den eindimensionalen Verteilungen der Bestimmung der erwähnten Phasen machtlos gegenüber.

Nach der Theorie der Fourier-Reihen sind, analog der Beziehung (2) des eindimensionalen Falles, die Koeffizienten A_{hkl} in (3) bestimmt durch

$$(4) \qquad A_{hkl} = \frac{2}{V} \int_0^a \int_0^b \int_0^c \varrho \cos 2\pi \left(h\frac{x}{a} + k\frac{y}{b} + l\frac{z}{c} \right) dx\, dy\, dz.$$

Man leitet dies wiederum, ausgehend von (3), ab durch Multiplikation beider Glieder von (3) mit dem Faktor $\cos 2\pi \left(h\frac{x}{a} + k\frac{y}{b} + l\frac{z}{c} \right)$ und nachfolgende Integration über das Zellenvolumen; es werden von den rechten Integralen nur diejenigen von Null verschieden sein, in welchen die Indices h, k, l den gleichen Wert wie in dem zugefügten Faktor haben.

Im Integral des rechten Gliedes von (4) erkennt man dann den Strukturfaktor der Reflexion hkl wieder. Somit ist

$$(5) \qquad A_{hkl} = \frac{2}{V} S_{hkl}.$$

Die Messung der Reflexionsintensitäten, jetzt aber *aller* Reflexionen, ergibt somit nach (5) die Werte der Koeffizienten der Reihe (3), die für jeden Punkt der Zelle die Elektronendichte angibt.

Es sei dem Leser überlassen, in analoger Weise auch den zwischenliegenden Fall der zweidimensionalen Verteilung zu behandeln. Man erhält eine solche

Verteilung, indem man die Elektronen parallel zu einer Zonenachse auf eine zu dieser Achse senkrechte Ebene projiziert. Ist z. B. diese Achse die z-Achse, so nehmen die Formeln nachfolgende Gestalt an:

$$(6) \qquad \varrho_{xy} = \sum_h \sum_k A_{hk} \cos 2\pi \left(h\frac{x}{a} + k\frac{y}{b} \right),$$

wo

$$(7) \qquad A_{hk} = \frac{2}{V/c} \cdot S_{hk0}.$$

Man leitet (7) ab, indem man von (6) ausgeht und weiter verfährt, wie oben für die ein- und dreidimensionalen Fälle angegeben ist. Oder aber man erhält (6) aus (3) durch Integration beider Glieder nach z — wobei rechts alle Glieder mit l ungleich Null einen Beitrag Null liefern — und Übergang von (5) auf (7).

Selbstverständlich hätte man nach der zuletzt angegebenen Weise auch zu der eindimensionalen Verteilung kommen können, indem man von (3) ausgehend zweimal eine solche Integration ausführt.

Dagegen ergibt sich die Dichte in den Punkten einer Geraden, z. B. der z-Achse — wir verwendeten diese Verteilung bei der Betrachtung der Abb. 83 —, indem man die betreffenden x-, y- und z-Werte in (3) substituiert, d. h.

$$\varrho_{00z} = \sum_h \sum_k \sum_l A_{hkl} \cos 2\pi l \frac{z}{c}.$$

Bei dieser Berechnung spielen somit wiederum alle Reflexionen eine Rolle, so daß es nicht verwunderlich ist, daß in der Abb. 83 eine bessere Auflösung der Elektronensphären erhalten werden konnte, als bei der Bestimmung der zu einer Netzebene senkrechten Dichteverteilung möglich war.

130. Die Patterson-Analyse. Durch Einsetzen von (5) in (3)

$$(8) \qquad \varrho_{xyz} = \frac{2}{V} \sum_h \sum_k \sum_l S_{hkl} \cos 2\pi \left(h\frac{x}{a} + k\frac{y}{b} + l\frac{z}{c} \right)$$

ergibt sich die „S-Reihe", auf welche sich die gewöhnliche Fourier-Analyse gründet. Stellt man dagegen eine zu (8) analoge Reihe auf, in der die Koeffizienten S durch S^2 ersetzt sind, so erhält man eine Funktion

$$(9) \qquad \varphi_{uvw} = \frac{2}{V} \sum_h \sum_k \sum_l S^2_{hkl} \cos 2\pi \left(h\frac{u}{a} + k\frac{v}{b} + l\frac{w}{c} \right),$$

welcher „S^2-Reihe" ebenfalls eine physikalische Bedeutung zukommt: Die Funktion φ_{uvw} hängt nämlich, wie wir zeigen werden, eng zusammen mit den interatomaren Abständen im Krystall, und zwar derart, daß ein großer Wert dieser Funktion bei einem bestimmten Koordinatentripel uvw andeutet, daß ein Abstand mit den Komponenten u, v, und w in der Zelle vielfach auftritt; in genauer Fassung: Ein Maß für die Häufigkeit des Auftretens eines bestimmten vektoriellen Abstandes u, v, w findet man, wenn man das Produkt der Dichte in jedem Punkt mit derjenigen des um den konstanten Betrag u, v, w entfernten Punktes über die ganze Zelle summiert[1]:

$$(10) \qquad \varphi_{uvw} = \int_0^a \int_0^b \int_0^c \varrho_{xyz} \cdot \varrho_{x+u,\,y+v,\,z+w}\, dx\, dy\, dz.$$

---

[1] Stimmt der Vektor mit einem interatomaren Abstand überein, so gibt es Integrationsbereiche, wo beide Faktoren groß sind und somit große Beiträge zum Integral liefern.

Wir können nun die Gleichheit der rechten Glieder von (9) und (10) beweisen. Dazu substituieren wir im rechten Glied von (10) für ϱ_{xyz} und $\varrho_{x+u,\,y+v,\,z+w}$ die zugehörigen Reihenentwicklungen:

$$\varphi_{uvw} = \left(\frac{2}{V}\right)^2 \int\limits_0^a\!\!\int\limits_0^b\!\!\int\limits_0^c \sum_{hkl} S_{hkl} \cos 2\pi \left(h\frac{x}{a} + k\frac{y}{b} + l\frac{z}{c}\right) \cdot$$

$$\cdot \sum_{h'k'l'} S_{h'k'l'} \cos 2\pi \left(h'\frac{x+u}{a} + k'\frac{y+v}{b} + l'\frac{z+w}{c}\right) dx\,dy\,dz =$$

$$= \left(\frac{2}{V}\right)^2 \sum_{hkl} \sum_{h'k'l'} S_{hkl}\, S_{h'k'l'} \int\limits_0^a\!\!\int\limits_0^b\!\!\int\limits_0^c \cos 2\pi \left(h\frac{x}{a} + k\frac{y}{b} + l\frac{z}{c}\right) \cdot$$

$$\cdot \cos 2\pi \left(h'\frac{x+u}{a} + k'\frac{y+v}{b} + l'\frac{z+w}{c}\right) dx\,dy\,dz\,.$$

Man substituiere für die Produkte der Cosinus ihren Wert nach $\cos p \cos q =$ $= \frac{1}{2}\left[\cos(p+q) + \cos(p-q)\right]$; von den Cosinusintegralen sind nur diejenigen von Null verschieden, in denen die Koeffizienten von x, y und z gleich Null sind, d. h. diejenigen, welche Bezug haben auf die Glieder $\cos(p-q)$ mit $h = h'$, $k = k'$, $l = l'$. Man findet so:

$$\varphi_{uvw} = \left(\frac{2}{V}\right)^2 \sum_{hkl} S_{hkl}^2 \int\limits_0^a\!\!\int\limits_0^b\!\!\int\limits_0^c \frac{1}{2} \cos 2\pi \left(h\frac{u}{a} + k\frac{v}{b} + l\frac{w}{c}\right) dx\,dy\,dz =$$

$$= \frac{2}{V} \sum_{hkl} S_{hkl}^2 \cos 2\pi \left(h\frac{u}{a} + k\frac{v}{b} + l\frac{w}{c}\right),$$

womit wir zu (9) gelangt sind. Die so erhaltene Gleichung

$$(11) \qquad \int\limits_0^a\!\!\int\limits_0^b\!\!\int\limits_0^c \varrho_{xyz}\, \varrho_{x+u,\,y+v,\,z+w}\, dx\,dy\,dz = \frac{2}{V} \sum_{hkl} S_{hkl}^2 \cos 2\pi \left(h\frac{u}{a} + k\frac{v}{b} + l\frac{w}{c}\right)$$

stellt die Beziehung zwischen der S^2-Reihe und den Atom- (Elektronen-) *Abstandsvektoren* dar, die wir ableiten wollten und die der Patterson-Analyse zugrunde liegt, ebenso wie die Beziehung (8) zwischen der S-Reihe und der Elektronen*dichte* der Fourier-Analyse zugrunde liegt.

Nach (11) ist aus den gemessenen Intensitäten die Abstandsfunktion φ_{uvw} sogleich zu berechnen. In nicht sehr einfachen Fällen ist es aber nicht leicht, aus dieser Funktion etwas über die Atomverteilung in der Zelle zu erfahren.

Die Schwierigkeit bei der Verwendung der Formel (8) lag darin, daß das Vorzeichen von S unbekannt bleibt; diese Schwierigkeit ist in (9) nicht enthalten. Die Funktion umfaßt in geeigneter Form alle Auskünfte über die Elektronenverteilung, die man auf *rein* röntgenanalytischem Wege erhalten kann; dies ist viel weniger als die Dichteverteilung ϱ_{xyz} selbst, zu deren Bestimmung man in irgendeiner Form die Konzentration der Elektronen in bestimmten Punkten (Atomen) benutzen muß.

Abb. 196 zeigt die Ergebnisse der Patterson-Analyse (Abb. 196a) und die Atomlagen (Abb. 196b) für die Basisprojektion des C_6Cl_6. Aus der Abb. 196a kann man ablesen, daß die Abstände, welche in Größe und Richtung von den Vektoren aus O nach den Punkten 1, 2 usw. bestimmt sind, in der Atomprojektion in großer Anzahl vorhanden sein sollten. Tatsächlich findet man diese Abstände in der Abb. 196b zwischen den Cl-Atomen wieder.

Man hat die Patterson-Methode auch schon angewendet, um einige Andeutungen über die Lagen und Atomabstände verwickelter Moleküle zu bekommen. Zum Beispiel zeigt die Abb. 197 das Ergebnis der PATTERSON-Analyse des Cholesterinbromids, projiziert nach [010]. Man entnimmt daraus,

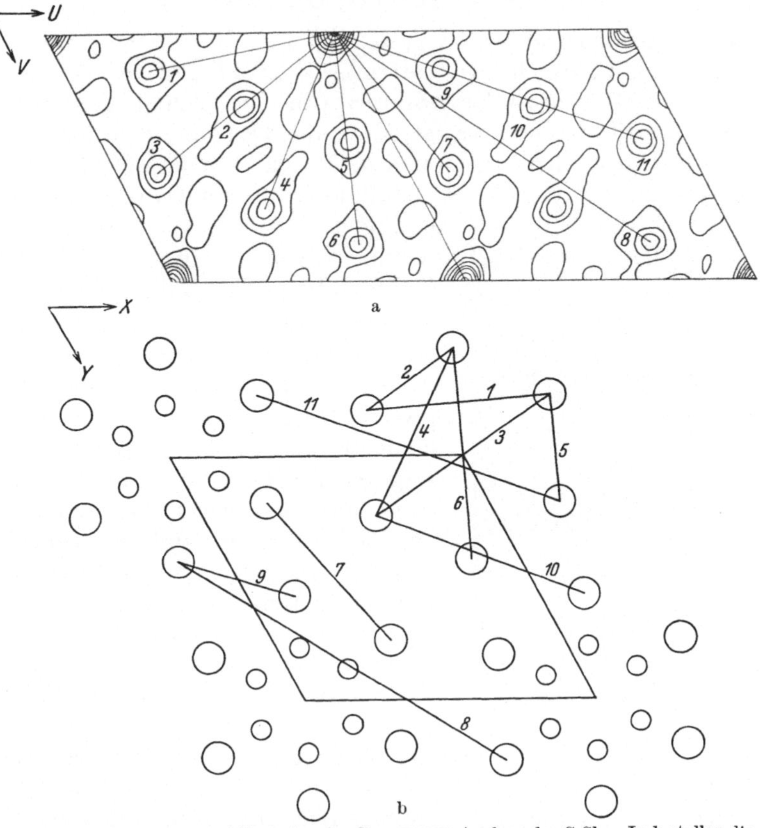

Abb. 196a u. b. a Ergebnis einer zweidimensionalen PATTERSON-Analyse des C_6Cl_6. In b stellen die Kreise die Atomlagen in der Projektion dar. Die Verbindungslinien der schweren Atome in b findet man in] a als vom Ursprungspunkt aus gezogene Vektoren wieder. [A. L. PATTERSON: Physic. Rev. **46**, 372 (1934).]

Abb. 197. Zweidimensionales PATTERSON-Diagramm des Cholesterinbromids. [D. CROWFOOT u. J. D. BERNAL: Chem. Weekbl. **34**, 19 (1937).]

daß die Moleküle eben sind und in der bc-Ebene liegen, denn alle Abstandsvektoren sind in dieser Projektion entlang der horizontalen c-Achse gerichtet.

Literatur[1].

Vgl. Literatur auf S. 92.

130. PATTERSON, A. L.: Z. Kristallogr. **90**, 517 (1935). — HARKER, D.: J. chem. Physics **4**, 381 (1936).

[1] Die vorangestellten halbfetten Ziffern beziehen sich auf die Gliederung des Kapitels.

Anhang 7.

Wechselstrukturen.

131. Die Schichtenstruktur des $CdBr_2$. Wir stellten in **90** fest, daß in einer Verbindung, die hinsichtlich des Radienverhältnisses und der Polarisierbarkeit ihrer Ionen an der Grenze zweier Strukturtypen liegt, sich die geringe Größe der Energiedifferenz oft dadurch verrät, daß die Verbindung in beiden Formen (die je nach den Umständen — Temperatur, Druck — in ihrer Stabilität wechseln) krystallisiert. Ein während der Krystallisation dauernd unentschiedener Zweikampf geht so aus den merkwürdigen Aufnahmen von in bestimmter Weise erhaltenen Cadmiumbromidkrystallen hervor.

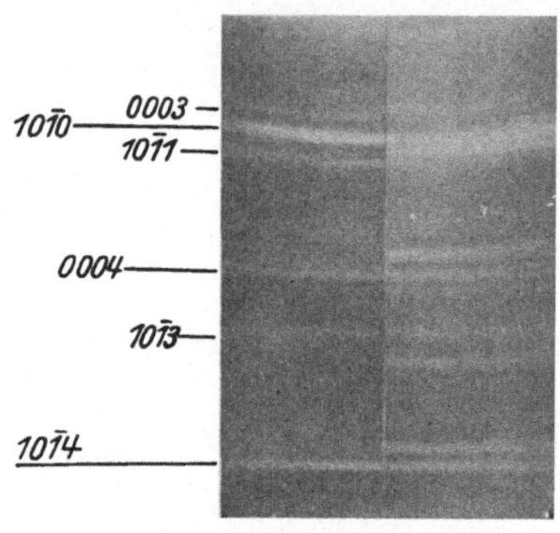

Abb. 198. Röntgenogramme des $CdBr_2$: Links, aus wässeriger Lösung krystallisiert; rechts, sublimiert. Die Linien links kommen alle auch rechts vor. Bei der Wechselstruktur (links) ist die Indizierung angegeben.

Sublimiertes $CdBr_2$ gibt ein Röntgenogramm, von dem der Ausschnitt bei kleinen Ablenkungswinkeln in der Abb. 198 rechts reproduziert ist; dieses Diagramm entspricht der Schichtenstruktur des $CdCl_2$-Typs (Abb. 134a). Dagegen gibt die Verbindung nach Krystallisation aus wässeriger Lösung und Entwässern im Exsiccator ein anderes, bemerkenswert einfaches Röntgenogramm (Abb. 198 links). Die beiden Diagramme zeigen eine enge Verwandschaft, insoweit nämlich als die Linien der neuen Form auch im Diagramm der $CdCl_2$-Modifikation vorkommen, und zwar mit den gleichen Intensitätsverhältnissen. Dagegen fehlen im linken Teil der Abb. 198 viele Linien des rechten Diagramms. Bestimmt man für die neue Modifikation aus den Abbeugungswinkeln die Abmessungen der Elementarzelle — wenige Beugungslinien, somit kleine Elementarzelle — und berechnet man sodann die Anzahl der

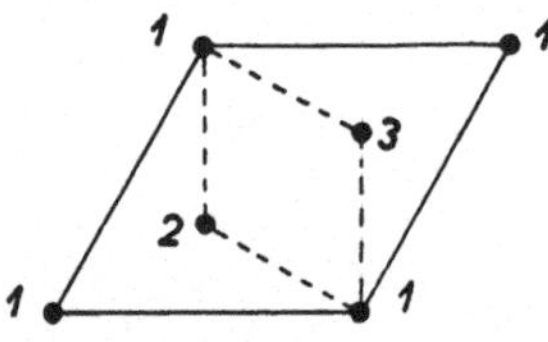

Abb. 199. 1111 Basis der Elementarzelle bei der normalen Schichtenstruktur; 1213 Basis der Wechselstruktur.

Moleküle pro Zelle, so findet man hierbei *ein Drittel* Molekül $CdBr_2$. Dieses Rätsel (die Elementarzelle soll ja als kleinste sich wiederholende Einheit eine ganze Zahl von Molekülen enthalten) erklärt sich in nachfolgender Weise: Die strenge Periodizität, die im Krystall vorzukommen pflegt, fehlt hier gewissermaßen. Es stapeln sich Schichten der Zusammensetzung Br—Cd—Br aufeinander; nicht aber in der Weise der $CdCl_2$-Struktur (Abb. 134a), wo die Cd-Ionen in den aufeinanderfolgenden Ebenen die Lagen 1—2—3—1— usw. annehmen, ebensowenig wie beim PbJ_2-Typ in der Reihenfolge 1—1—1— ... (Abb. 134b), sondern wie in Unschlüssigkeit der Wahl zwischen den beiden Packungsarten, bald nach dem einen, bald nach dem anderen Plan, und zwar in *beliebiger Reihenfolge*, z. B. 1—1—2—3—2—1—3 ... Durch eine solche Willkür im Aufbau kann das linke Diagramm der Abb. 198 erklärt werden:

Betrachten wir die Cadmiumionen in einer zur c-Achse parallelen Punktreihe durch den Punkt 1, 2 oder 3 der Abb. 199. Man findet auf diesen Reihen Atome entweder in Abständen gleich der Schichtdicke c — wenn nämlich die

Reihenfolge zweier Schichten diejenige des PbJ_2 ist — oder in Abständen gleich einem Vielfachen von c. Und zwar so, daß man lediglich sagen kann, daß von den Punkten der Reihen in Abständen c ein Drittel, in beliebiger Weise gewählt, belegt ist. Wie streut nun eine derartige Atomreihe? Infolge der Willkür, mit der die Teilchen über die Stellen verteilt sind, gilt für jede Richtung, für welche man den Beugungseffekt ermitteln will, daß dieser Effekt ein Drittel von demjenigen der vollbesetzten Reihe beträgt. Durch das willkürliche Lichten der Belegung kommen also weder Reflexionen hinzu, noch verschwinden welche. Offenbar streut die Atomreihe, wie wenn *jeder* Punkt belegt wäre, und zwar mit einem Streuvermögen gleich einem Drittel desjenigen eines Ions. Die normale Analyse, die regelmäßige Perioden voraussetzt, wird nun aber einen solchen Beugungseffekt interpretieren als denjenigen einer vollbelegten Reihe. So wird das Raumgitter der Cd-Ionen in der Wechselstruktur, das in Wirklichkeit aus den Atomreihen in 1, 2 und 3 der Abb. 199 besteht, die nur zu einem Drittel belegt sind, bezüglich ihres Beugungsbildes übereinstimmen mit — und somit bei der normalen Analyse führen zu — einem Gitter, in dem *alle* Punkte dieser drei Atomreihen besetzt sind. Nun bilden diese Punkte aber ein Gitter, dessen Elementarzelle nur ein Drittel derjenigen der PbJ_2-Struktur ist, nämlich mit der Höhe c der Einschichtenstruktur, jedoch mit der Basis 1213 statt 1111 (Abb. 199). Gänzlich analog finden wir die Br-Ionen in den in 1, 2 und 3 angebrachten Punktreihen in den Höhen $nc \pm u$ (n ist eine beliebige ganze Zahl, u der Parameter des Br-Ions), wiederum in Wirklichkeit in einem Drittel dieser Stellen, im Röntgeneffekt dagegen wie wenn alle diese Stellen besetzt wären.

Wir wollen zum Schluß noch einmal für die Wechselstruktur mit Verwendung dieser kleinen „mittleren" Elementarzelle die Ablenkungswinkel und die Intensitäten zusammenstellen:

Zelle: Basis 1213; Höhe, eine Schichtdicke Br—Cd—Br.

Koordinaten in dieser Zelle:

$$\left.\begin{array}{l} \text{Cd in } 000 \\ \text{Br in } 00u \\ \text{Br in } 00\bar{u} \end{array}\right\} \text{Belegungsdichte } \tfrac{1}{3}.$$

Abbeugungsrichtungen: Alle, die zur beschriebenen Zelle gehören.

Strukturfaktor: $S_{hkl} = \dfrac{\text{Cd}}{3} + \dfrac{2\,\text{Br}}{3} \cos l\,u$, wobei die Indizierung sich auf die beschriebene Zelle bezieht.

Das Röntgenogramm ergibt Übereinstimmung mit dieser Beschreibung.

In etwas anderen Worten: Bei einer Reflexion, bei der verschiedene Schichten zusammenwirken, darf man zur Berechnung des Interferenzeffekts die verschiedenen Schichten zu *einer* Schicht ineinandergestellt denken; bei identischen Schichten — normalem Krystall — ändert dies nichts am Muster, bei einer Wechselstruktur entsteht so ein „mittleres" Muster. Dieses Muster, das in letzterem Fall die Intensitäten übersehen läßt und aus diesen durch die Analyse abgeleitet wird, umfaßt mehr Atomlagen, als in einer willkürlich ausgewählten Zelle belegt sind — öfters sogar aus räumlichen Erwägungen belegt sein könnten.

Die beschriebene Wechselstruktur des $CdBr_2$ geht durch Erhitzen rasch, bei Zimmertemperatur nur sehr langsam in die normale über. Beim Pulverisieren geht die normale Struktur ($CdCl_2$-Typ) in die Wechselstruktur über; die mechanischen Kräfte genügen dann, um das Verrücken der Schichten zu veranlassen. Es ist bemerkenswert, daß die Röntgenogramme im Gegensatz

zu denen anderer mechanisch stark beanspruchter Krystalle, in den zurück-
gebliebenen Linien nicht an Schärfe einbüßen. Dies ist verständlich, da doch
alle Abstände in der Wechselstruktur vollkommen bestimmt bleiben.

132. Die Wechselstruktur des $Hg(NH_3)_2Cl_2$. Wechselstrukturen, bei denen
nicht die Reihenfolge ganzer Schichten unregelmäßig wechselt, sondern die

Abb. 200a. Röntgenogramme von $Hg(NH_3)_2Cl_2$ (unten); von Silber (oben). Beide mit CuKα-Strahlung aufgenommen.

Stelle eines Atoms im Raumgitter (vgl. 85), können zu analogen merkwürdigen
Beugungsbildern führen. Die „mittlere" Zelle kann dann — wie oben die „mittlere" Schicht — eine kleinere Periode aufweisen als die Zelle mit festen Atomlagen. So ist in der Abb. 200a das Röntgenogramm von $Hg(NH_3)_2Cl_2$ neben

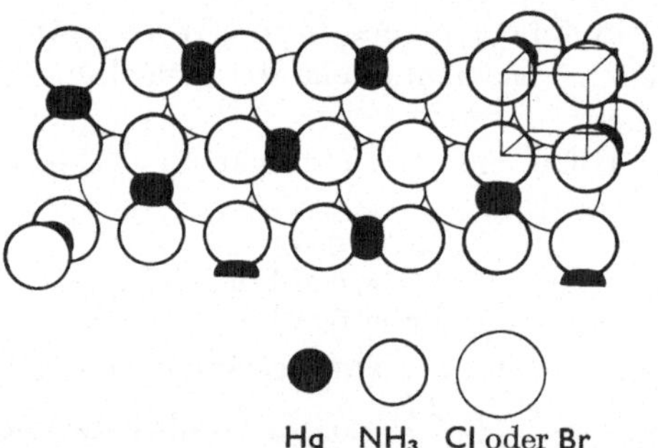

Abb. 200b. Wechselstruktur von $Hg(NH_3)_2Cl_2$: Cl und NH₃ bilden ein innenzentriertes kubisches Gitter.
Hg ist in willkürlicher Weise über den Stellen zwischen zwei NH₃-Gruppen verbreitet. Je kleine Zelle ½ Hg
über 3 Stellen verteilt: Belegungsdichte ⅙. (C. H. MACGILLAVRY: Diss. Amsterdam 1937.)

demjenigen von Ag abgebildet. Auffallend und unerwartet ist ihre Übereinstimmung. Denn wenn die Quecksilberatome, deren Beugungseffekt überwiegt,
ähnliche Lagen haben sollen wie die Silberatome im metallischen Silber, und
zwar mit gleichen Zellendimensionen, wo sollen dann die großen Cl-Ionen und
NH₃-Gruppen ihren Platz finden? Die Antwort auf diese Frage lautet: Das
Hg-Atom wechselt die Lage zwischen diesen Gruppen (Abb. 200b); man findet
somit die kleinere Elementarzelle nur in der mittleren Zellenfüllung wieder.

Literatur[1].

FRIEDEL, G.: Leçons de Crystallographie. Paris 1926.
131. BIJVOET, J. M. u. W. NIEUWENKAMP: Z. Kristallogr. **86**, 466 (1933).
132. MACGILLAVRY, C. H. u. J. M. BIJVOET: Z. Kristallogr. **94**, 240 (1936).

[1] Die vorangestellten halbfetten Ziffern beziehen sich auf die Gliederung des Kapitels.

---

* bedeutet Abbildung auf der genannten Seite.

[1] Es bedeuten: D Drehkrystalldiagramm, L LAUE-Diagramm, P Pulverdiagramm.